妇产科医师 邢小芬 ⊙ 编著

# 超级育儿圣典

*ChaoJi YuEr ShengDian*

陕西新华出版传媒集团
陕西科学技术出版社

图书在版编目（CIP）数据

超级育儿圣典/邢小芬编著. —西安：陕西科学技术出版社，2015.5
ISBN 978－7－5369－6427－3

Ⅰ. ①超… Ⅱ. ①邢… Ⅲ. ①婴幼儿—哺育—基本知识 Ⅳ. ①TS976.31

中国版本图书馆 CIP 数据核字（2015）第 090292 号

## 超级育儿圣典

| | |
|---|---|
| 出 版 者 | 陕西新华出版传媒集团　陕西科学技术出版社 |
| | 西安北大街 131 号　邮编　710003 |
| | 电话（029）87211894　传真（029）87218236 |
| | http://www.snstp.com |
| 发 行 者 | 陕西新华出版传媒集团　陕西科学技术出版社 |
| | 电话（029）87212206　87260001 |
| 印　　刷 | 北京建泰印刷有限公司 |
| 规　　格 | 710mm×1000mm　16 开本 |
| 印　　张 | 28.25 |
| 字　　数 | 430 千字 |
| 版　　次 | 2015 年 9 月第 1 版 |
| | 2015 年 9 月第 1 次印刷 |
| 书　　号 | ISBN 978－7－5369－6427－3 |
| 定　　价 | 35.00 元 |

版权所有　翻印必究

随着一声划破天际的嘹亮的啼哭声,一个小生命诞生了。从此,他将脱离妈妈温暖的子宫,开始他在人间的生命旅程。作为新手爸妈,一方面为这个小生命的到来欣喜若狂,一方面面对这个粉粉嫩嫩的小家伙,照顾他不知该从哪里下手。

也许你认为以你自己的方式已经把他照顾得舒舒服服的了,但他还是哇哇大哭,他到底怎么了?是渴了还是饿了?是热了还是冷了?是尿了吗?还是病了呢……各种猜测。这个只会哇哇大哭的小家伙把爸爸妈妈的生活搞得一团糟,让爸爸妈妈身心俱疲。

其实,只要了解宝宝各个阶段的发育情况、成长节奏、饮食规律等各方面的育儿常识,照顾宝宝并不是一件很令人头大的事情。相反,父母还能从照顾宝宝的过程中体验到育儿的乐趣,而且父母也能从中懂得推己及人,学会宽容、大度,这更利于自己的人际交往。

在此,我们特意为新手父母编写了这本《超级育儿圣典》,这本书针对0~3岁婴幼儿的成长过程,为新手父母提供全面的育儿知识辅导,帮助他们养育一个健康、聪明、可爱的优秀宝宝。全书内容丰富,以通俗的语言讲解各种专业知识,向每位父母提供专业实用的指导及参考意见,让您充分了解自己宝宝的成长情况和情感需求,解答父母育儿中的种种困惑。

结构上,本书分为三个部分,分别详细介绍了新生儿期、婴儿期和幼儿期三个阶段孩子的生长发育特点、饮食、日常生活护理、启蒙教育等方面的知识，既阐述基础性知识，又注重实用性方法，让读者知其然并知其所以然。同时，本书还贴心地总结了0～3岁宝宝常见的疾病及预防措施，让父母们不至于忙中出乱。另外，由于0～1岁婴儿还不能完全用语言来表达自己的感受和想法，"新手爸妈学婴语"板块能更好地帮助父母了解宝宝的各种需求和不适，从而更好地照顾宝宝。对于父母最关心的一些话题，我们以专题的形式单列出来，更加全面、详尽地加以介绍。我们还精选了一些专家对于育儿问题的解答，以便对育儿知识进行补充与完善。在书中穿插了一些婴幼儿小笑话，让您在阅读的过程中，既学到知识，又收获一份愉悦的心情。

衷心希望本书能够帮助各位父母走出常见的各种育儿误区，轻松育儿、科学育儿，让我们与你一起呵护宝宝的健康成长！

编　者

# CONTENTS 目录

## PART 1 新生儿——越长越好看了

### 第1个月 贪睡的小天使

**本月育儿要点** ········· 002
**宝宝成长小档案** ········· 003
  宝宝的体格发育 ········· 003
  宝宝的社会化发育 ········· 004
  新生儿的特殊生理现象 ········· 005
  新生儿的先天反射 ········· 007
**喂养宝宝** ········· 009
  本月宝宝所需营养 ········· 009
  母乳喂养的重要性 ········· 009
  母乳喂养的方法和喂养时间 ········· 010
  教您选对奶瓶和奶嘴 ········· 011
  人工喂养的关键 ········· 012
  擦亮双眼，帮宝宝选对奶粉 ········· 014
  溢奶和吐奶不是一回事 ········· 015
  适时给宝宝添加鱼肝油 ········· 015

催乳食材推荐 ·········· 016
哺乳妈妈催乳食谱 ·········· 016

## 日常照护 018
民间育儿习俗误区 ·········· 018
新生儿四季照护要点 ·········· 020
如何正确清洗宝宝的头垢 ·········· 021
宝宝眼、耳、口、鼻的护理 ·········· 021
小心护理宝宝的肚脐 ·········· 022
新生宝宝不适宜睡软床 ·········· 023
怎么正确给新生宝宝穿脱衣服 ·········· 023
新生儿如何抱起、放下 ·········· 024
帮宝宝睡出漂亮头形 ·········· 026
如何给新生宝宝洗澡 ·········· 027

## 宝宝小门诊 028
宝宝的大小便藏有学问 ·········· 028
新生儿打嗝怎么处理 ·········· 029
识别宝宝生病的常见信号 ·········· 030
2 种新生儿黄疸要区别对待 ·········· 031

## 快乐亲子时刻 032
宝宝玩具推荐 ·········· 032
亲子游戏 ·········· 032

## 本月宝宝能力测评 034

## 父母关注专题 035
专题一　读懂宝宝的面部表情 ·········· 035
专题二　产后乳汁不足的应对措施 ·········· 036

## 新手爸妈学婴语——"哭" 082

## 育儿问答精选 039

# PART 2 婴儿期——会叫爸爸妈妈了

## 第 2 个月　宝宝会抬头了

本月育儿要点 ……………………………………… 042
宝宝成长小档案 …………………………………… 043
　　宝宝的体格发育 ……………………………… 043
　　宝宝的发育特点 ……………………………… 043
　　宝宝的社会化发育 …………………………… 044
喂养宝宝 …………………………………………… 046
　　本月宝宝所需营养 …………………………… 046
　　本月宝宝如何喂养 …………………………… 046
　　哺乳妈妈吃得对，宝宝吃得有营养 ………… 047
　　如何做到最佳混合喂养 ……………………… 048
　　哺乳状况异常，妈妈巧应对 ………………… 048
　　哺乳妈妈催乳食谱 …………………………… 049
日常照护 …………………………………………… 051
　　怎么给宝宝选择纸尿裤 ……………………… 051
　　要勤给宝宝剪指甲 …………………………… 052
　　让宝宝远离蚊虫叮咬 ………………………… 053
　　带宝宝进行室外空气浴 ……………………… 053
宝宝小门诊 ………………………………………… 054
　　宝宝夜啼是怎么回事 ………………………… 054
　　宝宝鼻子不通气怎么办 ……………………… 055
　　囟门是反映宝宝健康的窗口 ………………… 056

## 快乐亲子时刻 …… 056
宝宝玩具推荐 …… 056
亲子游戏 …… 057
## 本月宝宝能力测评 …… 059
## 父母关注专题 …… 060
专题一 让宝宝远离红臀 …… 060
专题二 宝宝放屁学问大 …… 061
## 新手爸妈学婴语——"模仿" …… 062
## 育儿问答精选 …… 062

# 第3个月 宝宝努力学翻身

## 本月育儿要点 …… 064
## 宝宝成长小档案 …… 065
宝宝的体格发育 …… 065
宝宝的发育特点 …… 065
宝宝的社会化发育 …… 066
## 喂养宝宝 …… 068
本月宝宝所需营养 …… 068
本月宝宝如何喂养 …… 068
频繁换奶粉对宝宝的肠胃不利 …… 069
可以适当补充一些微量元素 …… 070
不要强迫宝宝吃奶 …… 071
哺乳妈妈催乳食谱 …… 071
## 日常照护 …… 072
宝宝的小衣物如何清洗 …… 072
给予宝宝安全感 …… 073
宝宝健身四法 …… 074
保护好宝宝的小耳朵 …… 075

## 宝宝小门诊 ·········· 075
　　尽早发现宝宝的特殊胎记 ·········· 075
　　宝宝湿疹如何防治 ·········· 076
　　帮宝宝解除便秘困扰 ·········· 076
## 快乐亲子时刻 ·········· 077
　　宝宝玩具推荐 ·········· 077
　　亲子游戏 ·········· 078
## 本月宝宝能力测评 ·········· 079
## 父母关注专题 ·········· 080
　　专题一　教你在家中了解宝宝健康状况 ·········· 080
　　专题二　上班族妈妈哺喂宝宝攻略 ·········· 082
## 新手爸妈学婴语——"发脾气" ·········· 082
## 育儿问答精选 ·········· 083

# 第4个月　萌态初露

## 本月育儿要点 ·········· 085
## 宝宝成长小档案 ·········· 086
　　宝宝的体格发育 ·········· 086
　　宝宝的发育特点 ·········· 086
　　宝宝的社会化发育 ·········· 087
## 喂养宝宝 ·········· 088
　　本月宝宝所需营养 ·········· 088
　　本月宝宝如何喂养 ·········· 089
　　宝宝慎喂羊奶粉 ·········· 089
　　宝宝需要补铁 ·········· 089
　　及时给宝宝补充维生素A ·········· 090
　　哺乳妈妈催乳食谱 ·········· 091
## 日常照护 ·········· 092
　　女宝宝要慎用爽身粉 ·········· 092
　　给宝宝做婴儿操 ·········· 093

选好宝宝的第一辆车 ............ 094
该为宝宝拍百日照了 ............ 095

## 宝宝小门诊 ............ 095
宝宝药物的使用方法 ............ 095
提前预防小儿肺炎 ............ 097

## 快乐亲子时刻 ............ 098
宝宝玩具推荐 ............ 098
亲子游戏 ............ 098

## 本月宝宝能力测评 ............ 100

## 父母关注专题 ............ 101
专题一 宝宝的几种过敏现象 ............ 101
专题二 小心保护宝宝的眼睛 ............ 102

## 新手爸妈学婴语——"打呼噜" ............ 103

## 育儿问答精选 ............ 103

# 第5个月 开始认生了

## 本月育儿要点 ............ 105

## 宝宝成长小档案 ............ 106
宝宝的体格发育 ............ 106
宝宝的发育特点 ............ 106
宝宝的社会化发育 ............ 107

## 喂养宝宝 ............ 108
本月宝宝所需营养 ............ 108
本月宝宝如何喂养 ............ 109
宝宝出牙期需要补钙 ............ 110
注意喂食中的卫生 ............ 110
宝宝不慎吞入异物怎么办 ............ 111
本月宝宝营养餐推荐 ............ 112

## 日常照护 ............ 113
教宝宝认识身边的事物 ............ 113

居家妈妈的外出时间有限制 …… 114
宝宝睡凉席有讲究 …… 114
创造充满动人声音的环境 …… 115

## 宝宝小门诊 …… 115
宝宝肠套叠怎么办 …… 115
预防婴儿脑震荡 …… 116
如何防治宝宝鹅口疮 …… 116

## 快乐亲子时刻 …… 117
宝宝玩具推荐 …… 117
亲子游戏 …… 117

## 本月宝宝能力测评 …… 119

## 父母关注专题 …… 120
专题一 为宝宝添加初期辅食 …… 120
专题二 宝宝长牙前后的护理 …… 124

## 新手爸妈学婴语——"踢被子" …… 126

## 育儿问答精选 …… 127

# 第6个月 对爸妈好依恋

## 本月育儿要点 …… 128

## 宝宝成长小档案 …… 129
宝宝的体格发育 …… 129
宝宝的发育特点 …… 129
宝宝的社会化发育 …… 130

## 喂养宝宝 …… 131
本月宝宝所需营养 …… 131
本月宝宝如何喂养 …… 131
为宝宝准备辅食的六大原则 …… 132
为宝宝多准备点磨牙食品 …… 133
添加辅食初期宝宝饮食禁忌 …… 133
本月宝宝营养餐推荐 …… 135

日常照护 ·············································· 137
　为宝宝选择合适的护肤品 ······················ 137
　　为宝宝的小脚丫寻找合适的伴侣 ·········· 137
　别对宝宝恋物小题大做 ···························· 138

宝宝小门诊 ········································· 139
　宝宝枕秃怎么办 ······································ 139
　6个月宝宝易患上的传染病 ···················· 140
　流行感冒巧护理 ······································ 141

快乐亲子时刻 ···································· 142
　宝宝玩具推荐 ·········································· 142
　亲子游戏 ·················································· 142

本月宝宝能力测评 ··························· 144

父母关注专题 ···································· 145
　专题一　宝宝睡觉不踏实 ························ 145
　专题二　宝宝外带辅食全攻略 ················ 146

新手爸妈学婴语——"独坐" ········· 147

育儿问答精选 ···································· 148

## 第7个月　宝宝会爬了

本月育儿要点 ···································· 149

宝宝成长小档案 ································ 150
　宝宝的体格发育 ······································ 150
　宝宝的发育特点 ······································ 150
　宝宝的社会化发育 ·································· 151

喂养宝宝 ············································ 152
　本月宝宝所需营养 ·································· 152
　本月宝宝如何喂养 ·································· 152
　半岁宝宝的饮食变化 ······························ 153
　淡味辅食让宝宝终生受益 ······················ 154
　提高宝宝免疫力的食物 ·························· 154

本月宝宝营养餐推荐 ·················· *155*

**日常照护** ······························ *156*
　　宝宝安全是大事 ······················ *156*
　　不要让宝宝过早学走路 ················ *158*
　　宝宝黏人如何应对 ···················· *158*
　　教宝宝学会与人交往 ·················· *159*

**宝宝小门诊** ·························· *160*
　　怎样判断罗圈腿和扁平足 ·············· *160*
　　预防手足口病 ························ *161*
　　小儿百日咳的防治与护理 ·············· *162*

**快乐亲子时刻** ························ *163*
　　宝宝玩具推荐 ························ *163*
　　亲子游戏 ···························· *163*

**本月宝宝能力测评** ···················· *165*

**父母关注专题** ························ *166*
　　专题一　为宝宝添加中期辅食 ·········· *166*
　　专题二　让宝宝尽情爬行 ·············· *170*
　　专题三　解读宝宝睡梦中的声音 ········ *172*

**新手爸妈学婴语——"不听话"** ········· *174*

**育儿问答精选** ························ *175*

## 💗 第8个月　有了自己的感情

**本月育儿要点** ························ *177*

**宝宝成长小档案** ······················ *178*
　　宝宝的体格发育 ······················ *178*
　　宝宝的发育特点 ······················ *178*
　　宝宝的社会化发育 ···················· *178*

**喂养宝宝** ···························· *180*
　　本月宝宝所需营养 ···················· *180*
　　本月宝宝如何喂养 ···················· *181*

奶和辅食要合理安排 …………………………… 181
口腔溃疡的宝宝如何饮食 ……………………… 181
宝宝感冒时如何饮食 …………………………… 182
本月宝宝营养餐推荐 …………………………… 182

## 日常照护 …………………………………………… 184
宝宝玩具如何清洗 ……………………………… 184
宝宝着装也讲究 ………………………………… 184
逗宝宝开心要适度 ……………………………… 185
培养宝宝良好的日常自理行为 ………………… 185

## 宝宝小门诊 ………………………………………… 186
宝宝的睡相关乎健康 …………………………… 186
肚子痛不要乱揉 ………………………………… 187
宝宝发热的应对 ………………………………… 187
宝宝急疹如何应对 ……………………………… 189
宝宝出水痘了怎么办 …………………………… 189

## 快乐亲子时刻 ……………………………………… 190
宝宝玩具推荐 …………………………………… 190
亲子游戏 ………………………………………… 191

## 本月宝宝能力测评 ………………………………… 192
## 父母关注专题 ……………………………………… 193
专题一 通过饮食调理宝宝身体 ……………… 193
专题二 家庭常备小药箱 ……………………… 195

## 新手爸妈学婴语——"扔东西" …………………… 196
## 育儿问答精选 ……………………………………… 196

# 第9个月 有了独立意识

## 本月育儿要点 ……………………………………… 198
## 宝宝成长小档案 …………………………………… 199
宝宝的体格发育 ………………………………… 199
宝宝的发育特点 ………………………………… 199

宝宝的社会化发育 ........................ 200
**喂养宝宝** ........................ 201
　　本月宝宝所需营养 ........................ 201
　　本月宝宝如何喂养 ........................ 201
　　不要擅自给长晚牙的宝宝补钙 ........................ 202
　　这些食物对宝宝智力有影响 ........................ 202
　　早餐一定要有营养 ........................ 203
　　预防宝宝疾病的蔬果清单 ........................ 204
　　本月宝宝营养餐推荐 ........................ 205
**日常照护** ........................ 206
　　帮宝宝纠正牙齿发育期的坏习惯 ........................ 206
　　男宝宝摸"小鸡鸡",怎么应对 ........................ 207
　　教宝宝认识身体 ........................ 208
**宝宝小门诊** ........................ 209
　　宝宝误食异物了该怎么办 ........................ 209
　　预防宝宝患流脑 ........................ 210
　　预防女婴生殖器感染 ........................ 210
**快乐亲子时刻** ........................ 211
　　宝宝玩具推荐 ........................ 211
　　亲子游戏 ........................ 212
**本月宝宝能力测评** ........................ 213
**父母关注专题** ........................ 214
　　专题一　为宝宝选玩具 ........................ 214
　　专题二　读懂宝宝的身体语言 ........................ 215
**新手爸妈学婴语——"用手打人"** ........................ 216
**育儿问答精选** ........................ 216

## 💛 第10个月　有了自己的感情

**本月育儿要点** ........................ 218
**宝宝成长小档案** ........................ 219
　　宝宝的体格发育 ........................ 219

宝宝的发育特点 ······ 219
　　宝宝的社会化发育 ······ 219
喂养宝宝 ······ 221
　　本月宝宝所需营养 ······ 221
　　本月宝宝如何喂养 ······ 222
　　预防维生素缺乏症 ······ 222
　　宝宝吃水果有讲究 ······ 223
　　不让宝宝捡东西吃的五大法宝 ······ 224
　　本月宝宝营养餐推荐 ······ 224
日常照护 ······ 226
　　不要给宝宝剪眼睫毛 ······ 226
　　宝宝护理有"三怕" ······ 226
　　好环境造就聪明宝宝 ······ 227
宝宝小门诊 ······ 228
　　留心宝宝的体重变化 ······ 228
　　宝宝磨牙为哪般 ······ 229
　　宝宝太爱动不一定是多动症 ······ 229
快乐亲子时刻 ······ 230
　　宝宝玩具推荐 ······ 230
　　亲子游戏 ······ 230
本月宝宝能力测评 ······ 232
父母关注专题 ······ 233
　　专题一　为宝宝添加后期辅食 ······ 233
　　专题二　解读婴儿四类腹泻 ······ 235
新手爸妈学婴语——"什么都往嘴里放" ······ 237
育儿问答精选 ······ 238

## 第11个月　宝宝站起来了

本月育儿要点 ······ 239
宝宝成长小档案 ······ 240

宝宝的体格发育 ·············· 240
宝宝的发育特点 ·············· 240
宝宝的社会化发育 ············ 240
喂养宝宝 ···················· 242
　本月宝宝所需营养 ············ 242
　本月宝宝如何喂养 ············ 242
　给宝宝吃点心要适量 ·········· 243
　这些食物对宝宝眼睛好 ········ 243
　本月宝宝营养餐推荐 ·········· 244
日常照护 ···················· 245
　为爱爬高的宝宝保驾护航 ······ 245
　宝宝不宜穿开裆裤 ············ 246
　让宝宝有副好嗓子 ············ 247
　通过玩具偏好看宝宝性格 ······ 247
宝宝小门诊 ·················· 248
　宝宝中暑妈妈有办法 ·········· 248
　夏天谨防宝宝热伤风 ·········· 249
　宝宝感冒发热不能滥用抗生素 ·· 249
快乐亲子时刻 ················ 250
　宝宝玩具推荐 ················ 250
　亲子游戏 ···················· 251
本月宝宝能力测评 ············ 252
父母关注专题 ················ 253
　专题　帮助宝宝学走路 ········ 253
新手爸妈学婴语——"到处乱爬" ·· 256
育儿问答精选 ················ 256

## 💛 第12个月　好奇心增强了

本月育儿要点 ················ 258
宝宝成长小档案 ·············· 259

宝宝的体格发育 …………………………… 259
　　宝宝的发育特点 …………………………… 259
　　宝宝的社会化发育 ………………………… 259
**喂养宝宝** …………………………………… 261
　　本月宝宝所需营养 ………………………… 261
　　本月宝宝如何喂养 ………………………… 261
　　1岁宝宝饮食的原则和要求 ……………… 262
　　让宝宝爱上吃蔬菜 ………………………… 262
　　要给挑食的宝宝补充营养 ………………… 263
　　本月宝宝饮食禁忌 ………………………… 263
　　本月宝宝营养餐推荐 ……………………… 264
**日常照护** …………………………………… 265
　　宝宝适合阅读哪几种书 …………………… 265
　　不要让宝宝隔着窗户晒太阳 ……………… 266
　　任性的宝宝如何教养 ……………………… 266
**宝宝小门诊** ………………………………… 267
　　宝宝噎着了，怎么办 ……………………… 267
　　宝宝患急性肠炎的应对法 ………………… 268
　　宝宝患上过敏性鼻炎，如何防治 ………… 268
**快乐亲子时刻** ……………………………… 269
　　宝宝玩具推荐 ……………………………… 269
　　亲子游戏 …………………………………… 269
**本月宝宝能力测评** ………………………… 271
**父母关注专题** ……………………………… 272
　　专题一　为宝宝选择一个安全的汽车座椅 … 272
　　专题二　关注宝宝的心理健康 …………… 273
**新手爸妈学婴语——"玩食物"** ………… 274
**育儿问答精选** ……………………………… 274
**妈妈手记** …………………………………… 276

# PART 3 幼儿期——越来越调皮了

## ❤ 1岁1个月~1岁3个月　行走自如

**本阶段育儿要点** ... 278
**宝宝成长小档案** ... 279
　宝宝的体格发育 ... 279
　宝宝的发育特点 ... 279
　宝宝的社会化发育 ... 279
**喂养宝宝** ... 281
　本阶段宝宝所需营养 ... 281
　本阶段宝宝如何喂养 ... 282
　不能给宝宝喝饮料 ... 282
　不要给宝宝吃危险食物 ... 283
　肉类食物少不了 ... 283
　宝宝还小，不能吃补品 ... 283
　本阶段宝宝营养餐推荐 ... 284
**日常照护** ... 285
　帮宝宝改掉吸吮手指的不良习惯 ... 285
　宝宝喜欢被关心和夸奖 ... 286
　理智应对宝宝哭闹 ... 287
**宝宝小门诊** ... 288
　宝宝口臭怎么办 ... 288
　如何预防宝宝上火 ... 289
　宝宝咳嗽怎么办 ... 289
**快乐亲子时刻** ... 291
　宝宝玩具推荐 ... 291

亲子游戏 …………………………………… 291
**父母关注专题** ………………………………… 293
　　专题　宝宝常见意外及护理 …………… 293
**育儿问答精选** ………………………………… 295

## 1岁4个月~1岁6个月　会自己拿着杯子

**本阶段育儿要点** ……………………………… 297
**宝宝成长小档案** ……………………………… 298
　　宝宝的体格发育 ………………………… 298
　　宝宝的发育特点 ………………………… 298
　　宝宝的社会化发育 ……………………… 298
**喂养宝宝** ……………………………………… 299
　　本阶段宝宝所需营养 …………………… 299
　　本阶段宝宝如何喂养 …………………… 300
　　注意不要让宝宝缺铜 …………………… 300
　　为宝宝准备一些有益的零食 …………… 301
　　教宝宝学会用勺子和杯子 ……………… 302
　　本阶段宝宝营养餐推荐 ………………… 302
**日常照护** ……………………………………… 304
　　教宝宝从小讲卫生 ……………………… 304
　　尽量不给宝宝穿松紧带裤 ……………… 305
　　宝宝喜欢咬人怎么办 …………………… 305
**宝宝小门诊** …………………………………… 306
　　宝宝消化不良的处理办法 ……………… 306
　　流感的预防及护理 ……………………… 307
**快乐亲子时刻** ………………………………… 308
　　宝宝玩具推荐 …………………………… 308
　　亲子游戏 ………………………………… 308
**本阶段宝宝能力测评** ………………………… 310

## 父母关注专题 ... 311
专题 从小给宝宝立下规矩 ... 311

## 育儿问答精选 ... 312

# 💛 1岁7个月~1岁9个月 爱模仿的"小大人"

## 本阶段育儿要点 ... 313

## 宝宝成长小档案 ... 314
宝宝的体格发育 ... 314
宝宝的发育特点 ... 314
宝宝的社会化发育 ... 314

## 喂养宝宝 ... 316
本阶段宝宝所需营养 ... 316
本阶段宝宝如何喂养 ... 316
给宝宝吃鸡蛋的诀窍 ... 317
可以给宝宝吃点粗粮 ... 317
宝宝爱含饭的应对方法 ... 318
本阶段宝宝营养餐推荐 ... 318

## 日常照护 ... 320
改掉宝宝睡前"吃"被子的坏习惯 ... 320
让宝宝远离小动物 ... 321
宝宝做噩梦,如何应对 ... 321

## 宝宝小门诊 ... 322
换季感冒的应对措施 ... 322
宝宝呕吐如何护理 ... 323
宝宝患上扁桃体炎如何护理 ... 323
非饮食性便秘如何应对 ... 324

## 快乐亲子时刻 ... 325
宝宝玩具推荐 ... 325
亲子游戏 ... 325

## 父母关注专题 ......326
专题 男女宝宝大不同 ......326

## 育儿问答精选 ......328

# 💛 1岁10个月~2岁 整天"造反"的宝宝

## 本阶段育儿要点 ......330

## 宝宝成长小档案 ......331
宝宝的体格发育 ......331
宝宝的发育特点 ......331
宝宝的社会化发育 ......331

## 喂养宝宝 ......333
本阶段宝宝所需营养 ......333
本阶段宝宝如何喂养 ......333
蔬菜水果对牙齿好 ......334
有助于宝宝长高的食物 ......334
让宝宝更聪明的五类营养素 ......335
染色食品要当心 ......336
本阶段宝宝营养餐推荐 ......336

## 日常照护 ......338
家庭门窗应采取一些安全措施 ......338
宝宝注意力不集中该怎么办 ......338
从小培养宝宝的爱心 ......339

## 宝宝小门诊 ......340
预防宝宝患龋齿 ......340
宝宝得了流行性腮腺炎怎么办 ......341
谨防宝宝患佝偻病 ......342

## 快乐亲子时刻 ......343
宝宝玩具推荐 ......343
亲子游戏 ......343

本月宝宝能力测评 ········· 345
父母关注专题 ············· 346
　专题 宝宝厌食、偏食怎么办 ······ 346
育儿问答精选 ············· 348
妈妈手记 ················ 350

## ❤ 2岁1个月~2岁3个月　进入"第一逆反期"

本阶段育儿要点 ············ 351
宝宝成长小档案 ············ 352
　宝宝的体格发育 ············ 352
　宝宝的发育特点 ············ 352
　宝宝的社会化发育 ··········· 352
喂养宝宝 ················ 354
　本阶段宝宝所需营养 ·········· 354
　本阶段宝宝如何喂养 ·········· 354
　肥胖宝宝如何饮食 ··········· 355
　宝宝营养缺失的表现及对策 ······ 355
　不能要求宝宝吃饭快 ·········· 356
　本阶段宝宝营养餐推荐 ········· 357
日常照护 ················ 358
　怎么让宝宝乖乖吃药 ·········· 358
　带宝宝郊游的注意事项 ········· 359
　不要阻止宝宝"自己来"的做法 ···· 359
宝宝小门诊 ··············· 360
　宝宝经常尿床怎么办 ·········· 360
　宝宝被动物咬伤，怎么处理 ······ 361
快乐亲子时刻 ············· 362
　亲子游戏 ················ 362
父母关注专题 ············· 363

专题　弱智儿的辨别方法 …………………… 363
**育儿问答精选** ………………………………… 365

## 2岁4个月~2岁6个月　模仿能力越来越强了

**本阶段育儿要点** ……………………………… 367
**宝宝成长小档案** ……………………………… 368
　宝宝的体格发育 ……………………………… 368
　宝宝的发育特点 ……………………………… 368
　宝宝的社会化发育 …………………………… 368
**喂养宝宝** ……………………………………… 369
　本阶段宝宝所需营养 ………………………… 369
　本阶段宝宝如何喂养 ………………………… 370
　宝宝吃的食物不能太成人化 ………………… 370
　注意高血铅宝宝的饮食 ……………………… 371
　宝宝服驱虫药后的饮食 ……………………… 371
　本阶段宝宝营养餐推荐 ……………………… 372
**日常照护** ……………………………………… 373
　可以教宝宝学穿衣了 ………………………… 373
　不要总是阻止宝宝损坏玩具 ………………… 374
　如何应对宝宝撒谎 …………………………… 375
**宝宝小门诊** …………………………………… 376
　产生扁平足的原因及预防 …………………… 376
　鼻出血怎么处理 ……………………………… 376
**快乐亲子时刻** ………………………………… 377
　亲子游戏 ……………………………………… 377
**本阶段宝宝能力测评** ………………………… 379
**父母关注专题** ………………………………… 380
　专题　宝宝外出防拐骗攻略 ………………… 380
**育儿问答精选** ………………………………… 381

## 2岁7个月~2岁9个月　行走自如

**本阶段育儿要点** ……………………………… *383*
**宝宝成长小档案** ……………………………… *384*
　　宝宝的体格发育 ……………………………… *384*
　　宝宝的发育特点 ……………………………… *384*
　　宝宝的社会化发育 …………………………… *384*
**喂养宝宝** ……………………………………… *386*
　　本阶段宝宝如何喂养 ………………………… *386*
　　宝宝营养要均衡 ……………………………… *386*
　　加餐食材要选好 ……………………………… *387*
　　尽量不给宝宝吃反季节蔬果 ………………… *387*
　　宝宝进食海鲜的原则 ………………………… *387*
　　本阶段宝宝营养餐推荐 ……………………… *388*
**日常照护** ……………………………………… *389*
　　清除厨房中的安全隐患 ……………………… *389*
　　消除宝宝的恐惧心理 ………………………… *390*
　　如何在家中消毒 ……………………………… *391*
**宝宝小门诊** …………………………………… *393*
　　夏季预防孩子肠道感染 ……………………… *393*
　　如何防治猩红热 ……………………………… *394*
**快乐亲子时刻** ………………………………… *395*
　　亲子游戏 ……………………………………… *395*
**父母关注专题** ………………………………… *396*
　　专题　宝宝口吃的纠正 ……………………… *396*
**育儿问答精选** ………………………………… *397*

## 2岁10个月~3岁　喜欢与小朋友玩儿

**本阶段育儿要点** ……………………………… *399*

## 宝宝成长小档案 ……………………………… 400
- 宝宝的体格发育 …………………………… 400
- 宝宝的发育特点 …………………………… 400
- 宝宝的社会化发育 ………………………… 400

## 喂养宝宝 …………………………………… 402
- 本阶段宝宝所需营养 ……………………… 402
- 本阶段宝宝如何喂养 ……………………… 402
- 预防宝宝缺锌 ……………………………… 403
- 饮食多样化，宝宝易吸收 ………………… 403
- 培养宝宝良好的饮食习惯 ………………… 404
- 本阶段宝宝营养餐推荐 …………………… 405

## 日常照护 …………………………………… 406
- 不要纵容宝宝说脏话 ……………………… 406
- 控制宝宝的购物欲 ………………………… 407
- 不能经常哄骗孩子 ………………………… 408
- iPad 时代，别让宝宝玩上瘾 ……………… 409

## 宝宝小门诊 ………………………………… 411
- 给宝宝进行视力检查 ……………………… 411
- 积极预防宝宝上呼吸道感染 ……………… 412
- 及时治疗急性中耳炎 ……………………… 412

## 快乐亲子时刻 ……………………………… 413
- 亲子游戏 …………………………………… 413

## 本阶段宝宝能力测评 ……………………… 415

## 父母关注专题 ……………………………… 416
- 专题　宝宝入园难 ………………………… 416

## 育儿问答精选 ……………………………… 418

## 妈妈手记 …………………………………… 420

## 附录　0~3岁宝宝健康免疫备忘录 ……… 421

# Part ①

## 新生儿——越长越好看了

宝宝降生了,可爱,娇嫩,让人爱不释手。在这个月里,吃和睡是他生命的主旋律。前几天,在他醒着的时候,他还会睁开眼睛看看眼前的一切,尽管他还看不太清楚。慢慢地,他睡眠的时间越来越少,他变得越来越活跃。他不断地带给人们惊喜——他会和人们对视了,他第一次露出了甜蜜的笑容……

# 第1个月
## 贪睡的小天使

### 本月育儿要点

❋ **母乳喂养好处多**

母乳的营养成分都很容易消化,几乎全部都能被新生宝宝的身体吸收。且母乳还含有可预防疾病的免疫物质。此外,哺乳对母亲的健康有利,还能使母子间的亲密关系得以延续。

❋ **配方奶粉喂养注意事项**

如果妈妈没有母乳或是无法进行母乳喂养,可以实行人工喂养。从母乳喂养改换为配方奶粉喂养后,要密切观察宝宝的生长、食欲和大小便等情况。

❋ **妈妈喂乳方法**

妈妈给宝宝喂奶时,先从一侧开始,乳房排空后,再喂另一侧,两侧乳房轮流喂哺为佳。

❋ **谨慎护理脐带**

正常情况下,在宝宝出生后5～15天脐带就会自然干燥并脱落。但刚脱落的肚脐会渗出血水,这就需要妈妈特别护理。

❋ **溢乳莫慌**

许多宝宝在出生2周后,会经常吐奶。在宝宝刚吃完奶或者刚被放到床上时,奶就会从宝宝嘴角溢出。吐完奶后,如果宝宝并没有任何异常或者痛苦的表情,这种吐奶就属于正常现象,称为"溢乳"。

❋ **了解生理性黄疸**

由于新生儿血液中胆红素释放过多,而肝脏功能尚未发育成熟,无法将全部胆红素排出体外,胆红素聚集在血液中,就会引起皮肤变黄,即生理性黄疸。

Part 1 新生儿——越长越好看了

## 宝宝成长小档案

###  宝宝的体格发育

首先宝宝生长发育有阶段性，年龄越小，体格增长越快。如宝宝出生后的身长前半年每月平均增长 2.5 厘米，后半年平均每月增长 1.5 厘米，而 1～2 岁每月平均增长 0.83 厘米。其次生长发育是由上到下，由近到远，由粗到细，由低级到高低，由简单到复杂。

如宝宝出生后的运动发育规律为：先抬头，后抬胸，再会坐、站、走；从臂到手、从腿到脚的活动；从全手掌拿物，发展到手指的灵活运动等。各器官系统发育先后顺序也不同：大脑的生长发育先快后慢，生殖系统的发育先慢后快，淋巴系统的发育先快后慢，皮下脂肪的发育先快后慢，以后再稍快，肌肉组织到学龄期才快速发育。下表是新生儿身体发育特征的标准，并给予了医师的指导建议。

| 项目 | 正常标准 | 医师建议 |
| --- | --- | --- |
| 体重 | 男婴平均体重 3.3 千克，女婴平均体重 3.2 千克。 | 新生儿出生后 1 周有体重减轻的现象，称为生理性体重下降，这是暂时的，10 天内会恢复正常。 |
| 身长 | 男婴平均身长 49.9 厘米，女婴平均身长 49.1 厘米。 | 男婴比女婴略长。有些宝宝身高与遗传有关，当然过高或过低还要医生明确诊断。 |
| 头围 | 男婴平均为 34.3 厘米，女婴平均为 33.9 厘米。 | 头围只要不低于 33.5～33.9 厘米的均值就视为正常。 |
| 胸围 | 男婴平均为 32.65 厘米，女婴平均为 32.57 厘米。 | 胸围只要不低于 32.57 厘米的均值就视为正常。 |
| 头部 | 新生儿的头顶前中央的囟门呈长菱形，开放而平坦，有时可见搏动，囟门大小 1.5～2.0 厘米。 | 父母要注意保护新生儿的囟门，不要让它受到碰撞。大约 1 岁以后它会慢慢闭合。 |

# 超级育儿圣典

| 项目 | 正常标准 | 医师建议 |
|---|---|---|
| 腹部 | 腹部柔软，较膨隆。 | 新生儿的腹部很柔弱，父母应注意不要磕着、碰着，尤其不要着凉。 |
| 皮肤 | 全身皮肤柔软、红润，表面有少量胎脂，皮下脂肪已较丰满。 | 有些新生儿出生时浑身沾满黄白色的胎脂，这对皮肤有保护作用，无须擦掉或洗去。 |
| 四肢 | 双手握拳，四肢短小，并向体内弯曲。 | 有些新生儿出生后会有双足内翻、两臂轻度外转等现象，这是正常的，大多满月后缓解，双足内翻大约3个月后就会缓解。 |
| 呼吸 | 新生儿以腹式呼吸为主。每分钟可达40~45次。 | 新生儿的呼吸浅表且不规律，有时会有片刻暂停，这是正常现象，不用担心。 |
| 心率 | 每分钟为90~160次。 | 新生儿的心率比成人快，只要在正常范围均属正常。 |

## 宝宝的社会化发育

### ❋ 宝宝的感官发育

视觉：宝宝生下来后就有一段安静的觉醒时间，约40分钟左右。

在觉醒时间里，宝宝会注视爸爸妈妈的脸，专心地听爸爸妈妈说话，而很少活动。这种安静觉醒状态出现在出生后第1周内，约占1天时间的1/10，常出现在吃奶后1小时左右。宝宝常把眼睛睁得很大，明亮发光。他很机敏，喜欢看东西，特别是圆形、有鲜艳颜色的东西，如红球或有鲜明对比的条纹的图片。他还喜欢看人脸，而眼睛是特别能吸引宝宝注视的目标。宝宝时期虽然不能区分颜色，但宝宝对五颜六色的物品比对灰色物品更感兴趣。

听觉：胎宝宝在宫内已有听力。在出生后最初数天，宝宝中耳有液体存在，但听觉灵敏度已相当好，对50~90分贝的声响已有反应。他会偏爱倾听妈妈的声音，也会对噪音敏感。他对外界声音可表现出惊跳反应、唤醒反应、瞬目反应、吸吮反应，可能会出现呼吸节律的改变、吸吮动作的停止或啼哭，若啼哭时听到声音可能表现为啼哭停止。当有人在宝宝身旁说话，宝宝会出现转头动作，将头转向熟悉的声音和语言。

## Part 1　新生儿——越长越好看了

### ❋ 宝宝的运动能力

轻轻移动身体并调整姿势。

当他趴着的时候，他会稍微抬起双脚并且弯曲膝盖。

在趴着的情况下，他会试图把头稍微抬起1秒钟（这个动作对新生儿来说是相当不容易的，因为他的头相对他背部和颈部的肌肉力量来说实在是太重了）。

躺着的时候，宝宝会把头偏向他喜欢的一侧。

当被竖立抱着的时候，新生儿可以晃动、扭动身体，并且可以做出踩、踏的动作。

躺下的时候保持双腿的弯曲，就好像在妈妈的子宫里一样。

当被抱着靠在妈妈或其他大人的肩膀上的时候会猛地抬起头。

### ❋ 宝宝的语言发育

3周以前，新生儿可以发出一些声音，但不够清楚。3周以后，他开始发出新生儿"词汇"，4周以后，新生儿能够知道如何回应你的对话。所以对新生儿要注意尽早与其交流。

### ❋ 宝宝的情感和社交

新生儿在听到你的声音后就会平静下来，变得安静和警惕，身体停止活动，全神贯注地倾听。第3天他对你的交谈有了回应，他凝视的目光更加认真。第5天他可以饶有兴致地注视你的嘴唇或手指的活动。如果你能和宝宝的脸保持20~25厘米的距离，并很生动地和他说话，宝宝就能够用嘴巴和舌头的动作来作为"回答"。如果看到你朝他微笑，也会报以微笑。第14天他能够从一群人里分辨出你的声音，第18天他把头转向发出声音的方向，第28天他开始学习如何表达和控制情绪，并且能够根据你的声音调整自己的行为。

## 新生儿的特殊生理现象

### ❋ 小脸

每个新生儿的小脸看上去都有些肿，眼皮厚厚的，鼻梁扁扁的，这是因为新生儿体液量高达体重的80%所致。

### ❋ 眼睛

很多妈妈都会注意到，宝宝刚来到这个世界的时候，通常都会只睁开一只眼睛"扫视"周围，你千万别感到奇怪，这是宝宝最独特的方式。有些新生儿眼睛的眼白部位会有血点，面部会有些肿胀，父母也不要着急，这些很可能是分娩时由产道挤压造成的，几天后就会慢慢消退。另外，由于新生儿的眼球不固定,眼部肌肉调节不良,大部分宝宝还会出现暂时性的斜视,有的宝宝还会出现"斗鸡眼"。这种斜视是正常的生理现象,父母不必过分惊慌。但是,如果3个月后宝宝仍然斜视,则要及时就诊。

### ✱ 儿斑

新生儿骶骨部、臀部常见有蓝绿色素斑,称为儿斑。随着年龄的增长,儿斑会逐渐消退。

### ✱ 胎记

新生儿出生后可在皮肤或黏膜部位出现一些与皮肤本身颜色不同的斑点或丘疹,称为胎记。新生儿的胎记发生率约为10%,大部分胎记只是影响美观,不需要特别处理,但是有些胎记会合并身体器官的异常,必须积极治疗。

### ✱ 呼吸

新生儿以腹式呼吸为主。每分钟可达40~45次。新生儿的呼吸浅表且不规律,有时会有片刻暂停,这是正常现象,不用担心。

### ✱ 睡眠

一天之内新生儿90%的时间处于睡眠状态,所以他醒着的时间总共才2~3小时,新生儿不断地进行着睡眠—觉醒的周期循环更替,这个循环以每30~60分钟循环1次。此周期包括6个状态:深睡、浅睡、瞌睡、安静觉醒、活动觉醒及啼哭。

### ✱ 排泄

新生儿一般在出生后12小时开始排胎便,胎便呈深、黑绿色或黑色黏稠糊状,这是胎儿在母体子宫内吞入羊水中胎毛、胎脂、产道分泌物而形成的大便。3~4天胎便可排尽,吃奶之后,大便逐渐呈黄色。吃配方奶的宝宝每天1~2次大便,吃母奶的宝宝大便次数稍多些,每天4~5次。若新生儿出生后24小时尚未见排胎便,则应立即请医生检查,看是否存在肛门等器官畸形。平常在新生儿大便后应用温水清洗,并拭干。

新生儿第1天的尿量为10~30毫升。在出生后56小时之内排尿都属正常。随着哺乳摄入水分,新生儿的尿量逐渐增加,每天可达10次以上,日总量可达100~300毫升,满月前后日总量可达 250～450 毫升。纯母乳喂养的新生儿如果每天排尿不足 6 次，可询医问诊。

### ✱ 体温

新生儿还不能自主地调节体温，因为他们的体温中枢尚未成熟，皮下脂肪薄，体表面积相对较大而易于散热，体温会很容易随外界环境温度的变化而变化，所以针对新生儿，一定要定期测体温。每隔 2～6 小时测 1 次，做好记录（每日正常体温应波动在 36～37℃）。出生后常有一过渡性体温下降，经 8～12 小时渐趋正常。室内温度应保持在 22～26℃。

### ✱ 血液循环

新生儿出生后随着胎盘循环的停止，改变了胎儿右心压力高于左心的特点和血液流行。卵圆孔和动脉导管从关闭到完全闭合，需 2～3 个月的时间。新生儿出生后的最初几天，偶尔可以听到心脏杂音。

### ✱ 脱皮

几乎所有新生儿都会出现脱皮现象，这是由于新生儿皮肤的角质层发育不完全、皮肤基底膜不发达、表皮层和真皮层的连接不够紧密造成的。脱皮是一种正常的生理现象，随着宝宝的发育会逐渐好转，无须特别保护。

### ✱ "马牙"和"螳螂嘴"

新生儿的牙床上通常会长出米粒或绿豆大小、白色的凸起物，看起来像刚刚萌出的小牙，这就是俗称的"马牙"。如果新生儿口腔内两颊部帮助吮吸的脂肪层（医学上称为颊脂体）过于发达，就会出现两颊向口腔部突出的现象，俗称"螳螂嘴"。"马牙"和"螳螂嘴"都是正常的生理现象，不需要特别处理。

## 新生儿的先天反射

所有健康的新生儿都具有一些本能的反射活动，它帮助新生儿度过离开母亲子宫的最初几周。儿科医生会测试新生儿的反射反应，它可以总体反应新生儿的机体是否健全，神经系统是否正常。

### ✱ 觅食、吮吸和吞咽反射

当你用乳头或奶嘴轻触新生儿的脸颊时，他就会自动把头转向被触的一侧，并张嘴寻找，这种动作就是觅食反射。每个新生儿出生时都具有吮吸反射，这是最基本的反射行为。

将奶嘴放进新生儿口中,他就开始吸吮。有时,新生儿也会将手指头放入口中吮吸。吮吸的同时,新生儿还会吞咽,这也是一种反射。吞咽行为可以帮助新生儿清理呼吸道。

❋ 握持反射

儿科医生都会检查新生儿的握持反射。测试方式是把手指放在新生儿的手心,看看他的手指会不会自动握住医生的手指。很多新生儿都会紧紧攥住手指。

❋ 紧抱反射

也被称为"惊吓"反射或莫罗氏反射。将新生儿的衣服脱去,儿科医生会用一只手托着新生儿的臀部,另一只手托着他的头,然后突然使新生儿的头及颈部稍向后倾,正常的宝宝会四肢外展、伸直,手指张开,好像在试图寻找可以附着的东西,然后新生儿会缓缓地收回双臂,握紧拳头,膝盖蜷曲缩向小腹。新生儿身体的两侧应当同时做出同样的反应。如果宝宝突然听到巨大的声响,也会是这种反射。

紧抱反射消失的时间是在宝宝2个月的时候。

❋ 行走反射

用双手托在新生儿腋下竖直抱起,使他的脚触及结实的表面,他会移动他的双腿做出走路或跨步动作。如果他的双腿轻触到硬物,他就会自动抬起一只脚做出向前跨步动作。

这种反射会在1个月后消失,与宝宝学走路没有关系。

❋ 巴宾斯基反射

巴宾斯基反射是指轻划新生儿的脚底,其拇指会向上翘起,其余四指呈扇形张开。此举表示宝宝神经系统发育正常。该反射约在宝宝1岁学会走路以后消失。

Part 1 新生儿——越长越好看了

## 喂养宝宝

###  本月宝宝所需营养

刚出生的宝宝,除了吃就是睡。对新生儿来说,营养素充足了,才能健康成长,各项身体功能才能健康发育,智力才会更好发展。

而无论是足月生产的宝宝,还是早产的宝宝,对热量、蛋白质、各种脂肪酸、脂类、各种矿物质、维生素都有很高的要求。

### 母乳喂养的重要性

母乳喂养被列为国际挽救儿童健康生存的4大战略技术之一,已成为营养专家极力推崇的科学喂养宝宝的方法。其重要性可概括为4个方面:

❋ **母乳是宝宝最好的保健品**

母乳中含有多种抗感染功能较强的体液免疫成分,特别是宝宝出生后7天内妈妈所分泌的初乳蛋白质含量高,含有大量的免疫球蛋白,具有排菌、抑菌、杀菌作用。据统计,从出生至6个月内,用纯母乳喂养的宝宝其患病率远低于用配方奶粉喂养的宝宝。初乳被称为宝宝最早获得的口服免疫抗体,是宝宝上等的天然疫苗。

❋ **母乳与配方奶的对比**

等量的母乳和配方奶,两者热量和营养成分相差无几,但进入宝宝体

内,两者的功效就不相同了。

母乳中的蛋白质比配方奶中的蛋白质易于消化(宝宝3个月后才能很好地利用配方奶中的蛋白质),母乳中的铁60%可被吸收,而配方奶中的铁的吸收率不到50%。此外,母乳方

# 超级育儿圣典

便、安全、经济，而且还含有从母体中带来的免疫体。

### ❋ 有利于妈妈健康

母乳喂养可以抑制雌激素排卵，产生哺乳闭经期，达到避孕目的，减轻妈妈生育手术引起的痛苦。同时，及时开始母乳喂养，伴随吸吮而产生的催产素，能促进子宫收缩，减少产后出血，促使子宫复原。妈妈体内的蛋白质、铁和其他所需营养物质，能通过闭经得以储存，有利于产后的康复。此外，母乳喂养可减少患子宫肌瘤、乳腺癌和卵巢癌的危险。

### ❋ 加速大脑发育

纯母乳喂养、哺乳期长可以提高儿童智商，通过宝宝与妈妈的频繁接触，强化身体刺激和神经反射，加深母子感情，有利于宝宝心理健康。

## 母乳喂养的方法和喂养时间

宝宝出生半个小时之内，就应让他吸吮母亲的乳头。因为宝宝出生后20～30分钟内的吸吮反射最强，所以即便此时母亲没有乳汁也可让宝宝吸一吸，这样不但可尽早建立妈妈的催乳反射和排乳反射，促进乳汁分泌，还利于母亲子宫收缩，减少阴道流血。宝宝出生后接触母亲越早，持续时间越长，对宝宝的心理发育越好。

初乳含有丰富的抗体，应该及时让宝宝吃上母亲的初乳。一般情况下，若分娩的母亲、宝宝一切正常，0.5～1小时就可以开奶。

### ❋ 哺乳次数、时间与喂奶量

1～3天的宝宝，按需哺乳，每次喂10～15分钟（要遵循按需哺乳的原则，根据个体差异而定）。4～14天的宝宝，每2～3小时喂奶1次，每次喂20～30分钟，每次喂30～90毫升（要遵循按需哺乳的原则，根据个体差异而定）。15～30天的宝宝，每隔2～3小时喂奶1次，每次约30分钟。

喂奶时间可安排在上午6时、9时、12时，下午3时、6时、9时及夜间12时、后半夜3时，每次喂奶70～100毫升（要遵循按需哺乳的原则，根据个体差异而定），每天哺乳不少于8次。

### ❋ 一次哺乳最多20分钟

如果奶量充足的话，一次喂哺时间不要超过20分钟，吸吮时间过长，乳头皮肤容易破损而继发细菌感染。其实，在最初的2分钟里，宝宝已经吸掉了乳房内总奶量的一半，而4分钟里已吸去了80%左右。但是，剩下时间内的吸吮动作也是必要的，它可以促使乳汁分泌。

Part 1　新生儿——越长越好看了

### ✲ 夜间母乳哺喂的方法

夜晚乳母的哺喂姿势一般是侧身对着稍侧身的宝宝，母亲的手臂可以搂着宝宝，但这样做会较累，手臂易酸麻，所以也可只是侧身，手臂不搂宝宝进行哺喂。或者可以让宝宝仰躺着，母亲用一侧手臂支撑自己俯在宝宝上部哺喂，但这样的姿势同样较累，而且如果母亲不是很清醒时千万不要进行，以免在似睡非睡间压着宝宝，甚至导致宝宝窒息。

晚上哺喂不要让宝宝含着乳头睡觉，以免造成乳房压住宝宝鼻孔使其窒息的危险，也容易使宝宝养成过分依恋母亲乳头的心理。

## 教您选对奶瓶和奶嘴

### ✲ 奶瓶的选择

目前，市场上销售的奶瓶，其制作材料可分为2种：合成树脂和玻璃。合成树脂质的奶瓶轻、不易碎，适合外出及较大宝宝自己拿着用，但不耐磨、不耐洗。玻璃奶瓶则正相反，更适合妈妈拿着喂宝宝。奶瓶的形状各异，不同年龄的宝宝可以选择不同形状的奶瓶。

圆形：适合0~3个月的宝宝用。这一阶段，宝宝吃奶、喝水主要是靠妈妈喂，圆奶瓶内颈平滑，液体流动顺畅。

带柄小奶瓶。1岁左右的宝宝可以自己抱着奶瓶，但又往往抱不稳，这种类似练习杯的奶瓶就是专为他们准备的。两个可移动的把柄便于宝宝用小手握住，还可以根据姿势调整把柄，坐着、躺着吃都行。

弧形、环形：4个月以上的宝宝有了强烈的抓握东西的欲望，弧形瓶像一只小哑铃，环形瓶是一个长圆的"0"形，便于宝宝抓握。

容量：奶瓶依容量分为大、中、小号，母乳喂养的宝宝喝水时最好用小号，储存母乳可用大号的。用其他方式喂养的宝宝则应用大号的，让宝宝一次吃饱。

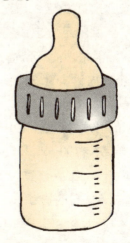

### ✲ 奶嘴的选择

有了合适的奶瓶，还得配上合适

# 超级育儿圣典

的奶嘴。奶嘴有橡胶、乳胶和硅胶的。目前橡胶已经被淘汰，最常见的材料是乳胶和硅胶。乳胶奶嘴富有弹性，质感近似妈妈的乳头；硅胶奶嘴没有乳胶的异味，容易被宝宝接纳，而且不易老化，抗热、抗腐蚀性也好。

宝宝吸奶时间应为20～30分钟，时间太长或太短都不利于宝宝口腔的发育，因此选择合适的奶嘴型号非常重要。常见的奶嘴型号如下：

圆孔小号（S号）：适合于尚不能控制奶量的新生儿。

圆孔中号（M号）：适合于2～3个月、用小号奶嘴费时太长的宝宝。用此奶嘴吸奶与吸吮妈妈乳房时所吸出的奶量、所做的吸吮运动的次数非常接近。

圆孔大号（L号）：适合于用以上两种奶嘴喂奶时间太长，吸奶量不足而致体重过轻的宝宝。

"Y"形孔：适合于可以自我控制吸奶量、边喝边玩的宝宝使用。

"十"形孔：适合于吸果汁、米糊或其他粗颗粒饮品时，也可以用来喂奶。

> **温馨提示**
>
> 在选购奶嘴时，应特别注意看说明书，看看奶嘴里的亚硝胺和双酚A的含量，因为前者是致癌物质，后者可导致性早熟。

## 人工喂养的关键

### ✲ 计算宝宝的奶量

如果宝宝进食配方奶粉的量充足，是完全能满足宝宝所需营养素的。在宝宝消化功能正常情的况下，一天24小时内进食量充足的简单计算方法是：

摄入的配方奶粉量（毫升）=［宝宝体重（千克）×100］×（1.5～1.8）

比如：一个宝宝体重为3千克，每日摄入配方奶粉的量为：

［3×100］×（1.5～1.8）= 450～540（毫升）

一般宝宝每3～4小时进食1次，每次喂养量60～70毫升即可。

### ✲ 配方奶冲调见功力

冲奶粉给宝宝吃，用什么样的水冲调，水温该控制在多少度，一次冲多少毫升等都是有讲究的。新妈妈是否真正掌握了给宝宝冲调奶粉的方法？

冲调用水有讲究。冲调奶粉的用水必须完全煮沸，且先把水温调到适合，以37℃左右最为适宜，最后再倒入奶粉搅拌均匀。水温过高会使奶粉中的乳清蛋白产生凝块，影响消化吸收，还可能破坏奶粉中添加的免疫活性物质。不要使用电热水瓶热水，因

## Part 1 新生儿——越长越好看了

其未达沸点或煮沸时间不够。

### ❉ 奶量与水量有标准

刚出生的宝宝消化功能弱，不能消化浓度较高的奶粉，应先给浓度低一些的。最好是先喂1/3量的奶，3天后可喂1/2量的奶，1周后才能喂食全奶。

1/3奶的配制方法是：1平勺奶粉加12勺水（同样大小的勺子）。

1/2奶的配制方法是：1平勺奶粉加8勺水。

全奶的配制方法是：1平勺奶粉加4勺的水，奶粉恰好溶解成奶水。

### ❉ 不要忘记试温

牛奶温度过高会烫伤宝宝，过低会刺激胃肠道蠕动，造成腹泻，影响营养素的吸收，因此喂奶前需先试温。试温时只需倒几滴奶于手腕内侧即可，或者把盛有牛奶的奶瓶摇匀，片刻后贴在面颊上。切勿由成人直接吸奶头尝试，以免受成人口腔内细菌的污染。

不管是用矿泉水还是自来水，都要烧开后才能冲泡配方奶。生水有可能被微生物污染，因此不适合免疫力差的宝宝喝。应将烧开的热水晾到50~60℃以后，再冲泡配方奶。当奶水的温度达到40℃左右时，就可以喂宝宝了。

### ❉ 消毒工作不容忽视

新生儿所用的奶瓶、奶嘴、汤勺、锅子等，必须每次消毒，并放在固定盛器内最好是带盖的锅中，以保证清洁和消毒质量。下面综合介绍几种常用的方法：

煮沸消毒法：顾名思义，是将奶瓶和其他喂奶的工具放入一口深锅中，使工具完全浸在水中，然后煮沸15~20分钟。

用消毒剂消毒：将奶瓶和其他喂奶的工具放入一个大的容器中，加水盖过其高度，放入消毒剂（固体或液体均可），然后浸泡30分钟。

蒸汽消毒机消毒：这是一种电动设备，只需加入水就可产生足够的蒸汽来为奶瓶消毒，大约需要10分钟。

微波消毒装置：这是一种特别设计的、可放入微波炉的蒸汽装置。消毒大约需要5分钟。但使用前必须先确定奶瓶和其他工具可以用微波消毒。

# 超级育儿圣典

 **擦亮双眼，帮宝宝选对奶粉**

市场上奶粉种类很多，妈妈在为宝宝购买配方奶粉时，应选择最适合宝宝健康成长的奶粉，主要需要考虑以下方面：

| 选择分类 | 选择的原因 |
| --- | --- |
| 奶粉配方中的营养素种类 | 奶糖配制量越接近母乳越好，宝宝食后睡得香，食欲也正常，无便秘、无腹泻、体重和身高等指标正常增长。 |
| 根据宝宝年龄选择 | 宝宝在生长发育的不同阶段需要的营养是不同的，例如，新生儿与7~8个月的宝宝所需要的营养就不一样。奶粉说明书上都有适合的月龄或年龄，可按需选择。 |
| 根据宝宝健康情况选择 | 有的宝宝对牛奶蛋白过敏、对乳糖不耐受，或由于早产对营养有特殊需求，需要选择有治疗意义的配方奶粉。如早产儿可选早产儿奶粉，待体重发育至正常（大于2500克）后再更换成宝宝配方奶粉；患有慢性腹泻导致肠黏膜表层乳糖酶流失、有哮喘和皮肤疾病的宝宝，可选择脱敏奶粉（黄豆配方奶粉）；缺铁的宝宝，可补充强化铁奶粉。 |
| 优质的配方奶粉 | 选择知名度高、有信誉的厂家。由于配方奶粉的基础粉末是从牛奶中提取的，奶源的好坏就非常重要了。选择奶粉时，最好了解奶源的出处，天然牧场喂养的奶牛是最佳奶源。 |
| 观察产品包装 | 无论是罐装奶粉还是袋装奶粉，妈妈在购买时都不能忘记看产品包装。主要浏览包装上的配方、性能、适用对象和使用方法，判断该产品是否符合自己的购买要求。此外，还要察看生产日期和保质期、有无漏气、有无块状物体等，判断所要购买的奶粉是不是合格产品，是否已经变质。 |

## 温馨提示

选奶粉时需注意：

✱ 包装要完好无损，不透气。

✱ 奶粉外观应是淡黄色粉末，颗粒均匀一致，没有结块，闻之有清香味，用温开水冲调后，溶解完全，静置没有沉淀物，奶粉和水无分离现象。

# Part 1 新生儿——越长越好看了

## 溢奶和吐奶不是一回事

宝宝发生呕吐，总是让爸爸妈妈困惑不安，不知该如何对待。实际上，宝宝呕吐有溢奶和吐奶两种情况，在护理前应学会辨别，以便护理时区别对待。

宝宝在喂饱后无压力、无喷射性地从口边吐出少许乳汁，无面色改变，吐后不啼哭，称溢奶，是新生儿的正常现象。这多数是因为新生儿的胃呈水平位，贲门较松弛，而发生胃食道反流。宝宝吸奶前哭闹较剧烈，吸奶时吸入空气过多，也可因嗳气而溢奶。

人工喂养不当，如橡皮奶嘴开孔过大，授奶过速，喂养过多、太烫、太冷，都可引起溢奶。溢奶在宝宝出生头3个月发生最频繁，直到7个月至1岁才停止。

吐奶则是指给新生儿喂奶后发生的一种较强烈的呕吐，有时呈喷射性，可见黄绿色胆汁，甚至吐出咖啡色液体。虽然呕吐有时也可发生于喂养不当或暂时性功能失调，但也有一些疾病引起的呕吐，这样的宝宝在呕吐的同时还可能伴有恶心、出汗、面色苍白、胸腹肌的强力收缩以及腹痛、腹泻、发热等症状，应及时去医院治疗。

> **温馨提示**
> 喂奶前，将宝宝的尿布换好，喂奶后就不要换了，以免由于活动引起溢奶。

## 适时给宝宝添加鱼肝油

新生宝宝很少接触阳光，加上母乳中没有足够的维生素D，因此，要靠口服或注射维生素D来补充。添加鱼肝油就是一种很好的方法。

❉ **开始添加鱼肝油的时间**

从出生的第2～3周起，无论是母乳喂养还是人工喂养，最好都能给宝宝添加一定的鱼肝油，因为母乳、牛奶和一些配方奶粉（维生素A、维生素D强化的除外）中维生素A和维生素D的含量比较少，很难满足宝宝生长发育的需要，添加鱼肝油可以为宝宝补充维生素A和维生素D。

❉ **添加鱼肝油的方法**

维生素A、维生素D含量比例为3∶1的婴儿鱼肝油是目前使用最普遍的制剂，市场上为宝宝特制的维生素A、维生素D制剂类型很多，这种浓度比例既能为宝宝补充足够的维生素D，又不会出现维生素A过量的问

# 超级育儿圣典

题,是专家们一致推荐的剂型。

为宝宝添加鱼肝油一定不能过量,一般以每天1~3次,每次1滴为宜,一天最多不能超过5滴。如果妈妈经常带宝宝到户外晒太阳,宝宝就可以自己在体内合成维生素D,鱼肝油的添加量也应该相应地减少一些。

## 催乳食材推荐

### ❋ 莲藕

能够健脾益胃、润燥养阴、行血化淤、清热生乳。新妈妈多吃莲藕,能及早清除腹内积存的淤血。增进食欲,帮助消化,促使乳汁分泌。解决乳汁不足的难题。

### ❋ 黄花菜

有利宽胸、下乳的功效,治产后乳汁不下,用黄花菜炖瘦猪肉食用,极有功效。

### ❋ 茭白

有解热毒、防烦渴、利二便和催乳的功效,现在一般多用茭白、猪蹄、通草同煮食用,有较好的催乳作用。

### ❋ 莴笋

有清热利尿、活血通乳的作用,适合产后少尿及无乳的新妈妈食用,效果显著。

### ❋ 豌豆

有利小便、生津液、通乳的功效。青豌豆煮熟淡食或用豌豆苗捣烂榨汁服用,皆可通乳。

### ❋ 豆腐

对奶汁不足者,能补气血及增进奶汁分泌。以豆腐、红糖、酒酿加水煮服,可以生乳。

## 哺乳妈妈催乳食谱

**花生莲藕汤**
补中益气、养血健骨

**材料** 莲藕250克,花生100克,红枣10枚。

**做法** 将莲藕节洗净,切成小块;花生、红枣(去核)洗净。把全部用料

## Part 1 新生儿——越长越好看了

一起放入砂锅内,加清水适量,大火煮沸后,小火煮3小时。加入适量调料即可。

**功效** 花生配莲藕,补而不燥、润而不腻、香浓可口,具有补中益气、养血健骨、滋润肌肤、催乳下奶的作用。

### 原味蔬菜汤
**有极佳的发奶作用**

**材料** 黄豆芽、西蓝花、菜椒(青椒、黄椒、红椒均可)、紫甘蓝、丝瓜、毛豆、西葫芦、西芹,每次选择4种以上即可。

**做法** 把各种蔬菜放入锅内,加入适量清水,煮烂后取汤水饮用。

**功效** 原味蔬菜汤就是将各类蔬菜(主要是根茎花果)不加任何调料煮汤。它味道清香,可以当茶喝,在产后当天(剖腹产次日)即喝有极佳的发奶作用。以后保证每天不少于喝2次。

### 花生炖猪蹄
**健胸丰乳**

**材料** 花生米200克,猪蹄2只,葱、生姜、盐、清汤各适量。

**做法** 将猪蹄刮洗干净,顺猪蹄劈成两半;花生米洗净,用温水泡涨。葱、生姜洗净,葱切段,生姜切成大片。净锅置火上,倒入适量清汤,放入猪蹄、花生米、葱段、姜片,用大火烧开,撇去浮沫,转用小火慢炖至猪蹄软烂,加盐调味即可。

**功效** 清暑解热,生津止渴,适用于妊娠合并腹痛。猪蹄能补血、通乳、健腰脚、托疮,适合腰脚酸软无力、痈疽疮毒久溃不愈的人食用。猪蹄汤具有催乳作用,对于哺乳期妇女能起到催乳和美容的双重作用。

### 阿胶大枣羹
**补气血、调脾胃**

**材料** 阿胶250克,大枣1000克,核桃、冰糖各500克。

**做法** 将核桃除皮留仁,捣烂备用。将大枣洗净,兑适量水放锅内煮烂,用干净纱布滤去皮核,置入另一锅内,放入冰糖、核桃仁小火炖之。同时将阿胶放碗内上屉蒸烊。把大枣、阿胶锅内熬成羹即成。

**功效** 有补气血、调脾胃、润燥滋阴的作用。对绝大多数产妇的产后康复、身体功能调理、催乳下奶都十分有效。

## 日常照护

### 民间育儿习俗误区

**❉ 不能见光**

很多人认为新生儿不能被强烈光线照射。强烈光线会伤害新生儿的眼睛，但这并不等于说新生儿不能见光，如果把新生儿的房间布置得很暗，几乎没有光线，这对新生儿的视觉发育是不利的，而且也不利于帮助新生儿建立昼夜睡眠规律。所以，笼统地说新生儿不能见光，是错误的。

正确做法：白天不要挂窗帘，尤其是质地较厚、颜色较深的窗帘。晚上也可以使用正常的照明灯，但光线不宜过强。

**❉ 怕冷不怕热**

民间育儿习俗总以为新生儿怕冷不怕热，这是没有科学根据的。新生儿体温调节中枢还不健全，汗腺不发达，肌肉也不发达，不仅怕冷，也同样怕热。所以要注意室内温度，既不能过冷，也不能过热。

正确做法：中性温度是新生儿最适宜的环境温度。生活中因为穿衣等因素，适宜并相对恒定的室温对新生儿来说非常重要，适宜的环境温度是 22~26℃。

**❉ 睡硬枕头**

让新生儿睡硬枕头是民间育儿的另一个习惯做法，认为这样能睡出好头形，这是没有科学根据的。新生儿颅骨容易变形，受到挤压时会出现骨缝重叠或分离，使头形发生变化。此外，新生儿大部分时间都是躺着，枕头会长时间伴随着新生儿。枕头过硬会使新生儿头皮血管受压，导致头部血液循环不畅；而且新生儿喜欢不断地转动头部，枕头过硬会把头发蹭掉，形成"枕秃"。

正确做法：3个月以内的宝宝颈部的曲度还没有形成，不需要枕头。当然，为了固定新生儿头位，不溢乳的新生儿可以睡马鞍形的枕头，枕头的软硬要适中。如果秋冬季宝宝身上穿得较厚，则应在头部垫一个小枕头以保持脊柱呈水平状态。

**❉ 夏天不能开空调**

很多爸爸妈妈都认为新生儿的房间夏天不能开空调，所以即使炎炎夏日，产妇和新生儿都热得浑身起痱

Part 1  新生儿——越长越好看了

子,也不敢开空调。这反而不利于新妈妈和胎儿。

正确做法:产妇和新生儿是能适当吹空调的,但是空调温度不能设置太低,25~28℃即可,以室内感觉凉爽但又不冷为宜,而且不要把空调的出风口对着宝宝吹,也可以通过开隔壁屋的空调,让居室整体温度下降。总之,要让产妇和新生儿在舒适的温度下休息和睡觉。在开空调之前先给宝宝擦干身上的汗,同时一定要注意给宝宝的肚子、小脚保暖。还要经常开窗换气,确保空气流通,多给宝宝喝水。

影响新生儿髋关节的发育和运动功能的正常发展。

正确做法:宝宝睡觉时最好不要使用蜡烛包,让腿和胳膊都处于自然的屈曲状态。只要室温、被子厚度合适,睡眠习惯良好,宝宝就能睡个安稳觉。

❋ 挤乳头

民间习俗认为,给女宝宝挤乳头,会避免其成人后乳头凹陷,这也是错误的。因为挤捏新生儿乳头,不但不能纠正乳头凹陷,反而会引起新生儿乳腺炎。

正确做法:新生儿乳头凹陷不需要任何处理。

❋ 擦马牙

新生儿的齿龈上可能有白色小珠,看起来像刚刚萌出的牙齿,有的就像小马驹口中的小牙齿,所以被称为"马牙"。

民间有给新生儿"擦马牙"的习俗,这是很危险的。因为新生儿口腔黏膜非常娇嫩,即使是轻轻摩擦,也会使黏膜受损,引起细菌感染,情况严重还会引发新生儿败血症。

正确做法:"马牙"不需要处理,一般会自行消失。

❋ 怕声响,易惊吓

新生儿神经髓鞘尚未发育完善,对外界的刺激表现为泛化反应,看起来像被惊吓了,其实不是。爸爸妈妈

❋ 蜡烛包睡得稳

把新生儿像蜡烛一样包起来,认为这样才睡得稳,这是民间育儿特别普遍的一种做法。其实,即使不使用蜡烛包,新生儿对外界的反应都是泛化的,只是把新生儿包裹在襁褓中,我们看不见而已。此外,蜡烛包还会

# 超级育儿圣典

不要总是蹑手蹑脚，这样反倒不利于新生儿神经系统发育的进一步完善。

正确做法：适量的声响能够促进新生儿视觉、听觉、触觉的灵敏度，有利于大脑发育和智力开发。新生儿喜欢听有节奏的优美旋律，也喜欢听人说话的声音，尤其是妈妈的声音，因此可以多和宝宝聊聊天。

### ❋ 给宝宝剃满月头

中国人有一个剃胎发的习俗，婴儿一满月就剃头，也就是所谓的"剃满月头"，其实，按照专家的说法，这并没有科学道理。

正确做法：如果赶上炎热的夏季，为了预防湿疹，或者想给宝宝做一支胎毛笔，可以把宝宝的头发剃短，而不用剃光。这是因为，宝宝出生后，头皮上会有一层起保护作用的皮质，如满月时剃胎发，就会把这层皮质刮掉。另外，在剃胎发时，即使表面看起来没有弄伤宝宝的头皮，但实际上宝宝的头皮上已留下了肉眼看不见的创伤。因此，"满月头"还是不剃为好。

## 新生儿四季照护要点

### ❋ 春季

对于春天出生的宝宝，爸爸妈妈护理时应注意室内温度的变化，维持室温恒定。如果身处北方还要注意防风沙，以免引起新生儿过敏、气管痉挛等。春天空气湿度低，可以在室内使用加湿器，保持适宜湿度。

### ❋ 夏季

夏天水分消耗大，妈妈要及时给宝宝补充水分，并把室温维持在28℃左右，以免引起脱水热。如果宝宝眼屎多，应滴眼药水。出汗后给宝宝用温水洗澡。如果发现宝宝臀红，要及时涂鞣酸软膏。同时注意宝宝腹部不能受凉，以防止腹泻。

### ❋ 秋季

秋天是宝宝最不易患病的天气季节。如果宝宝在秋天出生，唯一易患的疾病是腹泻，要注意预防。另外，在宝宝出生后半个月，就要开始补充维生素D。

### ❋ 冬季

对于冬天出生的宝宝，应注意防寒保暖。在北方，冬天有暖气，宝宝不易受到寒冷损伤了，但室内空气质量较差，容易造成新生儿喂养局部环境不良；南方多用空调取暖，室内空气质量也不太好。所以，爸爸妈妈要经常抱宝宝晒晒太阳。

Part 1 新生儿——越长越好看了

## 如何正确清洗宝宝的头垢

头垢是每个新生儿都会有的,如果头垢过多对宝宝的健康是不利的。因为头垢内有大量污垢,一旦宝宝抓破头皮,很容易导致感染。此外,如果头垢把囟门遮挡住,会影响家长和医生通过囟门的情况来判断宝宝健康。可以通过下面的方法清理头垢:

洗澡时,将水轻轻地淋在宝宝头上,在长头垢的位置擦一点宝宝油或者橄榄油(注意别把水溅到宝宝的眼睛和耳朵里)。过10~20分钟,待头垢软化后,用软硬适度的刷子把大块的头垢刷松,然后用宝宝洗头液把头垢清洗掉即可。

## 宝宝眼、耳、口、鼻的护理

### ✿ 眼睛的护理

如果宝宝眼睛有大量的黄色分泌物,但眼球结膜是白色的,属正常状态。清理分泌物要用蘸了温水的棉签从靠近鼻子的内眼角向外眼角擦拭,每天3次。护理前,爸爸妈妈要将手洗干净,防止宝宝受到细菌感染。如果宝宝的眼球结膜发红,怀疑有感染的时候,应及时就医。

### ✿ 耳朵的护理

爸爸妈妈为宝宝进行耳朵护理时,应使用质地柔软的小毛巾对耳郭的外侧及内面进行擦拭。如果新生宝宝因溢奶致使耳部被污染时,爸爸妈妈要及时用棉球蘸适量温开水将其擦干净。千万不要轻易对新生宝宝的耳垢进行清理,以免伤到新生宝宝。而耳垢大多会自然排出耳外。

### ✿ 口腔的护理

新生儿口腔黏膜又薄又嫩,不要试图去擦拭它。要保护宝宝口腔的清洁,可以在给他喂奶之后喝些白开水。

要是发现宝宝的口腔黏膜有白的奶样物,喝温水也冲不下去,而且用棉签轻轻擦拭也不脱落,并有点出血的时候,有可能是念珠菌感染了,也就是鹅口疮。健康的宝宝一般情况下

15~30天就会好。如果是因为使用抗生素不当造成口腔内菌群失调而导致发病的，就要注意宝宝奶瓶和奶嘴的消毒，而且需要去看医生。

### ❋ 鼻子的护理

爸爸妈妈要及时为宝宝清理鼻垢和鼻涕，清理时要用手将宝宝的头部固定好，用棉签在鼻腔里轻轻转动以清除污物，但是不要伸入过深。遇到固结的鼻垢和鼻涕，不可硬拨、硬扯，而应设法将其软化后取出。在操作过程中切不可碰伤宝宝的鼻腔黏膜。

## 小心护理宝宝的肚脐

正常情况下，在宝宝出生后5~15天脐带就会自然干燥并脱落。刚脱落的肚脐会渗出血水，需要特别护理。不论脐带是否已脱落，肚脐都可按下面方法来处理：

### ❋ 每天清洁肚脐

用棉花棒蘸75%的酒精涂于肚脐处，由脐带根部（或凹处）开始向外擦至皮肤。

重点清洁白色的脐带根部，宝宝的肚脐处痛感不敏感，妈妈可以放心清洁。清洁完毕，要用干净的毛巾将肚脐处的水分擦干。

每次换尿布时，也要检查脐部是否干燥。如发现脐部潮湿，就用75%的酒精再次擦拭。75%酒精的作用是使肚脐加速干燥，干燥后易脱落，也不易滋生细菌。

### ❋ 保持肚脐干爽

宝宝肚脐上即将脱落的脐带是一种坏死组织，很容易感染上细菌。所以宝宝的脐带一旦被水或被尿液浸湿，爸爸妈妈要马上用干棉球或干净柔软的纱布擦干，然后用酒精棉签消毒。

### ❋ 别让尿布或衣服摩擦脐带残端

爸爸妈妈要避免衣服和尿布对宝宝脐部的刺激。可以将尿布前面的上端往下翻一些，以减少对脐带残端的摩擦。

### ❋ 警惕脐带发红

在脐带残端脱落的过程中，宝宝的肚脐周围常常会出现轻微的发红，这是脐带残端脱落过程中的正常现象，不用担心。但是，如果肚脐和周围皮肤变得很红，而且用手摸起来感觉皮肤发热，那很可能是肚脐出现了感染，爸爸妈妈就要及时带宝宝去看医生。

Part 1 新生儿——越长越好看了

##  新生宝宝不适宜睡软床

随着人们生活水平的提高，家具不断更新换代，棕绷床、木板床等已被卧躺舒适、造型美观的沙发软床或弹簧床代替。有些父母为了让宝宝睡得好、睡得舒服，往往买上一张沙发软床或弹簧软床给宝宝，认为宝宝睡软床，不会碰伤身体。其实，这种做法是有害的，不利于宝宝的生长发育。

新生儿出生后，全身各器官都在发育成长，尤其是骨骼生长更快。新生儿骨骼中含无机盐少，有机物多，因而具有柔软、弹性大、不容易骨折等特点。但是由于新生儿脊柱周围的肌肉、韧带很弱，容易导致脊柱和肢体骨骼发生变形、弯曲，一旦脊柱或骨骼变形，往后想纠正就麻烦了。

新生儿理想的睡床是什么呢？一般说来，家中的木板床、竹床、棕绷床或砖炕都可以。睡这类床，新生儿就完全可避免脊柱弯曲、骨骼变形，有利于健康成长。

另外，新生儿最好单独睡一张婴儿床，从小锻炼宝宝不依恋哺乳母亲睡眠的良好习惯，对宝宝的生长发育和建立独立生活能力等均有促进作用。宝宝的小床应放在哺乳母亲的床边，以方便对新生儿的照料和护理。

> **温馨提示**
>
> 不要给宝宝买太软的枕头和带凹的马鞍形枕头。宝宝将头侧过来的时候，如果枕头太软，容易堵住宝宝的口鼻，比较危险。现在，宝宝自己会转头了，如果用的是凹形的马鞍形枕头，宝宝转头吐出来的奶可能会堵塞宝宝的口鼻。

## 怎么正确给新生宝宝穿脱衣服

给宝宝穿衣服和脱衣服要有速度，避免使宝宝受凉。在给宝宝穿衣服时，要托住屁股和脖子，让宝宝觉得舒服。具体方法如下：

❀ **最好是领子宽的衣服**

宝宝的头比身体大，不能从前面打开的T恤形上衣不便穿脱。最好选择领子宽的，或可从前面或肩膀方向打开的或有扣子的。

❀ **开胸衣服翻过来穿**

给宝宝穿开胸衣服时要提前把衣服翻过来。将宝宝的手通过翻过来的

# 超级育儿圣典

袖子,从妈妈的胳膊移动到宝宝的胳膊上,即翻成正面了,把衣服反过来就能容易地穿上衣服了。

❋ **将内衣和外衣重叠后一次性穿上**

内衣和外衣分着穿会比较辛苦,重叠内衣和外衣一次性地穿上更简单。外衣和内衣的袖子重叠,这样宝宝的胳膊能更容易地通过后一次性穿上。

❋ **妈妈的手最好放在扣子下面扣扣子**

穿着衣服扣扣子容易压迫到宝宝娇嫩的皮肤,所以,妈妈的手指要伸到宝宝的衣服下面或往前拉衣服再扣扣子。

给宝宝穿衣时,需注意:

❋ **剪下新衣服的商标**

新生儿的新衣服需要将商标剪下来,如果是贴在里面的更要彻底剪下来(商标接触皮肤会使皮肤红肿)。

❋ **新衣服用清水漂洗**

新生儿的衣服特别是内衣,最好用干净的水漂洗后再穿,以去掉可能附着在上面的灰尘或异物等。不要用洗涤剂,就用清水漂洗,接触的感觉会更清爽,也容易吸汗。

❋ **室温升高后再脱衣服**

在确定温度升高后,再迅速脱掉或换下宝宝多余的衣物。有的宝宝在脱衣服时会被吓到,但这是 0~4 个月宝宝的反射反应,可以抓住宝宝的手或胳膊让宝宝安心。

## 新生儿如何抱起、放下

宝宝出生以后,面对他娇弱柔软的身体,年轻的爸爸妈妈往往会手足无措,不知道该如何抱起这个娇小的身体。而宝宝离开柔软舒适的子宫,面对陌生的世界也会表现得惊慌不适,渴望温暖的怀抱。因此对于妈妈来说,在宝宝出生以后,最重要的课程之一就是学会怎么抱宝宝,让他在自己的怀抱里感觉安全放松。这种贴身抚抱是建立亲子感情的第一步,对于宝宝的健康生长具有十分重要的意义。

❋ **手托法**

这是抱起和放下宝宝时最常用的一种方式,就是用一只手托住宝宝的背、脖子、头,另一只手托住宝宝的小屁股和腰部。需要提醒的是,在抱宝宝之前,你可以先叫叫宝宝的名字或逗宝宝一下,引起宝宝对你的关注,然后再去抱宝宝。

## Part 1 新生儿——越长越好看了

### ✢ 腕抱法

这种方法常用在爸爸妈妈坐着抱宝宝的时候,具体方法是,将宝宝的头放在一边的手臂弯里,再以肘部护着宝宝的头,并且要注意用腕和手护着宝宝的背和腰部。同时,另一只手的前臂伸过去护住宝宝的腿部,用手托着宝宝的屁股和腰部。

### ✢ 抱起仰卧的宝宝

首先把一只手轻轻地放在宝宝的下背及臀部的下面,另一只手轻轻放于宝宝的头部下面,然后两只手同时用力,慢慢地抱起,让宝宝的头和身体有所依靠,避免宝宝的头耷拉到一边。抱起后,再把宝宝的头小心转放到肘弯或肩膀上。

### ✢ 抱起侧卧的宝宝

先把一只手轻轻放在宝宝的头颈下方,另一只手放在宝宝臀下,把宝宝揽进手中,确保头不耷拉下来。轻轻地抬高,让宝宝靠近你的身体,然后将手臂轻轻地滑向宝宝的头下方,让宝宝的头靠在你的肘部。

### ✢ 抱起俯卧的宝宝

先把一只手轻轻放在宝宝胸部下面,使前臂支住他的下巴,另一只手放在宝宝的臀下,然后慢慢抬高,使宝宝的正部转向你,靠近你的身体;接着轻轻向前移动那只支撑宝宝头部的手,直到宝宝的头舒适地躺在你的肘弯上,另一只手放在宝宝的臀部及腿部下面。

### ✢ 仰卧放下宝宝

先用一只手置于宝宝的头颈部下方,然后用另一只手托住宝宝的臀部;两手轻轻托着宝宝的身体慢慢地放下,直到其重量完全落到床上为止;然后,把手从宝宝的臀部轻轻抽出,接着用这只手稍稍抬高宝宝头部,使另一手也能够轻轻抽出来。

### ✢ 侧着放下宝宝

首先让宝宝先躺在你的手臂上,头靠着肘部,用另一只手托住宝宝的头部。然后慢慢将宝宝放到床上,轻轻抽出置于宝宝身下的那只手;然后再轻轻拔出放在宝宝头下面的那只手,并轻轻地放下宝宝的头。

## 超级育儿圣典

### 帮宝宝睡出漂亮头形

刚出生的新生儿自己无能力控制和调整睡眠的姿势,他们的睡眠姿势是由别人来决定的。新生儿初生时保持着胎内的姿势,四肢仍屈曲,为使在产道咽进的羊水和黏液流出,出生后 24 小时内,可采取头低右侧卧位,在颈下垫块小手巾,并定时改换另一侧卧位,否则由于新生儿的头颅骨骨缝没有完全闭合,长期睡向一边,头颅可能变形。如果新生儿吃完奶经常吐奶,在刚喂完奶后,要取右侧卧位,以减少溢奶。

#### ❋ 趴睡

这种睡姿可以锻炼宝宝的颈部肌肉,并帮助宝宝练习抬头动作,为以后学习匍行和爬行打下基础,但要注意的是在宝宝能支撑自己的头部前不宜采取趴睡的姿势,如果需要趴睡,一定要在大人的监护下进行。由于宝宝无法抬头、转头、翻身,尚无保护自己的能力,趴着时容易压着鼻子而窒息。此外趴睡时间不可太久,1 小时内应换姿势,不然容易压迫到宝宝的内脏,不利于宝宝的生长发育。

宝宝侧睡可以最大限度地保持宝宝的头形,一般来说,宝宝侧着睡有难度,可以在他背部放一个枕头,帮助撑住他的背部,这样可以维持侧睡的姿势。侧睡时应该把宝宝的手放在前面,这样宝宝翻身时就不会变成趴睡。

#### ❋ 仰睡

这是宝宝最舒服、最自然的睡姿,可使宝宝全身肌肉放松,对内脏的压迫最少,但长期这种睡姿会让宝宝的头形变扁。可以增加宝宝侧睡的概率,有的爸爸妈妈担心宝宝不能适应太多的睡姿,事实上宝宝的适应能力很强,只要让他多几种睡姿的体验,他会很快适应,并做出相应的调整。

宝宝的头形与宝宝的睡姿有关,如果宝宝只习惯一种睡姿,容易把头形睡偏,应该每 2~3 个小时给宝宝更换一次睡眠姿势,保证宝宝头部正常发育,睡出漂亮的头形。

Part 1　新生儿——越长越好看了

 **如何给新生宝宝洗澡**

❋ **洗澡前的准备**

检查宝宝的身体状况：给宝宝洗澡前，妈妈最好仔细地观察宝宝的身体状况和精神状态，如果身体不适或刚接种过疫苗的话，就暂时不要洗澡了。此外，最好在喂完奶半个小时后再洗澡。

调整好宝宝洗澡的室温：夏天正常室温就可以；冬天需要等到室温调整到25℃左右再开始洗澡。

准备好洗澡的用品：将宝宝浴巾、换洗衣服、洗发沐浴露、水中玩具等放置在相应的位置。

❋ **新生儿洗澡的基本操作动作**

用温水洗脸：用温水清洗宝宝的脸，尤其注意耳朵后面、耳郭里面、脖子的褶皱处。这时先不要将宝宝的包被拿掉。

擦洗头部：将纱布挤一点温水在宝宝头上，将沐浴液搓出泡沫来揉在纱布上洗头发。

擦洗其他部位：一只手将包被拿掉，另一只手托住宝宝的脖子，脱下尿布，用纱布盖住肚脐，这阶段的宝宝脐部容易感染，应避免弄湿。把他的双手双脚拉开，擦洗腹股沟、膝盖、肘腕处。

擦洗背部：用空出的一只手放在宝宝头部的后方，支在两耳之后，缓慢将宝宝的重心转移到这只手上，将宝宝轻轻翻过来。擦洗宝宝屁股上方褶皱处和尿布覆盖的部位。

清洗生殖器官：将宝宝的双腿往外掰，如果是女婴，擦拭屁股时一定要按照从前向后的顺序，小阴唇和阴道间的蛋白样分泌物不必擦洗。为男婴清洗时绝不要把男婴的包皮往上推以清洗里面，这样易撕伤或损伤包皮。

尽快换上衣服：宝宝沐浴结束以后，要马上用预备好的毛巾擦拭干净。不要忘记脖子下及腋下等。尽快给宝宝穿上准备好的内衣，以免着凉。

❋ **家长们请注意**

浴盆内的水应占浴盆体积的

1/2～2/3，不宜过多或过少。若是新手妈妈，建议只放 1/2 高度的水，因为如果妈妈手上的力度没有控制好，宝宝很容易会喝到水。

下水前可先蘸水轻拍宝宝胸口，让他适应水温及环境。

洗澡时应多留意宝宝的皮肤颜色，如果洗澡时间过长（尤其是冬天），宝宝的皮肤很容易变成花斑状，这表示宝宝的体温已经开始慢慢下降。宝宝的体温一旦下降，若要回升至原来的体温会比较慢，因此洗澡的速度应加快。

洗澡的空间应铺设防滑地板，以免发生意外。

擦宝宝身上的水时，要用毛巾拍吸，不要用力地擦，以免刺激宝宝娇嫩的肌肤。

不一定每次洗澡时都清洗眼睛，在需要清洗的时候再清洗。

清洗宝宝耳郭时，用棉签比较方便。

时间安排在喂奶前 1～2 小时，以免吐奶。每次不超过 10 分钟。

婴儿皂应选择以油性较大而碱性小、刺激性小的专用皂为好。

清洗鼻子和耳朵时只清洗看得到的地方，不要试着去擦里面。

---

**温馨提示**

皮肤是人体接受外界刺激的最大感觉器官，是神经系统的外在感受器。每天洗澡后要坚持给宝宝做抚触，这能刺激宝宝的脑细胞和神经系统，促进脑发育。

婴儿抚触的顺序为从上到下、从前到后。需要注意的是，妈妈在给宝宝做抚触时，一定要和宝宝有眼神和语言的交流。

---

## 宝宝小门诊

### 宝宝的大小便藏有学问

除了吃和睡，最能反映宝宝健康状况的就是他的大小便了。妈妈学会看懂宝宝的大小便，就可以在第一时间掌握宝宝的身体状况了。

❋ **正常的大小便**

通常，宝宝出生后第 1～2 天会

排出墨绿色、黏稠的胎便。如果出生后24小时仍无胎便排出,就要检查有无先天性消化道畸形,以便及时治疗。哺乳后,宝宝的大便在2～4天内逐渐转变为黄色、糊状的正常大便,每日大便次数3～5次左右都是正常的。刚出生的宝宝第1天的尿量较少,大约只有10毫升。随着哺乳的进行,宝宝的尿量也会增加,每日可达10次以上。

❋ **需要注意的情况**

如果宝宝的大便很稀并且有臭味,或者大便中出现黏液、血样,同时伴有呕吐、腹胀、发热、脱水等,可能是宝宝患有肠道感染,爸爸妈妈要立即带宝宝去医院检查,尽早确诊。

❋ **新生儿大便异常情况一览**

灰白色大便:大便灰白色,同时宝宝的白眼球和皮肤呈黄色,有可能为胆道梗阻或者是胆汁黏稠,甚至可能是肝炎。

黑色大便:大便黑色,可能是胃或肠道上部出血。如果宝宝服用了治疗贫血的铁剂药物,也有可能会出现这种情况。

大便带血丝:大便带有鲜红的血丝,可能是大便干燥,或者肛门周围皮肤皲裂。

赤豆汤样大便:大便为赤豆汤样,可能为出血性小肠炎,这种情况多发生于早产儿。

淡黄色糊状大便:大便淡黄色、呈糊状、外观油润、内含较多的奶瓣和脂肪小滴、漂在水面上、大便量和排便次数都比较多,可能是脂肪消化不良。

黄褐色稀水样大便:大便黄褐色稀水样、带有奶瓣、有刺鼻的臭鸡蛋味,为蛋白质消化不良。

绿色黏液状大便:大便次数多、量少、呈绿色或黄绿色、含胆汁、带有透明丝状黏液、宝宝有饥饿的表现,为奶量不足,饥饿所致或因为腹泻。

鼻涕状带血便:大便黏液性,鼻涕状带血,多为痢疾。

新生儿大便异常最好让医生帮助确诊后及时治疗,尤其是当宝宝大便呈脓血便,有高热、严重脱水时,一定要带宝宝及时就医。

## 新生儿打嗝怎么处理

新生儿吃得急、吃得不舒服,或者有时是毫无原因的,就会持续地打嗝。有效的解决办法是,把宝宝放在床上,妈妈用中指弹击宝宝足底,令其啼哭数声,哭声停止后,打嗝也就停止了。或者给宝宝喂几口温热的水或奶，或者干脆让宝宝翻身过来在床上趴1~2分钟，打嗝也会停止。弹击足底抑制打嗝的办法，在操作中常常失败，原因往往是妈妈心疼宝宝，不舍得用力，宝宝哭的程度和时间都不够。宝宝哭上几声，比宝宝持续打嗝要好受得多。

新生儿的哭，有利于锻炼身体。想想看，如果助产士不拍打新生儿的足底，不刺激新生儿大声地哭，新生儿的肺脏就不可能完全张开，就不会有充分的气体交换，就可能出现湿肺的病变。所以说，当宝宝打嗝时，弹击宝宝足底，使小家伙放声大哭，不仅抑制了打嗝，还锻炼了身体，有百利而无一害，妈妈放心去做吧。

## 识别宝宝生病的常见信号

新手妈妈由于从来没养育过宝宝，对宝宝的各种生理反应都有些陌生，有时候宝宝已经有明显的患病症状，妈妈却全然不知，因此延误了病情，加重了治疗的难度与危险性。下面是宝宝生病的常见信号，妈妈要多加留意。

### ❋ 大便干燥

正常宝宝的大便呈软条便，每天定时排出。若大便干燥难以排出，大便呈小球状，或2~3天1次干大便者，多是肠内有热的现象，可多给菜泥、鲜梨汁、白萝卜水、鲜藕汁服用，以清热通便。若内热过久，宝宝易患感冒发烧。

### ❋ 鼻侧发青

中医认为宝宝过食生冷寒凉的食物后，可损伤"脾胃的阳气"，导致消化功能紊乱，寒湿内生，腹胀腹痛。宝宝常见于鼻梁两侧发青。

### ❋ 舌苔白又厚

正常时宝宝舌苔薄白清透，淡红色。若舌苔白而厚，呼出气息有酸腐味，一般是腹内有湿浊内停，胃有宿食不化，此时应服消食化滞的药物。

### ❋ 手足心热

正常宝宝手心脚心温和柔润，不凉不热。若宝宝手心脚心干热，往往是发生疾病的征兆，要注意给予宝宝精神和饮食的调整。

### ❋ 口鼻干又红

若宝宝口鼻干燥发热，口唇鼻孔干红，鼻中有黄涕，都是表明宝宝肺、胃中有燥热，注意多饮水，避风寒，以免发生高热、咳嗽。

## Part 1 新生儿——越长越好看了

 **2种新生儿黄疸要区别对待**

正常的生理性新生儿黄疸一般在出生后的3~5天出现，到10天左右就基本消退，最晚不会超过3周。大部分的新生儿黄疸都会在第2周消退。假如在第2周，父母依然发现宝宝出现比较明显的黄疸，这个时候就需要多留心，及时区分生理性黄疸与病理性黄疸对宝宝治疗大有益处。

| 新生儿黄疸的区别 | |
|---|---|
| 生理性黄疸 | 黄疸色不深，妈妈会发现宝宝的食欲依然很好，精神也不错，没有过多的吵闹现象。在7~10天的时候就会自然消退。 |
| 病理性黄疸 | 黄疸出现早，可在出生后24小时内出现，且程度重，发展快。不仅面黄、白眼球黄，可能手心足心都出现黄疸，并伴有宝宝精神差、嗜睡、不吃奶，甚至有高热、惊厥、尖叫等。 |

| 生理性黄疸与病理性黄疸的护理 | |
|---|---|
| 生理性黄疸 | 生理性黄疸通常是由于新生儿的肝脏功能不成熟而造成的。随着新生儿肝脏处理胆红素的能力加强，黄疸会自然消退。所以生理性的黄疸，家长一般不需要额外的护理，在宝宝黄疸期间可以适量多喂温开水或葡萄糖水利尿。 |
| 病理性黄疸 | 严重的病理性黄疸可并发脑核性黄疸，通常称"核黄疸"，造成神经系统损害，导致儿童智力低下等严重后遗症，甚至死亡。父母需要仔细观察宝宝的黄疸变化，当出现特殊情况时，应及时送往医院，请求医生的帮助。病情严重者，如果延误治疗就会对脑神经系统造成不可逆转的损害。针对此病，重在预防。对黄疸出现早的、胆红素高的应及时治疗，疑有溶血病的做好换血准备，防止核黄疸的发生。 |

### 温馨提示

新妈妈一定要让宝宝多吃些初乳，不但能够满足新生儿生长发育的所有需要，增强免疫力，还有促脂类排泄作用，能减少黄疸的发生。

# 超级育儿圣典

##  快乐亲子时刻

### 宝宝玩具推荐

**✱ 促进听力发育的玩具**

这个月龄最适合的玩具是可以悬挂在宝宝床上方的音乐旋转玩具，转动发出叮咚好听的声音，会刺激宝宝的好奇心。还可以准备一个小铃铛，用布带系在宝宝的手腕上，摇动宝宝的小手，让铃铛发出"铛铛"声。

**✱ 促进触觉发育的玩具**

本月应该多让宝宝感受不同质感的东西，来锻炼宝宝的触觉。比如天鹅绒、丝、厚绒毛、软羊毛、棉布等，用这些布料轻轻地触抚宝宝的皮肤，让宝宝去感受不同。这个游戏可以提高宝宝的触觉敏感，加强反应能力。

**✱ 妈妈是宝宝的第一个"玩具"**

对出生1个月的宝宝来说，接触最频繁的就是妈妈，最好的玩具也是妈妈，所以你应制造出一个欢乐的气氛。例如，当宝宝注意你时，应抓住此刻机会，反复地去逗弄宝宝。

###  亲子游戏

**盘盘小腿**
——大动作能力培养

**游戏目的** 经常给宝宝做盘腿小游戏，能锻炼其腿部的肌肉，提高腿部大动作能力。

**游戏方法**

❶ 给宝宝穿上宽松的衣服，将宝宝放在床上躺着，房间里面保持适当温度。

❷ 妈妈轻轻握住宝宝同侧的脚踝和大腿，盘向另一条腿，让宝宝的身体和屁股跟着盘过去，然后再将宝宝放回平躺的姿势。

❸ 换另一条腿，做盘转运动，如此反复数次。

## Part 1 新生儿——越长越好看了

### 温馨提示

✻ 在做盘腿游戏时,爸爸可以在旁边帮忙,用手轻轻护着宝宝的腰背,帮助宝宝盘转。

✻ 动作一定要轻柔,以免扭伤宝宝的腰腿。

✻ 刚开始做时,时间应控制在2分钟内,随着宝宝的成长可适当增加练习的时间。

---

### 拉长发音
——语言能力培养 
参与人数 2人

**游戏目的** 强化宝宝正在形成的发音能力,有助于宝宝语言能力的提高。

**游戏方法**

❶ 让宝宝仰卧在妈妈的怀里或躺在床上,妈妈做出各种表情,并发出简单欢快的声音,引起宝宝的反应。

❷ 当宝宝喃喃自语,发出"O—O—O"这样的声音时,妈妈可以重复并拉长发音"O—O—O"。

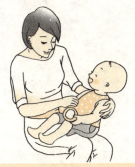

**温馨提示**

妈妈发出的声音不要太大,以免宝宝受到惊吓,也不要急于求成而发出太过复杂的声音。

---

### 摇摇小铃铛
——听觉能力培养 
参与人数 2人

**游戏目的** 有助于全身运动,以及视觉和听觉的发育。需要准备1个能够发出声音的铃铛。

**游戏方法**

❶ 用小铃铛的声音吸引宝宝的视线,然后在不同的方向摇晃小铃铛。

❷ 如宝宝向声音传来的方向转头,就应给予鼓励。

**温馨提示**

铃铛声音不宜过响,可选用毛绒玩具类铃铛。

## 本月宝宝能力测评

1 首次离眼 20 厘米注视模拟妈妈面容的黑白图画 10 秒以下。

○ 是　　○ 否

2 离耳朵 15 厘米处摇动拨浪鼓时，宝宝会转头。

○ 是　　○ 否

3 妈妈将手突然从远处移至宝宝眼前，宝宝会眨眼。

○ 是　　○ 否

4 能将一只手放在胸前，另一只手的手指放入口中吸吮。

○ 是　　○ 否

5 将笔杆放入宝宝手心，能紧握 10 秒以上。

○ 是　　○ 否

6 啼哭时家长发出同样哭声时，宝宝会回应性发音 2 次。

○ 是　　○ 否

7 同宝宝说话时，宝宝的能张开小嘴模仿开合。

○ 是　　○ 否

8 扶腋下站在硬板上能迈步 10 步。

○ 是　　○ 否

9 10 天后仰卧时，宝宝眼睛能抬起观看。

○ 是　　○ 否

10 妈妈用手指挠宝宝胸脯，15 天左右可以发出回应性微笑。

○ 是　　○ 否

✲ **评分结果：**

答“是”加 1 分，答“否”得 0 分。

9～10 分，优秀；7～8 分，良好；5～6 分，一般；5 分以下宝宝需要加强训练。

# Part 1　新生儿——越长越好看了

## 父母关注专题

### 专题一　读懂宝宝的面部表情

宝宝天生就有完善的神经系统，他们可以和父母进行互动，用额头、眼睛和嘴告诉父母他们的感觉。下面有几种宝宝常见的表情，可以帮助父母很好地了解他们的需求。

❋ **哭**

哭排在第一位，宝宝会用哭喊表示："抱我！我想吃东西！安慰我一下！"不过，有时哭仅仅意味着他需要点时间发泄多余精力。一些新生儿感觉到累了也要哭上一阵，哭到适应了疲倦的感觉才能停止。

❋ **恐惧**

对于不熟悉的事情，即便是只有一两天大的宝宝也会做出恐惧的反应。他们会通过转头看别处，闭上眼睛，弓起背部，双手抬到眼睛、嘴巴或耳朵的位置等等方式表现出来。再大一点的宝宝会通过抬起额头、收回嘴唇、拉紧下眼皮的方式来表达恐惧。

❋ **好奇**

宝宝对某个东西感兴趣时，最初会一脸沉静、面无表情，随着兴趣越来越强，眼睛会睁得更大，脸上会露出更加好奇、困惑的表情。

❋ **警惕**

警惕是通过皱眉头来表现的，这时可能他的身体会保持一动不动，脸上的表情好像在艰难地决定要不要哭。有些宝宝还会把小嘴瘪成一条线。

❋ **惊吓**

受到惊吓，宝宝会抬起眉头，睁大眼睛，嘴巴张成"O"型。

❋ **疼痛**

宝宝会拧紧双眉，放低眉头，上下眼皮会紧紧挤在一起，像半眯着眼，接着就开始大哭起来。

❈ 饿

如果没有及时得到回应，饥饿的感觉在宝宝那里很快会变成疼痛，所以应该及时地响应宝宝的哭声，让宝宝尽快平复。

❈ 反感

一般不喜欢的气味或味道会引起宝宝的反感。这时他会将下嘴唇噘起，有时还可能有作呕的反应。大多数宝宝喜欢香味和妈妈的奶香味，有些宝宝刚闻到婴儿配方奶会产生反感。

❈ 愤怒或伤心

千万别认为那么小的人儿不会有这种高级的情绪反应。他们也会的，这时宝宝会拧紧双眉，放低眉头，可能还会哭，如果哭了，声音会有节奏感。伤心的宝宝可能还会向下撅嘴。

## 专题二　产后乳汁不足的应对措施

❈ 如何判断母乳不足

与配方奶不同的是母乳的量是没法目测的，因此很多的妈妈常怕宝宝吃不饱，怕营养跟不上会影响宝宝的正常发育。

在出生后的第1个月里，如果宝宝每天体重增加30克，那么就说明奶水足够宝宝所需了。

如果出现以下情况，就说明母乳不足：

宝宝含着乳头30分钟以上不松口。

如果出现以下情况，就说明母乳不足：

明明已经哺乳20分钟，可间隔不到1小时又饿了。

体重增加不明显。

❈ 产后乳汁充足的妙招

如果妈妈的奶水不够宝宝吃，可以采取以下办法增加奶水。

保持乳母良好的情绪：分娩后的妈妈，在生理因素及环境因素的作用下，情绪波动较大，常常会出现情绪低迷的状态，这会制约母乳分泌。

## Part 1 新生儿——越长越好看了

医学实验表明,妈妈在情绪低落的情况下,乳汁分泌会急剧减少。因此,丈夫有义务为妻子创造一个良好的生活环境,并随时关注其心理健康。

补充营养:乳汁中的各种营养素都来源于新妈妈的体内,如果妈妈长期处于营养不良的状况,自然会影响正常的乳汁分泌。丈夫一定要把大厨的角色担当好,为妻子选择营养价值高的食物,如牛奶、鸡蛋、蔬菜、水果等。同时,多准备一点儿汤水,对妈妈乳汁的分泌能起催化作用。

由于乳汁的80%都是水,所以妈妈一定要注意补充足够的水分。喝汤也不一定总是肉汤、鱼汤,否则会觉得太腻而影响胃口,适当喝一些清淡的蔬菜汤或米汤换换口味也很有利于下奶。

多吃催乳食物:在采取上述措施的基础上,再结合催乳食物,效果会更明显。如猪蹄、花生等食物,对乳汁的分泌有良好的促进作用。均衡饮食,是哺乳妈妈的重要饮食法则。

哺乳妈妈对水分的补充也应相当重视。由于妈妈常会感到口渴,可在喂奶时补充水分,或是多喝鲜鱼汤、鸡汤、鲜奶等汤汁饮品,这样乳汁的供给才会既充足又富营养。

影响乳汁质与量的食物要少吃。会抑制乳汁分泌的食物如韭菜、麦芽水、人参、雌性的动物、家禽和鱼类等,初产妇若食用过多,可使体内的雌性激素过量,从而抑制宝宝催乳激素,使泌乳量减少。

加强宝宝的吮吸:实验证明,宝宝吃奶后,妈妈血液中的催乳素会成倍增长。这是因为宝宝吮吸乳头,可促进妈妈脑下垂体分泌催乳激素,从而增加乳汁的分泌,所以让宝宝多吸吮乳头可以刺激妈妈泌乳。

---

开心大放映

**启示**

"妈妈,人真的是由猴子变的吗?"

"是的。"

"哦,怪不得猴子越来越少了。"

# 超级育儿圣典

## 新手爸妈 学婴语
### XinShou BaMa XueYingYu

——"哭"

### 宝宝"说"

我不会说话,但发现了哭是很好的法宝,一哭妈妈就来及时关注我。饿的时候哭,不想起床了哭,不想穿衣服了哭,爸爸的胡须扎疼我了也哭。哭就是我的语言!

### 婴语解析

所有的宝宝都会时不时地哭一哭,哭是他们表达需求最主要的方式,就算是完全健康的宝宝每天也会哭一两个小时。一项研究显示,宝宝在0~3个月龄哭得最多,每天平均哭120分钟,4个月龄后减少到每天哭60分钟。哭有时候是因为宝宝中枢神经系统尚不成熟,而不是父母对宝宝的照顾不周。

### 育儿专家告诉你

宝宝的啼哭是一种本能,目的是为了能够确保得到自己生存的需要,也许他饿了、不舒服或者希望有人陪他一起玩。妈妈们,你们了解宝宝的哭声吗?

宝宝饿了:由于宝宝都有强烈的吸吮反射,只要把奶嘴或手指放进他的口中,宝宝就会吸起来,所以,当宝宝的哭声较短,哭时头来回活动,嘴不停地寻找,并做着吸吮的动作,这是在告诉妈妈:肚子饿了。

宝宝困了:宝宝的脑神经尚未发育成熟,当宝宝越累时,反而越不容易入睡。所以,当宝宝发出拖长音的哭声,做着揉眼睛和打哈欠的动作时,妈妈就应该安抚宝宝入睡。

宝宝疼痛:如果宝宝哭得很厉害,而且总哭个不停,就得赶紧上医院检查,看看是不是生病了。宝宝常见的病有中耳炎、口疮性口炎、肠套叠。仔细观察宝宝的反应,一旦生病,决不能延迟治疗时间。

宝宝吃撑了:当喂哺时,宝宝哭声尖锐,两腿弯曲乱蹬,并向外溢奶或吐奶,这表明宝宝吃得太多了。这属于过饱性啼哭,一般不用哄,哭可帮助宝宝加快消化,但要注意溢奶。

宝宝尿了:如果哭得强度较轻,无泪,并且大多在睡醒或吃奶后啼哭,那表明宝宝尿了,不舒服。就需

Part 1 新生儿——越长越好看了

要妈妈给宝宝换上干净的尿布。

宝宝太热了：如果宝宝大声啼哭，表现非常不安，四肢舞动，颈部多汗，那就表明给宝宝盖得太多了，他太热了。这时就需要给宝宝减少衣被。

宝宝太冷了：当宝宝哭声低沉，并且有节奏，肢体稍动，小手较凉，嘴唇发紫，这时宝宝想要表达的意思就是："我好冷啊。"妈妈就要及时给宝宝增加衣被。

宝宝渴了：如果宝宝表情不耐烦，嘴唇干燥，时常伸出舌头舔嘴唇，这就表明宝宝口渴了。妈妈就应该立刻给宝宝喂水喝。

## 育儿问答精选

**Q：怎样判断新生儿的穿着是否合适？**

触摸婴儿颌下、颈部，手脚感觉较暖，就说明给宝宝穿戴已够。由于婴儿心脏收缩的力量相对成人较弱，正常情况下血液到达手指和脚趾相对较少，就会稍凉。如果过于暖热，反而说明给宝宝穿戴过度。最简单的方法就是与父母穿得一般多，甚至稍少一些。

**Q：母乳量是由妈妈的体质决定的吗？**

有些妈妈的母乳非常少，这一现象一般是由于紧张或者疲劳引起的。多数情况如果积极地想办法，在医生的指导下就会很好地解决，千万不要灰心丧气，放弃母乳喂养。

**Q：坐月子，房间内特别干燥，能使用加湿器吗？**

加湿器没有辐射作用，对新生儿没有危害。如果室内湿度过低，是可以使用加湿器的，但要及时换水。

## 超级育儿圣典

**Q：能用蚊香驱蚊虫吗？**

Ⓐ 最好不用。即使是毒性非常低的电蚊香也不宜使用，因为空气中飘浮的蚊香颗粒会刺激新生儿的呼吸道，易引起过敏反应。防止宝宝被蚊虫叮咬的最佳选择是使用婴儿蚊帐。

**Q：乳汁不足采取混合喂养，需注意什么问题？**

Ⓐ 在混合喂养时，首先要喝母乳，接下来再喝配方奶。配方奶每次要在哺乳前准备好，以便哺乳结束以后马上喂配方奶，全过程最好在30分钟内结束。母乳在早上、中午的时候比较充沛，可以不用补充配方奶。

# Part ②

## 婴儿期——会叫爸爸妈妈了

　　宝宝在一天天长大，爸爸妈妈在筋疲力尽地照顾宝宝的同时，也不断地感受到来自宝宝成长的惊喜——宝宝会翻身了，宝宝长出了可爱的小白牙，宝宝会爬了，宝宝第一次叫爸爸妈妈了，宝宝站起来了……这些，都是宝宝人生道路上重要的里程碑。宝宝，逐渐开始不再是只会在大人怀里哇哇大哭的新生儿，他每天都在进步，他开始以他自己的方式探索着这个陌生的世界。

# 第2个月
## 宝宝会抬头了

### 本月育儿要点

❋ **母乳是宝宝的最佳食品**

宝宝满月后就进入快速生长的阶段,对各种营养的需求也随之增加。虽然宝宝的食量增加了,但一般情况下,母乳是足以满足健康宝宝营养需求的。

❋ **给宝宝夜间喂奶注意事项**

可以延长喂奶的间隔。

保持坐姿喂奶。

不要让宝宝含着乳头睡觉。

❋ **增加母乳的方法**

坚持母乳喂养信心。

多多喂奶。

多和宝宝接触。

食物催乳。

药物催乳。

❋ **保护宝宝小屁屁**

及时清洗、更换纸尿裤或尿布。

穿纸尿裤少用爽身粉。

❋ **宝宝良好睡眠的重要性**

睡眠对宝宝的健康成长和智力发育是极其重要的。良好的睡眠,可以促进宝宝的身体发育,增强宝宝的智力和体力。

Part 2　婴儿期——会叫爸爸妈妈了

# 宝宝成长小档案

## 宝宝的体格发育

男宝宝体重平均为5.6千克左右，正常范围是4.3～7.1千克。女宝宝体重平均为5.1千克左右，正常范围是3.9～6.6千克。人工喂养的宝宝体重增长较快，体重可增加1.5千克左右，有的甚至会更高。

❋ 身长

身高的增长存在着个体差异。男宝宝身高平均为58.4厘米左右，正常范围是54.4～62.4厘米。女宝宝身高平均为57.1厘米左右，正常范围是53～61.1厘米。

❋ 头围

男婴头围平均为39.6厘米左右，正常范围是36.8～42.4厘米。女婴头围平均为38.6厘米左右，正常范围是36.4～42厘米。头围是大脑发育的象征，关系着宝宝今后的智力水平。

❋ 囟门

多指前囟，宝宝在这个月时颅骨缝囟门是开着的，由于受睡觉姿势的影响，头骨很容易出现略微的变形。

❋ 外貌

这个月的宝宝脱离了新生儿期，逐渐适应了周围环境，皮肤变得光亮、白嫩，弹性增强，皮下脂肪增厚，头形滚圆，胎毛脱落，妈妈会惊喜地发现宝宝变漂亮了。

## 宝宝的发育特点

❋ 排尿

因为初生1～2个月的宝宝，膀胱肌肉层较薄，弹性组织发育不完善，膀胱容量小，储尿功能差，神经系统对排尿的控制及调节功能差，肾脏对水的浓缩、稀释功能也差。因此，这个月龄的宝宝小便次数比较多。

家长如果细心观察，可以发现宝宝排便的次数与进食多少、进水多少都有关系。

### ✳ 睡眠

这个月的小宝宝，已经开始有不肯乖乖睡觉与不愿独睡的问题，这一时期如何安排好小宝宝的睡眠，是考验家长耐心的重要时期。宝宝发育不完全，容易疲劳，因此年龄越小睡眠时间越长。

1个月的小宝宝，生活的主要内容还是吃了睡、睡了再吃，每天平均要吃6~8次，每次间隔时间在2.5~3.5小时；相对来说，睡眠时间较多，一般每天要睡18~20个小时，其中约有3个小时睡得很香甜，处在深睡状态。余下的时间，除了吃喝拉尿以外，玩的时间也剩下不多。

## 宝宝的社会化发育

### ✳ 宝宝的感官发育

视觉：宝宝的视线越来越集中，喜欢看妈妈的脸。眼睛更清澈，哭时眼泪也多了，眼球的转动更灵活了，不仅能注视静止的物体，还能追随物体转移视线。集中注意力的时间也逐渐延长。另外，宝宝对看到东西的记忆能力进一步增强，比如当看到爸爸妈妈的脸时，会表现出欣喜的表情。爸爸妈妈不要觉得宝宝还小，什么都不懂，如果在此时妈妈爸爸也会送给宝宝爱的眼神，这种对视就是母爱、父爱的体现，宝宝也会感觉很幸福，对宝宝身心发育是非常有利的。

听觉：宝宝已能辨别出声音的来源，能安静地倾听播放的音乐，喜欢听爸爸妈妈对他说话的声音，并能表现出愉悦的神情。

味觉、嗅觉：2个月的宝宝，嗅觉和味觉也已经比较发达，能分辨酸、甜、苦、辣、咸，能区别香、臭等，对于他不喜欢的味道，会用皱眉或啼哭来表示厌恶，对难闻的气味会扭开头主动回避。

### ✳ 宝宝的运动能力

到1个月的月末时，一些宝宝就可以竖抱起来了，只是仍有些摇晃，对于发育较好的宝宝则可以把上半身支撑起来一小会儿，甚至能够在爸爸妈妈的帮助下尝试学习翻身的动作了。

如果你给他小玩具什么的，他有时会有意无意地抓握片刻。在你要给他喂奶时，他会立即做出吸吮动作。

此时宝宝的小脚也很喜欢踢东西。

大运动

❶ 在宝宝仰卧时，妈妈可以观察到宝宝两侧上下肢对称地待在那儿，能使下巴、鼻子与躯干保持在中线位置。

❷ 在宝宝俯卧时，大腿贴在小床上，双膝屈曲，头开始向上举起，下颌能逐渐离开平面5~7厘米，与床面约呈45°角，如此稍停片刻，头会又垂下来。

❸ 在将宝宝拉腕坐起时，宝宝的头可自行竖直2~5秒。

❹ 如果扶住宝宝的肩部，让他呈坐位时，宝宝的头会下垂使下颌垂到胸前，但能使头反复地竖起来。

精细动作

❶ 在用拨浪鼓柄碰撞宝宝的手掌时，他能握住拨浪鼓2~3秒钟不松手。

❷ 如果把悬环放在宝宝的手中，宝宝的手能短暂离开床面，无论手张开或合拢，环仍在手中。

### ✿ 宝宝面部协作

1个月的宝宝，动作发育处于一个非常活跃的阶段，宝宝可以做出许多不同的动作，特别精彩的是面部表情，会越来越丰富。

### ✿ 宝宝的语言发育

宝宝已经能区别熟悉和不熟悉的声音以及男声或女声了，并不时地流露出想要表达的意愿。当宝宝心情好的时候，如向宝宝说话或点头，他会做出类似微笑的表情，还会发出"呃""啊"的呢喃声。这种声音虽然不是语言，但却是宝宝与爸爸妈妈之间交流的一种方式，也是一种发音练习。

### ✿ 宝宝的情感和社交

宝宝每天将花费更多的时间观察他周围的人并聆听他们的谈话。他明白他们会喂养他，使他高兴，给他安慰并让他舒服。当看到周围人笑时他感到舒心，他似乎本能地知道他自己也会微笑。而他咧嘴笑或做鬼脸的动作和表情将变成真正的对愉快和友善的表达。他开始会表现出悲痛、激动、喜悦等情绪了，可以通过吸吮使自己安静下来。在宝宝情绪很好时，可对着他做出多种面部表情，使宝宝逐渐学会模仿面部动作或微笑。应敏感地对待宝宝最初的情绪体验，尽量细心和耐心地与宝宝打交道。

---

**温馨提示**

2个月是宝宝动作训练的关键时期，如果这时宝宝的动作智能发育得很好，其体质成长就会很快。

# 喂养宝宝

## 本月宝宝所需营养

从这个月开始，宝宝进入了一个快速生长期，对各种营养素的需求量迅速增加。

宝宝可以完全靠母乳摄取所需的营养，不需要添加辅助食品。如果母乳不足可添加配方奶粉，不需要补充其他任何营养品。

在这个阶段，宝宝每天的喂奶量大致可按每千克体重100～125毫升计算，但每个宝宝的食量不同，活动量也不同。不能强求一致，可根据宝宝的进食特点和消化功能来调整喂奶量。

## 本月宝宝如何喂养

在母乳充足的时候，1～2个月的宝宝仍然应该坚持母乳喂养，妈妈也要注意饮食，保证母乳的质量。这个阶段的宝宝体重平均每天增加30克左右，身高每月增加2.5～3.0厘米。这个月的宝宝进食量开始增大，而且进食的时间也日趋固定。每天要吃6～7次奶，每次间隔3～4小时，夜里则间隔5～6小时。

2个月过后母乳的分泌会慢慢减少，宝宝的体重也会每天增加不足20克，并且有可能因为奶不够喝哭闹次数增加，此阶段可以每天补加一次配方奶。将晚上8时的母乳改成150毫升的配方奶；如果体重仍然每天增加不足20克，就需再加一次配方奶，将早上6时的母乳改为配方奶；如果这样喂养5天体重只增加了100克，应将中午11：30的母乳也改为配方奶。要注意每次配方奶的量不超过150毫升。

Part 2 婴儿期——会叫爸爸妈妈了

## 哺乳妈妈吃得对，宝宝吃得有营养

这个月妈妈的乳汁越来越旺盛，基本不用担心宝宝不够吃的问题了，只要饮食均衡，营养全面，汤汤水水的食物多进食一些，同时注意一些饮食雷区即可。

### ✲ 值得提倡的哺乳妈妈饮食好习惯

新手哺乳妈妈应当保持每天喝牛奶的习惯，多补充水分，尤其是喂奶时，可以多喝豆浆、果汁、原味蔬菜汤等，但要注意水分补充适度即可，此外还应多吃新鲜蔬菜水果，这样能使得奶水既充足又富营养。

### ✲ 哺乳妈妈饮食雷区

在母乳喂养阶段，哺乳妈妈其实是为了两个人吃饭，食物中的任何成分都能通过乳汁进入到宝宝体内，因此妈妈不要随便吃对宝宝不利的食物，要注意以下几点：

避免酒精类饮料：酒精类饮料会使得哺乳妈妈体内的异常成分通过乳汁传给宝宝，导致中毒。

禁吃不新鲜或腌渍的蔬菜：这类食物中含有高浓度的亚硝酸盐，进入乳汁中可使宝宝口唇青紫、头晕、心慌、恶心呕吐，一旦发现宝宝出现这类现象，应立即诊治。

食物中少放味精（特别是在宝宝满3个月前）：味精会与蛋白质作用，产生大量的谷氨酸钠，这种物质通过乳汁进入宝宝体内会阻碍对锌的吸收。

不宜随便服药：一般口服或者注射的任何药物，都能从哺乳妈妈体内通过乳汁进入宝宝体内，虽然药物的浓度会降低很多，但宝宝自身免疫功能差，仍然很容易受到影响，所以，哺乳期间用药一定要事先咨询医生。

# 超级育儿圣典

## 如何做到最佳混合喂养

母乳喂养和人工喂养同时进行，称为混合喂养。但是有些混合喂养的宝宝会出现乳头错觉，有拒奶、烦躁等现象，造成母乳喂养困难，所以在混合喂养时，需要注意一些问题。

✻ **一顿只吃一种奶**

不要一顿既吃母乳又喝牛奶，这样不利于宝宝的消化，容易使宝宝对乳头产生错觉，可能引起厌食奶粉，拒绝用奶嘴吃奶。所以，母乳和奶粉要分开来喂养。

不要先吃母乳，不够了，再调奶粉。即使没吃饱，也不要马上喂奶粉。下一次喂奶时间可提前。另外，每次冲奶粉时，不要放太多，尽量不让宝宝喝搁置时间过长的奶粉，水温最好和人体的温度差不多，一般在36℃左右即可。

✻ **夜间最好是母乳喂养**

夜间妈妈比较累，尤其是后半夜，起床给宝宝冲奶粉很麻烦。另外，夜间妈妈处于休息状态，乳汁分泌量会相对增多，宝宝的需要量又相对减少，母乳可能已足够满足宝宝的需要。但如果母乳分泌量确实太少，宝宝吃不饱，这时就要以奶粉为主了。

✻ **充分利用有限的母乳**

当添加奶粉后，有些宝宝就喜欢上了奶粉，因为橡皮奶嘴孔大，吸吮很省力，吃起来痛快。而母乳流出来比较慢，吃起来比较费力，宝宝就开始对母乳不感兴趣了。

但妈妈要尽量多喂宝宝母乳，如果不断增加奶粉量，母乳分泌就会减少，对继续母乳喂养不利。母乳是越吸越多的，如果妈妈认为母乳不足，而减少喂母乳的次数，会使母乳越来越少。

母乳喂养与奶粉喂养的次数要均匀分开，不要很长一段时间都不喂。

## 哺乳状况异常，妈妈巧应对

母乳是宝宝最佳的天然食品，最适合宝宝的需要，然而宝宝并不是每一次都能顺利接受母乳，有时也会出现一些小状况。因此，你要仔细地分析一下情况，再确定处理方式。

✻ **拒绝吸奶**

哺乳时，有时宝宝会拒绝吸奶。最常见的问题是宝宝呼吸困难。如不能够通过他的鼻子呼吸的同时进行吞咽，这时就必须注意乳房是否盖住了

Part 2 婴儿期——会叫爸爸妈妈了

他的鼻孔。宝宝不能正常呼吸的另一个原因,是因为他鼻塞或鼻子不通畅。请医生开些滴鼻药,以便在每次哺乳前给他滴鼻以畅通鼻道。

❋ **喂哺惊跳**

当抱起宝宝喂哺时,一定要把他紧抱在怀中并不断地和他轻声讲话。把头低垂朝向宝宝,使他看得见和注视着妈妈的脸和眼睛。要做到在妈妈周围没有噪声的干扰。当然最好是在他饥饿而开始啼哭之前就把他抱起来喂奶。

❋ **喂哺咬乳头**

宝宝咬乳头是一种自然的行为,宝宝甚至在长牙前都可能着实地咬妈妈的乳头。这时,有的妈妈会因为太疼叫出声来。而宝宝则会被你的叫声惊吓到。如果母亲能提前做好准备,沉住气不叫出声来,仅轻柔地说"不要这样",宝宝慢慢地也会懂了。

## 哺乳妈妈催乳食谱

### 鸡蛋红糖小米粥
**补气血**

**材料** 小米80克,鸡蛋1个,红糖少许。

**做法** 小米清洗干净;鸡蛋打散。锅中加适量清水烧开,加小米大火煮沸,转小火熬煮。待粥烂,加鸡蛋液搅匀,稍煮,加红糖搅拌即可。

**功效** 红糖有益气补中、健脾暖胃、化食解疼之功,又有活血化瘀之效,能够补充体内气血,促进产妇产后的恶露排出,确实是产后的补益佳品。小米含有丰富的维生素$B_1$和维生素$B_2$,能够帮助产妇恢复体力,刺激肠蠕动,增进食欲。鸡蛋含有13%以上的蛋白质,而且是优质蛋白质,消化利用率高,对修补身体、补血强身有很大好处。

### 清炖鲫鱼
**催乳、补钙**

**材料** 鲫鱼500克,香菇25克,精盐4克,葱丝、姜丝、香菜末各5克。

**做法** 将鲫鱼去鳞、去内脏,洗净;香菇用水泡发,去蒂,洗净切丝。锅置火上,倒油烧至六成热,下葱丝、姜丝略炒,放入鲫鱼略煎,倒入香菇和适量清水,大火煮开转小火炖至汤白,加盐、香菜末即可。

**功效** 鲫鱼具有益气健脾、利尿消肿、清热解毒、通络下乳、理疝气的作用,可用于脾胃气冷、食欲不振、消化不良、呕吐、乳少、消渴饮水、小肠疝气等症。适宜孕妇产后乳汁缺少之人食用。

### 山药鱼头汤
补血通乳

**材料** 胖头鱼鱼头1个,山药块150克,盐4克,姜片5克。

**做法** 胖头鱼鱼头洗净,稍煎。锅内放清水和鱼头、山药块、姜片,煮开慢熬30分钟,放盐即可。

**功效** 鱼头除蛋白质含量较高外,还富含铝、磷、铁等元素;山药有很好的帮助消化、滋养脾胃等功效,服用此菜能有效地帮助产妇恢复体能,促进乳汁的分泌。

### 乌鸡白凤尾菇汤
生精养血、下乳

**材料** 乌鸡500克,白凤尾菇50克,料酒、大葱、食盐、生姜片各适量。

**做法** 乌鸡宰杀后,去毛,去内脏及爪,洗净。砂锅添入清水,加生姜片煮沸,放入已剔好的乌鸡,加料酒、大葱,用文火炖煮至酥,放入白凤尾菇,加食盐调味后煮沸3分钟即可起锅。

**功效** 补益肝肾,生精养血,养益精髓,下乳。适用于产后缺乳、无乳或女子乳房扁小不丰、发育不良等。

### 猪骨西红柿粥
通利行乳、散结止痛

**材料** 西红柿3个(重约300克)或山楂50克,猪骨头500克,粳米200克,精盐适量。

**做法** 将猪骨头砸碎,用开水焯一下捞出,与西红柿(或山楂)一起放入锅内,倒入适量清水,置旺火上熬煮,沸后转小火继续熬半小时至1小时,端锅离火,把汤滗出备用。粳米洗净,放入砂锅内,倒入西红柿骨头汤,置旺火上,沸后转小火,煮至米烂汤稠,放适量精盐,调好味,离火即成。

**功效** 有通利行乳、散结止痛、清热除湿的作用。

# 日常照护

## 怎么给宝宝选择纸尿裤

### ❋ 纸尿裤的类型

常见的纸尿裤有黏合式三角衬裤型和穿着式三角衬裤型等。

黏合式三角衬裤型纸尿裤使用方便，价格适中，是当前最为广泛使用的纸尿裤，最适合小便量和活动量都在不断增长的1岁以内的宝宝。

穿着式三角衬裤型纸尿裤能像三角内裤那样穿着，虽然使用方便，具有极为出色的活动性，但价格比较昂贵，适合会走会跑的宝宝使用。

### ❋ 选择纸尿裤的3大要领

有超强的吸水力：宝宝的新陈代谢，尤其是水代谢非常活跃，而且膀胱又小，每天都要排好多次尿。如果护理不及时，屁屁容易经常处于潮湿的状态，长期如此容易形成尿布疹。

所以，在选择纸尿裤时，应挑选那些含有高分子吸收体、具有超强集中吸收能力的。这样的纸尿裤被浸湿后，形成的凝胶能承受相当于自重80倍的液体，可把尿液锁在中间不回渗，因此能使宝宝的小屁屁保持干爽，从而预防发生尿布疹。

柔软且无刺激性：宝宝的皮肤厚度只有成人皮肤的1/10，角质层很薄，因此与宝宝皮肤接触的纸尿裤的表面应柔软舒适，就像棉内衣一样，包括伸缩腰围、粘贴胶布也应如此。而且，不应含有刺激性的成分，以免引起过敏。

透气性要好：宝宝皮肤上的汗腺排汗孔仅有成人的1/2大，甚至更小。在环境温度增高时，如果湿气和热气不能及时散出，宝宝的屁屁就会潮湿，促发热痱和尿布疹。

因此，选择纸尿裤在考虑超强吸水力的同时，也要注意是否透气。因为就算是尿液被吸收了，但热气和湿气仍聚集在纸尿裤里，那也会使细菌生长，诱发尿布疹。

## 要勤给宝宝剪指甲

宝宝的指甲长得特别快,有时每天能长0.1毫米,若不及时修剪,宝宝很容易抓伤自己,因为宝宝的指甲很薄很锋利。有的父母怕宝宝抓伤脸,给宝宝戴上了手套。其实,给宝宝戴手套,不如给宝宝勤剪指甲。给宝宝戴手套势必会减少宝宝与妈妈的接触,而皮肤的接触会促进脑部神经的发育。此外,给宝宝戴手套还会束缚到宝宝的双手,使手指活动受到限制,也不利于触觉发育。

对于剪指甲,爸爸妈妈总是感觉无从下手,害怕会伤害到宝宝。其实,只要掌握了一定的技巧,给宝宝剪指甲也是件简单、开心的事情。

### ❋ 选择合适的工具

对于新手妈妈来说,专业的宝宝指甲剪是个不错的选择。和大人的不太一样,宝宝指甲剪通常是前部呈弧形、钝头的小剪刀,多数婴童店都可以买到。这种指甲剪是专门为宝宝的小指甲设计的,安全而实用,而且修剪后有自然弧度,尤其适合6个月以内的宝宝使用。

### ❋ 选择合适的修剪时间

帮宝宝剪指甲,最怕宝宝不配合,所以,建议在宝宝睡着时进行修剪。不过宝宝刚入睡时,睡眠比较浅,容易惊醒。所以,妈妈要避开宝宝入睡后的前10分钟,待宝宝熟睡后,就可以"尽情发挥了"。

给宝宝洗完澡后再修剪指甲也是不错的选择,因为这时候宝宝的指甲比较柔软,修剪起来更方便、更容易。

### ❋ 勿使剪刀紧贴指肚,剪后修平棱角

修剪时,需沿着指甲自然弯曲的方向轻轻地转动剪刀,切不可使剪刀紧贴到指肚,以防剪到指甲下的嫩肉。

### ❋ 抓稳小手以免误伤

给宝宝剪指甲时,一定要抓稳宝宝的小手。如果宝宝睡熟了,妈妈可支靠在床边,紧握住宝宝靠近妈妈这边的小手进行修剪,如果是洗澡后,妈妈可让宝宝坐在自己膝盖上,使其背部紧靠自己的身体,然后牢牢握住一只小手,以免宝宝扭动时,误伤到小手。

### ❋ 清洗指甲以防感染

修剪完后,若发现指甲下方有污垢,要用干净的温水清洗,切不可用指甲剪或其他锐利的东西清理,以防引起感染。

## Part 2 婴儿期——会叫爸爸妈妈了

> **温馨提示**
>
> 宝宝的脚趾甲也要护理。正常情况下,宝宝手指甲的生长速度比较快,建议每周剪2～3次,而脚趾甲的生长相对慢一些,一般1个月剪1～2次即可。指甲剪到与指甲顶部一般齐或稍短一些就行了。

## 让宝宝远离蚊虫叮咬

夏天是蚊虫活动的时节,宝宝幼嫩的皮肤就成了攻击对象,他比成人更容易被蚊虫叮咬。蚊虫叮咬后常会引起皮炎。宝宝常会感到奇痒、烧灼或痛感,表现出烦躁、哭闹。

### ❋ 避开蚊虫的侵扰

注意室内清洁卫生,定期打扫,不留卫生死角,不给蚊虫以藏身繁衍之地;开窗通风时不要忘记用纱窗作屏障,防止各种蚊虫飞入;在暖气罩、卫生间角落等房间死角定期喷洒杀蚊虫的药剂,最好在宝宝不在的时候喷洒,并注意通风。

宝宝睡觉时,为了让他享受酣畅的睡眠,夏季可以给他的小床配上一顶透气性较好的蚊帐。

在家给宝宝勤洗澡以去除身上的汗味。在玩耍时,不要带宝宝去草丛、潮湿的地方;外出时不要让宝宝的身体暴露太多,露出的皮肤涂抹上儿童专用防蚊露。

### ❋ 被叮咬后的处理

勤给宝宝洗手,剪短指甲,以免宝宝抓破蚊咬处引起皮肤感染。

如果被蜜蜂蜇了,要先用冷毛巾敷在受伤处;如果被虫子身上的细刺蜇得面积比较大,应先用胶带把细刺粘出来,再涂上金银花露消毒。

用盐水涂抹或冲泡痒处,这样能使肿块软化;还可切一小片芦荟叶,洗干净后掰开,在红肿处涂擦几下,就能消肿止痒。

症状较重或由继发感染的宝宝,必须去医院诊治,一般医生会使用内服抗生素消炎,同时使用处方医用软膏等。

## 带宝宝进行室外空气浴

带宝宝到室外进行空气浴,有诸多好处。首先,可以让宝宝呼吸到新鲜氧气,促进宝宝体内的新陈代谢。

其次,在室外,宝宝晒晒太阳,接触到紫外线,可以促进宝宝体内维生素D的产生,帮助宝宝吸收钙质,

# 超级育儿圣典

促进骨骼发育。

再次,一般来说,室外的空气温度比室内低,宝宝在户外多活动,可使皮肤和呼吸道黏膜受到冷空气的刺激与锻炼,从而增强对外界环境的适应能力和对疾病的抵抗力,提高免疫力。

### ❋ 可以空气浴的时间

一般来说,宝宝满月后就可以带到户外进行空气浴了。刚开始时,每天外出几分钟,慢慢可加长至1~2小时。

### ❋ 室外空气浴的注意事项

夏季,宜选择早晚阳光不是很强烈的时候进行室外空气浴,并注意不要让宝宝的皮肤直接在日光下暴晒。

冬天,最好在中午气温较高时外出,天气较暖时,还可以让宝宝的头部、手部等皮肤露出,接触阳光。

## 宝宝小门诊

### 宝宝夜啼是怎么回事

现在的宝宝还不会说话,那么,哭就是宝宝向外界表达自己感情的唯一方式,宝宝哭的原因有很多种,饿了、尿了、身体不舒服了、受到惊吓了……家长要找到宝宝哭的原因,对症解决问题。很多宝宝白天睡觉睡得好好的,可是到了晚上就开始哭,搅得一家人都跟着手忙脚乱,不知道该怎么办。

宝宝夜啼表现为白天安静如常,入夜就啼哭。一夜哭两三次的宝宝是很多的。对于夜啼不止的宝宝,很多家长担心宝宝是不是生病造成的。其实,小儿夜啼有生理性和病理性两种。

## ✲ 生理性夜啼

哭声响亮，宝宝精神状态和面色正常，食欲良好，无发热等。

如果是生理性夜啼，那么要想避免宝宝夜啼，就要给宝宝培养一个好的睡眠习惯。

## ✲ 病理性夜啼

由于宝宝因患有某些疾病造成身体不适所引起的，表现为突然啼哭，哭声剧烈、尖锐或嘶哑，呈惊恐状，四肢屈曲，两手握拳，哭闹不休。还有的宝宝会有烦躁、精神萎靡、面色苍白、吸吮无力甚至不吃奶的症状。

如果是病理性的夜啼，家长就要及时带宝宝到医院进行诊治。

## ✲ 宝宝安睡小良方

室温以 18~25℃ 为宜，并保持室内空气流通。

睡觉时不要穿得太厚，衣服以宽松柔软为佳。

不要让宝宝在白天玩得太疲劳，睡前也不要让宝宝过于兴奋。

宝宝的被子要随季节更换。

### 温馨提示

宝宝夜啼，妈妈和宝宝都得不到充分休息，一定要及时解决。要把室温、被温、体温调节适当，最好在宝宝2个月以后，逐渐养成夜里不喂奶、不含乳头睡觉的好习惯，这是解决夜哭的好办法。

## 宝宝鼻子不通气怎么办

由于新生儿鼻腔短小，鼻道窄，血管丰富，与成年人相比更容易发生炎症，导致宝宝呼吸费力、不好好吃奶、情绪烦躁、哭闹。所以保持宝宝呼吸道通畅，就显得更为重要。

宝宝鼻子不通气，可以这样处理：

用乳汁点一滴在宝宝鼻腔中，使鼻垢软化后用棉丝等刺激鼻腔使宝宝打喷嚏，利于分泌物的排除。

用棉花棒蘸少量水，轻轻插入鼻腔清除分泌物。注意动作一定要轻柔，切勿用力过猛损伤黏膜，造成鼻出血。

对没有分泌物的鼻堵塞，可以采用温毛巾敷于鼻根部的办法，也能起到一定的通气作用。

## 囟门是反映宝宝健康的窗口

宝宝出生后,颅骨尚未发育完全,有一点缝隙,在头顶和枕后有两个没有颅骨覆盖的区域,就是我们通常所说的前囟门和后囟门。

宝宝出生时,前囟门大小约为1.5厘米×2厘米,平坦或稍有凹陷,到宝宝1岁至1岁6个月时,前囟门完全闭合。后囟门则在宝宝6~8周时闭合。

若囟门异常,可能是患病的征兆。下表列出了各种囟门异常情况与可能发生的疾病,家长可参照对症治疗小儿疾病。

| 囟门异常状况 | 可能发生的疾病 |
| --- | --- |
| 鼓起 | 可能是颅内感染、颅内肿瘤或积血积液等。 |
| 凹陷 | 多见于因腹泻等原因脱水的宝宝,或者营养不良、消瘦的宝宝。 |
| 早闭 | 指前囟门提前闭合。此时必须测量宝宝的头围,如果低于正常值,可能是脑发育不良。 |
| 迟闭 | 指宝宝1岁半后前囟门仍未关闭,多见于佝偻病、呆小病等。 |
| 过大 | 可能是先天性脑积水或者佝偻病。 |
| 过小 | 很可能是头小畸形。 |

**温馨提示**

在囟门完全闭合之前,不要过度压到这个部位,最好保持宝宝头部凉快。

 **快乐亲子时刻**

## 宝宝玩具推荐

本月准备一些可以吸吮的橡胶玩具,宝宝可能会抓也可能会咬玩具。小镜子就是很好的选择,可以让宝宝看见镜子里面的自己,认识自己。宝

Part 2 婴儿期——会叫爸爸妈妈了

宝现在对周围的环境更加敏感了。如果你给他摇动一个小铃铛,宝宝可能会做出各种反应,可能会哭起来,也可能会安静下来,这要看他情绪的好坏。这时也应当给宝宝既柔软又安全的玩具抓握,发展宝宝的感觉和技能。

宝宝现在对音乐有了更多的偏好,不论是妈妈直接唱给他听,还是放录音给宝宝听,他都会表现出明显的兴趣,如果给宝宝听胎教时常听的音乐,对安定宝宝的情绪会更有效。

此时的宝宝还会把小手举在眼前,好奇地凝视把玩,或者把小手送到嘴里去吸吮,这是他自我探索的一种行为。

### 温馨提示

刚开始教宝宝玩玩具时,可以先用玩具去轻轻地触碰宝宝小手的第一、第二指关节,让他感受不同的物体。

##  亲子游戏

### 踢彩球
——大动作能力培养

**参与人数 2人**

**游戏目的** 活动宝宝的双腿,锻炼宝宝的下肢肌肉。

**游戏方法**

① 将彩色气球用细线吊在宝宝小脚上方。

② 宝宝仰卧,妈妈用手触碰气球,吸引宝宝注意力,鼓励宝宝屈伸膝盖、努力蹬腿,触碰气球。

### 温馨提示

宝宝如只是看着,没有伸腿去踢的动作。妈妈可拉着宝宝的小脚触碰气球。碰到时惊喜地对着宝宝欢笑或用肯定的声音鼓励宝宝。

# 超级育儿圣典

## 十指游戏
——精细动作能力培养

**参与人数 2人**

**游戏目的** 训练手部触摸和抓握能力。

**游戏方法**

① 宝宝睡醒后，让其仰卧在床上，面朝着妈妈，给他的手上系一根彩色布条或一个响铃，妈妈拉着宝宝的小手慢慢晃动，同时用十指轻轻抚弄宝宝的十指。

② 让宝宝边看自己的小手边摆弄自己的小指头或手腕上的布条或响铃。

> **温馨提示**
>
> 妈妈可以在游戏过程中揉揉宝宝的小指头，拉着宝宝的左手食指在右手心画圈；拉着宝宝两只小手互相对拍；拉着宝宝的小手拽布条等。

## 大声笑
——语言能力培养

**参与人数 2人**

**游戏目的** 让宝宝笑出声来。为语言发展奠定基础。需要准备的用具：狗熊、乌龟或大象玩具等。

**游戏方法**

① 妈妈做鬼脸，或发出怪声逗宝宝笑。

② 拿一个玩具，如狗熊、乌龟、大象等，慢慢移到宝宝面前，突然叫一声就藏起来，然后妈妈哈哈大笑，引诱宝宝也跟着笑。

> **温馨提示**
>
> 妈妈平时可以在宝宝面前做舔嘴唇的动作。也可以用唾液吹出一个小泡泡，鼓励宝宝模仿，这样能锻炼宝宝嘴唇肌肉的活动能力，为宝宝说话奠定基础。

---

### 婴儿就像一部新手机

同事A：你家小宝宝怎么样？

同事B：这照顾孩子真不是件容易事。

同事A：有什么心得？

同事B：这婴儿就像一部新手机，待机时间极短，基本2个小时就得充电。需要购买大量周边配件，还需要自己慢慢摸索操作系统。

开心大放映

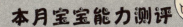

## 本月宝宝能力测评

1. 对喜欢的图画笑，对不喜欢的图画一扫而过，表现分明。
   ○ 是　　　　　　　○ 否

2. 能向左右追视达180度，头和眼同时转动。
   ○ 是　　　　　　　○ 否

3. 看手，仰卧时伸手到眼前观看10秒以上。
   ○ 是　　　　　　　○ 否

4. 听到妈妈的声音能转头观看。
   ○ 是　　　　　　　○ 否

5. 把物体放入手心能握紧达1分钟。
   ○ 是　　　　　　　○ 否

6. 高兴时能发出3个元音，如啊、哦等。
   ○ 是　　　　　　　○ 否

7. 饥饿时听到脚步声或奶瓶声会停哭等待。
   ○ 是　　　　　　　○ 否

8. 俯卧抬头时，下巴可以短暂离床。
   ○ 是　　　　　　　○ 否

9. 竖抱时，头直立不用扶持。
   ○ 是　　　　　　　○ 否

10. 扶腋下在硬板床上自己能迈10步。
    ○ 是　　　　　　　○ 否

❋ **评分结果：**

答"是"加1分，答"否"得0分。

9～10分，优秀；7～8分，良好；5～6分，一般；5分以下宝宝需要加强训练。

# 超级育儿圣典

## 父母关注专题

### 专题一　让宝宝远离红臀

红臀,也就是我们通常说的"红屁股",也叫做尿布疹,是一种常见的婴儿皮肤病。

症状表现主要发生在婴儿裹尿布的部位,因为长期尿布潮湿,不透气,加上宝宝本身的皮肤娇嫩,所以很容易因为刺激产生潮红、红疹等情况。

宝宝出现红臀,开始的时候是在每侧的臀部的中心出现两块红晕,然后会慢慢扩大,形成小丘疹,出现破损、糜烂。一旦发现红臀,要及时处理,如果臀红导致肛周皮肤溃破,细菌会侵入,造成肛周脓肿。

怎样保护好宝宝的小屁屁呢?

及时更换尿布或纸尿裤,避免屁屁长时间受到刺激。

如果给宝宝用的是棉尿布或纱布尿布,一定要质地柔软,应用弱碱性肥皂洗涤,并在阳光下暴晒杀毒。

纸尿裤要选择品质好、有超强的吸水力、柔软且无刺激性、透气性好的。

大便后,要用清水冲洗一下小屁屁,并用干爽的毛巾擦干。让宝宝的臀部在空气中晾一下,待干后再包上尿片,保持皮肤干燥。

要是宝宝出现了红臀,可用护臀霜或鞣酸软膏,使用时注意只用很少一点点。在宝宝的屁股上非常薄地轻轻涂抹一层,然后轻轻拍打周围的皮肤帮助吸收。涂抹得过多过厚,容易造成毛孔堵塞,反而会加重臀红。

Part 2　婴儿期——会叫爸爸妈妈了

## 专题二　宝宝放屁学问大

听到宝宝连续不断的放屁声，有的妈妈会担心地找医生，而有的妈妈则会高兴地说："这是好事！"那么，宝宝放屁到底好不好？别急，实际上，具体问题要具体分析。

### ❀ 崩出便便的屁

6个月以前的小宝宝常拉稀便，有时放屁会带出一点便来，对此妈妈们不用过多担心，到便便形成后，这种现象会逐渐消失。

### ❀ 臭屁

如果宝宝吃母乳，而妈妈又吃大量的花生、豆类或者产气的蔬菜，如豆角和洋葱等，都会导致宝宝放屁多。不过，人工喂养的宝宝如果选用了不合格或超出年龄段的奶粉，也会引发消化不良，肠道内堆积未消化的食物，发酵气体就会增多，而且味臭。此外，添加辅食后，宝宝如果吃过多的淀粉类主食或过多肉类，放的屁也会很臭。

### ❀ 无味的正常屁

多数6个月内的宝宝放屁间隔的时间都比较短。有时候还会放"连珠炮"，这其实很正常。在肠道菌群建立的过程中，肠道内会因为分解食物而产生气体，这种产气的细菌比较多时，宝宝的屁屁就会增多。这时候宝宝如果没有异常表现，有时候还会显得非常开心，就算屁屁比较多，妈妈也不用担心。

### ❀ 一放屁就哭

有的宝宝在放屁的时候总爱哭，身子扭动，表现出很不舒服的样子，而且放出来的屁有一股酸臭味儿。这可能是喂奶过多、过稠或选用不合适的奶粉造成的，应加喂温开水，并严格选用适龄奶粉和品牌可靠的奶粉。刚开始吃饭的宝宝应减少淀粉类食物，多吃蔬菜、水果，增加饮水量。妈妈给宝宝轻轻按摩腹部也有帮助。

### ❀ 无屁

有时，宝宝会几天不放屁，这其实也有隐患。如果不放屁也不拉便便，并尖声哭闹，往往提示宝宝患有肠梗阻，应尽早治疗。

# 超级育儿圣典

## 新手爸妈 学婴语
XinShou BaMa Xue YingYu

—— "模仿"

### 宝宝"说"

爸爸妈妈总是对我说"笑一笑"。笑是什么意思？是像妈妈那样嘴角扬起，眼睛也弯弯的吗？我试试啊——是这意思吗？我做得对吗？

### 婴语解析

模仿是宝宝的一种学习方法，也是和父母的交流形式。通过模仿，宝宝能学会各种技能，了解周围世界，还可得到愉悦的情绪体验。

### 育儿专家告诉你

新生儿会模仿成人皱眉、嘴角向上微笑等行为。初学语言的宝宝就是模仿和重复周围人对他说的话。所以，父母每天都面带微笑跟宝宝说说话，这能促进宝宝的语言发育，激发宝宝的愉快情绪。

## 育儿问答精选

**Q：满月了，带宝宝去奶奶或外婆家时应注意什么？**

A：要注意和家里环境的差别，不要把宝宝弄感冒了。此时的宝宝呼吸道防御功能差，一旦感冒，容易发展成肺炎，尽管这时宝宝体内有妈妈身体中的抗体，但总体说来，抵抗力还是挺弱的。并且，在路途中，不要将宝宝捂得过于严密，以免导致婴儿患蒙被综合征。

**Q：宝宝经常吃着吃着就拉了，这可怎么办？**

A：人们都说，小孩是直肠子，一吃就拉。这个月的宝宝就会出现这种情况。刚给宝宝换上尿布，抱起来吃奶，没吃几口，就听到拉屎的声音。这时不要急于换尿布，否则会打断宝宝吃奶，导致吃奶不成顿，还容易加重溢奶，增加了护理的负担。所以,妈妈应该任其去拉,等到宝宝吃完奶拍嗝后再换。

需要注意的是,不马上更换尿布,宝宝容易发生尿布疹,可以在给宝宝洗净臀部后,涂抹一些鞣酸软膏,防止红臀。

### Q：宝宝出现脱发,是不是营养不良了？

A 脱发是生长过程中的一种生理现象。随着月龄增加,开始添加辅食,脱落的头发会重新长出来。此外,胎儿期的头发与母亲孕期营养有关,出生后与遗传、营养、身体状况等多种因素有关。

### Q：宝宝的大便稀溏,患肠炎了吗？

A 大便可能会夹杂着奶瓣、发稀,这不要紧,不要认为是宝宝消化不良或患肠炎了。大便次数也可能会增加到每日6~7次,这也是正常的。只要宝宝吃得很好,腹部不胀,大便中没有过多的水分或便水分离的现象,就不是异常的。

### Q：宝宝脸上起皮,有什么好的解决办法？

A 如果是脸上、手上、脚上都起皮的话,在刚出生的2个月内属于正常现象,不用担心。婴儿皮肤最上层表皮的角化层,由于发育不完善,容易脱落。另外,婴儿连接表皮和真皮的基底膜不够发达,细嫩松软,使表皮和真皮连接不够紧密,表皮脱落的机会就多,不必担心!

宝宝起皮也有可能是湿疹或家中过于干燥,如果有小红疹可外用治疗湿疹的药；如果是干燥,家中要注意加湿,洗脸用温热水,洗后涂抹护肤霜。如果是宝宝湿疹,可能是给宝宝捂得太厚宝宝太热引起的,适当给宝宝减一点衣服会有改善。另外宝宝长湿疹尽量不要用水擦洗,因为会越洗越多。

---

**孩子的世界是单纯的**

刚才回家路上遇见一对母女,小家伙看似有三四岁。不知因为何事母亲说:"咱俩剪子包袱锤决定。"

我看见俩人都出剪刀,结果母亲说:"我赢了,我剪刀比你大。"然后小家伙高兴地拉着母亲的手走了,只留下我石化的背影。

开心大放映

# 第3个月
## 宝宝努力学翻身

### 本月育儿要点

❋ **绝大多数宝宝知道饱饿**

实际上,计算每日宝宝所摄入多少热量没什么太大必要。绝大多数宝宝都知道饱饿,按照宝宝自己的需要供给热量就行。

❋ **慎重更换给宝宝选的奶粉**

一般说来,如果选定了一种品牌的奶粉,没有特殊的情况,就不要轻易更换奶粉的种类。如果频繁更换,容易导致宝宝消化功能紊乱和喂哺困难。

❋ **适时给宝宝喂奶**

2~3个月的宝宝觉醒的时间开始长了,要人陪着玩了,所以不要只认为宝宝是要吃奶,不要用乳头来哄宝宝。

❋ **尿布疹应对策略**

及时更换尿布。

便后及时清洗。

皮肤破损及时就医。

❋ **职场妈妈喂宝宝必知**

妈妈早上起来,给宝宝喂饱奶。

再挤出一些奶保存在奶瓶里,让宝宝白天喝。

上班时,将挤出来的奶放入冷藏库中保存。

下了班带回家,放到冰箱里,让宝宝第二天吃。

❋ **宝宝便秘应对策略**

如果出现轻微的便秘,可以给宝宝多喂些温热的白开水。

如果宝宝的粪便积聚时间过长,不能自行排出,可尝试用小肥皂条蘸水轻轻插入宝宝肛门来刺激排便。但是,这些最好少用。

便秘症状过于严重,最好及时到医院治疗。

Part 2 婴儿期——会叫爸爸妈妈了

# 宝宝成长小档案

## 宝宝的体格发育

### ✿ 体重

男宝宝体重平均为 6.4 千克左右，正常范围是 5~8 千克。女宝宝体重平均为 5.8 千克左右，正常范围是 4.5~7.5 千克。人工喂养的宝宝体重每月增加 0.6 千克左右。

### ✿ 身长

男宝宝身高平均为 61.4 厘米左右，正常范围是 57.3~65.5 厘米。女宝宝身高平均为 59.8 厘米左右，正常范围是 55.6~64 厘米。

### ✿ 头围

男婴头围平均为 40.8 厘米左右，正常范围是 38.2~43.4 厘米。女婴头围平均为 39.8 厘米左右，正常范围是 37.4~42.2 厘米。

### ✿ 囟门

宝宝的后囟门开始闭合。爸爸妈妈要注意，在宝宝后囟门闭合前，一定要防止坚硬物体的碰撞，但可以用水轻轻给宝宝清洗。

## 宝宝的发育特点

### ✿ 大便

随着月龄的增加，尤其到了 2~3 个月的时候，大便次数通常会慢慢变少或一下子明显减少，1~4 天拉一次都是正常情况。宝宝大便是否正常，最重要的是和之前的情况比较。宝宝的大便通常含水量较多，比较稀，不成形。添加辅食前，宝宝吃的食物水分含量较多，所以大便含水量也比较多。母乳喂养的宝宝大便是不成形的，一般为糊状或水状，里面可能有奶瓣或是黏液。而人工喂养的宝宝大便质地较硬，基本成形。

# 超级育儿圣典

添加辅食（尤其是固体食物）后，宝宝的大便会慢慢成形变硬，逐渐接近成人。添加辅食前，不管是母乳喂养还是人工喂养，大便基本都没有臭味。母乳喂养的宝宝可有一种甜酸的气味。到了7~8个月吃荤腥等辅食后，大便就会比较臭。随着之后食物的多样化，宝宝大便的气味就慢慢跟成人相同了。

## 宝宝的社会化发育

### ❋ 宝宝的感官发育

视觉：宝宝的视线随物体转动角度可达180度，他还能看清几米远的物体，并对带有音乐、色彩鲜艳的玩具最感兴趣。

听觉：宝宝的听觉有了明显的发展，能安静地听轻快柔和的音乐，能辨别声音的方向，会将头转向发出声音的地方。

味觉、嗅觉：此时，宝宝可以用动作对不喜欢的味道做出明确的反应。比如给他闻刺激性的气味，他会主动把头转开，有时候还会用手把他不喜欢的东西推开，如果闻到了醋等刺激性的味道，宝宝会出现耸肩膀、缩脖子等可爱的动作。

### ❋ 3个月宝宝的认知能力标准

仰卧时，将玩具放在手中，经密切观察，宝宝确实能注视手中的玩具，而不是看附近的东西。但他还不能举起玩具来看。

把较大的物体放在宝宝视线内，宝宝能够持续地注意。

让宝宝坐在桌前，若将方木堆和杯子分别放在桌面上，宝宝见到物品后会自动挥动双臂，但还不会抓取物体。

### ❋ 睡眠

这个月龄的宝宝比上个月时睡眠时间要短些，一般在18小时左右，白天宝宝一般睡3~4次，每次睡1.5~2小时，夜晚睡10~12小时，白天睡醒一觉后可以持续活动1.5~2小时。

### ❋ 宝宝的运动能力

大运动发育：当把宝宝俯卧放在床上时，宝宝就会努力地用手和胳膊把自己支撑起来，有时能支撑1分钟左右，头还能随视线转动。这个月的宝宝已经会翻身了，这表明宝宝对颈部的控制能力以及身体协调能力都增强了。

精细动作发育：宝宝喜欢吸吮手指，手指一碰到嘴巴，就会条件反射地吸吮起来，这让宝宝得到类似吸吮母乳的安全感。同时，宝宝的手能互握，会抓衣服、头发和脸。

宝宝手部动作发育：这时宝宝的手经常呈张开状，可握住放在手中的物体达数分钟，扒、碰、触桌子上的物体，并将抓到的物体放入口中舔。但手与眼的协调能力还不强，常抓不到物体，就是抓物也是一把抓，即大拇指与其他四指方向相同。

如果两个同样年龄大小的宝宝，用靠近小拇指侧边处取物的宝宝手的动作就没有用大拇指侧取物的那个宝宝发育得好。此外，手的抓握往往是先会用中指对掌心一把抓，然后才会用拇指对示指钳捏。

一个小宝宝如果能自己用拇指、示指端拿东西，就表明他手的动作发育已相当好了。宝宝先能握东西，然后才会主动放松，也就是说宝宝先会拿起东西，然后才会把东西放到一处。

## ✱ 宝宝的语言发育

宝宝的嘴里常常发出"噢""啊"之类的声音，喜欢用叫声来表达自己的感觉，如饿了、累了、生气了、不耐烦了，或仅仅是想自己呆会儿，还会逐渐拉长音调以引起爸爸妈妈的注意。宝宝越高兴，发音就越多。给宝宝创造舒适的环境，宝宝就会不断练习发音，这是语言学习的开始。语言的发育不是孤立的，听、看、闻、摸、运动等能力都是相互联系互为因果的，要综合训练宝宝说话的能力。

## ✱ 宝宝的情感和社交

宝宝有了自己的喜怒哀乐。吃饱了，宝宝就会发出笑声；看见生人，就会用哭声来达到保护自己的目的；饿了，会用喑哑的哼哼声来引起爸爸妈妈的注意。宝宝的表情也越来越丰富，还能表现出快乐或委屈。到第3个月末时，宝宝可能已经会用"微笑"谈话，有时他会通过有目的的微笑与你进行"交谈"，并且咯咯咯地笑引起你的注意。在其他时间，他会躺着等待，观察你的反应直到你开始微笑，然后他也以喜悦的笑容作为回应。他的整个身体将参与这种对话，他的手张开，一只或两只手臂上举，而且上下肢可以随着你说话的音调进行有节奏的运动。他也模仿你的面部运动，你说话时他会张开嘴巴，并睁开眼睛，如果你伸出舌头，他也会做同样的动作。

# 超级育儿圣典

## 喂养宝宝

###  本月宝宝所需营养

第3个月的宝宝仍能从母乳中获得所需的营养。对奶的吸收消化能力强,对蛋白质、矿物质、脂肪、维生素等营养成分的需求可以从母乳中获得。

### 本月宝宝如何喂养

本月的宝宝仍主张以母乳喂养。一般情况下食量小的宝宝只吃母乳就足够了。宝宝的体重如果每周增加150克以上,说明母乳喂养可以继续,不需添加任何代乳品。但食量大的宝宝需要补充配方奶,否则会因吃不饱而哭闹,影响生长发育。

这个阶段宝宝吃奶的次数是规律的,有的宝宝夜里不吃奶,一天喂5次;有的宝宝每隔4小时喂1次,夜里还要再吃1次。

混合喂养的宝宝仍主张每次先喂母乳,不够的部分用配方奶补足,每次喝奶量应达到120~150毫升,一天喂5~6次。

每次的量不得超过150毫升。每天的总奶量应保持在900毫升以内,不要超过这个量。虽然表面上宝宝不会有异常情况发生,但是如果超过900毫升,容易使宝宝发生肥胖,有时还会导致厌食奶粉。

## 频繁换奶粉对宝宝的肠胃不利

新手妈妈必须要知道这样一个基本常识：婴儿食用的配方奶粉是不能频繁更换的。婴儿的消化系统发育尚不完全，对不同食物的消化都需要一段时间来适应，因此，妈妈一定要注意不要给宝宝频繁转奶。

有的妈妈片面地认为所谓转奶就是在不同牌子的奶粉之间相互转换，其实不尽然。即使是相同牌子的配方奶粉，不同阶段之间的奶粉、同一牌子相同阶段但产地不同的也属于转奶，妈妈要特别注意了。

### ❋ 转奶不适的症状

妈妈如果觉得宝宝不适合喝之前牌子的配方奶粉，可以考虑转换品牌，但要知道，转奶需要一个循序渐进的过程，切不可操之过急。那么，怎么知道宝宝是否转奶成功了呢？宝宝转奶不适又会表现出什么症状呢？

据了解，宝宝转奶出现不适通常会有以下几种表现：不爱吃奶、腹泻、呕吐、便秘、哭闹、过敏等。其中腹泻最为严重，而过敏则表现为皮肤痒、出红疹等。妈妈在给宝宝转奶时一定要注意观察宝宝的状况，如果出现不适症状应马上调整喂养方案。

### ❋ 转奶的原则

给宝宝转奶最忌频繁。每种配方奶粉都有相对应的符合宝宝成长的阶段分级，因为宝宝的肠胃和消化系统尚未完全发育，而各种奶粉的配方又不尽相同，如果换用另外一种新的奶粉，宝宝又要去重新适应，这样极易导致宝宝腹泻。所以，妈妈给宝宝转奶要循序渐进，不要过于心急，要让宝宝有个适应的过程。妈妈要随时注意观察，如果宝宝没有不良反应，才可以增加添加量，如果不能适应就要慢慢改变。

此外，转奶应在宝宝身体健康情况良好时进行，没有腹泻、发热、感冒等症状，接种疫苗期间也最好不要转奶。

### ❋ 转奶的方法

转奶最科学的方法就是新旧混合，即将预备替换的新奶粉和宝宝之前已经习惯饮用的奶粉在转奶时掺和饮用，开始可以量少一点，慢慢适当增加比例，直到转奶成功。比如，先在旧的奶粉里添加 1/3 的新奶粉，这样喂宝宝两三天之后如果没什么不适反应，就可以旧的、新的奶粉各一半再喂养两三天，如果没有不良反应再旧的 1/3、新的 2/3 喂两三天，最后过渡到完全用新的奶粉替代旧的奶粉。

# 超级育儿圣典

## 可以适当补充一些微量元素

不同的微量元素对人体有不同作用，不足时可能引起相应的症状，因此，父母要了解微量元素的相关知识，给宝宝及时适当地补充所缺乏的微量元素。

### ❋ 检测微量元素的方法

一般不提倡用宝宝的头发做检测，由于头发中微量元素的含量受头发清洁程度、发质、个体生长发育程度和环境污染等多种因素的影响，不能很好地反映宝宝的微量营养元素状况。与头发检测比较而言，血液检测是一种比较科学的方法。通过在宝宝手指上取一滴血，可以检测出其中的铜、锌、钙等微量元素的准确含量而且较为稳定。

### ❋ 合理补钙

3个月的宝宝咀嚼和消化能力有限，食物比较单调，户外活动也比较少，可以适当补充一定量的钙剂和鱼肝油。宝宝每天大约需要600毫克的钙量，其中400毫克完全可以从食物中取得，因此每天需给宝宝补200毫克的钙剂，父母可通过钙剂中的含钙量来换算控制。

由于宝宝的肠胃功能较弱，不要选择碱性较强的补钙剂，如碳酸钙、活性钙等。父母还应慎给宝宝服用大量添加维生素D的补钙剂，尤其是同时在服用鱼肝油的宝宝，因为服用维生素D过量，会产生积蓄中毒现象。婴幼儿加服钙剂应严格在医生指导下进行，补钙过量对生长发育会造成极大危害。补钙过多可使1岁以内婴儿的囟门过早闭合，头颅不能随着脑部发育而充分增大，一方面形成小头畸形，另一方面限制脑部发育；骨头中钙质过多，骨骼变脆易发生骨折；骨骼过早钙化闭合，使身高受到限制；吃太多的钙会使宝宝肠胃不适、食欲不振；维生素D和钙过量都会导致儿童高血钙；极少数宝宝长期补钙过量，还可能患上"鬼脸综合征"：长着一张大嘴，上唇突出，鼻梁平坦，鼻孔朝天，两眼距离甚远。这类孩子往往还伴有智力低下、心脏杂音等疾病。

### ❋ 添加含铁丰富的食物

第3个月的宝宝，体内储存的微量元素基本耗尽了，特别是铁。仅仅喂母乳或牛奶已经满足不了宝宝生长发育的需要，因此需要添加一些含铁丰富的食物。可以多给宝宝吃富含维生素C的蔬菜水果，不要随意给宝宝服用铁剂，只有少数患缺铁性贫血的宝宝才需要服用。

### ❋ 多汗当心缺锌

有的宝宝特别爱出汗，即使在寒凉天气，稍稍多活动一下，就会浑身

## Part 2　婴儿期——会叫爸爸妈妈了

湿透。而人体中多种微量元素都通过汗液排泄，锌便是其中之一。锌是促成宝宝生长发育、免疫功能完善、视觉系统及性发育的重要元素，多汗儿童的锌缺乏可能明显高于正常儿童。

因此一旦确诊宝宝缺锌，可适当补充一些锌剂，如葡萄糖酸锌等。

诊断儿童是否缺锌，应结合症状、体征等综合分析判断。若补锌后症状改善，也可说明缺锌。

### 不要强迫宝宝吃奶

实际上，绝大多数宝宝都知道饱饿了，因此妈妈按照宝宝自己的需要供给热量就行。

妈妈总是担心宝宝吃不饱，宝宝已经几次将奶头吐出来，还是不厌其烦地将奶头硬塞入宝宝嘴里。宝宝只好再吃两口。时间长了，会有3种弊端。

* 宝宝胃口被撑大，热量摄入增加，成为肥胖儿。

* 摄入过多奶，消化道负担不了，干脆怠工甚至罢工，降低宝宝的食欲。

* 总是强迫宝宝进食，宝宝会不舒服，形成精神性厌食。这种情况并不多见，但一旦形成了，对宝宝的身体健康很不利，一定要避免。

### 哺乳妈妈催乳食谱

**猪蹄茭白汤**
益髓健骨、催乳

**材料**　猪蹄250克，茭白（切片）100克，生姜2片，料酒、大葱、食盐各适量。

**做法**　猪蹄于沸水中烫后刮去浮皮，拔去毛，洗净，放净锅内，加清水、料酒、生姜片及大葱，旺火煮沸，撇去浮沫，改用小火炖至猪蹄酥烂，最后投入茭白片，再煮5分钟，加入食盐即可。

# 超级育儿圣典

**功效** 益髓健骨，强筋养体，生精养血，催乳。可有效地增强乳汁的分泌，促进乳房发育。适用于妇女产后乳汁不足或无乳等。

## 红薯粥
### 防治新妈妈习惯性便秘

**材料** 红薯块100克，大米50克。

**做法** 大米洗净，浸泡30分钟。将大米、红薯块、清水放锅中煮沸，转小火熬煮成粥即可。

**功效** 防治新妈妈习惯性便秘。

## 木瓜鲜奶
### 养身护肤通乳

**材料** 木瓜400克，鲜牛奶250毫升，白砂糖5克。

**做法** 选取新鲜熟透木瓜，去皮和子，洗净，切成大块。将木瓜块、鲜牛奶、白砂糖一起放入榨汁机中打成果汁即可。

**功效** 木瓜中的木瓜酶对乳腺发育很有帮助，有催奶的效果，乳汁缺乏的妇女食用能增加乳汁量。牛奶中含有丰富的蛋白质、维生素及钙、钾、镁等矿物质，可防止皮肤干燥及暗沉，使皮肤白皙、有光泽。

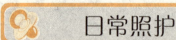

## 日常照护

### 宝宝的小衣物如何清洗

衣服对于宝宝来说，除了色泽、干净、整洁以外，还特别要注重清洗的方式方法。

❋ **宝宝的衣服单独洗**

将宝宝的衣服与大人的衣服分开清洗，这样可以避免发生不必要的交叉感染。

❋ **最好手洗**

洗衣机里藏着许多细菌，宝宝的衣物经洗衣机一洗，会沾上许多细菌，这些细菌对大人来说没问题，但对宝宝可能就是大麻烦，如引起皮肤过敏或其他皮肤问题。

✿ **选择婴幼儿专用的洗涤剂清洗**

尽量选择婴幼儿专用的衣物清洗剂，或选用对皮肤刺激小的洗衣粉，以减少洗涤剂残留导致的皮肤损伤。

洗衣服似乎很简单，其实若清洗方法不合理，或衣服上有残留的洗涤剂，都会刺激宝宝的皮肤。

## 给予宝宝安全感

在平时的生活中，有的宝宝睡觉时家里只要有一点点声音就会被惊得手脚一伸一缩，稍微大一点的声音，比如楼下摩托车发动的声音，就会把宝宝吓得哭出声音；或者有时家里的电话铃声突然响了，就可能把他从睡梦中惊醒，浑身发抖，放声大哭。这时，妈妈要这样做：

✿ **重温在母体的温馨**

如果宝宝受到惊吓而哭闹时，要把宝宝抱起来，并用手轻轻拍打宝宝，让宝宝听听妈妈的心跳声，使宝宝重温母体的温馨。

✿ **宝宝营造适宜的成长环境**

不要让宝宝受到太大声音的刺激；另一方面，也不要让宝宝的生活环境过于安静，给予适当的声音刺激有利于宝宝听觉的发育。

✿ **科学地训练宝宝的听觉**

要给宝宝一个有声的环境，如走路、关开门、放水等家人的正常活动所产生的各种声音，或者让宝宝听一听优美的音乐或音乐盒、摇铃、拨浪鼓及各种悬挂玩具发出的声音等。这些声音会给宝宝的听觉一定的刺激，促进听觉的发育。

✿ **和宝宝讲话交谈**

爸爸妈妈还可以拍拍手、学小猫"喵呜"叫、学小狗"汪汪"叫等，使宝宝做出向声音方向转头的反应。

宝宝从出生到3个月这段时期，当突然听到60分贝以上的声音时会出现全身抖动、两手握拳、前臂迅速屈曲或皱眉头、眨眼、睁眼等反应，这在医学上称为惊吓反射。它是人的一种自我保护反应。

其实，3个月以内的宝宝突然听到巨大声响，或突然受到震动，以及被变换体位等，他做出发抖、想哭、想要拥抱的动作，说明他的听力和大脑发育是正常的。因为刚出生的宝宝大脑皮质功能发育还不完善，神经纤维周围的绝缘组织即神经髓鞘还没有形成，外界响声从听神经传入大脑神经中枢时，神经冲动可同时波及大脑控制四肢肌肉的神经纤维上，引起四肢肌肉的抖动。如果宝宝受到刺激没有反应或者说没有被惊吓到，则说明宝宝在某些方面出现了问题，需要寻找原因，进行治疗。

### 宝宝健身四法

婴儿期的宝宝过的是那种吃了睡、睡了吃的"摇篮式"生活，因此，我们提倡从婴儿期开始就要进行健身活动。婴儿期简便易行的健身方法就是"抱、逗、按、捏"。

#### ✽ 抱

这是对宝宝最轻微得体的活动。当宝宝在哭闹不止的时候，也正是需要通过抱而得到精神安慰的时候。为了培养好宝宝的感情思维，特别是在宝宝这种哭闹的"特殊语言"下，不要挫伤幼小心灵的积极性，要适当地多抱一抱宝宝。

#### ✽ 逗

这是婴儿期最好的一种娱乐形式。逗可以使小宝宝高兴得手舞足蹈，使全身的活动量加大。有人观察，常常被逗嬉的宝宝比起长期躺在床上少有人过问的宝宝，不仅要表现得活泼可爱，而且对周围事物的反应也显得更加灵敏，会直接影响到宝宝今后的发育成长。但逗嬉宝宝要自然大方，不要做挤眉、斜眼等怪癖动作，以免宝宝模仿。

#### ✽ 按

这是指父母用手掌给宝宝轻轻地按摩。按能增加胸背腹肌的锻炼，减少脂肪细胞的沉积，促进全身血液循环，增强心肺活动量和肠胃的消化功能。

#### ✽ 捏

捏较按稍加用力，它可以使全身和四肢肌肉更加结实。一般从两上肢或两下肢开始，再从两肩至胸腹，每个部位 10~20 次。在捏的过程中，宝宝的胃液分泌和小肠吸收功能都会有所改善。

## 保护好宝宝的小耳朵

听觉功能，是语言发展的前提。如果耳朵听不到声音，就无法模仿语音，因而也就无法学会语言，这对婴儿的智力发育极为不利。因此，保护好婴儿的听力是非常重要的。

❋ **防止异物进入耳道**

给婴儿洗澡和洗脸时，不要让婴儿耳朵进水，以免引起耳部疾患；婴儿吃奶后不要让他平躺着打嗝，否则，奶顺着咽管进入中耳就容易引起中耳炎；孩子哭闹的时候最好抱起孩子，如果让孩子平躺着哭，眼泪也会流进耳道里；平时还要防止婴儿将细小物品如豆类、小珠子等塞入耳朵。

❋ **不要给婴儿挖耳朵**

耳屎是有一定的生理功能的，如阻止灰尘、小虫进入耳内，缓冲噪声，保护鼓膜，防止外界水分流入耳内等。婴儿的耳屎一般会自行移到外耳道，因此没有必要特地用挖耳勺来掏，否则会损害正在形成中的耳膜和耳鼓，对今后的听觉有很大的影响，可以在洗完澡后用棉签在耳道口抹抹即可，切不可太进里边。

❋ **防止听力损伤的小细节**

避免耳部感染，早期治疗能预防中耳损害。

注意噪声危害，远离噪声环境。

避免意外伤害对耳部及听力的损害，如婴儿从床上摔落撞击头部等。

一些药物可能损害婴儿听力，应在医生的指导下正确使用。耳毒性药物会导致少数过敏体质的孩子内耳听觉器官中毒，听力明显下降，甚至耳聋。

# 宝宝小门诊

## 尽早发现宝宝的特殊胎记

不少宝宝在出生时，身上会有大大小小的胎记，肩上、背上，甚至整个小屁股上都长满了，妈妈需要留心观察。

有资料表明，中国宝宝的胎记出现率达90%以上，绝大多数为东方人特有的蒙古斑，呈暗青色或淡灰青色。通常长在屁股上。也可能分散在腰部、背部等处，呈圆形、椭圆形或不规则的方形。蒙古斑只是沉淀在皮肤表面的色素而已，不需要处理，一般在宝宝5岁前就能自动消失，有的甚至几个月或者100天的时候就消失了。

宝宝的胎记如果是红色、淡紫色或深蓝色，则要警惕宝宝可能患有血管瘤。血管瘤是常见的婴幼儿先天性良性肿瘤，常见于头面部、颈部，其次为四肢、躯干。还有些胎记稍突出于皮肤表面，有些呈现大小不等的结节。

妈妈需要密切观察胎记的变化，比如血管瘤如果仅仅是随着身体的长大而适当增大或停止增长，就不必急于处理；而对于发展较快、妨碍器官功能或影响正常发育的血管瘤，应尽早治疗。

### 宝宝湿疹如何防治

宝宝如果血液中的免疫球蛋白E增多，就是先天容易过敏的遗传体质，容易出现湿疹。

湿疹一般出现在出生后10~15天，脸上有小红疙瘩、眉毛上有浮皮样的物质等，屁股上也容易出现尿布疹。1~2个月是湿疹经常出现的时期。到了3个月，宝宝的湿疹会更重，头顶上会结一层很硬的脂肪性疮痂，脸上也有。宝宝会比较痒，用手不停抓挠。

宝宝的贴身衣物最好应穿松软宽大的棉织品或细软布料。最适合的衣物是棉花料的夹袄、棉袄和绒布衫等。

❋ **应对方法**

宝宝的头顶如出现硬痂，可在洗澡前20分钟抹匀婴儿油，用温水轻轻冲洗，多洗几次自然会掉。

宝宝洗澡时，仅仅用清水，不要用其他洗护产品了。

母乳喂养的妈妈最好避开吃牛奶、鸡蛋，能减轻宝宝的湿疹。

宝宝的贴身衣物最好是棉质的，常在阳光下晾晒，能起到消毒的作用。

### 帮宝宝解除便秘困扰

❋ **宝宝便秘的表现**

排便的次数少，有的宝宝3~4天才排1次大便，并且粪便坚硬，排便困难，排便时疼痛或不适，引起宝宝哭闹。

❋ **形成便秘的原因**

用牛奶喂养的宝宝容易出现便秘，这是由于牛乳中的酪蛋白含量多，可使大便干燥。另外，宝宝由于食物摄入的不正确，造成食物中含纤维素少，引起消化后残渣少，粪便减少，不能对肠道形成足够的排便刺激，也可形成便秘；还有的宝宝没有养成定时排便的习惯，也可以发生便秘。

❋ **避免便秘的方法**

帮助宝宝形成定时排便的习惯。

用白萝卜片煮水给宝宝喝，理气、消食、通便。

给宝宝喂新鲜果汁水、蔬菜水和苹果泥、香蕉泥等维生素含量高的辅食。

辅食中增加富含膳食纤维和纤维素的食品以增加粪便体积，软化大便，如蒸红薯、白萝卜泥、胡萝卜泥等。

每天2次，以肚脐为中心顺时针按摩5分钟，促进肠道蠕动。

**温馨提示**

宝宝适量喝一些果蔬汁，可以缓解因为母乳不足引起的便秘情况。

## 快乐亲子时刻

### 宝宝玩具推荐

宝宝越来越活跃了，他喜欢蹬腿和踢玩具，妈妈可以准备一些触碰就会发响和发亮的玩具给宝宝，当宝宝踢到这个玩具的时候就会产生反应，宝宝会非常的兴奋。或者给宝宝的小袜子上缝上一个小铃铛，每次宝宝踢腿的时候就会发出响声。

宝宝小手更有力气了，开始喜欢抓东西。爸爸妈妈要准备悬挂在宝宝头上方的玩具，宝宝会自己伸手去抓玩，要注意悬挂玩具的距离让宝宝容易抓到。这个游戏有助于发展宝宝的手眼协调性和促进上肢的力量。

**温馨提示**

视觉训练最适合的是各式各样带响的玩具，如响环、手摇铃、布铃等等。也可以慢慢地增加玩具的色彩。注意不要总将这些玩具挂在一处，要经常变换位置，以引起宝宝多角度注视。

# 超级育儿圣典

## 亲子游戏

### 找妈妈
——认知能力培养
参与人数 多人

**游戏目的** 让宝宝学会分辨不同人的特征，熟悉妈妈，增进和妈妈的亲近关系。

**游戏方法**

① 让爷爷、奶奶、妈妈和周围的邻居、亲属站在对面。

② 爸爸抱着宝宝慢慢地从这些人当中走过，这个时候宝宝会在接近妈妈的时候表现出快乐兴奋的表情，还会手舞足蹈。

**温馨提示**

只有经常逗宝宝的爸爸妈妈才能够让宝宝做出这样的反应，所以为了宝宝良好的身心发展，爸爸妈妈要多陪宝宝玩耍。

### 好玩的小手偶
——促进视觉发育
参与人数 2人

**游戏目的** 刺激宝宝的视觉神经发育。

**游戏方法**

① 妈妈的食指上套个手偶，晃动几下，吸引他的注意力。

② 一边摇动手指，一边说儿歌。观察宝宝的视线是否跟着移动，再换另一侧进行练习。

**温馨提示**

刚开始，宝宝的视线跟随妈妈的手指持续的时间会很短，但若坚持每天练习，宝宝就会不断进步。

### 学翻身
——大动作能力培养
参与人数 2人

**游戏目的** 让宝宝学会翻身。

**游戏方法**

① 在宝宝左侧放一个有意思的玩具，再把他的右腿放到左腿上，再将其一只手放在胸腹间，轻托其右边的肩膀，在背后往左推宝宝，宝宝就会向左转。慢慢地，让宝宝自己翻转。

② 妈妈让宝宝仰卧在床上，拿着宝宝感兴趣的玩具分别在两侧逗引，让宝宝自动将身体翻过来。

**温馨提示**

在训练宝宝翻身时，应先从仰卧位翻到侧卧位，再回到仰卧位，一般一天训练2~3次，每次训练2~3分钟。另外，可以尝试让宝宝俯卧在爸爸的身上，通过爸爸的翻身带动宝宝的翻转。这种接触不仅会让宝宝有安全感，而且还会让宝宝有了新鲜的刺激，愿意去尝试。但应注意，爸爸要与宝宝有一定的距离，不要压到他。

## 本月宝宝能力测评

1 见到妈妈主动投怀。

○ 是　　○ 否

2 头颈活动，上下左右环形追视红球。

○ 是　　○ 否

3 互相抓握玩耍，抓脸、衣服、被子等。

○ 是　　○ 否

4 当带有铃铛的绳子套在某一肢体时，宝宝知道动这一肢体使铃铛响。

○ 是　　○ 否

5 见到熟人会笑，也会对着镜子笑。

○ 是　　○ 否

6 要撒尿时，会让父母知道，白天开始少尿床了。

○ 是　　○ 否

7 能由俯卧位转为侧卧位。

○ 是　　○ 否

8 能抬起半胸用肘支撑上半身。

○ 是　　○ 否

9 当家长双手从两侧托胸前举起宝宝时，宝宝的头、躯干和髋部成直线，膝屈成游泳状。

○ 是　　○ 否

10 扶着宝宝腋下能在硬床上迈10步。

○ 是　　○ 否

**✽ 评分结果：**

答“是”加1分，答“否”得0分。

9~10分，优秀；7~8分，良好；5~6分，一般；5分以下宝宝需要加强训练。

# 超级育儿圣典

## 父母关注专题

### 专题一　教你在家中了解宝宝的健康状况

#### ❋ 称体重

在晨起宝宝空腹、将尿排出后或于平时进食2小时后进行，并除去包裹宝宝的衣被重量。

定期测体重能监测营养状况，及时发现宝宝是否存在营养过剩性肥胖或营养不良。

#### ❋ 量身长

在晨起宝宝空腹、少穿衣服时，让他仰卧在桌面上，将宝宝头部固定，用一本书紧贴头顶并与桌面垂直，并用笔做直线标志。另一人轻轻按住宝宝的双腿膝部，使双下肢伸直，用书抵住宝宝脚板并与桌面垂直，用笔标记，测量两线之间的长度，即为宝宝的身长。

了解宝宝骨骼生长发育情况，结合体重了解宝宝的营养状况，如果宝宝身高低于或高于正常值较多时，应引起家长注意，请医生检查有无骨骼发育及内分泌功能异常。

#### ❋ 量体温

观察宝宝的体温，是了解宝宝健康状况的一个方面。为宝宝测体温时，家长要注意安全。

测量体温一般有3种方法，即肛测、口腔测和腋下测。由于宝宝多动，且为无意识动作，故测量肛门和口腔的温度容易发生意外，一般采用腋下测量体温。这既方便、卫生，又安全。

宝宝正常体温在36~37℃之间，超过37℃为发热，37~38℃为低热，38~39℃为中热，39℃以上是高热。对于发热的宝宝。应每2~4小时测量1次体温，在服退热药后或物理降温30分钟后，应再测体温，观察宝宝的热度变化。此外还应注意，宝宝在哭闹后，或刚喝过热水后，或活动

## Part 2 婴儿期——会叫爸爸妈妈了

后,不能马上测体温,如若测体温会发现体温上升;而吃冷饮或洗澡后也不要马上测体温,应在20分钟后再测体温。若腋窝有汗,应擦干腋窝再测体温。

### ❋ 观脸色

宝宝脸色苍白:宝宝脸色苍白没有精神时,可以检查下眼睑内侧和嘴唇颜色,如果偏白则很可能是贫血。

宝宝的脸色较红:宝宝的脸色如果比平时红,很可能是发热,可以先测一下体温,如果是因为剧烈哭泣而引起的脸红,只要等宝宝安静下来,红色会逐渐退去。

宝宝剧烈哭泣后脸色呈红色是正常的,但是如果脸色苍白则要引起注意。如果发现宝宝在哭泣时脸色苍白,全身有痉挛现象、嘴唇呈紫色发绀时则需要立即送往医院。

另外,如果宝宝出生1个月以后脸色还呈黄色并且有嘴唇发绀、呕吐、发热、血便等现象,必须立即送往医院救治。

### ❋ 观大便

宝宝的营养状况和消化吸收怎样,从宝宝的粪便就可观察和预测到。可以说,宝宝的粪便是预测他健康状况的一个很好的凭据。

吃不同的食物,会排不同的粪便。一般来讲,吃母乳的宝宝的粪便呈鸡蛋黄色,有轻微酸味,每天排便3~8次,比吃配方奶粉的宝宝排便次数要多。吃配方奶粉的宝宝的粪便和吃母乳的宝宝的粪便相比,水分少,呈黏土状,且多为深黄色或绿色,每天排便2~4次,偶尔粪便中会混有白色粒状物,这是奶粉没有被完全吸收而形成的,不必担心。

母乳和配方奶粉混合吃的宝宝,因母乳和奶粉的比率不同,粪便的稀稠、颜色和气味也有所不同。母乳吃得多的宝宝,粪便接近黄色且较稀。而奶粉吃得多的宝宝,粪便中会混有粒状物,每天排便4~5次。懂得了这些,你就要注意观察宝宝每次排出的大便,发现宝宝粪便有异常,就要随时调理和治疗。

### ❋ 观精神状态

宝宝天真无邪,什么都会写在脸上,一旦生病会表现出精神状态与平时不同。妈妈只要在平日多留意观察宝宝健康的精神状态,那么宝宝生病了,从他精神状态的变化上,你就能察觉到。这样就能尽早地给宝宝治疗。

宝宝在生病早期精神状态变化的提示:

精神差,感觉宝宝总在迷迷糊糊地睡。

醒来时,宝宝没有了往日的神气劲儿。

醒着时,两眼无神,表情呆滞。

对外界的反应差而慢。

吃奶没劲，吃奶量比平时少。

比平时爱哭，又难哄，显得烦躁不安。

不哭不闹，比平时安静得多。

每个宝宝都有自己的一些日常表现，即使妈妈没有学会观察以上的一些提示，只要感觉到宝宝与平时的表现不一样了，就要提高警惕，宝宝可能生病了。

## 专题二　上班族妈妈哺喂宝宝攻略

### ❀ 上班族妈妈在早晨挤奶

妈妈可在早晨上班前先挤好乳汁备用，在上班前交给照顾者即可。需注意的是，若早晨挤奶，务必提前半小时起床来准备挤乳，以免耽误上班时间。

### ❀ 上班族妈妈哺喂技巧

上班出门前先喂1次母乳，回家后直接哺乳。

利用每日2次、每次30分钟的哺乳时间，直接哺喂宝宝母乳。

可利用在家时间或产假结束前，先挤出多余的奶量储存起来，让留在家中的照顾者帮宝宝喂奶。

### ❀ 上班族妈妈挤奶的方法

用手挤奶是最简单方便的方法，能排空乳房，成本最低。

利用吸乳器来吸取乳汁。

### ❀ 让乳汁分泌更旺盛的体操

体操一

❶ 双手交叉胸前，用一只手紧紧抓住另一只手臂。

❷ 将双手抬高至与肩同高后，双手用力推抓双臂。

❸ 交叉的双手慢慢放松，再慢慢放下。每次需重复3次。

体操二

❶ 双手轻握，稍微弯曲手臂，手肘要紧靠在侧腰。

❷ 两手肘向内转圈。

❸ 将手肘举高过肩膀，好像画圈一般，接着再回到初始动作。每次需重复3次。

体操三

❶ 平举手臂至与肩同高并伸直。

❷ 高举手臂呈竖直状，然后双手握拳。

❸ 双手握拳屈肘，垂直向下。

❹ 手肘靠侧腰，手臂夹住两侧的胸部。

❺ 手臂放松，双手在胸前交叉并慢慢放下。

## Part 2 婴儿期——会叫爸爸妈妈了

### 新手爸妈 学婴语
*XinShou BaMa XueYingYu*
——"发脾气"

#### 宝宝"说"

妈妈正在给我讲故事，电话铃声响起来。真讨厌，妈妈一接电话就好久。等啊，等啊，妈妈还是没反应，最后只好大哭起来。

#### 婴语解析

其实，新生儿一开始只是有痛苦的情绪反应，那些让他不愉快的体验会引起他的痛苦。2个月后，不愉快的体验可能会引起他的愤怒或伤心。

#### 育儿专家告诉你

家长不要一看到宝宝发脾气就认为宝宝不乖，因为发脾气是和人的预期、期望落空相联系的。爸爸妈妈要识别宝宝的愤怒，了解发脾气的原因，给宝宝适当帮助，用转移注意力、拥抱宝宝等来缓解。

## 育儿问答精选

**Q：如何储存冲好的奶粉？**

**A** 拿走胶盖，将奶嘴倒放在奶瓶上。注意不要让奶嘴浸到奶里。再放回胶盖和胶垫圈。将奶瓶盖上盖放于冰箱内，但时间不要超过24小时。

**Q：宝宝吃配方奶粉大便干怎么办？**

**A** 大便干可能是宝宝还不适应这款奶粉，因为每种奶粉的配方是不同的，建议更换奶粉品牌。最好选含低聚果糖的奶粉，即含益生元的奶粉。

益生元的配方接近母乳，口味清淡，对宝宝肠胃刺激小，奶粉所含的益生元能帮助宝宝肠道益生菌的生长，宝宝喝后不上火，排便顺畅。如果宝宝

# 超级育儿圣典

精神好,要多和他玩,宝宝玩累了、吃饱了就会睡觉了。

### Q:睡得很香的宝宝,用叫醒喂奶吗?

A 这个月宝宝吃奶的间隔时间可能会延长,可从3小时1次,延长到4小时1次。到了晚上,可能延长到六七小时1次,妈妈可以睡长觉了。不要因担心宝宝饿坏而叫醒睡得很香的宝宝。睡觉时,宝宝对热量的需要量减少,上一顿吃进去的奶量足可以维持宝宝所需的热量。

### Q:我家宝宝3个多月了,纯母乳喂养,最近一段时间醒的时候不肯吃奶,涨红脸反抗,瞌睡得迷迷糊糊时倒吃得很好,前半夜睡觉,后半夜2~3小时吃一回奶。另外,还有胀肚现象,怎么办?

A 宝宝长大了,对外界的好奇心增强了,有可能吃奶不专心,家长不用过于担心。宝宝出现胀肚现象,建议每天上午给宝宝围绕肚脐顺时针按摩,有助于排便。

---

**开心大放映**

#### 守门员救婴儿

一群足球运动员去别国比赛,一天在休息时间他们去街上闲逛,忽然一个婴儿从10楼上掉了下来,其中一个守门员本能地一个跳跃扑了出去,接住了孩子。

街上的人纷纷赞扬,只见守门员笑了笑,习惯性地拍了孩子两下,一个大脚开了出去……

#### 谁给马儿做的鞋

一位母亲带女儿回农村老家,路上看见了一匹马,孩子问:"妈妈,这只狗怎么这么大?尾巴这么长?"妈妈说:"这是匹马,不是只狗。"孩子又问:"马怎么还穿着鞋?是谁给它做的?"

# 第 4 个月
## 萌态初露

### 本月育儿要点

❋ 母乳仍是宝宝营养的主要来源

4 个月的宝宝仍能从母乳中获得所需要的营养,每天所需要的热量为每千克体重 95 千卡左右。

❋ 妈妈的喂奶总原则

以宝宝能够消化吸收,体重在合适的范围以内而定。值得注意的是,母乳喂养者仍应按需哺乳。

❋ 给宝宝止嗝的方法

抱起宝宝,轻轻地拍背,喂点热水。

宝宝打嗝如果看起来很难受,可以用食指指尖在宝宝的嘴边或耳边轻轻挠痒,因为嘴边的神经比较敏感,挠痒可以放松神经,打嗝随之消失。

❋ 宝宝补铁小方法

适当多补充一些含铁丰富的食物。

可以在补充蛋黄的同时添加一些果汁,因为果汁中含有可以促进铁质吸收的维生素 C。

## 宝宝成长小档案

### 宝宝的体格发育

**❋ 体重**

男宝宝体重平均为6.7千克左右，正常范围是5.9~8千克。女宝宝体重平均为6千克左右，正常范围是5.3~7.4千克。

**❋ 身长**

男宝宝身高平均为61.4厘米左右，正常范围是573~65.5厘米。女宝宝身高平均为59.8厘米左右，正常范围是55.6~64厘米。

**❋ 头围**

男婴头围平均为41.6厘米左右，正常范围是39.2~44厘米。女婴头围平均为40.6厘米左右，正常范围是38.1~43.1厘米。

**❋ 囟门**

在这一阶段，正常宝宝的前囟门可随着头围的增加而略变大，但一般不大于3厘米，不小于1厘米，也不向外突出。

**❋ 牙齿**

极个别的小宝宝在4个月时就已经开始长出第一颗牙了，长牙时他会流很多口水，爸爸妈妈可以准备一些纱布或是小毛巾备用。宝宝开始出牙的时间差异很大，正常范围是4~10个月，但只要1岁以内出牙都属于正常范围。

### 宝宝的发育特点

**❋ 大便**

这个月的宝宝，有的大小便已经很有规律，特别是每次大便时会有比较明确的表示，大人比较省心省事。

但是这一阶段，绝大多数宝宝还是需要使用尿布或纸尿裤的。当然如果是炎热的夏季，有些时候可以不用给宝宝裹尿布，以防出现尿布疹，但要注意及时知道宝宝的排便信号。

**❋ 排尿**

当宝宝喝完水后，过一会儿就可以帮他大小便，有时宝宝有尿意但不愿意被大人帮忙，这时你可以采用条件反射法进行训练。比如用嘴吹"嘘嘘",或是用水壶往下倒水,用一个小盆接住水,这样训练一段时间,宝宝听到流水的声音,看到流水的情景,就自然会使劲排出小便了。这些办法很有效,试用一段时间后,大人就可以掌握宝宝的排便规律了。也有的宝宝尚未形成规律,需要父母给予更多的关注和照料。

### ❋ 睡眠

这个月的宝宝每日的睡眠时间是17~18小时,每次间隔2~2.5小时。夜里可睡10个小时左右。白天睡3次。

## 宝宝的社会化发育

### ❋ 宝宝的感官发育

视觉:宝宝对鲜艳的颜色分外感兴趣,已能辨别红色、蓝色、黄色之间的差异,一般偏爱红色或蓝色。能追视2~3米内的物体。宝宝开始有了立体视觉,在看平面画和立体画时目光注视立体画的时间更长。

听觉:宝宝的听觉已很完善,知道摇动铃铛会发出有趣的声音,能找到声源,能区别亲人的声音。

味觉、嗅觉:宝宝辨别味道的能力更进一步,已经能分辨出味道上的细微差别。

### ❋ 宝宝的运动能力

宝宝的身体协调能力有所发展。翻身时能用前臂支撑起胸部;能在爸爸妈妈的帮助下从仰卧位变为俯卧位;竖抱时头能竖直,眼睛能向四周看。

宝宝喜欢吸吮手指,手指一碰到嘴巴,就会条件反射地吸吮起来,这让宝宝得到类似吸吮母乳的安全感。同时,宝宝的手能互握,会抓衣服、头发和脸。

### ❋ 宝宝的语言发育

4~8个月为语言发展的连续音节阶段,宝宝慢慢地学着发出一些音节。他似乎很爱听自己发出的声音,常常练习着声带、嘴唇和舌头之间的配合。当他觉察到一种声音时,便变得安静,并感到十分诧异。有时宝宝会用一些儿语来吸引爸爸妈妈的注意,有时还会对自己的玩具说话。

### ❋ 宝宝的情感和社交

4个月的宝宝有了自己的情感需求,不再"任人摆布"。随着智力的发育,宝宝对看过的东西多少有点记忆,能够区分爸爸妈妈和其他家人。宝宝对妈妈的依恋愈来愈强,当熟悉的面孔出现时,宝宝会认出来,对陌生人有的宝宝则会做出躲避的姿势。

## 喂养宝宝

### 本月宝宝所需营养

如果宝宝的每日体重增加低于15克或1周体重增加低于120克，就表明母乳不足了。如果宝宝开始出现闹夜，体重低于正常体重儿，就应该及时添加配方奶粉。3个月以后，宝宝体内的铁储备已消耗完，而母乳或配方奶中的铁又不能满足宝宝的营养需求，此时如果不添加含铁的食物，宝宝就容易患缺铁性贫血。

这个月，宝宝仍能够从母乳中获得所需的全部营养，每天所需热量仍然为每千克体重110千卡左右。

母乳充足的宝宝这个月可以不添加任何辅食，仅喂些新鲜果汁就可以了。如果宝宝大便较稀且次数多，可改喂维生素片。目前宝宝对碳水化合物的消化与吸收能力还是比较弱，因此，对蛋白质、矿物质、脂肪、维生素等营养成分的需求仍主要通过母乳来满足。一般情况下，母乳能满足6个月内宝宝所有营养素需要，质量合格的配方奶能提供大部分已知营养素。当确实需要为宝宝额外补充营养素时，应注意以下原则：

正常宝宝膳食以外添加量应低于推荐摄入量，以补充1/3～2/3的推荐量为宜。每日摄入某元素的总量不应超过该营养素可耐受最高摄入量，以防中毒。

补充单一矿物质时，最好与膳食同时食入，且每日分次服比1次服的吸收率高。多种矿物质同时补充时，注意各元素间的相互拮抗作用。例如给宝宝补充过多的钙，会导致宝宝体内铁、锌流失增多。

营养素的剂型以经过微胶囊处理的为佳，该种制剂通过微胶囊将各元素分开，使各元素能分段吸收，避免了元素间的相互作用。最后，仍然建议妈妈在医生指导下补充营养素。

## 本月宝宝如何喂养

3~4个月的宝宝仍主张用母乳喂养，6个月以内的宝宝，主要食物都应该以母乳或配方奶粉为主，其他食物只能作为一种补充食物。喂养宝宝要有耐心，不要喂得太急、太快，不同的宝宝食量有所不同，食量小的宝宝一天仅能吃500~600毫升配方奶，食量大的宝宝一天可以吃1000多毫升。

不要强迫宝宝吃他不喜欢的辅食，以免为日后添加辅食增加难度。

## 宝宝慎喂羊奶粉

一些妈妈担心牛奶不安全，于是就给宝宝喂羊奶粉。羊奶中叶酸含量较少，加之其中蛋白质、脂肪的分子量大，其实对于不满4个月的宝宝来说并不适合，要慎喝。

羊奶与牛奶的营养成分类似，且蛋白质和矿物质的含量都高于牛奶，因此一些家长认为对牛奶过敏的婴儿可以选择喂羊奶。殊不知，羊奶中叶酸含量较少，容易引起婴儿发生营养性巨幼细胞性贫血。不满4个月的婴儿还未添加辅食，不能通过食物补充叶酸，因此，在给婴儿选奶粉时要特别慎重。如要选择羊奶粉，也最好选择叶酸含量高的配方羊奶粉。

另外，羊奶中蛋白质、脂肪的分子量较大，且含有不宜消化的乳糖和乳糖酶，而婴儿的消化系统发育尚不完善，部分婴儿喝羊奶可能会引起腹泻、吐奶等不适症状，一定要慎重选择。

## 宝宝需要补铁

### ❋ 宝宝缺铁的原因

早产、双胎、胎儿失血以及妈妈患有严重的缺铁性贫血，都可能使胎儿储铁量减少。

单纯用乳类喂养而不及时添加含铁较多的辅食，容易发生缺铁。

婴儿期宝宝发育较快，早产儿体重增加更快。血容量也同时随体重增加而增加较快，如不添加含铁丰富的食物，宝宝很容易缺铁。

正常宝宝每天排泄的铁比大人多，出生后2个月内由粪便排出的铁比由饮食中摄入的铁多,由皮肤损失的铁也相对较多。

患有贫血、口角炎、舌炎、舌乳头萎缩、胃溃疡和胃出血,喜欢吃墙皮、泥土、生米和纸等。

❋ **应对措施**

宝宝4个月以后如果缺铁,就要适当多补充一些含铁丰富的食物。

宝宝在半岁以前能吃的食物比较少,可以在补充蛋黄的同时添加一些果汁,因为果汁中含有可以促进铁质吸收的维生素C。

❋ **缺铁表现**

皮肤较干燥,指甲易碎,毛发无光泽、易脱落、易折断,疲乏无力,面色苍白,呼吸困难,伴有便秘。

经常哭闹、夜间啼哭、易惊醒、不易入睡、呼吸道感染、体重较轻等。

> **温馨提示**
>
> 宝宝补铁刚开始可摄入富含铁的营养米粉及蛋黄,此外,在给宝宝补铁的同时,应适当给予富含维生素C的水果和蔬菜,维生素C能与铁结合为小分子可溶性单体,有利于肠黏膜上皮对铁的吸收。

## 及时给宝宝补充维生素A

宝宝患维生素A缺乏症,可表现为生长发育迟缓、夜盲、结膜干燥、角膜软化、溃疡、失明、毛发干燥而无光泽。患维生素A缺乏症的宝宝,还易患支气管炎、肺炎。

❋ **药补**

如何给宝宝有效地补充维生素A呢?最简便的方法是口服维生素A。维生素A的制剂有:鱼肝油、浓鱼肝油、维生素AD胶丸、浓维生素AD胶丸等。但这些都必须在医生指导下使用,以免超量引起毒副作用。

❋ **食补**

"药补不如食补",维生素A在动物的肝、肾以及肉类、乳类、鱼类、蛋类中含量丰富,虽然植物性食物中不含有维生素A,但植物性食物中却含有丰富的胡萝卜素,它可在人体内转化成维生素A。多给宝宝吃富含胡萝卜素的绿色蔬菜、胡萝卜、番茄、红心白薯、玉米和橘子等，就可得到丰富的维生素A。

### ✻ 让宝宝养成饮食好习惯

在宝宝添加辅食阶段，多给予各种口味的食物让宝宝品尝，这样可避免宝贝形成挑食、偏食的坏习惯。要知道，宝宝缺乏维生素A大多是挑食、偏食及厌食等不良生活习惯造成的。

### ✻ 补充要适度

维生素A是人体必需营养素，但它是一种脂溶性维生素，过多服用会在体内产生蓄积，引起中毒，尤其是可能出现肝脾肿大。对于年幼的宝宝，如果每天服用5万~10万国际单位维生素A，在半年内就有可能发生骨痛、脱发、厌食等慢性中毒反应。

## 哺乳妈妈催乳食谱

### 明虾炖豆腐
**滑肤、下乳**

**材料** 净虾100克，豆腐块200克，盐4克，葱花、姜片各5克。

**做法** 虾和豆腐焯烫，盛出备用。锅内放入虾、豆腐块和姜片，煮沸后撇去浮沫，转小火炖至虾肉熟透，去姜片，放盐，撒葱花即可。

**功效** 虾营养丰富，肉质松软，易消化，对产后身体虚弱的妈妈是极好的进补食品。并且，虾的通乳作用强，对产后乳汁不畅的妈妈尤为适宜。虾肉还有补肾壮阳、通乳抗毒、养血固精、化瘀解毒、益气滋阳、通络止痛、开胃化痰等功效。

### 猪骨炖莲藕
**补钙，缓和精神紧张**

**材料** 猪排骨块500克，莲藕块200克，豆腐块150克，红枣50克，姜片10克，盐5克。

**做法** 猪排骨焯烫，捞出；红枣洗净。锅内放清水、排骨块煮开，加莲藕块、姜片、红枣烧沸，慢煮50分钟，加豆腐块煮熟，加盐即可。

**功效** 此菜富含优质蛋白质、钙、维生素、碳水化合物及矿物质，具有益气补血、润肠清热、凉血安神的作用。产妇食用可通络下乳、补钙。

### 丝瓜仁鲢鱼催乳汤
**适于产后血虚**

**材料** 丝瓜仁50克，活鲢鱼1条。

**做法** 把鲢鱼洗净、去鳞、去内脏，然后与丝瓜仁一同熬煮成汤。产妇吃时可以少放些酱油，但不放盐，最好吃鱼喝汤1次吃完。每天喝1次，连续喝3天。

**功效** 丝瓜仁具有催乳作用，鲢鱼有补虚、理气、通乳的功效，此汤对血虚引起的少奶有一定效果。

### 蒸酿豆腐角
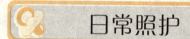
富含蛋白质和钙，通乳

**材料** 豆腐、虾肉、鸡蛋、盐、糖、生粉等各适量。

**做法** 先将豆腐切成1~2厘米厚的片，炸熟后剖开一侧，挖出少许瓤，做成酿豆腐；虾肉切碎，用蛋清、生粉、盐、糖等调制后塞入豆腐中；将酿豆腐蒸10分钟，而后勾芡汁淋在上面即可。

**功效** 虾肉具有通乳功效，是因为它和豆腐一样含有大量的蛋白质和钙。蒸酿豆腐角口味软嫩、鲜香，还含有适量脂肪，非常适合妈咪产后补养的需要。

## 日常照护

### 女宝宝要慎用爽身粉

夏天，小宝宝洗完澡，父母会给宝宝全身扑上香喷喷的爽身粉，让宝宝的身体干爽、滑嫩。然而，如果扑的方式方法不正确，就可能在不知不觉中对宝宝造成伤害，尤其是女宝宝。

#### ✻ 不要滥用爽身粉

爽身粉的主要成分是滑石粉，而滑石粉中含有不可分离的铅，铅进入宝宝体内不能很快被排泄。爽身粉含有氧化镁、硫酸镁，很容易侵入呼吸道。因宝宝的呼吸道发育尚不完善，即使吸入量少也不能靠自身功能排除。爽身粉剂容易吸水，吸水后形成颗粒状物质，导致皮肤发红糜烂。

#### ✻ 女婴扑粉要慎重

女婴最好不要将爽身粉扑在大腿内侧、外阴部、下腹部等处。调查表明，女性长期使用爽身粉，卵巢癌的发病危险增加3.88倍。

爽身粉怎么会与卵巢癌有关系呢？这与女性的身体结构有关。女性的盆腔与外界是相通的，尤其是女性的内生殖器官与外界直接相通，外界环境中的粉尘、颗粒均可通过外阴、阴道、宫颈、宫腔、开放的输卵管进入到腹腔，并且附着在卵巢的表面，这样就会刺激卵巢上皮细胞增生，进而诱发卵巢癌。爽身粉的主要成分是滑石粉，由于爽身粉的颗粒很小，在女宝宝的腹部、臀部及大腿内侧等处涂擦时，粉尘极易通过外阴进入阴道深处。

那么，女婴不用爽身粉该怎么清洁小屁屁呢？

父母需要准备一块柔软、清洁、干燥、吸水力强的尿布，并且要勤换尿布，保持宝宝皮肤干燥清洁。洗尿布时应先用毛刷把尿刷掉，用肥皂溶液浸泡，搓洗漂净残皂，再用开水烫过，然后放在太阳下晒干。大小便后换尿布时，用纱布或软毛巾蘸温水由前向后将臀部及会阴部轻轻擦洗干净。

## 给宝宝做婴儿操

❋ **婴儿操的作用**

① 促进婴儿全身发育，培养亲子感情。

② 促进宝宝神经系统的发育。

❋ **婴儿操的步骤**

◇ **扩胸运动**

① 将宝宝两手左右分开，向外平展，与身体呈90度，掌心向上。

② 然后将两手在胸前交叉。

③ 重复第1步的动作。

④ 还原。

◇ **上肢运动**

① 将宝宝两手左右分开，向外平展，与身体呈90度。

② 两手向前平举，两掌心相对，距离与肩同宽。

③ 再将两手在胸前交叉。

④ 两手向上举过头，掌心向上，动作轻柔。

⑤ 还原。

◇ **举腿运动**

① 将宝宝两下肢伸直放平，妈妈两手掌向下，握住婴儿两个膝关节。

② 将两下肢伸直上举90度。

③ 还原。

# 超级育儿圣典

## 选好宝宝的第一辆车

带宝宝购物或游玩，是一件并不轻松的事情。选择一款合适的婴儿推车，也许可以帮您很大的忙。但是也要注意购买和使用方面的问题。

### ✾ 选择婴儿车

购买时应检查产品有无使用说明书，购买后应严格按照产品说明书进行使用和保养，确保使用过程的安全性。

推车最好"专车专用"，因为功能单一的推车，相对来说结构设计科学且合理。相比之下，合二为一或合几为一的产品有时难免顾此失彼。

儿童推车除了整车的结构牢固外，还要注意推车的锁紧机构和保险装置是否齐全和可靠：如果只有锁紧机构而无保险装置，一旦锁紧机构失灵，就有可能造成儿童的严重伤害事故。购买时要注意推车上围离坐垫的高度是否合适，肩带、叉带、胯带、带扣、安全带等装置是否牢固可靠。

### ✾ 正确使用婴儿车

尽量不在高低不平的路上推，车子不断颠簸摇摆，宝宝不舒服，甚至可能对他造成伤害。

不要推车到马路边等车多、灰尘多的地方去，宝宝坐在小车里位置低离地面近，会吸入更多的灰尘。

任何时候都不要把宝宝一个人留在婴儿车上。

定期检查婴儿车有无故障。比如车身结构各接合处是否牢靠，有无螺丝松脱等现象。

不要过度使用婴儿车，让宝宝多自我锻炼。过度使用婴儿车会降低宝宝进行运动的积极性，使宝宝的运动量减少，不利于运动能力的发育，并可能导致宝宝在婴幼儿时期过度肥胖。

##  该为宝宝拍百日照了

宝宝100天了，这是一个值得记忆的日子。父母这时候一般会邀请亲朋好友摆"百日宴"，一起庆贺宝宝的成长。同时，还会给宝宝拍下照片。

### ❋ 准备充分让宝宝配合拍照

拍照前准备好宝宝需要换的衣服，不要准备太多套，以免多次换衣服而让宝宝感冒，也可分几天拍。

在给宝宝拍百日照时要照顾宝宝的情绪，在其露出疲倦之态后，不要强行给宝宝照相，要及时安排宝宝睡觉。

拍照时不要限定宝宝做指定的动作，让宝宝自由发挥，建议用连拍模式，这样不大会错过一些好镜头，拍好后再慢慢挑选。

拍照前喂饱宝宝，换好干净的纸尿裤，在宝宝精神状态好的情况下拍出来的效果也会更好。

### ❋ 尽量避免用闪光灯拍照

这个时期的宝宝，全身的器官、组织发育不完善，眼睛视网膜上的视觉细胞功能也处于不稳定状态，强烈的电子闪光对视觉细胞产生冲击或损伤，会影响到宝宝的视觉能力。这种损伤同电子闪光照相机拍照时的距离有关，照相机离眼睛的距离越近，造成的损伤也越大。

因此，对于5岁以内的宝宝（尤其是6个月以内的宝宝），要尽量避免用电子闪光灯拍照。

# 宝宝小门诊

##  宝宝药物的使用方法

这个时候宝宝要是生病需要用药，那么家长需要慎重处理。给宝宝喂药最好选择在两餐之间，因为饭前服药刺激胃黏膜，饭后服药因胃已饱满，容易引起宝宝呕吐。

内服药物和外用药物的使用方法如下表所示。

超级育儿圣典

| 药物种类 | | 使用方法 |
|---|---|---|
| 内服药物 | 消化药 | 开胃药（胃蛋白酶合剂）等要在饭前15分钟服用。<br>助消化药（乳酶生、妈咪爱等）应在饭后半小时服用。 |
| | 止泻药 | 空腹服用效果较好，有利于吸收，作用充分，但不能与乳酶生等活性菌类药物同时服用，以免产生拮抗作用。 |
| | 止咳药 | 多数止咳药为黏膜吸收，故口服后不应立即饮水，一般在半小时后方可饮水，以便让药物充分吸收。 |
| | 补钙类鱼肝油类药 | 钙剂的种类很多，需遵医嘱服用。服用钙剂时不能加水过多或用糖水送服，也不能与食物、奶等混服，以免药物不能充分吸收而降低药效。<br>服用鱼肝油时也需要遵医嘱。切勿多吃。否则会造成鱼肝油中毒，出现前囟饱满、易哭、易激动等症状。 |
| | 解热药 | 服药后要多喝水，促进发汗，排出毒素，带出热量，以达到降温的目的。 |
| 外用药物 | 滴眼药 | 让宝宝仰卧或坐着，头向后仰，稍倾斜，使有疾病的眼的位置低于健康的眼，以免药液从有疾病的眼流入健康的眼。<br>轻轻向下拉开宝宝的下眼睑，将药水滴在宝宝眼球与下眼睑之间，不要直接滴在黑眼球上。<br>滴完后，轻提宝宝的上眼睑，并让宝宝自己轻轻转动眼球，以使药液均匀分布在眼球上。<br>用手轻压宝宝眼角内侧（泪囊口）2~3分钟，防止药液进入宝宝鼻腔，然后让宝宝闭眼1~2分钟即可。 |
| | 滴鼻药 | 让宝宝平卧，肩下垫枕头，让宝宝头后仰，使鼻孔朝上，在宝宝的每侧鼻孔缓慢滴入2~3滴药液。轻压两侧鼻翼，让药液均匀分布于鼻腔，滴完后，让宝宝保持此姿势2~5分钟即可。 |
| | 滴耳药 | 若耳道内有液体或脓性分泌物，应先用棉签轻轻擦去。<br>让宝宝侧卧，病耳朝上，左手牵拉宝宝的耳郭（婴幼儿向后下方，大宝宝向后上方），右手将药液滴入耳孔中央，轻压耳孔前的小突起（耳屏），使药液缓缓流入耳内，滴完后，保持侧卧姿势5~10分钟即可。 |

**提前预防小儿肺炎**

小儿肺炎由于没有成人肺炎的明显症状,所以不易察觉,但肺炎对宝宝的危害更加严重,所以应及早发现和治疗。

### ✿ 如何判断小儿肺炎

宝宝患肺炎可以无明显的呼吸道症状,仅表现为反应低下、哭声无力、拒奶、呛奶及口吐白沫等。发病慢的多不发热,甚至体温偏低(36℃以下),全身发凉。有些患儿出现鼻根及鼻尖部发白、鼻翼扇动、呼吸浅快、不规则,病情变化快,易发生呼吸衰竭、心力衰竭而危及生命。

### ✿ 如何防治小儿肺炎

坚持母乳喂养,母乳中含有大量的分泌型免疫球蛋白A,可以保护呼吸道黏膜免遭病原体侵袭。

注意居室卫生,经常通风换气,宝宝的衣物及床上用品要经常换洗,室内家具、玩具要经常清洁、消毒。

注意宝宝卫生,最好每天给宝宝洗澡,避免皮肤、黏膜破损,保持脐部清洁干燥,避免污染。

根据宝宝的年龄特点给以营养丰富、易于消化的食物。

隔绝感染源。尽量减少亲戚朋友的探视,尤其是患感冒等传染性疾病的人员不宜接触宝宝,家庭人员接触宝宝前应认真洗手,以防将病原体传给宝宝而患病。

注意观察宝宝的精神、面色、呼吸、体温及咳喘等症状、体征的变化,若宝宝严重喘憋或突然呼吸困难、烦躁不安,则有可能是痰液阻塞了呼吸道,需要立即吸痰、吸氧,及时请医生采取救治措施。

# 超级育儿圣典

## 快乐亲子时刻

### 宝宝玩具推荐

4个月的宝宝喜欢让人抱，会把头转来转去地找人，不过要是没人在身边他会不高兴，表现为又哭又闹。所以这个月你可以给宝宝买些有趣的玩具，如打开开关可以移动，并伴有音响的玩具，宝宝会认真地观察玩具，可以将玩具举过头顶，并渴望用手和脚打玩具和抢夺玩具。

### 亲子游戏

**玩纸飞机**
——训练宝宝的视觉反应

**游戏目的** 通过纸飞机的飞行轨迹，锻炼宝宝眼睛的灵活度，而且彩色还可以给宝宝以视觉刺激，有助于宝宝对色彩有一个初步认识。

**游戏方法**

❶ 妈妈带宝宝到公园，用鲜艳的彩纸折几个纸飞机，彩纸的颜色要尽可能鲜艳，色彩对比要强。

❷ 妈妈拿起一个红色的纸飞机给宝宝看，并告诉宝宝："这是红色的飞机。"

❸ 将飞机轻轻抛向前方，吸引宝宝的注意。问宝宝："红飞机到哪里去了？"并让宝宝指指看，"啊，红飞机在那儿呢。"

❹ 妈妈另外拿一个不同颜色的纸飞机重复上面的步骤。

**温馨提示**

抛飞机的动作不要太大，以免宝宝忽视了观察纸飞机的飞行路线。另外，飞机也不能抛得太远，否则，不利于宝宝追踪。

Part 2　婴儿期——会叫爸爸妈妈了

## "打哇哇"
——协调能力培养

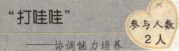

**游戏目的** "打哇哇"是宝宝百玩不厌的经典游戏曲目，使宝宝愉悦的同时还能让他的协调能力得到锻炼。

**游戏方法**

❶ 当宝宝又开始无目的地咿咿呀呀的时候，妈妈迅速地拿起宝宝的一只手，把手背堵在宝宝的嘴上，然后迅速拿开。

❷ 当宝宝又发出一声"哇"的时候，再堵上又拿开，不断重复，让宝宝发出连续的"哇哇哇"的叫声，直到宝宝这一口气用完。

### 温馨提示

通常这个有趣的游戏会让宝宝和妈妈一起笑起来，宝宝感受到乐趣，就会主动重复刚才的动作。但是刚开始，宝宝掌握不住要领，需要妈妈的帮助，及时把宝宝的小手拿到宝宝的嘴边并快速拍打。多次重复以后，宝宝就会懂得鼓起一大口气，并主动发出叫声要求妈妈进行这个游戏。

## 红彤彤的苹果远了
——空间感知能力培养

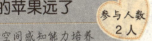

**游戏目的** 利用宝宝喜欢的红色来刺激宝宝追视，从而培养宝宝的空间距离感，提高宝宝对空间距离变化的感知能力。

**游戏方法**

❶ 妈妈将一个红彤彤的大苹果举到宝宝面前，并拉着宝宝的手摸摸苹果，说："宝宝，这是苹果。"

❷ 妈妈将苹果放在一个小的红口袋里，妈妈取出苹果，对宝宝说："苹果！"

❸ 妈妈举着苹果往后移动，边走边用食指指着苹果跟宝宝说："苹果远了，够不到了。"

### 温馨提示

妈妈往后移动苹果时，要让苹果始终保持在宝宝的视线内。退后至1.5米处停止，让宝宝远距离注视一会儿，再往宝宝眼前移动。

## 本月宝宝能力测评

1. 将滚轴滚动，宝宝可以从桌子一头看到另一头。
   ○ 是　　　　　　　　○ 否
2. 在白纸上放 1 粒红色小丸，宝宝能马上发现。
   ○ 是　　　　　　　　○ 否
3. 当宝宝听到胎教音乐的时候，能很快安静下来微笑或入睡。
   ○ 是　　　　　　　　○ 否
4. 喜欢被自己熟悉的人抱着。
   ○ 是　　　　　　　　○ 否
5. 会用手拍击眼前的小球。
   ○ 是　　　　　　　　○ 否
6. 当家长蒙脸玩藏猫猫游戏时，宝宝会笑且动手拉布。
   ○ 是　　　　　　　　○ 否
7. 晚上能睡 5～6 个小时，白天觉醒时间增加。
   ○ 是　　　　　　　　○ 否
8. 妈妈用勺子喂辅食时，宝宝会主动张口。
   ○ 是　　　　　　　　○ 否
9. 俯卧时，能用手支撑。
   ○ 是　　　　　　　　○ 否
10. 宝宝仰卧抬腿时，能踢打吊球。
    ○ 是　　　　　　　　○ 否

✻ 评分结果：

答"是"加 1 分，答"否"得 0 分。
9～10 分，优秀；7～8 分，良好；5～6 分，一般；5 分以下宝宝需要加强训练。

# 父母关注专题

## 专题一　宝宝的几种过敏现象

### ❋ 婴儿过敏的表现

一般情况下，当人体的免疫系统对来自外界的物质，比如说水源、空气、食物当中的无害物质等，做出了过度的反应，这个时候我们就称之为过敏。所以，过敏的出现，不是免疫功能低下造成的，而是免疫功能异常增强造成的。宝宝出现过敏的表现主要有以下4种情况：

皮肤会出现红色的斑点、湿疹、荨麻疹，有时还会伴有瘙痒的症状。

胃肠道出现不适，出现恶心、呕吐、腹泻、便秘等情况。

上呼吸道出现打喷嚏、流鼻涕、鼻塞等症状。

下呼吸道表现出咳嗽、胸闷、气短、喘息等情况。

下面介绍宝宝的2种过敏现象及护理方法。

### ❋ 宝宝对食物过敏

宝宝食物过敏是最常见的一种过敏，很多宝宝因为一些原因不能够纯母乳喂养，只能另外用配方奶粉来代替，这就容易出现食物过敏的情况。

不是所有的食物都会引起过敏这种异常反应，通常情况下，只有免疫系统不成熟或者是受到破坏之后的宝宝才会出现过敏的情况。要想让宝宝避免食物过敏，妈妈在喂食过程中要遵守一定的原则，尽量减少食物过敏的发生。

下面是宝宝的喂食原则，妈妈一定要遵守：

1岁以内的宝宝不能喂食鲜牛奶及其制品、大豆及其制品、鸡蛋清和带壳的海鲜。

1岁以内的宝宝不应该在食物中添加糖或其他调料，少量用盐。

1.5岁以内，宝宝的主食是奶。不应该让辅食充当主食的角色。

根据宝宝自身的情况添加辅食，不要盲目同别的宝宝进行对比，要根据自家宝宝的情况来进行添加。

宝宝乳牙没有长出之前，辅食注意是以泥状为主。

### ❋ 宝宝皮肤过敏

宝宝在皮肤上的过敏反应主要是2种，一种是急性的荨麻疹，一种是慢性的湿疹。两者尽管都和过敏有关，但是有着本质的不同。

荨麻疹一般发病都比较急,遇到过敏原之后数分钟到数小时就会出现,主要表现就是不规则的、发痒的皮疹;湿疹则是慢性发作,在接触过敏原72小时内发作,多从宝宝的头和脸开始,慢慢地发展到全身,当遇到潮湿闷热的情况时,就会局部变红,皮肤出现粗糙、脱屑的症状。有的时候还会有红肿和渗液。可以采取以下措施来预防宝宝皮肤过敏。

鱼、虾、蟹、牛羊肉、鸡蛋等均可能是致敏原或可加重过敏症状,因此,宝宝饮食务求清淡、无刺激。

保持室内清洁卫生、通风,因为日光、紫外线、寒冷湿热等物理因素也是诱因之一。

洗澡水温不要太高,不要用碱性强的浴液和香皂,衣服材质应避免人造纤维、纺织品。

## 专题二 小心保护宝宝的眼睛

4个月左右的宝宝视力逐渐敏锐了,对光亮和颜色鲜艳的物品都十分感兴趣。但由于宝宝的眼睛依然十分娇嫩、敏感,极易受到各种物质侵袭,因此还需要小心保护。

### ✽ 讲究眼部清洁,防止疾患感染

宝宝的洗脸用品,应有专用的毛巾和脸盆,经常保持清洁。每次洗脸时,可先擦洗眼睛,如果眼屎过多,应用棉签或毛巾沾温开水给轻轻擦掉。宝宝的毛巾洗后要放在太阳下晒干,不要随意用他人的毛巾或手帕擦拭宝宝眼睛。宝宝的手要经常保持清洁,不要让孩子用手去揉眼睛。发现宝宝患眼病,要及时治疗,按时点眼药。

### ✽ 防止强烈阳光或灯光直射宝宝的眼睛

宝宝降生于世,从黑暗的子宫环境到了光明的世界,已经发生了巨大的变化,对光要有逐步适应的过程。因此,宝宝不要选择中午太阳直射时到户外活动,外出时要戴太阳帽以免阳光直射眼睛。宝宝室内的灯光也不宜过亮。平时还要注意不带宝宝到有电焊或气焊的地方,免得刺伤眼睛,引起眼疾。

### ✽ 防止锐利物刺伤眼睛及异物入眼

宝宝的玩具要没有尖锐棱角的,不能给宝宝小棍类或带长把的玩具。要预防尘沙、小虫等进入眼睛。一旦发生异物入眼,别用手揉,可滴几滴眼药水刺激眼睛流泪,将异物冲出来。还有,宝宝在洗完澡用爽身粉时,要避免爽身粉进入眼睛。

## Part 2　婴儿期——会叫爸爸妈妈了

### 新手爸妈 学婴语
XinShou BaMa XueYingYu
——"打呼噜"

**宝宝"说"**

我一出生就打呼噜，像爸爸一样，妈妈以为我喉咙有痰，还带我去医院吸痰。可是，我都4个月了，还是打呼噜。又去了医院，医生说我是先天性喉喘鸣，让我及时补钙。可是，吃了钙片我还是打呼噜。

**婴语解析**

这个时候的宝宝睡觉时打呼噜，主要是喉软骨发育不良所致。稍大一些的宝宝打呼噜是因为鼻腔阻塞。因为宝宝入睡后一般用鼻子呼吸，如果鼻腔阻塞，空气不能顺利通过，宝宝被迫张口呼吸，便会出现鼾声。

**育儿专家告诉你**

如果婴儿因缺钙或其他原因，致使喉软骨发育不良，不能起到支撑作用，喉部的组织就会在吸气时下塌，造成呼吸道的阻塞而引起喘鸣。如果没睡眠时呼吸费力的现象，生长发育良好，一般会在6～12个月逐渐消失。如因鼻腔阻塞而致，要因具体的原因对症处理。

## 育儿问答精选

**Q：宝宝长小牙了，如何避免咬妈妈的乳头？**

A 当宝宝咬乳头时，妈妈马上用手按住宝宝的下颌，宝宝就会松开乳头的。如果宝宝要出牙，频繁咬妈妈的乳头，喂奶前可以给宝宝一个空的橡皮奶头，让宝宝吸吮磨磨牙床。10分钟后，再给宝宝喂奶，就会减少咬妈妈乳头的次数了。

**Q：** 妈妈生气时，给宝宝喂奶，会对宝宝生理上有不好的影响吗？焦虑、紧张、悲伤、休息不好等时候喂奶也会不好吗？刚运动完、洗完热水澡，可以给宝宝喂奶吗？

**A** 最好不要在生气时喂奶，因为母乳喂养的宝宝容易受妈妈情绪的影响。妈妈如果精神不愉快可以直接影响下丘脑或肾上腺素分泌过多，致使奶量减少。刚运动完肌肉可能会产生乳酸，也会使乳汁不好喝。

**Q：** 宝宝内火很大，嘴巴酸酸的，舌苔白而厚，经常鼻塞。每天给他喝水和梨汁，但效果不大。怎么办呢？

**A** 这可能是给宝宝过早添加淀粉类食物造成的。在120天以前，尽量不给宝宝添加淀粉类食物，因为宝宝的胰淀粉酶还未有足够的活力消化淀粉类食物，未被消化的食物残留在胃肠道内发酵变酸，会引起口舌和肠道黏膜轻度炎症。如果母乳不足，可以补充配方奶，延迟补充淀粉类食物。

**Q：** 有一次宝宝的一根睫毛掉到了左眼角里，我用小毛巾和棉签给弄了出来，可是把他的眼角给擦红了。这种情况应该怎样处理呢？

**A** 最好给宝宝点几滴0.25%的氯霉素眼药水，使他流出眼泪，就会把睫毛冲掉。如果家里没有眼药水，用凉开水也行，不过凉开水的渗透压与眼泪不同，会使宝宝难受。最好不要用毛巾、棉签等去碰宝宝娇嫩的眼睛，会使眼结膜受伤，如果碰到角膜，后果会很严重。其实，往往宝宝在啼哭时流出的眼泪也会把睫毛冲出来。

**Q：** 宝宝啼哭时肚脐鼓起来怎么办呢？

**A** 这种情况叫做脐疝。如果肚脐鼓起来的根部直径在2厘米以内，这种情况大多数会在6个月前后消失。到时宝宝的腹直肌长结实了，肚脐就不会鼓起来。但是平时要特别注意，尽量少让宝宝咳嗽，不要用力大便和使劲啼哭，减少腹压增高的机会。如果这种情况到6个月仍然存在，就要带宝宝到小儿外科请医生处理。

# 第 5 个月
## 开始认生了

### 本月育儿要点

❋ 按需喂养宝宝

宝宝的食量是有个体差异的。如果宝宝吃得少，但体重增长正常，就不必要求宝宝每天吃定量的奶。

❋ 添加辅食的三大原则

由一种到多种。

由少到多。

由稀到稠、由细到粗。

❋ 围嘴选择要点

选款式，方便穿脱及大小合适即可。

挑面料，最好纯棉材料，吸水性强且透气。

❋ 妈妈控制好外出时间

此时，宝宝正在形成对环境的安全感，妈妈最好全天陪伴宝宝，及时满足宝宝的需求。

如果妈妈需要外出，最好安排在宝宝睡着后，并安排好其他人代为照管，时间最好不要超过2小时。

❋ 保护好眼睛

宝宝卧室灯光要柔和，避免刺激眼睛。

宝宝不宜多看电视。

宝宝要补充维生素和加强身体锻炼。

# 超级育儿圣典

## 宝宝成长小档案

### 宝宝的体格发育

**❋ 体重**

男宝宝体重平均为7.5千克左右，正常范围是6~9.3千克。女宝宝体重平均为6.9千克左右，正常范围是5.4~8.8千克。人工喂养的宝宝体重增长更快，本月可增加1.5千克左右，甚至更多。

**❋ 身长**

男宝宝身高平均为65.9厘米左右，正常范围是61.7~70.1厘米。女宝宝身高平均为64厘米左右，正常范围是59.6~68.5厘米。

**❋ 牙齿**

一部分宝宝已经开始长门牙了，一般先冒出2颗乳牙。但多数宝宝还没有长牙，不过没关系，小宝宝开始长牙的时间差异都很大，正常出牙时间范围是第4~10个月龄段。

**❋ 囟门**

前囟门可随着头围的增加而略变大，但一般不大于3厘米，不小于1厘米，也不向外突出。此时宝宝的后囟门已经闭合。

### 宝宝的发育特点

**❋ 睡眠**

多数宝宝已经可以整晚地睡觉了，这个月的宝宝睡眠时间每日在16~17个小时，白天睡3次，每次睡2~2.5小时；夜间睡10个小时左右。在睡眠过程中，宝宝还可能会出现轻微哭闹、躁动等睡眠不宁的现象。

在一般情况下，宝宝都能从浅睡眠自行调节进入深睡眠。但有的宝宝

睡眠调节功能较差，所以易从睡梦中惊醒。也有些宝宝的调节功能比较好，可以整夜安稳地睡觉，但这只是众多宝宝中的一小部分。

❋ 口腔

由于宝宝的唾液分泌增多且口腔较浅，加之闭唇和吞咽动作还不协调，宝宝还不能把分泌的唾液及时咽下，所以会流很多口水。这时，为了保护宝宝的颈部和胸部不被唾液弄湿，可以给宝宝戴个围嘴。

## 宝宝的社会化发育

❋ 宝宝的感官发育

视觉：现在宝宝可以辨别红色、蓝色和黄色之间的差异。如果宝宝喜欢红色或蓝色，不要感到吃惊，这些颜色似乎是这个年龄段宝宝最喜欢的颜色。这个月的宝宝在视觉上，能感觉到颜色的深浅、物体的大小和形状，能注视远距离的物体，如飞机、月亮、街上的行人和车辆，能主动关注周围环境中的事物。

听觉：宝宝在听觉方面也有很大的进展，这个月能分辨不同的音调并做出不同的反应，如听到严肃的声音会害怕、啼哭，听到和蔼的声音会高兴、微笑。当宝宝啼哭的时候，试着放一段音乐，宝宝会停止啼哭，扭头寻找声源，并集中注意力倾听，当听到符合自己心意的曲子时，宝宝会露出笑容。

❋ 宝宝的运动能力

宝宝被拉住坐起时背能挺直。扶住宝宝的腰部，能勉强坐一会儿，但自己还不能坐稳。仰卧时会抬起双脚蹬踢，还能在帮助下从俯卧翻向仰卧。当他趴着时，能两手支撑起身体，而且能较长时间地抬起头。

5个月的宝宝手眼协调能力有所提高。能转动手腕，自如抓握玩具。喜欢用手和整个身体够取眼前的玩具，偶尔能抓住悬在胸前的玩具。这时的宝宝抓着东西就会往嘴里送，被制止后仍放到嘴里。

❋ 宝宝的语言发育

进入咿呀学语阶段，宝宝的语音越来越丰富，开始发"g、h、l"等音，声音大小、快慢有变化，并试图通过吹气、尖叫、笑等方式来表达自己的意愿。如抱怨地喊叫、快乐地大笑或尖叫，当看到熟悉的人或物会主动发音，听到叫名字会注视并微笑。

❋ 认知能力发育

现在，随着宝宝记忆力和注意力的加强，你会注意到一些迹象，表明他不仅在接受一些信息，而且也把它们应用到他的日常生活中。这一阶段他可以明白一个重要的概念——因果关系。在他踢床垫时,可能会感到宝宝床在摇晃,或者在他打击或摇动铃铛时,会认识到可以发出声音。一旦他知道自己弄出这些有趣的东西,他将继续尝试其他东西,观察出现的结果。对大人的脸非常有兴趣,抱他时,会用手指戳你的眼睛,会抓你的眼镜或头发。叫他的名字时,能转过头去,朝声音方向寻找。这个月的宝宝,开始会注意镜子中的自己。妈妈可以指着镜子说"这就是宝宝"(可说宝宝的名字),再说"抱着宝宝的是妈妈,身后站着的是爸爸"。

✱ **宝宝的情感和社交**

在社会交往上,这个月的宝宝看到奶瓶、水等食物时会兴奋,两眼盯着看,表现出高兴或想要吃的样子。除了喜欢与妈妈对话外,还喜欢和妈妈玩,并且能知道区别陌生人和熟人,见到陌生人往往会表现出严肃的表情,不像对家里人那样容易熟悉,此外,已经开始向爸爸妈妈或其他人索取玩具。

宝宝被亲吻或搂抱时会显得安静和舒适。他还喜欢看着镜中人笑并用手拍打镜子。宝宝听到母亲或熟悉的人说话的声音就高兴,不仅仅是微笑,有时还会大声笑。此时的宝宝是一个快乐的、令人喜爱的小人儿。微笑现在已经随时可见了,而且,除非宝宝生病或不舒服,否则,每天长时间展现的愉悦微笑都会点亮你和他的生活。这一时期是巩固宝宝与父母之间亲密关系的时期。

## 喂养宝宝

###  本月宝宝所需营养

第5个月的宝宝对营养的需求较第4个月没有太大的变化,宝宝可适量添加辅食,让宝宝养成吃乳类以外食物的习惯,刺激宝宝味觉的发育。这时宝宝每天需要的热量为每千克体重110千卡。

## 本月宝宝如何喂养

这个月龄的宝宝仍愿意吃母乳，所以，这个阶段要使宝宝的发育正常，仍可以以母乳为主。同时要添加辅食，补充宝宝成长所需的营养，也要为日后的换乳做好准备。

4~5个月的宝宝食量差距就比较大了，有的宝宝一次喝200毫升奶还不一定够，但有的宝宝一次喝150毫升奶就足够了。

### ❋ 人工喂养时

宝宝到了4~5个月，不要认为就应该比上一个月多添加奶粉，其实量基本是一致的。这个月可以适时喂宝宝一些泥糊状食物，添加泥糊状食物的目的是为了让宝宝养成吃乳类以外食物的习惯，刺激宝宝味觉发育，为宝宝进入换乳期做准备，同时也能锻炼宝宝的吞咽能力，促进咀嚼肌的发育。

如果宝宝一次性喝下较多配方奶可以保证很长时间不饿的话，也可以采取这样的喂养安排，每次喂配方奶220~240毫升，一天喂4次。但要注意，不要因为宝宝爱喝配方奶就不在乎宝宝发胖，而不断给宝宝增加奶量。这样会影响宝宝的健康和发育。

### ❋ 母乳喂养时

4~5个月的宝宝体重增加状况和上一个月相比区别不大，平均每天增长15~20克，母乳喂养的情况跟上个月差不多。但是当母乳不充足时，宝宝就会因肚子饿而哭闹，体重增加也变得缓慢，这时就必须要添加配方奶了。但是实际上，到了现在才开始添加配方奶，宝宝很可能已经不肯吃了。

当宝宝实在不喝配方奶的时候，可以选择其他的营养品代替，比如，分次喂服1/6蛋黄，观察宝宝大便情况，如果没有异常，可以继续加下去。1~2周后可以试着添加菜汁、水果泥等，每次100毫升。

## 超级育儿圣典

### 宝宝出牙期需要补钙

宝宝出牙了,为了让宝宝能有一口洁白整齐的牙齿,爸爸妈妈应注意及时提供宝宝牙齿生长的"原料",如豆腐、奶粉等富含钙质,水果等能促进钙的吸收和利用的食物。

豆腐是最常用的补钙食品,市场上常见的豆腐有南豆腐、北豆腐、内酯豆腐等,其补钙的功效却略有不同。南豆腐和北豆腐因为在制作时需要添加硫酸钙、氯化钙等含钙制剂,因此钙含量较高;而内酯豆腐主要采用葡萄糖酸内酯作为凝固剂,且水分含量较高,因此钙含量仅为北豆腐的1/10,补钙效果不及南北豆腐。

#### ❋ 钙剂补充有讲究

宝宝每天需要400~600毫克的钙。按照正常的饮食,宝宝每天从食物中摄取的钙质只有需要量的2/3,所以每天必须额外补钙。钙剂的补充应当注意方法,以免食用不当影响效果。

钙剂不可与奶混吃。奶制品本身含钙量丰富,例如每100毫升奶粉中就含有钙质约120毫克。如果宝宝每天喝大量的奶粉,钙的吸收可能已经达到或接近饱和的范围了,如果将钙剂与奶粉同时服用,就是再增加钙的摄入量,可能导致胃肠道对钙的吸收下降,造成浪费。而且钙剂与奶粉混合后,可能形成絮状物,机体对奶粉的吸收也会受影响。

饭后是补充钙剂最好的时机。但不同钙的服用方法有所区别,有的钙是要在饭后1~2个小时后服用。吃钙剂的宝宝不宜吃过多的肉蛋,它们会产生过多的磷酸盐,影响钙的吸收。

钙剂不宜与植物性食物同吃。有些植物性食物,如谷类尤其是全麦片、全麦、麸皮等,因含植酸高,影响钙的吸收;又如菠菜、芫荽、苋菜等多种蔬菜,都含草酸盐、碳酸盐、磷酸盐等,也不宜与钙一同食用。

### 注意喂食中的卫生

在宝宝只有几个月的时候,他的免疫功能还未完全发育好。所以做父母的应该极力注意喂食中的卫生,避免致病的微生物污染宝宝的食物。

#### ❋ 喂食前的清洁

父母每次给宝宝准备食物或喂食前,首先应该洗手。为了不让手上的细菌带到食物和餐具上,最简

Part 2 婴儿期——会叫爸爸妈妈了

单的方法就是洗手,洗手时还要充分搓手,注意把指甲和手掌都洗得干干净净。保持指甲洁净,指甲内侧应弄干净,因为这里容易滋生细菌。同时宝宝在进食前,也应该洗手,以免交叉感染。另外,父母在准备和喂食时要用干净的器皿,给宝宝用食的汤匙奶嘴等都要定期消毒,避免细菌感染。

### ✿ 注意食物的清洁卫生

保证食物(无论生熟)远离携带病菌的苍蝇和昆虫,如果可能,要给宝宝喂食新鲜的食物。避免食物放置的时间过长,尤其是在室温下。应将食物放入冰箱以减缓细菌的繁殖速度。如果给宝宝准备肉类、鱼、海鲜、家禽,都要煮到十分熟以杀灭有害细菌。新鲜蔬菜在烹煮之前,最好放在清水或淘米水中浸泡半个小时。水果要清洗干净,同时削皮,挖掉水果表面虫蛀的部分。另外,还要避免生食和熟食混合,也不要将装生食的器皿与装熟食的器皿混合使用。

### ✿ 不要给宝宝吃剩饭

尽可能避免给宝宝吃剩饭。干净的剩饭应该立即放入冰箱,并尽快吃完。如果你不能肯定剩饭是否安全,那还是将它马上扔掉吧,这样更能保证安全,以免因小失大。

## 宝宝不慎吞入异物怎么办

这一时期的宝宝会将小手碰到的任何东西都抓起来放进嘴里,因而很容易发生吞食异物的意外。

### ✿ 宝宝吞食异物后的表现

若是异物卡在食管,宝宝会出现嘴巴不断流口水、无法再吞其他东西、咳嗽、呼吸急促等情形;若是阻塞了呼吸道,他会哭泣,且脸部会发黑;若吞下的异物为尖锐物,宝宝的嘴巴还可能出血、受伤。

宝宝的呼吸道非常狭窄,而他的代谢速率高,氧气需求量大,若气管被阻,脸部就会发黑,如果不能及时将异物取出,很快就会缺氧,在短时间内宝宝可能就会停止呼吸甚至死亡。

若暂时还没有明显的异状,吞食异物的宝宝上呼吸道被锁住,呼吸时通常会出现咻咻的喘鸣声。如果发现宝宝长期咳嗽或不明原因有类似气喘的情形,可带着宝宝到医院检查,确定是否吞进了异物而造成这种情形。

### ✿ 吞食异物后的处理措施

家中应急处理:如果宝宝无法通过咳嗽将异物排出,妈妈可用一只手捏住宝宝的腮部,另一只手伸进他的

111

# 超级育儿圣典

嘴里,将东西掏出来。

若发现异物已经吞下,可刺激宝宝咽部,促使他吐出来。

若发现宝宝翻白眼,应把宝宝的双脚提起来,脚在上,头朝下,拍他的背部,促其将东西吐出来。

必须送医的情况:若宝宝已出现呼吸困难,应及时去医院耳鼻喉科,请医生检查,再通过内视镜尽快将异物夹出,以免发生意外。

## 本月宝宝营养餐推荐

### 鲜藕梨汁
**清火润燥**

**材料** 新鲜莲藕150克,雪梨1个,冰糖少许。

**做法** 莲藕去皮、洗净,切丁;雪梨洗净,去除皮和核,切成小块;将莲藕和雪梨一同倒入榨汁机中压榨,成汁后,加入少许冰糖搅拌调匀,即可喂食给宝宝。

**功效** 适合5个月的宝宝食用,雪梨可生津润肺,莲藕可滋润血管,搭配食用可清火润燥,特别适合秋季给宝宝喂食。

### 蛋黄粥
**预防夜盲症**

**材料** 熟蛋黄1个,大米50克。

**做法** 大米淘洗干净,放入电饭锅中,加水熬煮成稀粥,加入蛋黄捣碎调匀,再煮片刻即成,晾至温热后,给宝宝喂食。

**功效** 适合5个月的宝宝食用,喂食时,可以舀取稀一点的粥,不要给宝宝吃米。蛋黄是宝宝摄取营养的最好食物,常食可预防宝宝患夜盲症。

### 胡萝卜汁
**有助于长牙**

**材料** 胡萝卜1根。

**做法** 胡萝卜洗净,去皮后切块。将胡萝卜块放入榨汁机中榨汁。用细滤网过滤榨好的胡萝卜汁,将残渣滤去。用适量的水将胡萝卜汁稀释,调匀后即可喂给宝宝。

**功效** 宝宝开始长牙时牙痒难受,常咬人咬物,把胡萝卜洗净切成大小合适的条,让他啃着玩,既可当辅食,又有助于长牙。

## Part 2 婴儿期——会叫爸爸妈妈了

### 红豆粥
**适合夏季湿热食用**

**材料** 红豆 50 克，粳米 60 克，冰糖少许。

**做法** 红豆预先用水浸泡 6~8 小时，捞出洗净；粳米淘洗干净，用水浸泡 30 分钟；将泡好的红豆和粳米一同倒入全自动豆浆机中，加水至上下水位线之间，接通电源，按下指示键，待豆浆机提示煮好，用过滤网滤出，加入冰糖搅拌至溶解，晾至温热后即可喂食宝宝。

**功效** 适合 5 个月的宝宝食用，红豆可解毒利湿，适合宝宝夏季湿热时食用。

### 南瓜泥
**富含胡萝卜素**

**材料** 新鲜南瓜 1 块（大小可以根据宝宝的饭量确定），米汤少许。

**做法** 将南瓜洗净，削皮、去子，切成小块，放到一个小碗里，上锅蒸 15 分钟左右。把蒸好的南瓜用小勺捣成泥，加入米汤，调匀即可。

**功效** 南瓜性温味甘，不仅含有丰富的胡萝卜素和维生素 B，还有解毒、调理肠胃的食疗作用。

## 日常照护

### 教宝宝认识身边的事物

这时爸爸妈妈应有计划地教宝宝认识他周围的日常事物了。实际上，宝宝最先学会的是在眼前变化的东西，如能发光的、音调高的或会动的东西，像灯、收录机、机动玩具、猫等。

首先，宝宝的认物能力一般分为两个步骤：一是听物品名称后学会注视，二是学会用手指。

开始时，爸爸妈妈指给他看东西，他可能东张西望，但要想方设法吸引他的注意力，坚持下去，每天至少 5~6 次。

通常，宝宝学会认第一种东西时要用 15~20 天，学会认第二种东西时要用 12~18 天，学会认第三种东西用 10~16 天。但也有时 1~2 天就学会认识一件东西。这要看你是否敏锐地发现他对什么东西最感兴趣。其实，宝宝越感兴趣的东西，认得就越快。因此，要一件一件地学，不要同时认好几件东西，以免延长学习时间。

### 居家妈妈的外出时间有限制

此时，宝宝正在形成对环境的安全感，妈妈最好全天陪伴宝宝，及时满足宝宝的需求。

如果妈妈需要外出，最好安排在宝宝睡着后，并安排好其他人代为照管，时间最好不要超过2小时。

超时离开，容易引起宝宝的警觉，继而引发焦虑和恐惧感，对环境产生不安全感，这种体验可能会使宝宝日后产生消极情绪。因此，控制外出时间，减少宝宝的不良体验，将有助于宝宝保持愉快的心情，形成乐观的个性。

### 宝宝睡凉席有讲究

炎炎夏日，宝宝不能吹空调，吹电扇也不好，可以让宝宝睡凉席，但如果方法不得当，宝宝可能出现腹泻、肠胃不适等症状。

❋ 选择草席

草席就是用麦秸做成的凉席，这种凉席质地松软，吸水性好，宝宝睡在上面不会被刺伤，不过选择时还是要多查看，尽量选择光滑无刺型的。一定不要选择竹席，竹席太凉，随着昼夜温度变化，宝宝很容易受凉。

❋ 不要让宝宝直接接触凉席

不能让宝宝直接睡在凉席上，应该在凉席上铺上棉布床单，以防过凉，还能避免小宝宝蹬腿擦破皮肤。另外，不要将凉席直接铺在地上，这样对宝宝健康非常不利，即使是木质地板也不好，正确的方法应该是放在床上。

❋ 要注意凉席的清洁卫生

使用前一定要用开水擦洗凉席，然后放在阳光下暴晒，以防宝宝皮肤过敏，凉席被尿湿后必须及时清洗，保持干燥。如果宝宝出现皮肤过敏现象，要立即停用凉席，必要时找医生诊治。

##  创造充满动人声音的环境

为了促进宝宝的听觉发展,除了生活中自然发出的声音外,爸爸妈妈还可以为宝宝打造一个充满动人声音的环境。

让柔和曼妙的音乐自然地流淌在空气中,这能刺激宝宝的听觉,还有利于宝宝保持良好的情绪。

和宝宝玩会发出声音的玩具,像音乐盒、铃鼓、捏一下就会叫的小球或橡胶娃娃等,吸引宝宝转头注视,甚至想伸手去抓,这对宝宝的听觉、视觉和动作的发展都大有裨益。

爸爸妈妈要多对宝宝说话,给他唱歌,对他笑,陪他玩,这些所产生的效果不仅能促进听觉,对宝宝将来的语言学习有帮助,还有助于建立牢固的亲子感情。

# 宝宝小门诊

##  宝宝肠套叠怎么办

肠套叠是指一段肠管套入邻近的另一段肠腔内,是宝宝时期的急腹症,多发生于4~12个月的健康宝宝。宝宝患了肠套叠之后会很痛苦,常表现为大声哭闹、四肢乱挣动、面色苍白、额出冷汗。发作数分钟后,宝宝安静如常,甚至可以入睡。但是1小时内会复发,宝宝又哭闹不止,如此反复发作。与此同时,宝宝还有呕吐、拒绝吃奶等现象,病初排便,1~2次为正常便,哭闹过4~12小时后,宝宝多排出果酱样便或深红色血水便,这是由于肠管缺血、坏死所致。

对阵发性哭闹的宝宝怀疑是肠套叠时,应争取时间,迅速到医院就诊。凡病程在48小时内的原发性肠套叠,无脱水症,腹不胀,可以用气灌肠疗法使肠管复位,复位率在95%以上。晚期病情严重者,需手术治疗。

# 超级育儿圣典

## 预防婴儿脑震荡

婴儿脑震荡会导致失明、发育缓慢和大脑永久性损害,还会导致宝宝弱智、麻痹、发音困难和学习低能,因此父母应该对此情况产生警惕。

### ✽ 切勿摇晃婴儿

婴儿脑震荡不仅是由于碰了头部才会引起,有很多是由于人们的一些习惯性动作,在无意中造成的。比如,有的家长为了让孩子快点入睡,就用力摇晃摇篮、推拉婴儿车;为了让孩子高兴,把孩子抛得高高的;有时带小婴儿外出,让孩子躺在过于颠簸的车里等。这些一般不太引人注意的习惯做法,可以使孩子头部受到一定程度的震动,严重者可引起脑损伤,留有永久性的后遗症。小儿经受不了这些被大人看做是很轻微的震动是因为,婴儿在最初几个月里,各部的器官都很纤细柔嫩。尤其是头部,相对大而重,颈部肌肉软弱无力,遇有震动,自身反射性保护功能差,很容易造成脑损伤。

### ✽ 照顾婴儿时要控制烦躁情绪

照料宝宝不是一件容易的事。大部分婴儿脑震荡都是在婴儿啼哭时发生的。当看护婴儿的人情绪激动、愤怒,猛烈摇晃婴儿,希望用这种不当的方法制止婴儿啼哭时,就形成了恶性循环。父母及保姆应更好地了解婴儿的行为,并控制自己的挫折感,可大大降低脑震荡的发生概率。因为造成婴儿脑震荡的主要原因是失去自制力,如果看护婴儿者觉得自己"无法控制情绪",则应避免碰婴儿。

当宝宝啼哭时,可以用轻拍、搂抱、说话或唱歌等方法去安抚宝宝,如果婴儿发出不寻常的哭叫声或过分啼哭,则应与儿科医生联络。

## 如何防治宝宝鹅口疮

宝宝的口腔内壁如果出现充血和发红,有大量白雪样、针尖大小的柔软小斑点,不久即可相互融合为白色或乳黄色斑块,且斑块不易擦掉,若用干净的纱布擦拭会出血或出现潮红色的不出血的红色创面,这是幼儿常见病症鹅口疮。诱因有口腔不清洁、先天性营养不良等,确认宝宝患了鹅口疮后,应在医生指导下用制霉菌素进行治疗。

### ✽ 饮食调养方

宝宝因为疼痛不愿吃东西或不肯吸吮时,应耐心地用小勺慢慢喂其奶或其他食物,以保证营养摄入。

## Part 2 婴儿期——会叫爸爸妈妈了

大点的宝宝应该给予高热量、高维生素、易消化的流质或半流质食物，以免引起疼痛。同时应给患儿多喂水，以清洁口腔，防止感染。

 **如何预防**

注意饮食卫生，宝宝的奶瓶、奶嘴、碗勺要专用，每次用完后需用碱水清洗并蒸煮 10~15 分钟消毒。

哺乳期的妈妈应注意清洗乳晕、乳头，并且要经常洗澡、换内衣、剪指甲，抱宝宝时要先洗手。

被褥要经常拆洗、晾晒，洗漱用具要和大人的分开，并定期消毒。

经常进行户外活动，提高抵抗力。

## 快乐亲子时刻

###  宝宝玩具推荐

4 个月以上的宝宝动作已经很灵活了，一般喜欢摸弄东西，喜欢看明亮鲜艳的色彩，同时也会因听到一种奇特的声音而高兴。

这时期宝宝需要的玩具主要不在于造型的逼真和结构的完美，而必须可以抓摸戏耍而且无毒。其外形必须圆滑而无尖利，有鲜艳的色彩，并能发出响声。所以，对这时期的宝宝最合适的是较大型的玩具，如娃娃、长毛绒玩具以及会发出音乐声的琴等，切忌选择金属玩具，以防尖刺划伤皮肤。

### 亲子游戏

**毛毯荡秋千**
——平衡能力培养
参与人数 3 人

**游戏目的** 由于外力的摇摆，会促使宝宝自己将头的位置做变换以保持稳定姿势，能训练宝宝的平衡感。

**游戏方法** 爸爸和妈妈用一张毛毯或薄被，让宝宝躺在中间，毯子两端由大人抓稳后前后摇荡。

117

# 超级育儿圣典

> **温馨提示**
> 当爸爸妈妈和宝宝做这个游戏的时候,动作幅度不要太大,否则宝宝容易受惊吓,而且也可能会使宝宝跌落地面,伤到宝宝。

## 水中抓玩具
—— 精细动作能力培养
**参与人数 2人**

**游戏目的** 通过训练宝宝抓握能力。从而提高宝宝的手部协调性。

**游戏方法**
① 在小澡盆中给宝宝洗澡,将一些玩具放在澡盆里。
② 将漂浮的玩具小鸭子放入水中,对宝宝说:"小鸭子会游泳。"并让宝宝用手抓起小鸭子。

> **温馨提示**
> 注意游戏时间,不要让宝宝着凉。

## 森林动物大聚会
—— 多方面能力培养
**参与人数 2人**

**游戏目的** 可以锻炼宝宝的模仿能力、记忆能力、创造能力、创新能力以及语言能力,这是一个可以锻炼宝宝综合能力的小游戏。

**游戏方法**
① 爸爸或妈妈先把准备好的小动物玩具摆放在一起。
② 把握小马拿给宝宝看之后就学着马的声音,模仿一下马奔跑时的叫声。
③ 接着把玩具鸭子拿给宝宝看,学鸭子摇摇摆摆地走和"嘎嘎嘎"地叫……

> **温馨提示**
> 给宝宝准备的玩具一定要是安全、对宝宝无伤害的。如果是宝宝对毛绒玩具过敏的话,可以换其他的塑料玩具等。

---

### 睡得像婴儿一样

当股票市场反复无常的时候,股价的升跌吓坏了一大批小投资者。有一个小投资者赶忙去银行里找他的投资顾问,询问是否对形势感到焦虑,并诉说他紧张得一天到晚睡不着觉。他的顾问回答说他自己睡得像一个婴儿。

小投资者吃惊地问:"真的?在这样的振荡之下您还睡得像一个婴儿?"

顾问说:"没错,我现在是睡几个小时,然后醒来哭几个小时。"

*开心大放映*

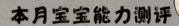

## 本月宝宝能力测评

1. 当宝宝听到家长说物体名字的时候，能用眼看着物体的方向。
   ○ 是　　　　　　　　○ 否
2. 宝宝能两手各拿一个物体。
   ○ 是　　　　　　　　○ 否
3. 仰卧时，宝宝手能抓到脚，并能将脚趾放入口中啃咬。
   ○ 是　　　　　　　　○ 否
4. 家长念儿歌时，宝宝能做出一种动作。
   ○ 是　　　　　　　　○ 否
5. 宝宝手里拿着的东西，能从一只手转到另一只手。
   ○ 是　　　　　　　　○ 否
6. 宝宝遇到生人时，能将身体藏在妈妈身后或躲在妈妈怀中。
   ○ 是　　　　　　　　○ 否
7. 自己能拿饼干吃，并能咀嚼。
   ○ 是　　　　　　　　○ 否
8. 大小便前，会有动作表示。
   ○ 是　　　　　　　　○ 否
9. 俯卧托胸时，宝宝的头、躯干、下肢能完全达到持平。
   ○ 是　　　　　　　　○ 否
10. 俯卧时，宝宝上身能抬起腹部贴在床上打转360度。
    ○ 是　　　　　　　　○ 否

❋ 评分结果：

答"是"加1分，答"否"得0分。

9~10分，优秀；7~8分，良好；5~6分，一般；5分以下宝宝需要加强训练。

# 超级育儿圣典

## 父母关注专题

### 专题一 为宝宝添加初期辅食

**❉ 什么是婴儿辅食**

婴儿时期,母乳和牛奶是宝宝的主要营养来源,但在宝宝4个月以后,父母就要逐渐为宝宝添加辅食,补充营养。所谓辅食,就是除母乳和牛奶以外的半流质或固体食物。一般添加的辅食种类主要包括:米糊、营养米粉、稀粥、菜泥、水果泥、蛋黄、鱼泥等。

**❉ 添加初期辅食的时机**

宝宝状态好时。吃母乳或配方奶粉以外的食物对宝宝来说是一种锻炼。当宝宝出现感冒等疾病、接种疫苗前后或状态不好时,应该避免添加辅食。

在宝宝的消化状态良好、吃奶时间也比较有规律时开始喂辅食,成功的概率会比较高。开始喂辅食的第1个月,上午10点是喂辅食的最佳时间,这是宝宝吃完一次奶并经过一段时间,吃下一次奶之前,心情比较稳定且感到一丝饿的时候。

两次吃奶间隔。宝宝在吃完奶后,很有可能拒绝辅食。所以,辅食添加应在两次吃奶间进行。虽然已经开始添加辅食,但不能忽视授乳,特别在4~6个月,辅食的摄入量非常少,大部分脂肪还是来自于奶,因此喂完辅食后应用母乳或配方奶粉喂饱宝宝。

**❉ 可以添加初期辅食的信号**

等到宝宝长到4个月后,母乳所含的营养成分已经不能满足宝宝的需求了,并且这时候宝宝体内来自母体残留的铁元素也已经消耗殆尽了。

宝宝的消化系统已经逐渐发育。可以消化除了奶制品以外的食物了。

首先观察一下宝宝是否能自己支撑住头,若是宝宝自己能够挺住脖子不倒而且还能加以少量转动,就可以开始添加辅食了。如果连脖子都挺不直,那显

## Part 2 婴儿期——会叫爸爸妈妈了

然为宝宝添加辅食还是过早。

背后有依靠宝宝能坐起来。

能够观察到宝宝对食物产生兴趣，当宝宝看到食物开始垂涎欲滴的时候，也就是开始添加辅食的最好时间。

如果当4~6个月龄的宝宝体重比出生时增加1倍，证明宝宝的消化系统发育良好，比如酶的发育、咀嚼与吞咽能力的发育、开始出牙等。

能够把自己的小手往嘴巴里放。

当大人把食物放到宝宝嘴里的时候，宝宝不是总用舌头将食物顶出，而是开始出现张口或者吮吸的动作，并且能够将食物向喉间送去形成吞咽动作。

一天的喝奶量能达到1升。

### ❋ 添加初期辅食的三大原则

由一种到多种：宝宝习惯一种食物后，再添加另一种食物。每一种食物需适应1周左右，这样做的好处是，如果宝宝对食物过敏，能及时发现并确定引起过敏的是哪种食物。

由稀到稠、由细到粗：从流质状的奶类，逐步过渡到米糊，然后是稀粥、稠粥，再到软饭、一般食物；从细菜泥到粗菜泥，再到碎菜，然后到一般炒菜。

由少到多：拿添加蛋黄来说。应从1/4个开始，密切观察宝宝的食欲及排便情况，如1周内无特殊变化，则可加到半个，继续观察1周，然后可加至整个蛋黄。宝宝8个月后才可以添加蛋清。

### ❋ 添加初期辅食的方法

合理给宝宝添加初期辅食。宝宝4~5个月时就可以开始添加辅食了，但是添加辅食的时候，奶量不要减少得太多太快。开始添加的时候还要继续保持奶量800~900毫升，这时添加辅食的量是较少的，应该以奶为主，因为奶中的蛋白质营养吸收相对较高，对宝宝生长发育有利。

如果宝宝不肯接受辅食，妈妈可以适当改变一下制作方法，想办法让宝宝对其感兴趣。

注意一定不要强迫宝宝吃东西，否则后果可能很严重，宝宝也许连喜欢的食物也开始排斥了。试喂换乳前的果汁，慢慢地让宝宝习惯母乳、奶粉以外的味道。

### ❋ 初期辅食添加的量

奶与辅食量的比例为8:2，添加辅食应该从少量开始，然后逐渐增加。刚开始添加辅食时可以从铁强化的米粉开始，然后逐渐过渡到菜泥、果泥、蛋黄等。使用蛋黄的时候应该先用小匙喂大约1/8大的蛋黄泥，连续喂食3天；如果宝宝没有大的异常反应，再增加到1/4个蛋黄泥。接着再喂食3~4天，如果还是一切正常就可以加量到半个蛋黄泥。需要提醒的是，大约3%的宝宝对蛋黄会有过敏、起皮疹、气喘甚至腹泻等不良反应。如果宝宝有这样的反应，应暂停喂养，等到7~8个月大后再行尝试。

✱ 初期辅食食材的选择

添加辅食时，一定要注意一个原则，那就是等习惯一种辅食之后再添加另一种辅食，而且每次添加新的辅食时要留意宝宝的表现，多观察几天，如果宝宝一直没有出现什么反常的情况，再接着继续喂下一种辅食。下表是按照月份需要给宝宝添加的辅食食材名单，父母可参照此表为宝宝酌情添加辅食。

| 4个月后开始喂的辅食食材 | | |
|---|---|---|
| 食材名称 | 功效及食用方法 | 注意事项 |
| 南瓜 | 富含脂肪、糖类、蛋白质等热量高的南瓜，本身具有的香浓甜味还能增加食欲。 | 初期要煮熟或者蒸熟后再食用。 |
| 梨 | 很少会引起过敏反应，所以添加辅食初期就可以开始食用。它还具有祛痰降温、帮助排便的功用，所以在宝宝便秘或者感冒时食用一举两得。 | 无 |

| 5个月后开始喂的辅食食材 | | |
|---|---|---|
| 食材名称 | 功效及食用方法 | 注意事项 |
| 香蕉 | 含糖量高，脂肪、酸含量低，可以在添加辅食初期食用。应挑表面有褐色斑点熟透了的香蕉，切除掉含有农药较多的尖部。 | 初期放在米糊里煮熟后食用更安全。 |
| 苹果 | 辅食初期的最佳选项。等到宝宝适应蔬菜糊糊后就可以开始喂食。因为苹果皮下有不少营养成分，所以打皮时应尽量薄一些。 | 无 |
| 西蓝花 | 富含维生素C，很适合喂食感冒的宝宝。等到5个月后开始喂食，不要使用它的茎部来制作辅食，只用菜花部分，磨碎后放置冰箱保存备用。 | 无 |
| 菠菜 | 富含维生素C和钙的黄绿色蔬菜。因为纤维素含量高不易消化，所以宜5个月后喂食。取其叶部，洗净后开水汆烫，然后使用粉碎机捣碎后使用。 | 无 |

## Part 2 婴儿期——会叫爸爸妈妈了

| 食材名称 | 功效及食用方法 | 注意事项 |
| --- | --- | --- |
| 菜花 | 能够增强抵抗力、排出肠毒素。适合容易感冒、便秘的宝宝。把它和土豆一起食用既美味又有营养。去掉茎部后选用新鲜的菜花部分，开水汆烫后捣碎使用。 | 无 |
| 西瓜 | 富含水分和钾，有利于排尿。既散热又解渴，是夏季制作辅食的绝佳选择。因为容易导致腹泻，所以一次不可食用太多。去皮、去子后捣碎，然后再用麻布过滤后烫一下喂给宝宝。 | 无 |
| 李子 | 含超过一般水果3~6倍的纤维素，特别适合便秘的宝宝。因其味道较浓，可在宝宝5个月大后喂食。 | 初食应选用熟透的、味淡的李子。 |
| 桃、杏 | 换乳伊始不少宝宝会出现便秘，此时较为适合的水果就是桃和杏。因果面有毛易过敏，所以5个月后开始喂食。 | 有果毛过敏症的宝宝宜在1岁后喂食。 |

### 6个月后开始喂的辅食食材

| 食材名称 | 功效及食用方法 | 注意事项 |
| --- | --- | --- |
| 鸡胸脯肉 | 含脂量低，味道清淡而且易消化吸收。这个部位的肉很少引起宝宝过敏。为及时补足铁，可在宝宝6个月后开始经常食用。煮熟后捣碎食用，鸡汤还可冷冻后保存继续下次使用。 | 无 |
| 油菜 | 含有丰富的维生素C、钙和铁，容易消化并且美味，是常见的用于制作辅食的材料。用开水烫一下后搅碎，然后用筛子筛后使用，一般适用于6个月以上的宝宝。 | 加热时间过长会破坏其中的维生素。 |
| 白菜 | 富含维生素C，能预防感冒。因其纤维素较多不易消化，并且容易引起贫血，故6个月后可以喂食。去掉外层菜叶，选用里面菜心烫后捣碎食用。 | 添加辅食初期选用纤维素含量少、维生素聚集的叶子部位。 |
| 蘑菇 | 除了含有蛋白质、无机盐、纤维素等营养素，还能提高免疫力。先食用安全性最高的冬菇，没有任何不良反应后再尝试其他蘑菇。开水烫一下后切成小块，再用粉碎机捣碎后食用。 | 无 |

# 超级育儿圣典

| 食材名称 | 功效及食用方法 | 注意事项 |
| --- | --- | --- |
| 胡萝卜 | 富含胡萝卜素和植物纤维，胡萝卜素在体内可转化成维生素A，有补肝明目的作用，对视网膜和上皮细胞的发育很有好处。植物纤维吸水性强，可以增加粪便容积，加强肠道蠕动，预防宝宝便秘。换乳初期和中期应去皮蒸熟后食用，和少许油脂一起吸收更好。 | 无 |
| 卷心菜 | 适用于体质较弱的宝宝以提高对疾病的抵抗力。首先去掉硬而韧的表皮，然后用开水烫一下里层的菜叶后捣碎。最后再用榨汁机或者粉碎机研碎以后放入大米糊糊里一起煮。 | 无 |

❋ **初期辅食常用食物的黏度**

大米：有少量米粒、倾斜匙可以滴落的大米粥。

鸡胸脯肉：去筋捣碎后放粥里煮熟。

苹果：去皮和子后，切碎成3毫米大小的小块。

油菜：开水烫一下菜叶后，切碎成3毫米的段。

胡萝卜：去皮煮熟后，切碎成3毫米大小的小块。

海鲜：去掉外壳，蒸熟之后捣碎。

> **温馨提示**
>
> 喂食时要用宝宝专用匙来喂泥糊状食物，喂食物时千万不能让宝宝躺着，可以先让妈妈或家人抱着喂，等宝宝自己能够坐的时候把宝宝放在儿童椅上再喂。

## 专题二　宝宝长牙前后的护理

宝宝的乳牙大约在出生后4~7个月开始萌出。一般6个月左右萌出第一颗乳牙，最先萌出的乳牙，是下面正中的一对门齿，然后是上面中间的一对门齿，随后再按照由中间到两边的顺序逐步萌出。

❋ **宝宝出牙期的表现**

口水增多：出牙时的宝宝有个比较明显的特征，就是口水比较多，主要是因为他们的神经系统发育和吞咽反射差，控制唾液在口腔内流量的功能弱造成的，通常随年龄增大和牙齿萌出，流口水将逐渐消失。

萌牙血肿：牙龈上出现大小不等的肿包，肿包的表面呈现出蓝紫色，肿包一般出现在即将出牙的地方。

**发热、腹泻**：有些宝宝在长牙时还会有发热、腹泻的症状，大多数宝宝症状不会太严重，一般精神都比较好，食欲旺盛。

**烦躁**：出牙时的不舒服会让宝宝表现得烦躁不安，他们看起来比平时更爱哭，情绪不好。不过如果看到什么有趣的事情，通常宝宝会安静下来。

**轻微咳嗽**：此时要分泌较多的唾液，可能会使宝宝出现反胃或咳嗽的现象，所以只要不是感冒或过敏，妈妈就不必担心。

**啃咬**：宝宝出牙时最大的特点就是啃咬东西，咬自己的手，咬妈妈的乳头。可以说，宝宝看到什么东西，都会拿来放到嘴里啃咬一下。其目的是想借啃咬来减轻牙床的疼痛和不舒服。

**拉耳朵、摩擦脸颊**：出牙时，牙床的疼痛可能会沿着神经传到耳朵及颌部，所以宝宝会经常拉自己的耳朵或者摸脸颊。

## ✽ 乳牙萌出前口腔细护理

乳牙萌出前的口腔保健主要由妈妈来完成。在喂奶以后和晚上睡觉以前，妈妈用纱布蘸温水轻轻地擦洗孩子的口腔黏膜、牙龈和舌面，除去附着在这些部位的乳凝块，达到清洁口腔的目的。当然，妈妈在为孩子做这种口腔擦洗前应该认真洗手，长的指甲应剪短。擦洗的时候动作要轻柔，不能损伤宝宝的口腔黏膜。

## ✽ 长牙期要注意营养

**多补充磷和钙**：这个阶段是宝宝长牙的时期，无机盐钙、磷此时显得尤为重要，有了这些营养素，小乳牙才会长大，并且坚硬度好。多食用虾仁、海带、紫菜、蛋黄粉、奶制品等食物可使宝宝大量补充无机盐钙。而多给宝宝食用肉、鱼、奶、豆类、谷类以及蔬菜等食物就可以很好地补充无机盐磷。

**补充适量的氟**：适量的氟可以增加乳牙的坚硬度，使乳牙不受腐蚀，不易发生龋齿。海鱼中含有大量的氟元素，可以给宝宝适量补充。

**补充适量的蛋白质**：如果要想使宝宝牙齿整齐、牙周健康，就要给宝宝补充适量的蛋白质。蛋白质是细胞的主要组成成分，如果蛋白质摄入不足，会造成牙齿排列不齐、牙齿萌出时间延迟及牙周组织病变等现象，而且容易导致龋齿的发生。所以，适当地补充蛋白质就显得尤为重要。

**各种动物性食物、奶制品中所含的蛋白质属优质蛋白质**：植物性食物中以豆类所含的蛋白质量较多。这些食物中所含的蛋白质对牙齿的形成、发育、钙化、萌出起着重要的作用。

**维生素也是好帮手**：维生素A能维持全身上皮细胞的完整性，缺少维生素A就会使上皮细胞过度角化，导致宝宝出牙延迟；缺乏维生素C可造成牙齿发育不良、牙骨萎缩、牙龈容

# 超级育儿圣典

易水肿出血。可以通过给宝宝食用新鲜的水果,如橘子、柚子、猕猴桃、新鲜大枣等,能补充牙釉质的形成需要的维生素C,维生素D可以增加肠道内钙、磷的吸收,一旦缺乏就会出牙延迟,牙齿小且牙距间隙大。可以通过给宝宝食用鱼肝油制剂或直接给宝宝晒太阳来获得维生素D。

### ✷ 长牙的应对措施

给东西让宝宝咬一咬:如消过毒的、凹凸不平的橡皮牙环或橡皮玩具,以及切成条状的生胡萝卜和苹果等。

妈妈将自己的手指洗干净,帮助宝宝按摩牙床:刚开始,宝宝可能会因摩擦疼痛而稍加排斥,但当他发现按摩后疼痛减轻了,就会安静下来并愿意让妈妈用手指帮自己按摩牙床了。

补充钙质和维生素D:哺乳的妈妈要多食用含钙多的牛奶、豆类等食物,并可在医生的指导下给宝宝补充钙剂。

加强对宝宝口腔的护理:在每次哺乳或喂辅食后,给宝宝喂点儿温开水冲冲口腔,同时,每天早晚2次,用宝宝专用的指套牙刷给宝宝刷洗牙龈和刚露出的小牙。

---

## 新手爸妈 学婴语
*XinShou BaMa Xue YingYu* —— "踢被子"

### 宝宝"说"

最近,我学会了一种新本领——踢被子。妈妈以为是我觉得热了,给我换了薄被子后,我还是将它踢开。其实,我只是喜欢踢被子。

### 婴语解析

有很多宝宝晚上睡觉不老实,翻来翻去,被子总是盖不住。妈妈以为是热了,换了薄一点的被子,可宝宝照样把被子踢开。实际上,这是宝宝在长力量,是宝宝发育过程中的正常情况。

### 育儿专家告诉你

宝宝晚上动得越多,就越容易踢开被子,所以只有还不能控制自己四肢的新生儿会静静地躺着好好睡觉,大一些的宝宝都可能会伸胳膊踢腿把被子踢开。这时的宝宝能更好地调节自身体温了,所以即使被子踢开也不会冻着他。宝宝手脚发凉是正常的,只要肚子是温热的就说明他并不冷。

## 育儿问答精选

**Q:** 幼儿园和保健院推荐接种的计划外疫苗,是否接种?

**A** 在接种前,必须向如防疫站或有权威的医疗机构等,咨询、了解有关疫苗的作用、不良反应、在临床上的应用、免疫效果、接种意义、应用范围等,再谨慎决定。

**Q:** 宝宝4个月20天了,是纯母乳喂养。腹泻好几天,昨天稍有好转,今天突然又拉黄稀便,还带血丝。医生说是过敏性腹泻,是母乳造成的,建议改特殊配方奶粉试一周,可宝宝不吃,我也怕回奶,怎么办?

**A** 这种情况需要认真对待,究竟宝宝是对母乳过敏,还是有肠道感染,需要请医生认真检查。先不要断母乳,盲目断掉母乳,万一不是母乳过敏,岂不可惜,查清原因再对症处理。

**Q:** 正好到了疫苗接种的时间,宝宝生病了,怎么办?

**A** 如果宝宝仅仅是轻微的感冒,体温正常,不需要服用药物,特别是不需要服用抗生素。有些病儿是轻度感冒,接种疫苗后会发热,导致病情加重,可暂缓接种,向后推迟,直到病情稳定。如果服用免疫抑制剂,不能接种疫苗。

**Q:** 宝宝出生时头发很好,可满月剃光头后,头发就长得长短不一了。现在已经5个月了,为什么宝宝只有少量的头发长得快,可大部分都没怎么长出新头发?

**A** 如果宝宝的身高、体重、智力的生长发育同时出现了停滞或其他异常,应该考虑是否缺乏某种维生素或必要的氨基酸,但是如果其他的都正常,那么就应该带宝宝看一下皮肤科,找出头发生长缓慢的原因,及时治疗。

# 第6个月
## 对爸妈好依恋

### 本月育儿要点

❀ **母乳或配方奶粉＋辅食**

本月，宝宝应该减少哺乳，增加辅食了。以母乳或配方奶粉＋辅食作为宝宝的正餐。

❀ **免疫力变弱时，要特别注意预防疾病**

为了使宝宝不患疾病。要经常打扫室内卫生和开窗透气，保持清爽的室内环境。外出时，给宝宝多穿几件较薄的衣服，便于热的时候随时脱去。外出回来，一定要把宝宝的手脚洗干净。

❀ **宝宝选择鞋的注意事项**

鞋子要略大一些，使脚趾不感到挤压即可。

妈妈应每隔几周就摸摸宝宝的鞋子，看看还能不能穿。

注意让宝宝穿防滑鞋，方便宝宝练习站立和行走。

宝宝的新陈代谢快，脚流汗较多，如果鞋不透气，就很容易滋生细菌。

❀ **宝宝不爱吃辅食的应对策略**

给宝宝做咀嚼示范。

不要喂得太多或太快。

辅食多样化。

尊重宝宝的自主意识。

为宝宝准备一套喜欢的餐具。

不要强迫宝宝进食。

## 宝宝成长小档案

### 宝宝的体格发育

#### ❋ 体重

男宝宝体重平均为8.4千克左右，正常范围是6.5~10.3千克。女宝宝体重平均为7.8千克左右，正常范围是6~9.6千克。从这个月开始，宝宝体重平均每月增加0.3~0.5千克。

#### ❋ 身长

男宝宝身高平均为67.8厘米左右，正常范围是62.7~73.8厘米。女宝宝身高平均为65.9厘米左右，正常范围是62~72厘米。

#### ❋ 囟门

前囟门尚未闭合，对边连线可能是0.5~1.5厘米。

#### ❋ 牙齿

大部分宝宝在这个月会开始长2颗乳牙了。

### 宝宝的发育特点

#### ❋ 胎毛脱落期

你是否发现，宝宝后脑勺上的头发几乎已脱尽，枕头上沾满宝宝细软的胎毛，而前半部和左右两边，还有点胎毛。这个时期的宝宝，正是胎毛脱落时期，后脑勺部位因为经常触碰枕头，所以胎毛脱落最明显。

宝宝只有脱尽胎毛，才会有质感不同的新头发生成。到时候，有的宝宝会长出一头乌黑浓密的黑发，还有的宝宝会有一头带卷稍黄的头发。

### ✽ 睡眠

这个月的宝宝每天睡 15 ~ 16 小时，夜间睡 10 小时，白天睡 2 ~ 3 次，每次睡 2 ~ 2.5 小时。白天活动持续时间延长到 2 ~ 2.5 小时。

## 宝宝的社会化发育

### ✽ 宝宝的感官发育

视觉：这个月的宝宝，能准确地区分周围的人的不同，几米远处就能一眼认出爸爸妈妈。这个时候，你会惊讶地发现，宝宝开始认生了。宝宝对周围的环境也产生了很大的兴趣，能注意到周围更多的人和物，还会对不同的事物做不同的表情，对自己感兴趣的人、玩具、颜色等会给予特别关注。

听觉：宝宝的听觉定位能力逐渐发育成熟，能够准确地寻找到声源。

味觉、嗅觉：宝宝辅食添加的种类越来越多，口味偏好也越来越明显，可能会与爸爸妈妈的口味一致，喜欢某些口味而拒绝另外一些口味。

### ✽ 宝宝的运动能力

宝宝能由仰着的姿势翻成趴的姿势了，能稳稳当当地坐一会儿了。有跳的欲望，不停地弯曲、伸直脚踝、膝盖和臀部来上下跳跃。被拉起时腰部已能支撑自己的身体。

这个月的宝宝手、眼配合自如，不过还不会用手指尖捏东西，只能用手掌和全部手指生硬地抓东西。宝宝能将积木从一只手传到另外一只手，并用原手拿起第二块积木。对于眼前的东西，不管是什么，他伸手就抓，而且是两只手同时抓。如果妈妈逗宝宝玩，用手绢遮在宝宝的脸上，宝宝能够用手抓住并扯下来。

### ✽ 宝宝的语言发育

宝宝开始对自己发出的一系列高低不平的声音很感兴趣，常常自言自语或和别人对话，并能运用语音来表达高兴或不高兴等情绪。

### ✽ 认知能力发育

宝宝的记忆力逐渐增强。能记住生活中的一些惯例和程序了。他常常模仿大人的话，当他发现说出“爸爸”“妈妈”会使人开心时，他会重复这些词汇，这说明宝宝已经开始有了对话的意识。因此，你要敏锐地捕捉到这些变化，适时表扬、鼓励宝宝，多跟宝宝对话，多给他讲故事、念儿歌。

时，马上就张开小嘴咯咯地笑了，并把小手聚拢到胸前一张一合地像是在拍手。现在宝宝对周围的事物有了自己的观察和理解，似乎还学会了看大人的脸色——能对别人亲切的微笑和话语报以微笑。当感到气氛严肃时，会不安地扎在妈妈的怀里不敢看。听到别人叫自己的名字会给予回应。

### ✲ 宝宝的情感和社交

"六月的天，宝宝的脸，说变就变。"刚还因找不到妈妈哭得眼泪鼻涕一大把的宝宝，当听到妈妈的话语

## 喂养宝宝

### 本月宝宝所需营养

从第6个月起，宝宝身体需要更多的营养物质，母乳已逐渐不能完全满足宝宝生长的需要，添加辅食变得非常重要。绝大部分妈妈都认为母乳喂养到4～6个月就足够了，很多妈妈都因为上班或怕身体变形，在宝宝6个月左右就不再母乳喂养了，但实际上，对宝宝来说，母乳还是最好的食品。目前国际上流行"能喂多久就喂多久"的母乳喂养方式，很多西方国家都坚持母乳喂养一直到宝宝一两岁。

### 本月宝宝如何喂养

对于母乳充足的新妈妈来说，可以再坚持1个月的纯母乳喂养。如果母乳不足，或是混合喂养，则可以给宝宝吃一些母乳或配方奶以外的食物，补充宝宝所需的营养，并自然过渡到辅食，但每天仍要哺乳4～5次，不能只给宝宝喂辅食或以辅食为主，那样宝宝营养会不全面。

这个月里，妈妈要将谷类、蔬菜、水果逐渐引入宝宝的膳食中，让宝宝尝试不同口味、不同质地的新食物。

# 超级育儿圣典

## 为宝宝准备辅食的六大原则

妈妈在为宝宝准备辅食时,要坚持以下六大原则。

### ❋ 清洁卫生

准备辅助食品所用的案板、锅、铲、碗、勺等用具应当用清洁剂洗净,充分漂洗,用沸水或消毒柜消毒后再用。最好能为宝宝单独准备一套烹饪用具,避免交叉感染。

### ❋ 原料新鲜

制作辅助食品的原料最好是没有被污染的绿色食品,尽可能新鲜,并精心选择和清洗。

### ❋ 单独制作

宝宝的辅助食品一般都要求细、烂、清淡,所以不要将宝宝的辅食与成人食品混在一起制作,更不要只是简单地把大人的饭做得软烂一些给宝宝食用。

### ❋ 烹饪方法

制作宝宝辅助食品时,应避免长时间烧煮、油炸、烧烤,以免减少营养素的流失。食物的调味也要根据宝宝的需要来调整,不能以成人的喜好来决定。

### ❋ 口味清淡

宝宝辅食的口味要以清淡为主。辅食以尽量少加盐甚至不加盐为原则,以免增加宝宝肝、肾的负担。特别是初期的辅食,更要少加盐或不加盐。

### ❋ 现做现吃

隔顿食物味道和营养都大打折扣,还容易被细菌污染,因此,上顿吃剩的不要再给宝宝吃。首先要保证原材料的新鲜,越是新鲜的食物,营养素保持得就越好。其次要尤其注意整个制作过程的干净卫生,这样做出来的食物才是真正安全又放心的!

> **温馨提示**
>
> 6~7个月的孩子每天可吃2次粥,每次1/2~1小碗,可以吃少量烂面片,鸡蛋黄应保证每天1个,每天要喂些菜泥、鱼泥、肝泥等,但要从少到多,逐渐增加辅食。

Part 2 婴儿期——会叫爸爸妈妈了

## 为宝宝多准备点磨牙食品

宝宝开始长牙了，时常会觉得牙龈发痒，因此宝宝会有啃噬的反应而适当磨牙可以锻炼宝宝的咀嚼能力，促进牙龈、牙齿健康发育，爸爸妈妈不妨多为宝宝准备一些磨牙食品。

❋ **新鲜水果条和蔬菜条**

可以把能生吃的蔬果如新鲜黄瓜、苹果、番茄等，切成小长条形，让宝宝自己用手拿着吃，不但可以磨牙，还能帮宝宝补充维生素。

❋ **硬馒头片、手指饼干或其他条形饼干**

这样的食物可以满足宝宝啃咬的欲望，又可以让宝宝练习自己拿着东西吃，甚至有的宝宝还会将饼干塞到爸爸妈妈的嘴里，表示亲昵。爸爸妈妈需要注意的是，不能给宝宝口味重的饼干，这会破坏掉宝宝的味觉。

❋ **柔韧的条形地瓜干**

这也是一种非常好的磨牙食品，不但硬度适中，价格也十分便宜，一袋地瓜干可以陪宝宝度过不少时间。如果担心地瓜干太硬损伤到宝宝的牙床，可以在米饭煮熟后，将地瓜干放在米饭上焖一下，地瓜干会变得又香又软，不过一定要先晾一晾再拿给宝宝。

> **温馨提示**
>
> 宝宝长牙期间，磨牙棒也是帮助磨牙的好东西，多数磨牙棒会发出奶香味或被设计成水果型，比较受宝宝的喜爱，有的磨牙棒还具有按摩牙龈的作用，但磨牙棒一定要经常清洁、消毒。

## 添加辅食初期宝宝饮食禁忌

为了宝宝健康成长，爸爸妈妈费尽了心思，也走进了不少喂养误区，这都是需要父母注意的。

父母在养育宝宝的过程中，有些喂养知识需要了解，特别要知道宝宝饮食方面的禁忌，否则会给宝宝的身体带来不必要的伤害。

❋ **忌喝豆奶**

对成人来说常饮豆奶非常有益，但对宝宝来说却完全相反。这是由于宝宝对大豆中高含量的抗病植物雌激素的反应与成年人完全不同。宝宝摄入体内的植物雌激素只有5%能与雌激素受体结合，而其他未能被吸收的植物雌激素则积聚在体内，这样就有可能对每天大量饮用豆奶的宝宝将来的性发育造成危害。专家指出，喝豆奶的宝宝患乳腺癌的风险是喝奶粉或母乳喂养的宝宝的2~3倍。

※ 忌多喝果汁

果汁中维生素与矿物质含量较多，口感很好，因此易被宝宝接受，但果汁最大的缺陷在于缺少对宝宝发育起关键作用的蛋白质和脂肪。如果喝很多果汁，就会由于果汁抢占了胃的空间，导致正餐摄入减少，而正餐中的母乳或奶粉才是宝宝获取正常发育所需养分的主要来源，所以饮果汁过多会破坏宝宝体内的营养平衡。因此，宝宝在半岁以内不要多喝果汁。

※ 忌用微波炉加热辅食

用微波炉加热辅食经常会出现加热不均匀的状况，很多时候表面已经很烫了，里面却还是冷的。另外，使用微波炉加热食物会导致蔬菜流失一些水分和养分，而且也影响食物原有的口感。

※ 忌过量食用胡萝卜、南瓜

胡萝卜、南瓜是公认的营养食物，所以妈妈就觉得给吃得越多越好，其实并不然。如果宝宝持续进食大量胡萝卜和南瓜，会导致胡萝卜素、类胡萝卜素摄取过量，很可能出现皮肤黄染，这种黄染要过好几个月才会退去。

※ 忌吃致敏食物

妈妈尽量要避免选用容易引发过敏的食物作为宝宝辅食的原料，不是说完全不可以吃，而应该在给宝宝第一次食用时仔细观察，而且要先少量试吃，确保宝宝没有过敏反应后再继续添加。

※ 忌重口味辅食

切忌给宝宝添加口味过重的辅食，因为宝宝的生理代谢功能尚未发育完全，摄入过多的盐分代谢不完，会滞留在体内给肾脏带来负担。另外，宝宝辅食口味过重的话，长大后很可能拒食清淡的食物，形成不良的饮食习惯，影响身体健康。

※ 忌食辛辣食物

宝宝的消化系统尚未发育完全，不管家人是不是习惯了辛辣饮食，对于小宝宝来说，辛辣食物是要禁止食用的。要知道，宝宝的身体器官还很娇嫩，不适宜吃辛辣食物。

※ 忌用葡萄糖代替其他糖

一些家长让孩子长期口服葡萄糖，代替白糖、砂糖，以为有利于吸收，可补充营养。常用葡萄糖代替其他糖，肠道中的双糖酶和消化酶就会失去作用，时间长了就会造成消化酶分泌功能低下，导致消化功能减退，影响小儿生长发育。

※ 忌用果汁代替水果

一些家长常给孩子喝橙汁、果味露或橘子汁，以代替吃新鲜水果，这是错误的。因为新鲜水果不仅含有完善的营养成分，而且在孩子吃水果时，还可锻炼咀嚼肌及牙齿的功能，刺激

Part 2 婴儿期——会叫爸爸妈妈了

唾液分泌,促进孩子的食欲。而各类果汁里皆含有食用香精、色素等食品添加剂,且甜度高,会影响小儿食欲。

❄ **忌用酸奶代替牛奶**

现在市面上还有不少用乳酸菌制成的乳酸奶,比如喜乐、乐百氏等等,它们的味道很受宝宝喜爱,也容易消化吸收,稍大的孩子适量吃一些还可以,但不能作为代乳品喂养婴儿,因为它们不是百分之百由牛奶制成。由于含的牛奶量少,营养素远远低于牛奶,其中蛋白质、脂肪、铁和维生素的含量只相当于同量牛奶的1/3左右,长期以这样的乳酸奶代替牛奶喂养宝宝,会造成营养缺乏,影响宝宝正常的发育,所以酸奶不能代替牛奶喂养宝宝。

**温馨提示**

红枣中有大量抗过敏物质,如果宝宝出现过敏症状,妈妈不妨在辅食里给宝宝适量添加红枣。当宝宝吃一种食物过敏时,并不是说宝宝再也不能吃这种食物了。但是妈妈要注意,短时间内不要给宝宝添加此种食物,最好等宝宝1岁以后再尝试添加。如果宝宝依旧对该食物过敏的话,那就要等到他更大时再试试看。

## 本月宝宝营养餐推荐

### 猕猴桃泥
**富含营养**

**材料** 新鲜猕猴桃半个。

**做法** 将猕猴桃用清水洗干净,去除表皮,再把里面有籽的部分也去掉。将处理好的猕猴桃果肉压成泥状即可。

**功效** 猕猴桃含有丰富的维生素C,同时还富含具有保护血管功能的维生素P及钙、铁、磷、钾等矿物质。对于身体快速发育的宝宝来说,这无疑是一款营养满分的辅食。

### 豆腐羹
**适于半岁宝宝食用**

**材料** 豆腐200克,白粥1小碗,青菜2棵，精盐、香油、生抽各少许。

**做法** 豆腐洗净；青菜洗净，焯熟，切碎；将白粥放入奶锅中，加适量水煮沸，转文火，放入豆腐，用勺背压碎，再放入青菜碎调匀，熬煮片刻，放入盐、生抽拌匀，淋上少许香油即成，晾至温热后，喂食宝宝。

**功效** 适合6个月的宝宝食用，经过加工的蔬菜易于消化吸收，可以给宝宝添加，但喂食时，一定要慢，让宝宝充分咀嚼后，再喂第二口。

### 牛肉汤米糊
口感好、价值高

**材料** 牛肉3小块，宝宝米粉适量。

**做法** 牛肉洗净、切片，放入锅中熬汤；将牛肉挑出，留下肉汤备用。等肉汤稍凉后倒入宝宝米粉中搅拌均匀即可。

**功效** 牛肉汤米糊口感好，营养价值很高，可使宝宝较早适应进食畜肉蛋白质、氨基酸。

### 红薯泥
富含膳食纤维、维生素

**材料** 红薯60克。

**做法** 红薯洗净，去皮，切碎捣烂，放入锅中，加入适量水，煮沸后，转文火熬煮15分钟，边煮边用小勺压一压红薯，成泥状后，晾至温热，即可给宝宝喂食。

**功效** 适合6个月以后的宝宝食用，红薯富含膳食纤维及维生素，可预防宝宝坏血病，保护宝宝皮肤黏膜。

### 草莓酱
富含营养素

**材料** 草莓6枚，白糖少许。

**做法** 草莓洗净，去除根蒂，切丁，放入奶锅中，加少许水，以文火慢炖，片刻后再加少量水，边煮边用勺背压，成糊状后，停火加入白糖调匀，晾至温热后给宝宝喂食。

**功效** 适合6个月的宝宝食用，草莓富含多种营养素，其中所含的果胶有助于保护宝宝的胃黏膜，增加胃肠蠕动，利于消化吸收。

Part 2  婴儿期——会叫爸爸妈妈了

## 日常照护

### 为宝宝选择合适的护肤品

对于婴儿来说，每天洗1~2次脸就够了，但要注意水温不要过高。婴儿在3个月之前身体内部还带有妈妈体内的激素，所以皮脂分泌比较旺盛。而过了3个月以后，体内的激素水平下降，皮脂和油脂分泌都会下降，这时过度清洁会把起保护作用的皮脂都洗掉，宝宝反而可能出现皮肤干、裂、红、痒等症状。此时，可适当选用一些温和、滋润的护肤品。

婴幼儿护肤品有润肤露、润肤霜和润肤油3种类型。润肤露含有天然滋润成分，能有效滋润婴儿皮肤。润肤霜含有保湿因子，是秋冬季节婴儿最常使用的护肤品。润肤油含有天然矿物油，能够预防干裂，滋润皮肤的效果更强。

选择婴儿护肤品，要注意地区差别。在南方一些地区，气候本身就很湿润，甚至可以不用护肤品。而在北方，气候干燥、风沙大，则要注意婴儿皮肤的保湿护理。另外，不宜经常更换婴儿的护肤品，以免宝宝皮肤过敏，产生不适。

### 为宝宝的小脚丫寻找合适的伴侣

婴儿的脚骨是软骨，弹性大，易变形，且脚部表皮角化层薄，很容易受损感染，应及时给宝宝穿上合适的鞋袜，保护宝宝的脚部。

✿ **宝宝小脚丫的成长速度**

宝宝在婴儿期内，每3个月小脚丫就会生长0.5厘米，6个月前的小宝宝可以根据需要决定穿不穿鞋子，但应穿上袜子，6个月以后宝宝的活动能力变强，有扶着站立的需求，这时为了保护宝宝的脚，爸爸妈妈应考虑给宝宝准备几双鞋子，并经常检查鞋子是否合脚。

✿ **为宝宝选双合适的鞋子**

过了6个月之后，由于宝宝生长发育的需要，穿鞋可以促进宝宝多

137

# 超级育儿圣典

爬、多走，对运动能力和智能发展都很有好处，所以，在这时父母一定要给宝宝选双合适的鞋子。

一定硬度，不宜太软，最好鞋的前1/3可弯曲，后2/3稍硬不易弯折；鞋跟比足弓部应略高，以适应自然的姿势；鞋底要宽大，并分左右；宝宝骨骼软，发育不成熟，鞋帮要稍高一些，后部紧贴脚，使踝部不左右摆动为宜；宝宝的脚发育较快，平均每月增长1毫米，买鞋时尺寸应稍大些。

当宝宝开始学爬、扶站、练习行走时，也就是需要用脚支撑身体重量时，给宝宝穿一双合适的鞋就显得非常重要。为了使脚正常发育，使足部关节受压均匀，保护足弓，要给宝宝穿硬底布鞋，挑选时要注意以下几方面：根据宝宝的脚型选鞋，即鞋的大小、肥瘦及足背高低等；鞋面应以柔软、透气性好的鞋面为好；鞋底应有

❋ **为宝宝选合适的袜子**

质地要纯棉的，宝宝的袜子以全棉织品为宜，不要穿尼龙袜，宝宝新陈代谢快，出汗多，尼龙袜不透气，易患脚癣。

尺寸要合脚，袜子过大易脱落，起不到好的保护作用，小了会影响脚的发育。

样式不应过长，宝宝的袜子只要短短一截即可，袜筒不要过长，松紧以刚好套在宝宝脚上部不会勒肉为佳。

## 别对宝宝恋物小题大做

宝宝恋物就是一种成长过渡期的依恋行为，是宝宝从"完全依恋"转为"完全独立"的过渡期间所产生的行为，是其成长过程中的正常现象。父母应正确对待宝宝的恋物情结。

❋ **宝宝恋物是成长中的自然现象**

从发育的观点来看，宝宝对物品

依赖的现象是自然的过程。当宝宝想睡觉、肚子饿、尿片湿、兴奋、不顺意的愤怒情绪等情形出现时，父母可能会随手拿些替代物来安抚孩子的情绪，这些经常被随手拿来使用的物品有：奶嘴、纱布、柔软的毛巾、被子、枕头、布娃娃等。抚弄一个可以拥抱或抓在手里的玩具、毯子、毛巾等，可以使他们勾起自己被裹着喂奶时轻轻地抚弄母亲衣服或毯子的美好感受。

当孩子热切地依恋一个玩具、一块布或毯子时，他可能时时都要抓着。这样，他拿的玩物就会变得越来越脏，最后变得破烂不堪。而孩子却总是强烈地反对洗涤他的东西，并且完全拒绝替换。如果东西遗失了，孩子会感到非常沮丧，可能连续几小时不能入睡。

"恋物"本身不会对孩子的成长有消极影响，而"恋物"的源头——安全感的缺失才是父母必须时刻关注的。当宝宝突然对一件物品产生了特别的兴趣，甚至须臾不可分离，这个时候父母一方面要把对宝宝"恋物"的烦恼转化为生活的乐趣，并以此为亲近了解宝宝习性的契机，让孩子与家庭成员之间建立稳定的依恋关系。另一方面，重新审视自己和孩子的关系，寻找安全感缺失的原因，问题自然迎刃而解了。

# 宝宝小门诊

## 宝宝枕秃怎么办

宝宝的脑袋与枕头接触的地方，出现了一圈头发稀少或没有头发的现象，被称为枕秃，大多数宝宝的枕秃都出现在后脑勺，也有的宝宝因为喜欢侧睡，于是出现单侧枕秃。引起枕秃的原因有多个方面。

❋ **照顾不周或枕头太硬**

在出生后的头几个月，宝宝的大部分时间都是躺在床上的，脑袋接触枕头的地方，容易出汗、发热，头皮发痒，如果爸爸妈妈没有注意到，照顾不好，不会表达的宝宝会通过左右晃头来缓解发痒症状，这样蹭来蹭去，就把头发给磨掉了。此外，如果枕头太硬，也会引起枕秃现象。

对这种原因形成的枕秃，加强护理就可以。如给宝宝选择透气、高度适中、柔软适中的枕头，随时关注宝宝的枕部，发现有潮气，要及时更换枕头，以保证宝宝头部的干爽。注意保持适当的室温，温度太高引起出汗，会让宝宝感到很不舒服，同时很容易引起感冒等其他疾病的发生。

### ❋ 生理原因

孕妇在孕期营养不足、不均衡，也有可能引起宝宝枕秃，同时头发稀少也可能是宝宝缺钙的一种症状。

如果出于生理原因，可以及时地给宝宝进行血钙检查，看是否有缺钙的症状。遵照医嘱，有的放矢地进行补钙，千万不要盲目补钙。补钙的方式有很多，如：带宝宝晒太阳，这是最天然的一种补钙方法，每天带宝宝到户外晒晒太阳，紫外线的照射可以使人体自身合成维生素D；如果遇到不适合外出的季节，可以根据医嘱，额外补充适量的钙剂，以满足身体需要。对于已经开始接触辅食的宝宝来说，通过各种食物来补钙，不仅有益于身体健康，同时也让宝宝有机会尝试更多的食物。

> **温馨提示**
>
> 枕秃是缺钙的一种表现，但并不能说枕秃的宝宝就一定缺钙。宝宝因汗多而头痒，躺着时喜欢磨头止痒，时间久了后脑勺处的头发被磨光了，也会形成枕秃圈。有的宝宝在夏季出汗或家长为其着装过多，容易出汗，引起皮肤发痒。还有些头面部有湿疹，也会引起皮肤发痒。这些都会使宝宝在枕头上蹭头，出现枕秃。

## 6个月宝宝易患上的传染病

当宝宝半岁的时候，体内从妈妈那儿获得的免疫球蛋白已经用完，而这时候宝宝自身的免疫系统还不成熟，环境中的致病菌就乘虚而入，所以就特别容易生病。

### ❋ 流行性感冒

天气转凉，尤其是进入冬季，流行性病毒感冒病例就会明显增加。6个月的宝宝很容易感染。一般来说，初期症状明显，包括有高热、头痛、喉咙痛、肌肉酸痛、全身无力等，之后咳嗽和流鼻涕症状会陆续出现，部分宝宝可能出现腹痛、

呕吐等肠胃症状。流感导致的发热可能持续3~5天。

## Part 2　婴儿期——会叫爸爸妈妈了

### ❋ 玫瑰疹

玫瑰疹好发于6个月至3岁的幼儿，春、秋两季最常出现。患病的宝宝会突然发高热，甚至高达39～41℃；高热通常持续3～5天，等差不多退热的同时，全身开始出现小颗粒状的红疹，此时就离康复不远了；再过2～3天疹子就会退掉。部分宝宝还发生腹泻、咳嗽、哭闹不安等症状。

### ❋ 肺炎

肺炎是呼吸道病变较重的疾病。小叶性肺炎，小宝宝特别容易患上，病变主要散布在支气管附近的肺泡，有时病变范围很广泛。6个月内的宝宝如果发生肺炎，往往出现高热、气急、咳嗽、鼻翼扇动等现象。

### ❋ 手足口病

手足口病是一种主要发生在婴幼儿身上，由肠道病毒传播的传染病，潜伏期为3～5天，发病初期会出现类似感冒的症状，发热不高，为38℃左右，2天后口部出现疼痛性小水疱，四周绕以红晕，手足部位会出现米粒大小的水疱，数目不等。

## 流行感冒巧护理

流行性感冒是一种上呼吸道病毒感染性疾病。6个月至3岁的婴幼儿是流感的高危人群，5～6岁是流感的高发年龄组。流感病毒可由咳嗽、打喷嚏和直接接触而感染，传染性很强。

流感症状通常在病毒感染后1～3天出现，主要表现为发热（常超过39℃），还会出现干咳、鼻塞、疲劳、头痛，有时候会出现咽痛或声音嘶哑。症状往往在发病后2～5天最为严重。

### ❋ 护理措施

发热期间要让宝宝充分休息，天冷时可以在中午打开门窗，保证空气流通，但要给宝宝盖好被子，避免受凉。

每天用淡盐水给宝宝漱口，年龄较小的宝宝可用消毒棉签蘸温盐水进行擦拭，以减少继发细菌感染的机会。

可用冷敷法给宝宝降温，以免出现高热惊厥。

密切观察病情，患病后2～4天如有高热、咳嗽、呼吸困难、口唇发青等情况，应及时到医院就诊。

# 超级育儿圣典

## 快乐亲子时刻

### 宝宝玩具推荐

本月宝宝的好奇心更强了,爸爸妈妈可以准备一些有因果关系的玩具。比方说,按下按钮就会有音乐响起同时有一个小玩具跳出来的类似玩具,宝宝会非常喜欢,而且不厌其烦地、一遍一遍地探索。

玩水是宝宝的天性,准备一些沐浴的玩具,当给宝宝洗澡的时候,放一些沐浴玩具漂浮在浴缸中,一边沐浴一边引导宝宝去抓漂浮的玩具,这个游戏不但让宝宝沐浴的时候充满乐趣,还会提高宝宝的视觉追踪能力和抓握能力。

### 亲子游戏

**撕纸嚓嚓乐**
——大动作能力培养

**游戏目的** 教会幼儿将大纸撕成小纸,再撕成纸屑,可以使幼儿初步认识到自己有改变外界事物的能力,从中得到乐趣,同时也训练了手眼之间的协调能力,促进大脑功能的发育。

**游戏方法**

❶ 让宝宝坐在铺有毯子的地上,在宝宝面前放不同类型的纸张。

❷ 妈妈轻轻扯动纸张发出声响,逗引宝宝。

❸ 给宝宝一张纸,让宝宝自己撕着玩。

**温馨提示**

妈妈可手把手地帮宝宝拉扯纸张,并加上有节奏的声音,引导宝宝关注声音,如:"我拉纸张,啪啪啪。"妈妈还可以在一旁告诉宝宝这是什么纸。除了撕纸,宝宝对从纸巾筒里往外抽纸也非常感兴趣,妈妈可教宝宝自己抽出纸巾擦嘴。

Part 2 婴儿期——会叫爸爸妈妈了

## 左手爸爸右手妈妈
——知觉能力培养

参与人数 3人

**游戏目的** 让宝宝在游戏中对空间概念有个初步的认识与感知，促进宝宝空间知觉能力的发展。

**游戏方法**

❶ 让宝宝坐在专属的椅子上，妈妈用玩具小鸭子吸引宝宝的注意力，告诉宝宝"小鸭子在宝宝的右边"。

❷ 爸爸在左边用小鸭子吸引宝宝，等宝宝转头看爸爸，然后说："鸭子在这儿呢，在宝宝的左边。"

**温馨提示**

如果宝宝分不清声音的发出方向，仍然将头转向妈妈，妈妈就指着爸爸，告诉宝宝："鸭子在那儿呢。"

## 小手拉一拉
——模仿能力锻炼

参与人数 2人

**游戏目的** 通过训练，让宝宝学习解决问题的方法。从而提高宝宝的右脑观察模仿能力。

**游戏方法**

❶ 妈妈和宝宝一起坐在地板上，在宝宝伸手可以够到的地方放一条毛巾，并在毛巾另一端上面放置一件宝宝喜欢的玩具。

❷ 指着玩具说："宝宝玩具在那里，快去拿。"观察宝宝用什么方式取玩具。

❸ 妈妈可以拉动毛巾取玩具给宝宝看，并对宝宝说："毛巾拉过来就可以拿到玩具啦！"让宝宝模仿。

**温馨提示**

毛巾不要太长，避免宝宝拉毛巾时感到疲惫。

### 腹中婴儿

一位孕妇正在路上行走，一个小女孩走过来问她："阿姨，您的肚子为什么这么大？"

"因为肚子里有个小宝宝啊！"

"阿姨，您是怕麻烦吧？"

"啊？为什么？"

"您嫌孩子抱着不方便，就把他放进肚子里了嘛。"

开心大放映

## 本月宝宝能力测评

1. 当妈妈拿走宝宝正在玩耍的玩具时,宝宝会尖叫乱动表示反抗。
   ○ 是　　　　　○ 否

2. 宝宝能两手各拿一个物体,并对敲玩。
   ○ 是　　　　　○ 否

3. 当妈妈说"不许"的时候,宝宝会停止现在的动作。
   ○ 是　　　　　○ 否

4. 会用手势表示再见、谢谢、点头、摆手中的两种动作。
   ○ 是　　　　　○ 否

5. 能听懂家长说的表扬和批评的意思。
   ○ 是　　　　　○ 否

6. 当熟人离开再见时,宝宝会表示不舍或再见。
   ○ 是　　　　　○ 否

7. 完全由家长拿杯子才能喝到水。
   ○ 是　　　　　○ 否

8. 大小便前,会有动作表示。
   ○ 是　　　　　○ 否

9. 宝宝能连续翻360度。
   ○ 是　　　　　○ 否

10. 宝宝能双手在前面支撑坐稳了。
    ○ 是　　　　　○ 否

❋ 评分结果:

答"是"加1分。答"否"得0分。
9~10分,优秀;7~8分,良好;5~6分,一般;5分以下宝宝需要加强训练。

## Part 2　婴儿期——会叫爸爸妈妈了

# 父母关注专题

### 专题一　宝宝睡觉不踏实

❋ **宝宝自身的原因**

宝宝长到了6个月左右，母乳已经不会很充分，而且宝宝的成长需要更多的营养物质，母乳已经不能满足他，所以白天应该继续给宝宝添加一些辅食，比如肉泥、猪肝泥和炖蛋，还可添加杂粮做的粥，使宝宝获得更加均衡的营养。

❋ **宝宝缺少微量元素**

缺钙易引起大脑及植物性神经兴奋性增加导致宝宝晚上睡不安稳，需要补充钙和维生素D。如果缺锌，则要注意补锌，可在医生的指导下服用一些补锌产品。

❋ **宝宝身体不适的判断**

有鼻屎堵塞宝宝的鼻孔，引起宝宝呼吸不畅快，也容易引起睡眠不安稳，所以父母要注意这方面的因素，当宝宝睡不安稳时，检查一下宝宝的鼻孔，帮宝宝清理一下，可能症状马上就会得到缓解。肛门外有蛲虫也会影响宝宝的睡眠。如果有应求助于医生积极治疗。

❋ **宝宝睡眠周边环境或人为原因**

及时排尿及饮食注意。睡前应先让宝宝排尿。或给他用尿不湿，这样不至于因为把尿影响宝宝睡觉。

积食、消化不良、上火或者晚上吃得太饱也会导致睡眠不安。

不要给宝宝养成醒了就要人抱的习惯。如果没有发现不适的原因，夜里常醒的原因很大一部分是习惯了，如果他每次醒来你都立刻抱他或给他喂东西的话，就会形成恶性循环。

宝宝夜里醒来时不要立刻抱他，更不要逗他，应该立刻拍拍他，安抚着他，想办法让他睡去。一般情况，处在迷糊状态的宝宝都会慢慢睡去。

❋ **睡眠环境的温度**

如果太热或太冷，也能导致宝宝

# 超级育儿圣典

睡不安稳，可适当地调节一下。由于宝宝的基础代谢率高，晚上睡觉一般都比妈妈盖得少，所以妈妈千万不要因为自己盖得厚就给宝宝也多盖，否则宝宝会后颈部出汗，睡不踏实。

### ❋ 宝宝的睡觉姿势

关于宝宝的睡姿，到了宝宝翻身能自如掌控的时候，那时他会选择最舒服、最适合自己的方式睡。但是现在宝宝的肢体协调能力还没发育良好，如果让宝宝独立翻身找到舒服的睡姿是很难的事情，所以爸爸妈妈应该帮助宝宝暂时保持仰卧的睡姿。

这个阶段的宝宝发育就是这样，他的腿部力量越来越大，活动力越来越好，经过自己的练习，肢体的协调力也越来越好了。

> **温馨提示**
>
> 宝宝在睡觉的时候会经常蹬被子，爸爸妈妈要及时地给宝宝盖好被子，保证宝宝睡觉时不会着凉。这时爸爸妈妈就会感觉到很累，所以建议爸爸妈妈可以在宝宝肚子上搭一条毛巾，即使蹬了被子，只要肚子不着凉，一般也不会生病。

## 专题二　宝宝外带辅食全攻略

### ❋ 外带断奶餐的注意事项

不要给宝宝吃从来没有吃过的食物，如果宝宝对这种食物过敏，出门在外会比较麻烦。

不要给宝宝吃膨化食品及容易腹胀的食物，会引起宝宝肠胃的不舒服。

不要给宝宝吃容易发生危险的食品，比如果冻、小颗的坚果等，容易呛到气管。如果发生意外，就医不及时会很危险。

不要因为怕宝宝没有像在家一样吃饭而给宝宝吃太多，更不要吃得杂乱，这样容易引起不消化和拉肚子。

在宝宝满4个月之后，就可以开始添加辅食了。在家中食用当然不成问题，但一旦外出，餐厅食物通常不适合1岁以下宝宝食用，所以外出时，爸爸妈妈们要为宝宝准备一些简单辅食。

### ❋ 宝宝外出时各类辅食的准备方法

奶类、谷类辅食的准备方法：

米粉、麦粉：可以借用奶粉分装盒将米粉、麦粉、奶粉分别装好，这样外出冲泡时会较方便。用小汤匙喂食，让宝宝做吞咽练习。

米粥：带7个月以上的宝宝外出

Part 2 婴儿期——会叫爸爸妈妈了

时，可以准备米粥，用大口径的保温瓶盛装，既方便盛出，又有保温效果。

面包片：宝宝7个月时可以开始用干面包片来训练咀嚼能力。外出时，先准备一些面包片，放进食物保鲜袋携带。

蔬果类辅食的准备方法：

果汁或菜汁：选择富含维生素C的新鲜水果自行榨汁，如橘子、西瓜、葡萄等，也可以尝试喂食菜汤，如胡萝卜、菠菜等蔬菜的汤汁。外出时以干净且可密闭的容器盛装果汁或菜汁，再以小汤匙喂食。

果泥或菜泥：在家中做好的果泥和菜泥，同样以干净且可密闭的容器盛装，再以小汤匙喂食；也可以在外出前将水果洗净切好，再以汤匙刮下喂食。

## 新手爸妈 学婴语
XinShou BaMa XueYingYu

——"独坐"

### 宝宝"说"

我快满6个月了，特别喜欢坐着。而妈妈总是担心，出门时，把我放平躺着，说坐得太早对骨骼发育有影响。哎，这样我什么都看不到了！

### 婴语解析

宝宝学坐的平均月龄是6个月，独坐的平均月龄是7个月。学坐可以增强宝宝身体各部位肌肉的力量，为日后学习爬行打下一定的基础。

坐能使宝宝的身体进一步直立起来，使宝宝的视野更加开阔，能更好地观察周围的世界。

### 育儿专家告诉你

宝宝在6个月龄前，胸椎的弯曲还没有形成，勉强学坐会因为力量不足而弯曲上半身，容易造成呼吸不畅。可适当将婴儿车的靠背调高一些，但调高的角度尽量不要超过45度。

## 育儿问答精选

**Q:** 宝宝5个多月了,最近我发现他长出了一对可爱的小牙齿,不知道需不需要特殊护理这两颗牙齿呢?

**A** 这时候,妈妈要细心呵护宝宝刚刚长出的小牙齿。因为出牙期间,宝宝的牙龈可能有些痒,会给宝宝带来一些不适,这时,妈妈要通过下面的方法来缓解宝宝的不适,帮助宝宝顺利度过出牙期:

用手指轻轻按摩宝宝的牙床。

给宝宝准备磨牙棒,防止宝宝乱咬东西。

宝宝每次进餐后给宝宝喝点水,进行简单的口腔护理。

**Q:** 妞妞5个半月了,每天的奶量在700毫升,重6.5千克。这2个月体重几乎没怎么长,已经开始吃米粉和蛋黄了,想让她多吃点,能不能把米粉加在奶中喝?

**A** 米粉不能放到奶里喂,否则就不能训练宝宝的吞咽和咀嚼能力了。喂辅食要用小勺给宝宝吃。米粉需要逐渐加量,不要因为心急而喂得太多,否则宝宝容易不消化。

**Q:** 我家宝宝,从5个月开始,夜间睡眠1~2个小时就醒,有时20分钟醒一次,醒来后闭着眼睛哭闹,抱起来安抚没什么用,只能给喂乳头,怎么办?

**A** 这是当初没有给宝宝建立好入睡的习惯,养成了宝宝倚靠妈妈乳头入睡的习惯。因此,如果宝宝已经吃饱了,也不是尿了或大便了,就不要用乳头安抚睡觉,如果当初建立的这个条件反射不强化,那么就会消失。因此,建议从现在开始,不要用乳头安抚宝宝睡觉,最好夜间由爸爸来安抚,这需要家长的决心和耐心。

# 第7个月
## 宝宝会爬了

### 本月育儿要点

❈ **避免浪费母乳**

到了宝宝第7个月时,妈妈的母乳如果分泌得仍然很好,还不时感到奶胀,甚至向外喷奶的话,就没有必要减少母乳的次数。

❈ **家庭常备外用药**

创可贴、"好得快"喷雾剂、过氧化氢、酒精、凡士林、婴儿油、红霉素或金霉素眼膏、开塞露、软便剂、痱子洗剂、尿布疹膏、宝宝金水、十滴水等。

❈ **妈妈自制宝宝辅食要点**

做辅食的工具干净卫生。

做辅食的材料新鲜优质。

制作辅食要清淡、细烂。

宝宝辅食最好采用蒸、煮的方式,尽量保持营养素。

❈ **宝宝克服怕生的方法**

让宝宝对客人熟悉后再与之接近,消除宝宝的恐惧心理。

给宝宝熟悉陌生环境的时间,给他一个适应的过程。

多带宝宝接触外界,开拓宝宝的视野,慢慢就会克服怕生。

❈ **警惕可能给宝宝带来危险的物品**

这时候,宝宝会把所有能抓到的东西都往嘴里塞,所以妈妈应用收藏盒收好所有的小物品,放到宝宝拿不到的地方。

❈ **宝宝乳牙清洁方法**

宝宝能吃固体食物前,一般不需要专门给宝宝清洗牙齿,可以在吃完奶后喝口温水清洗乳牙。

宝宝开始吃固体食物后,就要每天一早一晚给宝宝刷牙了。

随着宝宝乳牙长齐,就应使用儿童牙刷和牙膏了。

# 超级育儿圣典

## 宝宝成长小档案

### 宝宝的体格发育

**❋ 体重**

男宝宝体重平均为 8.3 千克左右,正常范围是 6.7~103 千克;女宝宝体重平均为 7.6 千克左右,正常范围是 6~9.8 千克之间。

**❋ 身长**

男宝宝身高平均为 69.2 厘米左右,正常范围是 64.8~73.5 厘米。女宝宝身高平均为 67.3 厘米左右,正常范围是 62.7~71.9 厘米。

**❋ 囟门**

这个时期的宝宝,前囟门开始逐渐变小,囟门大小多在 1.5 厘米以内。

**❋ 牙齿**

大部分宝宝在这个月都会长齐 2 颗下切牙。

### 宝宝的发育特点

**❋ 大便**

随着月龄的增加,尤其到了 2~3 个月的时候,大便次数通常会慢慢变少或一下子明显减少,1~4 天拉一次都是正常情况。宝宝大便是否正常,最重要的是和之前的情况比较。宝宝的大便通常含水量较多,比较稀,不成形。添加辅食前,宝宝吃的食物水分含量较多,所以大便含水量也比较多。母乳喂养的宝宝大便是不成形的,一般为糊状或水状,里面可能有奶瓣或是黏液。而人工喂养的宝宝大便质地较硬,基本成形。

添加辅食(尤其是固体食物)后,宝宝的大便会慢慢成形变硬,逐渐接近成人。添加辅食前,不管是母乳喂养还是人工喂养,大便基本都没有臭味。母乳喂养的宝宝可有一种甜

## Part 2 婴儿期——会叫爸爸妈妈了

酸的气味。到了7～8个月吃荤腥等辅食后,大便就会比较臭。随着之后食物的多样化,宝宝大便的气味就慢慢跟成人相同了。

❋ **睡眠**

这个月龄的宝宝比上个月时睡眠时间要短些,一般在18小时左右,白天宝宝一般睡3～4次,每次睡1.5～2小时,夜晚睡10～12小时,白天睡醒一觉后可以持续活动1.5～2小时。

## 宝宝的社会化发育

❋ **宝宝的感官发育**

宝宝对看到的东西有了直观思维能力,如看到奶瓶就会与吃奶联系起来,看到妈妈端着饭碗过来就知道妈妈要喂他吃饭了。宝宝开始有兴趣、有选择地看东西,会记住某种他感兴趣的东西,如果看不到了,可能会用眼睛到处寻找。他也开始认识谁是生人,谁是熟人,听到熟悉的声音会回头或者转身。

❋ **宝宝的运动能力**

有时把宝宝放到床栏边,宝宝能扶着床栏自己站起来,甚至把小腿抬起来试着迈步。当把宝宝放到床上时,宝宝就会不安分地手脚并用,企图往前爬行。如果妈妈用手顶着宝宝的小脚丫,宝宝会爬出很远。他还可以在没有支撑的情况下稳稳当当坐一会,甚至能边坐边玩。宝宝不再喜欢被人稳稳抱着,被人抱的时候喜欢站在别人的膝盖上。他也会挪动身体,向前或向后翻转身子去接触够不着的玩具,并将手指极力地伸向玩具。

❋ **宝宝的语言发育**

此时爸爸妈妈参与宝宝的语言发育过程更加重要,这时他能独坐并开始主动模仿说话声,在学习下一个音节之前,他会整天或几天一直重复这个音节。能熟练地寻找声源,听懂不同语气、语调表达的不同意义。现在他对你发出声音的反应更加敏锐,并尝试跟着你说话,因此要像教他叫"爸爸"和"妈妈"一样,耐心地教他一些简单的音节和诸如"猫"、"狗"、"热"、"冷"、"走"、"去"等词汇。尽管至少还需要1年以上的时间,你才能听懂他咿呀的语言,但周岁以前宝宝就能很好地理解你说的一些词汇。

❋ **宝宝的认知能力发育**

宝宝能够辨别物体的远近,尤其喜欢寻找那些突然不见的玩具,因此和宝宝玩藏玩具的游戏,能让宝宝觉得很快乐。宝宝还能主动向声源的方

# 超级育儿圣典

向转头,这表示他有了一定的辨别声音方向的能力。此外,宝宝对大人的情绪有一定的感知,当父母大声训斥或采用严肃的口吻对宝宝说话时,宝宝会哭;如果大人欢快地大笑,当宝宝高兴时也会跟着模仿。

### ❋ 宝宝的情感和社交

宝宝已能区别大人的不同语气,如爸爸妈妈夸奖他时,他能表示出愉快的情绪;听到责备时,他则会表示出懊丧的情绪;如果你训斥他,他就会哭了。除了能"听懂"大人的话,他也能做出相应的反应,如大人问"爸爸呢",宝宝会将头转向爸爸;对宝宝说"再见",他就会做出招手的动作。

小宝宝现在开始表现出对人或物的爱憎情感了,见到爸爸妈妈时会表现出高兴的情绪,遇到陌生人有时则会哭闹起来。

## 喂养宝宝

### 本月宝宝所需营养

第7个月宝宝的主要营养源还是母乳和配方奶粉,辅食只是补充部分营养素的不足,需要添加的辅食是以含蛋白质、维生素、矿物质、碳水化合物为主要营养素的食物。宝宝长到6个月以后,不仅对母乳或配方奶以外的食物有了自然的需求,而且对食物口味的要求与以往也有所不同,开始对咸的食物感兴趣。

这个时期的宝宝仍需母乳喂养,因此,妈妈必须注意多吃含铁丰富的食物。

### 本月宝宝如何喂养

宝宝到了这个阶段,可以喂食烂粥或烂面条这样的辅食,不要拘泥于一定的量,要满足宝宝自己的食量。但从营养价值来讲,米粥是不如配方奶的,而且过多吃米粥还会使宝宝脂肪堆积,对宝宝是不利的。

为了使宝宝健康成长,还要加一些鸡蛋、鱼、肉等。对于从上个月就开始实行换乳的宝宝,这个月的食量也开始增大,一般都可以吃鱼肉或者动物肝脏了。若宝宝的体重平均10天增加100~120克,就说明换乳进行得比较顺利。

宝宝到了这个时候,就可以用舌头把食物推到上腭了,然后再嚼碎吃。

所以说,这个阶段最好给宝宝喂食一些带有质感的食物,不用磨成粉,但要用刀切碎了再喂。

这个月,宝宝吃的食物软硬度以可以用手捏碎为宜,如豆腐的软度即可。大米也不用完全磨成粉,磨碎一点就可以了。

## 半岁宝宝的饮食变化

这个月龄的宝宝消化能力比以前强了,咀嚼能力也进步了,已经可以自己抓起食物往嘴里塞了。这些都意味着宝宝对饮食的要求有变化了。

❋ **半岁婴儿的喂养**

不管是母乳喂养还是人工喂养的宝宝,在满6个月时每天的奶量仍不变,分3~4次喂。每天可吃2次粥,每次1/2~1小碗,可以吃少量烂面片,鸡蛋黄应保证每天1个,每天要喂些菜泥、鱼泥、肝泥等,但要从少到多,逐渐增加辅食。开始时每天2次,根据宝宝的情况准备每顿的饭量,为初期宝宝添加一天辅食的量,差不多为10小匙左右。食物也应从泥状逐渐变为糊状,放入宝宝口中稍微含一下就可吞下,食物颗粒也可逐渐增粗,不再需要过滤。水分也可逐渐减少,由原来主料的10倍逐渐减至7倍。

❋ **注重锻炼宝宝的咀嚼能力**

有的宝宝已长出门牙,辅食中需加固体食物,有助于训练宝宝咀嚼,以利于牙齿及牙槽的发育。所以,应该给孩子一些固体食物如烤馒头片、面包干、饼干等练习咀嚼,磨磨牙床,促进牙齿生长。

> **温馨提示**
>
> 很多妈妈在午后喂婴儿牛奶时,会加入一些点心。方法是喂奶前先给点心,然后再喂牛奶。一般是给饼干、小甜饼、小圆点心等。不要在喂牛奶的同时加点心,应在喝完牛奶后,让婴儿吃些水果。

## 淡味辅食让宝宝终生受益

宝宝的味觉、嗅觉发育还不完全，虽然有些食品的天然口味很淡，但对宝宝来说会很可口；相反，口味太重会给宝宝带来不良影响。

### ✱ 重口味对宝宝的不良影响

口水增多：宝宝的消化系统发育尚未健全，吃盐过量，易使唾液分泌减少，使口腔的溶菌酶相应减少，病毒在口腔里便有了滋生的机会，使宝宝患病的概率增加。

损害肾脏：宝宝的肾脏还没有能力充分排出血液中的钠（盐的化学名称是氯化钠），吃盐太多，会损害肾脏，更严重的是会因过多的钾流失而造成心脏肌肉极度衰弱而发生危险。

### ✱ 让宝宝习惯吃淡味辅食

尽量给宝宝吃接近天然的食物，做到最初就建立健康的饮食习惯，让宝宝受益一生。

婴幼儿食品不宜添加香精、防腐剂和过量的糖、盐，以天然口味为宜。

口味或香味很浓的市售成品辅食，可能添加了调味品或香精，不宜给宝宝吃。

罐装食品因为含有大量的盐与糖，不能用来作为婴儿食品。

所有加糖或加人工甘味的食物，宝宝都要避免吃。"糖"是指再制、过度加工过的糖类，不含维生素、矿物质或蛋白质，又会导致肥胖，影响宝宝的一生。同时，糖使宝宝的胃口受到影响，妨碍吃健康的食物。

即使宝宝不喜欢吃某种口味淡的辅食，妈妈也不要放弃，宝宝接受一种自己不太喜欢的食物往往需要一个过程。

> **温馨提示**
>
> 宝宝的肾脏系统在其6个月以后才逐渐完善。在此之前身体很难将体内多余的钠和氯等物质排出体外。所以，建议妈妈在宝宝6个月内不要在他的辅食中加盐。

## 提高宝宝免疫力的食物

### ✱ 铁、锌很重要

控制免疫力的白细胞是血液中重要的成分，因而对增加血液是至关重要的。要保证摄入充足的铁、锌等无机盐。

富含铁的食物：猪肝泥、鸡肝泥、蛋黄、瘦肉泥。

富含锌的食物：猪肝泥、鸡肝泥、鱼、瘦肉泥（牡蛎虽然含锌量高，但婴儿食用容易过敏，须等1~2

岁后才可食用）。

❋ **蛋白质的补充**

作为组成细胞基础的蛋白质也是不可少的。特别是鱼类（鱼类食物可能产生过敏反应，应从换乳后期开始添加）等优质蛋白质源，含有 DHA 和 EPA 等不饱和脂肪，可以使血液通畅，身体更健康。

富含蛋白质的食物：鸡蛋、鱼类、猪肉、牛肉、虾等。

❋ **维生素 A 和维生素 C**

白细胞是以团队形式进行工作的，巨噬细胞和淋巴球等通过放出化学物质使巨噬细胞提高效率。摄取维生素 A 和维生素 C 可以增加巨噬细胞的放出量。维生素 C 除攻击侵入体内的细菌，还有缓解紧张的功效。

富含维生素 C 的食物：南瓜、香蕉、草莓等含量丰富。

富含维生素 A 的食物：胡萝卜等黄绿色蔬菜和奶酪中含量丰富。

##  本月宝宝营养餐推荐

### 芋头玉米泥　补益肝肾

**材料** 芋头 2 个，玉米粒 60 克。

**做法** 芋头洗净，去皮，切块，放入水中煮熟，取出晾至温热；玉米粒洗净，放入搅拌机中，加少量水，搅打成糊状，倒入碗中，再将芋头放入玉米糊中，用勺背压成泥状，拌匀即成。适口后，给宝宝喂食。

**功效** 适合 7 个月以上的宝宝食用，芋头玉米口味香甜，做成泥易消化，常吃可补益肝肾。

### 鸡肝糊　补肝、明目

**材料** 鸡肝 2 个，鸡汤 100 毫升。

**做法** 鸡肝洗净，放入沸水中略焯去血水，再放入锅中，加适量清水，炖煮 10 分钟，取出晾至温热，切丁研碎，再次放入锅中，加入鸡汤，熬煮成糊状，拌匀即成。适口后，给宝宝喂食。

**功效** 适合 7 个月的宝宝食用。鸡肝研碎后易于宝宝消化，可补肝、益肾、明目，还可防止宝宝营养性贫血、夜盲症等，促进宝宝生长发育。

### 海苔米糊　营养丰富

**材料** 海苔 1 小片，米粉适量。

**做法** 海苔在筛网上细细磨成粉末。用温开水将米粉冲成米糊。将磨好的

# 超级育儿圣典

海苔粉倒进米糊里，搅拌均匀即可。

**功效** 海苔浓缩了紫菜当中的各种B族维生素，特别是核黄素和尼克酸的含量十分丰富，还有不少维生素A和维生素E，以及少量的维生素C。海苔中含有15%左右的矿物质，其中有维持正常生理功能所必需的钾、钙、镁、磷、铁、锌、铜、锰等，而且含硒和碘尤其丰富，这些矿物质可以帮助人体维持机体的酸碱平衡，有利于儿童的生长发育。

## 栗子粥
### 预防宝宝口腔炎症

**材料** 板栗4个，大米50克。

**做法** 板栗洗净，放入水中煮熟，去壳，研碎；大米淘洗干净，放入电饭锅中，熬煮20分钟，加入板栗拌匀，继续熬煮成稠粥即成，晾至温热后给宝宝喂食。

**功效** 适合7个月以上的宝宝食用，板栗中富含维生素$B_2$，常吃可预防宝宝患口腔炎症。

## 磨牙面包条
### 磨牙食物

**材料** 新鲜全麦面包片4片，鸡蛋1个。

**做法** 鸡蛋洗净，磕入碗中，打散；将面包片切成细条状，蘸上蛋液，放入烤箱内烤熟即可。晾至温热后，让宝宝自己拿着食用。

**功效** 适合7个月以上宝宝食用。此时正是宝宝出牙期，可作为宝宝磨牙的食物。

# 日常照护

## 宝宝安全是大事

宝宝现在可以熟练地翻身，活动也越来越多，这时候诸如掉下床、磕伤自己等安全事故防不胜防，父母可要提高警惕。待宝宝学会走路后，家里潜藏的危险就更多了。所以，父母应细心审视家中物品的摆放位置，应站在宝宝的视觉高度观察环境，给宝宝一个安全的生活环境。

### ✤ 护栏助安睡

宝宝的睡床要有护栏，床架应适

## Part 2　婴儿期——会叫爸爸妈妈了

当调低一点儿，床边还要摆放小块的地毯。注意绝对不要在附近放置熨斗、暖水瓶等物品。万一宝宝从床上摔到地上，碰到这些器具，不仅可能会伤了脸，造成终身的疤痕，还可能会引起更加严重的后果。

### ❋ 防磕碰

家具边角应尽量选择圆角，或用塑料安全角包起来。如果卧室在楼上，要加设一道安全门。

家具、门、窗的玻璃要安装牢固，避免因碰撞引起破碎。所有的门都要加设门卡，以免夹住宝宝的手指。

### ❋ 防误伤

除去所有台布，防止宝宝因扯掉台布而被上面落下的东西砸伤。

玩具放在较低的地方，切不可在地上乱放，以免宝宝不留心摔倒。

把茶几收拾整齐，热的或重的东西，以及打火机、火柴、针、剪子、酒等危险品，不要放在茶几上面，也不要放在宝宝能够到的地方。

不要让宝宝触碰容易打碎的东西。墙上的搁物架要固定好，高度以宝宝够不着为准。

### ❋ 防触电

电线应沿墙根布置，也可以放在家具背后，尽量布置得隐蔽一些、短一些。床头灯的电线不宜过长，最好选用壁灯，以减少电线的使用。尽量用最短的电线接电器，不用的电器应拔去电源。

电视机、影碟机等电器要放在宝宝够不到的地方，不用时应切断电源。

冬天使用的电暖器和夏天使用的电扇都不要放在床前。

### ❋ 防中毒

家里不要种植有毒、有刺的植物。

化学制剂（如药品、清洁剂、化妆品等）要妥善保存，防止宝宝接触到。

### ❋ 防止吞入异物

宝宝现在喜欢把手里的东西往嘴里送，因此，父母务必手疾眼快，把所有宝宝可能塞入嘴里造成危险的物品拿开，例如不经意掉落的花生米、瓜子、纽扣、硬币、水果籽、玩具零件或塑料袋等；还有给宝宝的玩具、物品，都必须留意是否有易脱落的小零件，免得宝宝因吞食而出现意外；厨房的门一定要关好，以防宝宝弄倒垃圾桶而误食了脏东西。

### ❋ 远离宠物

有些家庭会养宠物，却不知宠物会给宝宝带来很多的危险。由于宠物身上携带有一些病毒、寄生虫等，而宝宝自护能力弱，抵抗力弱，容易受到感染而生病；有时宠物甚至可能会无意地伤害到宝宝，如咬伤、抓伤宝宝，这种危害就更为严重了，所以，有宝宝的家庭不应该养宠物。

# 超级育儿圣典

## 不要让宝宝过早学走路

### ✱ 过早走路伤骨骼

宝宝一般在9~10个月开始学走路,这是生长发育最适合开始走路的时间。如果宝宝在6~7个月就开始坐学步车,或者强迫练习走路,很容易导致下肢骨骼发育不良,形成O形腿或X形腿,因为这个时候宝宝的骨骼还没有完全发育好,不能独立承受自身的重量。

### ✱ 扶站也要控制时间

这个时期,为了增强宝宝的下肢力量,可以每日几次扶着宝宝练习站立。妈妈双手扶住宝宝的腋下,支撑住宝宝的大部分体重,让宝宝双脚自然着地。

为了刺激宝宝双脚用力踏地,妈妈可以反复把宝宝举离地面,然后放下,这样"学跳"。随着宝宝下肢力量逐渐增强,妈妈可慢慢减少自己的支撑力。这个练习可根据宝宝力量的增加来逐渐延长时间,这个月每次不要超过10分钟。

## 宝宝黏人如何应对

当宝宝到一定大的时候,就会对妈妈产生特别的依恋,其实这正是母子关系亲密的表现。适度的依恋可以给宝宝更多的安全感。

### ✱ 半岁后的宝宝爱黏人

半岁之后,宝宝进入依恋建立期,形成了对父母特殊的、明显的依恋及对生人的恐惧。尤其一到晚上,宝宝更是黏人,因此,很多宝宝如果没有妈妈在身边就会不断地哭闹,即便他困得不行也难以入睡。宝宝虽然小,但是他跟成人一样会很敏感,因此,他能强烈地感受到夜晚与白天的不同。这种变化有时让宝宝无法适应,因此,这个时间段,他对亲人的依恋会更为明显。

### ✱ 三种依恋类型

安全型依恋:这类宝宝与妈妈在一起时,能安心地玩玩具,当妈妈离开时,会表现出不安。但是,等妈妈回来时，宝宝会立即与妈妈接触，并且很容易抚慰。

反抗型依恋：这类宝宝在妈妈离开前就显得很警惕，妈妈离开时极度反抗。但当妈妈回来时，会马上寻求与妈妈的接触，同时又反抗与妈妈的接触。

回避型依恋：这类宝宝对妈妈在不在身边都没有多大影响，妈妈离开时，他们很少有紧张、不安的表现；当妈妈回来时，也自己玩自己的。

❋ **宝宝过分黏人的的对策**

让宝宝自己玩：让宝宝按着自己的想法玩，不要"教"宝宝该怎么玩。妈妈要做观察者与协助者，尽量少打扰宝宝玩耍。

当宝宝需要妈妈一起玩的时候，要积极参与，这样才能培养宝宝的独立性。

积极创设分离的机会：妈妈不要总围着宝宝转，要给宝宝独立的机会。与宝宝分离时，提前跟宝宝说清楚，比如妈妈要去洗衣服，需要宝宝一个人玩，宝宝虽然很不情愿，但会渐渐明白妈妈要做的事。

逐渐接触外界：妈妈刚开始先让宝宝在熟悉的环境里接触外人，并鼓励宝宝和外人交流。平时天气若晴朗，可以带宝宝去公园散步，多接触其他宝宝，这样宝宝接触外界的范围广了，就会慢慢地学会独立。

## 教宝宝学会与人交往

宝宝七八个月时，会对自己听到和看到的事情很感兴趣，他们喜欢模仿大人，这一时期同时也是宝宝认人的阶段，大人可以为宝宝多创造与人接触的场所和机会，教宝宝与别人相处。

❋ **教宝宝与人打招呼**

教宝宝养成与别人打招呼的习惯，坚持向身边的人打招呼：比如早上爸爸出门时，妈妈可以抱着宝宝，抓着他的手向爸爸挥手说"爸爸，再见"，当爸爸回家时，再和他一起去门口迎接："爸爸，你回来啦。"可以让他亲亲爸爸的脸颊表示欢迎。

另外，遇见街坊邻居时也应打招呼，大人可以抓着宝宝的手向别人打招呼："奶奶，你好。"离开时也应握着宝宝的手说："奶奶，再见。"然后挥动几下小手。

随着不断练习和重复，宝宝打招呼的概念会越来越清晰。

❋ **教宝宝礼貌**

让宝宝学习打招呼不只是语言和行为的教育，也带有教养的意义，知道遇见熟人应该有礼貌，不能视而不见，学会必要的社交礼节。

这样的锻炼也能培养宝宝善于交往的气质，模仿大人的友善，将来能更好地适应社会。

因此大人要做个好示范，对人有礼貌，同时行为动作可以表现得夸张和戏剧性一些，以便吸引宝宝去模仿。

### ❋ 培养宝宝积极的自我概念

要让宝宝有良好的自我感觉，能真切地感到周围人对他的爱，让他觉得"大家需要我、爱我、喜欢我"，诸如此类积极的自我概念，信心多于恐惧，幸福多于愤怒，这样他能试着将好的情绪施于他人，更容易获得愉快的与人相处的经历，产生更积极的情感。

### ❋ 培养宝宝对别人的兴趣

可以把宝宝介绍给其他小宝宝认识，或者让宝宝去接触一些不太熟悉的人，多让宝宝与妈妈之外的其他家人单独在一起玩，培养宝宝对别人的兴趣。

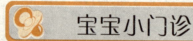

## 宝宝小门诊

### 怎样判断罗圈腿和扁平足

宝宝在婴儿期的一些正常生理现象，有时总被父母认为是异常，罗圈腿和扁平足就让父母比较担心。当掌握了正确的判断方法，就不会为宝宝的一些生理现象过分紧张了。

### ❋ 宝宝6个月后怎样判断罗圈腿

宝宝从出生一直到6个月，双腿看起来都是罗圈腿的模样，这是正常现象。6个月以内的宝宝两下肢的胫骨（膝关节以下的长骨）朝外侧弯曲，6个月到1岁时会逐渐变直。

如何判断宝宝是否罗圈腿呢？让宝宝仰卧，然后用双手轻轻拉直宝宝双腿，向中间靠拢，正常情况下宝宝两腿靠拢时，双侧膝关节和踝关节之间是并拢的，如果间隙超过10厘米，很可能是罗圈腿，这时应引起重视，带宝宝去医院检查，必要时要进行骨科矫正治疗。

❈ **1岁以前是看不出扁平足的**

9~10个月的宝宝，全身胖乎乎的，脚底看起来是平的。因不知道是什么原因，有的父母就担心宝宝长大后成了扁平足。

其实，宝宝平的脚底板并非病态，而是常态。原因很多：一是由于宝宝还没开始走路，脚底的肌肉还没有发展成弓形；二是宝宝的脚底有一层厚厚的脂肪，使得形状更不易凸显出来，尤其是较胖的宝宝就更不容易看出来了。

为预防宝宝扁平足，可让宝宝仰卧，伸直膝关节后，妈妈握住宝宝的双脚，交替把足内翻、背伸，可使跟腱放松。每次2~3分钟，每日1~2次。

## 预防手足口病

手足口病是一种急性传染病，多见于3岁以下小儿，发病季节多在4~7月。除有发热、咳嗽、全身不适等外，主要表现在宝宝手、足、口三处出现小水疱，而水疱迅速破裂形成糜烂面、浅溃疡。2岁以下小儿发病者还会出现中枢神经症状。

预防手足口病父母应做到：饭前便后、外出回来后要给宝宝洗手，避免让宝宝接触患病的宝宝。接触宝宝前，替宝宝更换尿布、处理粪便后均要洗手，并妥善处理污物。宝宝使用的奶瓶、奶嘴使用前后应充分清洗。

疾病流行期间不宜带宝宝到人群聚集的公共场所，居室要经常通风，及时对宝宝的衣物进行清洗晾晒或消毒。宝宝出现相关症状要及时就医。轻症的宝宝不必住院，宜居家治疗、休息，以减少交叉感染。

## 小儿百日咳的防治与护理

本病为百日咳杆菌由飞沫经上呼吸道入侵。百日咳的传染性非常强,在发病3～4周内传染性最强。冬春两季发病较多,患过百日咳后,有持久免疫力,再次发病者少见。

### ❋ 主要症状

阵发性、痉挛性、持续性咳嗽,咳后常伴有深长的鸡鸣样吸气声。咳后常引起呕吐,眼睑因剧咳而水肿,严重时可引起眼结膜充血、青紫等,有时夜间咳嗽比白天明显,影响孩子睡眠。病程短者1～2周,长者1～2个月。6个月以下的婴儿患病时,常无典型痉咳,而为阵发性青紫或呼吸暂停,窒息严重者可因脑缺氧而发生抽搐。

### ❋ 防治和护理

抗生素治疗:以红霉素为主,疗程7～10天。对早期患儿十分有效,不过到了痉咳期,效果较差。病情较重时可用免疫球蛋白1毫升肌注,隔日1次,接连注射3次,可收到较好的效果。

加强护理:尽量减少诱发咳嗽的因素,如避免过度兴奋的游戏,尽量少去人多的场合,一次进食不可过多,气温变化容易引起刺激,所以到了傍晚,应待在屋内。咳嗽发作时,孩子十分痛苦,甚至呕吐,此时可轻拍其背,不使其吞下呕吐物。由于病程长,体力消耗多,容易导致营养不良,应尽量摄取营养价值高、易消化的食品,充分补足维生素。

定时接种百日咳疫苗,尤其是在百日咳流行期,对已做基础免疫的儿童,应加强注射百白破三联针1次。但对于已处于潜伏期的儿童,不应加强接种,以免加重病情。

Part 2 婴儿期——会叫爸爸妈妈了

## 快乐亲子时刻

### 宝宝玩具推荐

7个月的宝宝身体比半岁前更加灵活，对周围事物的兴趣浓厚，对周围世界的认识能力又进了一步。这时他们需要用玩具或者借助生活中的一些常见常用的实物有目的地来帮助他们发展，来增加他们全身和四肢的活动。这时父母应该多和他一起游戏玩耍，可为宝宝挑选以下几种类型的一些玩具：易抓的小球、能发出响声的玩具、像小型汽车那样可拖拉的玩具、玩具电话、小木琴、小鼓、金属锅和金属盘、当按压时可以吱吱叫的橡皮玩具及不易撕坏的帛质的书等。

### 亲子游戏

**叫宝宝的名字**
——语言反应能力培养

参与人数 2人

**游戏目的** 训练宝宝对语言的反应能力，并让宝宝记得自己的名字。

**游戏方法**

① 妈妈用同一语调叫很多人的名字，其中夹有宝宝的名字。

② 如果在念到宝宝的名字时，他能回头朝妈妈看、微笑，说明他能准确地听出自己的名字。例如，宝宝名叫甜甜。妈妈抱起他，亲亲他的小脸，对宝宝说："你好，你是甜甜。"如果孩子没有反应，要反复地对宝宝说："甜甜，你的名字叫甜甜，你就是甜甜呀！"

**温馨提示**

在最初帮宝宝记住自己的名字时，全家要统一叫宝宝一个名字，不要各叫各的，否则会延迟宝宝记住自己名字的时间。

# 超级育儿圣典

## 扔球
——手臂力量锻炼

**参与人数 2人**

**游戏目的** 在调动宝宝积极性的同时，还可以锻炼其观察能力和手臂力量。

**游戏方法**

① 为宝宝准备一个小球和一个大的容器，鼓励宝宝将球投进去。

② 投进去以后，鼓励宝宝再一次练习。

### 温馨提示

一般情况下，宝宝需要投好多次才能将小球投进容器中。注意观察宝宝的表情，当他因为投不进去感到沮丧时，让他靠近一点投，就投进去了。这可以增强他的自信心和做游戏的兴趣。

## 丁零零，电话来了
——听觉能力锻炼

**参与人数 2人**

**游戏目的** 锻炼宝宝的听觉能力，调动宝宝说话的热情。

**游戏方法**

① 让宝宝靠坐在床上，妈妈坐在对面。妈妈扮演两个角色，演示妈妈和宝宝的对话。

② 妈妈拿起玩具电话，对着电话说："喂，宝宝在家吗？"然后帮助宝宝拿起电话，说："丁零零，来电话了，宝宝来接电话了！"

### 温馨提示

妈妈在"电话"中要尽量用宝宝理解和认识的生活常用词，如"饿了"、"高兴"、"漂亮"等。

---

### 婴儿与本垒打

一天深夜，一个婴儿尿湿了床单，大声啼哭。睡在旁边的父亲自告奋勇地要替儿子换尿布，可是他却不知如何做。"亲爱的，这非常简单"，妻子在被窝里说，"尿布就好比是棒球场，你先把孩子放在一垒和三垒之间，然后再把二垒折到本垒，最后再把一垒、三垒和本垒用别针别住。顺便说一下，不要忘了在本垒上扑上一些爽身粉。"

丈夫照此办理，果然灵验。

*开心大放映*

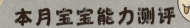
## 本月宝宝能力测评

1. 开始认识身体的部位，听到声音能做出挤眼、纵鼻、噘嘴等动作。
   ○ 是　　　　　　　○ 否

2. 宝宝能找到盖住大半只露出一点的玩具。
   ○ 是　　　　　　　○ 否

3. 可以按照指示把玩具给爸爸、妈妈或自己熟悉的人。
   ○ 是　　　　　　　○ 否

4. 可以用摇的方法摇响玩具。
   ○ 是　　　　　　　○ 否

5. 可以用动作表示再见、谢谢、您好等。
   ○ 是　　　　　　　○ 否

6. 知道家长高兴、悲伤或生气了。
   ○ 是　　　　　　　○ 否

7. 看到亲人，宝宝会展开双手要抱。
   ○ 是　　　　　　　○ 否

8. 大小便前宝宝会发出声音表示。
   ○ 是　　　　　　　○ 否

9. 当妈妈将宝宝放在垫子上，宝宝可以用手膝爬行。
   ○ 是　　　　　　　○ 否

10. 宝宝自己可以坐起来。
    ○ 是　　　　　　　○ 否

❋ **评分结果：**

答"是"加1分，答"否"得0分。
9~10分，优秀；7~8分，良好；5~6分，一般；5分以下宝宝需要加强训练。

## 父母关注专题

### 专题一 为宝宝添加中期辅食

**❁ 添加中期辅食的时机**

一般说来在进行初期的辅食后一两个月才开始添加中期辅食,因为此时的宝宝基本已经适应了除配方奶、母乳以外的食物。所以初期辅食开始于4个月的宝宝,一般在6个月后期或者7个月初期开始进行中期辅食添加较好。

但那些易过敏或者一直母乳喂养的宝宝,还有那些一直到6个月才开始换乳的宝宝,应该进行1~2个月的初期辅食后,再在7个月后期或者8个月以后进行中期辅食喂养为好。

**❁ 可以添加中期辅食的信号**

较为熟练咬碎小块食物时:当把切成3毫米大小的块状食物或者豆腐硬度的食物放进宝宝嘴里的时候,留意他们的反应。如果宝宝不吐出来,会使用舌头和上牙龈磨碎着吃,那就代表可以添加中期辅食了。

如果宝宝不适应这种食物,那先继续喂更碎、更稠的食物,过几日再喂切成3毫米大小的块状食物。

开始长牙,味觉也快速发展:此时正是宝宝长牙的时期,同时也是味觉开始快速发育的时候,应该考虑给宝宝喂食一些能够用舌头碾碎的柔软的固体食物。

食物种类可以更多,用来配合咀嚼功能和肠胃功能的发育,同时促进味觉发育。注意不要将大块的蔬菜、鱼肉喂给宝宝,应将其碾碎后喂给宝宝。

对食物非常感兴趣:宝宝一旦习惯了辅食之后,就会表现出对辅食的浓厚兴趣,吃完平时的量后还会想要再吃,吃完后还会抿抿嘴,看到小匙就会下意识地流口水,这些都表明该给宝宝进行中期辅食添加了。

## ✿ 添加中期辅食的九大原则

6~9个月的宝宝，已经开始逐渐长出牙齿，初步具有一些咀嚼能力，消化酶也有所增加，所以能够吃的辅食越来越多，身体每天所需要的营养素有一半来自辅食。

食物应由泥状变成稠糊状：辅食要逐渐从泥状变成稠糊状，即食物的水分减少，颗粒增粗，不需要过滤或磨碎，喂到宝宝嘴里后，需稍含一下才能吞咽下去，如蛋羹、碎豆腐等，逐渐再给宝宝添加碎青菜、肉松等，让宝宝学习怎样吞咽食物。

七八个月开始添加肉类：宝宝到了6~7个月，可以开始添加肉类。适宜先喂容易消化吸收的鸡肉、鱼肉。随着宝宝胃肠消化能力的增强，逐渐添加猪肉、牛肉、动物肝等辅食。

让宝宝尝试各种各样的辅食：通过让宝宝尝试多种不同的辅食，可以使宝宝体味到各种食物的味道，但一天之内添加的两次辅食不宜相同，每顿饭都应包括3种食物，如谷类、蛋白质类和蔬菜类，才是营养均衡的一顿辅食。

给宝宝提供能练习吞咽的食物：这一时期正是宝宝长牙的时候，可以提供一些需要用牙咬的食物，如苹果切成粗条让宝宝去咬，训练宝宝咬的动作，促进长牙，而不仅是让他吃下去。

开始喂宝宝面食：面食中可能含有可以导致宝宝过敏的物质，通常在6个月前不予添加。但在宝宝6个月后可以开始添加，一般在这时不容易发生过敏反应。

食物要清淡：食物仍然需要保持原汁原味，不可加糖、盐及其他调味品。

养成良好的饮食习惯：6~9个月时宝宝已能坐得较稳了，喜欢坐起来吃饭，可把宝宝放在儿童餐椅里让他自己吃辅食，这样有利于宝宝形成良好的进食习惯。

进食量因人而异：每次吃的量要据宝宝的情况而定，不要总与别的宝宝相比，以免发生消化不良。

保持营养素平衡：在每天添加的辅食中，蔬菜是不可缺少的食物。可以开始少尝试吃一些生的食物，如番茄及水果等。

## ✿ 中期辅食添加的方法

每天应该喂两次辅食，辅食最好是稠糊状的食物。6~9个月主要训练宝宝能将食物放在嘴里后会动上下腭，并用舌头顶住上腭将食物吞咽下去。

| 添加过程 | 用量 |
|---|---|
| 蛋羹粥 | 可由半个蛋羹过渡到整个蛋羹添加肉末的稠粥，每天喂稠粥2次，每次一小碗（6~8汤匙）。一开始可以在粥里加上2~3汤匙菜泥，逐渐增至3~5汤匙，粥里可以加上少许肉末、鱼肉、肉松、豆腐末等。 |
| 馒头片或饼干 | 开始让宝宝随意啃馒头片（1/2片）或饼干，训练咀嚼及吞咽动作，刺激牙龈以促进牙齿的发育。母乳（或其他乳品）每天喂2~3次，吃辅食之前应该先喂母乳或配方奶。母乳吸尽了再喂辅食，中间最好隔开一点儿时间，以免添加的半固体辅食影响母乳中的铁吸收。 |
| 菜泥、菜末 | 宝宝开始添加辅食后，就要注意同时添加菜泥、菜末，对于超重或肥胖的宝宝，每餐蔬菜的量要适当增加，至少要和主食一样多。 |

❋ 中期辅食食材的选择

下表是按照宝宝月龄可以为他添加的辅食食材名单，父母可酌情为其添加。

按照月份给宝宝添加的辅食食材

| 7个月后开始喂的辅食食材 | | |
|---|---|---|
| 食材名称 | 功效及食用方法 | 注意事项 |
| 粗米 | 具有大米4倍以上的维生素$B_1$和维生素E的营养成分，但缺点是不易消化，故在7个月后开始少量喂食。先用水泡上2~3小时后用粉碎机磨碎后使用。 | 无 |
| 干枣 | 富含维生素A和维生素C。将干枣洗净用水煮20分钟，去皮去核后，加水搅拌成枣泥，既可补血健脾，枣泥中丰富的膳食纤维又可以润肠预防便秘。 | 新鲜的大枣容易引起腹泻，所以要在宝宝1岁后再喂食。 |
| 鸡蛋 | 蛋黄可以在宝宝6~7个月后喂食，但蛋白还是最好在1岁后喂食为佳。为了去除蛋黄的腥味，可以和洋葱一起配餐食用。 | 易过敏的宝宝要在1岁后再喂食蛋黄，每周喂食3个左右。 |
| 玉米 | 富含维生素E，对于易过敏的宝宝，等到1岁以后喂食则较稳妥。去皮磨碎后再食用。 | 食用时，先用开水烫一下会更为安全。 |

## Part 2 婴儿期——会叫爸爸妈妈了

| 食材名称 | 功效及食用方法 | 注意事项 |
|---|---|---|
| 鳕鱼 | 最常见的用于辅食制作的海鲜类，富含蛋白质和钙，极少的脂肪含量，味道也清淡。食用时用开水烫一下后蒸熟去骨捣碎后喂食。 | 无 |
| 黄花鱼 | 富含易消化吸收的蛋白质，是较好的换乳食材。若是腌制过的可在1岁后喂食。为防营养缺失宜蒸熟后去骨捣碎食用。 | 无 |
| 刀鱼 | 避免食用有调料的刀鱼，以免增加宝宝肾的负担。喂食宝宝的时候注意那些鱼刺。使用泡米水去其腥味，然后配餐。蒸熟或者煮熟后去刺捣碎食用。 | 无 |
| 洋葱 | 因其味道较浓，宜在中期后食用。熟了的洋葱带有甜味，所以可在辅食中使用。富含蛋白质和钙。使用时切碎后放水泡去其辣味。 | 无 |
| 大豆 | 富含蛋白质和糖类，有助于提高免疫力。易过敏的宝宝应在1岁后喂食。不能直接浸泡食用，应在水中浸泡半天后去皮磨碎再用于制作辅食的配餐。 | 无 |

### 8个月后开始喂的辅食食材

| 食材名称 | 功效及食用方法 | 注意事项 |
|---|---|---|
| 豆腐 | 辅食里常见的材料，具有高蛋白、低脂肪、味道鲜的特点。8个月以后的宝宝可以开始试着食用，先从较嫩的南豆腐开始吃起，可放在粥里、蛋羹中一起炖熟。 | 易过敏的宝宝要在满1岁后再喂食。 |

### 9个月后开始喂的辅食食材

| 食材名称 | 功效及食用方法 | 注意事项 |
|---|---|---|
| 哈密瓜 | 鲜嫩的果肉吃起来味道香甜可口。9个月大的宝宝就可以生吃了。 | 挑选时应选纹路浓密鲜明的，下面部位摁下去柔软，根部干燥的。 |

## 超级育儿圣典

| | | |
|---|---|---|
| 黄豆芽 | 富含维生素C、蛋白质和无机盐。但需留意其头部可能引起过敏应去掉。可喂食9个月大的宝宝。去掉较韧的茎部后汆烫使用。 | 因其不易熟透，要捣碎后喂食。 |
| 牡蛎 | 各种营养成分如钙、维生素、蛋白质等含量都高，对于补锌非常有效。煮熟后肉质鲜嫩。冲洗时用盐水，然后用筛子筛后滤水放入粥内煮。 | 由于贝壳类海鲜易引起过敏，1岁后食用更为安全。 |
| 松子 | 对大脑发育有益的富含脂肪和蛋白质的高热量食品。丰富的软磷脂对身体不适的宝宝很有帮助。可以磨成粉状拌在粥中食用。 | 易过敏的宝宝要在1岁以后食用。 |
| 绿豆 | 具备降温、润滑皮肤等作用，对有过敏性皮肤症状的宝宝特别有益。先用凉水浸泡一夜后去皮，或煮熟后用筛子更易去皮。若买的是去皮绿豆可直接磨碎后放在粥里食用。 | 无 |

### ❋ 辅食的黏稠度

辅食怎么样才算做好，什么样的黏稠度最适合宝宝吃？下面是几种常见中期辅食的制作方法，仅供参考。

**大米**：有少量米粒、倾斜匙可以滴落的5倍粥。

**鸡胸脯肉**：去筋捣碎后放在粥里煮熟。

**苹果**：去皮和籽后，切碎成3毫米大小的小块。

**油菜**：开水烫一下菜叶后，切碎成3毫米的段。

**胡萝卜**：去皮煮熟后，切碎成3毫米大小的小块。

**海鲜**：去掉外壳，蒸熟之后捣碎。

## 专题二 让宝宝尽情爬行

### ❋ 爬行场地的选择

宝宝学爬行是一个非常重要的过程，爬得越好，走得也越好，学说话也越快，认字和阅读能力也越强，爸爸妈妈要给宝宝创造爬行的条件和环境，适时地训练宝宝。

### ❋ 宝宝的爬行设施

宝宝的爬行设施可以根据实际情况选择，可以是较大的不太软的床，也可以在地上进行，但最好选用在木质地板上铺泡沫地垫，比较软且不用担心宝宝从高处摔落，还有不同的颜

## Part 2 婴儿期——会叫爸爸妈妈了

色或图案。不过泡沫地垫的质量一定要严格把关,要买环保无毒的绿色产品,回家后要用清水洗干净并晾到没有味道才能使用。

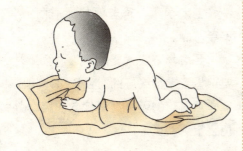

### ❋ 宝宝爬行时的穿着

连体服的上衣和裤子形成一个整体,爬行时宝宝腰部及小肚子不会露出,可避免受凉,而且还可以避免宝宝在爬行中摩擦到肚子,或将裤子蹭掉。要注意的是,爬行服前面一定不要有大或硬的饰物及扣子,以防止爬行时硌痛宝宝。

### ❋ 提高宝宝爬行的技巧

最好创造条件,在家中给宝宝留一小块爬行的空间,如在客厅里开辟一个角落,爬行场地要干净卫生并有好的视野。将爬行场地布置得更加富有吸引力,可以激发宝宝爬行的兴趣。

练用手和膝盖爬行:为了拿到玩具,宝宝很可能会使出全身的劲向前匍匐地爬。这时,爸爸妈妈要及时地用双手顶住宝宝的双腿,使宝宝得到支持力而往前爬行,这样慢慢宝宝就学会了用手和膝盖往前爬。

练用手和脚爬行:等宝宝学会了用手和膝盖爬行后,可以让宝宝趴在床上,用双手抱住腰,把小屁股抬高,使得两个小膝盖离开床面,小腿蹬直,两条小胳膊支撑着,轻轻用力把宝宝的身体向前后晃动几十秒,然后放下来。每天练习3~4次为宜,会大大提高宝宝手臂和腿的支撑力。

当支撑力增强后,妈妈用双手抱宝宝腰时稍用些力,促使宝宝往前爬。一段时间后,可根据情况试着松开手,用玩具逗引宝宝往前爬,并同时用"宝宝加油,宝宝快来"的语言鼓励宝宝,逐渐宝宝就完全会爬了。

### ❋ 不同的爬行方式

爬行"小路":爸爸妈妈将不同质地的东西散放在地板上,让宝宝爬过去。如玩具小鸭、小皮球、毛巾等东西排列起来,形成一条有趣的小路。这样,就诱导宝宝沿着"小路"去爬,体会不同质地的物质。但是这些东西用过后爸爸妈妈要将其放起来收好,过些天可以将它们以不同的顺序排列成另一条小路,让宝宝继续学爬。

自由爬:妈妈要先整理一块宽敞干净的场地,拿开一切危险物,四处放一些玩具,任宝宝在地上抓玩。但要注意的是,必须让宝宝在妈妈的视线内活动,以免发生意外。

定向爬：宝宝趴着，妈妈把球等玩具放在宝宝面前适当的地方，吸引他爬过去取。

转向爬：妈妈先把有趣的玩具给宝宝玩一会儿，然后当着宝宝的面把玩具藏在他的身后，引诱宝宝转向爬。

❋ **注意事项**

在宝宝刚饮食后，不宜立即练习爬行。

每次练习爬行的时间不宜过长，10分钟左右为宜，贵在坚持。

让宝宝学爬，要有足够大的爬行空间。

宝宝学爬，爸爸妈妈要有耐心，不能急躁。

要培养宝宝学爬的兴趣。教爬时要选择宝宝情绪好的时候，可以用宝宝非常喜欢的玩具逗引他向前爬，避免宝宝感到厌倦。

## 专题三　解读宝宝睡梦中的声音

毋庸置疑，妈妈对宝宝的关注是360度全方位的，即使是宝宝睡觉的时候，妈妈也会全心全意地守护着宝宝！实际上，宝宝也在用自己的方式提醒妈妈，不信？快来听听宝宝睡觉时发出的声音吧，你可能会有意外的发现呦！

❋ **宝宝说梦话：预示宝宝情绪紧张，焦虑不安**

症状解析：经常说梦话的宝宝往往有情绪紧张、焦虑、不安等问题，有时还会影响宝宝的睡眠质量。

应对措施：说梦话与脑的成熟、心理功能的发展有较密切的关系，主要是由于宝宝大脑神经的发育还不健全，有时因为疲劳，或晚上吃得太饱，或听到、看到一些恐怖的语言、电影等引起的。如果宝宝经常说梦话，家长不要让他在入睡前做剧烈运动，或看打斗和恐怖电视。

如果宝宝白天玩得太兴奋，可以让宝宝在睡觉前做放松练习，使宝宝平静下来，或者给宝宝喝一杯热牛奶，有镇静安神的功效。

❋ **宝宝发出"吭哧、吭哧"的呼吸声，预示宝宝可能要发热**

症状解析：宝宝发热时，一般体温每升高1℃，基础代谢率会增加13%，心跳加快15次/分，导致呼吸频率也随之增快。再有，宝宝晚上睡觉大多盖着被子，这样不利于身体散热。所以，一旦宝宝夜间睡觉时，发出"吭哧、吭哧"的呼吸声，就要及时测量宝宝的体温。

应对措施：

❶ 不要用手触摸判断宝宝的体

## Part 2 婴儿期——会叫爸爸妈妈了

温,应该用温度计测量宝宝的体温。

❷ 如果宝宝不足 6 个月或者体温低于 38.5℃,可以采用物理降温的方式退热。

❸ 如果宝宝超过 6 个月,且体温已超过 38.5℃,就应该立即服用退热药。

❹ 发热时要减少宝宝身上的被子,可以进行温水擦浴,多喝一些白开水等,可预防因高热导致的抽搐。

### ✽ 宝宝发出"哼哼"的吐泡泡声,预示宝宝可能要抽搐

症状解析:抽搐大多是一种全身痉挛的表现形式,此时,宝宝出现神志不清、面色苍白、口周发青、头往后仰,双眼紧闭或者上翻,双手握拳、四肢伸直或者弯曲,全身表现有节奏的抽动,严重的话,宝宝还会伴有尿便失禁的情况,所以宝宝会发出"哼哼"的吐泡泡声。

应对措施:

❶ 当宝宝出现抽搐的情况时,应立即将其身体侧卧,头部也一起转过去。

❷ 不要让宝宝的牙齿咬破舌头,也不要因为唾液回咽造成宝宝窒息,一定要保证呼吸的通畅。

❸ 不可强制搬动宝宝的身体,避免发生肢体脱臼、骨折等意外伤害。

❹ 妈妈可以按压宝宝的人中穴,阻止抽搐,按揉合谷穴缓解眼歪口斜。拨打 120 急救电话,去医院就诊。

### ✽ 宝宝发出"空空"的咳嗽声,吸气时发出"吼吼"的喉鸣声,可能预示宝宝得了急性喉炎

症状解析:6 个月以后直到 3 岁左右的宝宝容易得急性喉炎,宝宝可能会出现发热、声音嘶哑等情况。不过最麻烦的是喉梗塞,因为宝宝经常在夜晚症状会加重,可能会出现呼吸困难、烦躁不安等情况。严重时还会出现呼吸衰竭、昏迷。

应对措施:

❶ 宝宝一旦出现喉炎,妈妈应及时带宝宝到医院就诊,尽量让宝宝保持安静休息状态。

❷ 要让宝宝远离可能加重喉梗塞症状的不良诱因,如哭闹、喊叫等。

❸ 避免宝宝喝凉水、冷饮、甜品和辛辣刺激性食物。

❹ 宝宝恢复期要仔细照料,避免再次感染。

### ✽ 宝宝发出"咯吱咯吱"的磨牙声,预示宝宝得了肠蛔虫症

症状解析:这是一种宝宝最常见的寄生虫病,常伴有恶心、呕吐、腹痛等,会影响宝宝的食欲和肠道功能,进而导致宝宝发育迟缓。有的宝宝可能出现偏食,有的宝宝则会表现

173

为兴奋不安、头痛或精神萎靡。

应对措施：

❶ 保持居家环境整洁。

❷ 妈妈要让宝宝养成勤洗手、勤剪指甲、不吃手、不随地大小便的好习惯。

❸ 出现腹痛难忍时应立即求助医生。

### 温馨提示

培养宝宝规律的作息时间，避免昼夜颠倒。

掌握好宝宝的喂奶量，计算好喂奶时间，进而保证夜间安睡。

避免宝宝睡前进食过多，增加肠胃负担，影响睡眠质量。

睡前给宝宝洗个温水澡，然后进行全身抚摸。

## 新手爸妈 学婴语
XinShou BaMa XueYingYu

—— "不听话"

### 宝宝"说"

我渴望接触更多的东西，可是妈妈这也不让，那也不行，大部分时间我还是得听妈妈的话。可是，偶尔我也会反抗一下。

### 婴语解析

宝宝的活动能力已经提高，独立意识也在不断发展。有时候宝宝非要拿大人不让动的东西，这表明他在逐渐长大，且有主见了。

### 育儿专家告诉你

面对这种情况，最有效的办法是转移他的注意力。如果宝宝非要去拿那些危险的物品。最好用另外一件物品（宝宝最喜欢的玩具，或者是没有见过的物品）转移宝宝的注意力。家长不能因为宝宝哭闹就轻易妥协。

##  育儿问答精选

**Q：宝宝不会坐需要看医生吗？**

A 6个月以后的宝宝，基本上都会坐，且坐的比较稳当了。但是，有的宝宝到了6个月仍然坐不稳，后背还需要倚靠着东西，有时会往前倾，这都是正常的。有的宝宝是到了7~8个月才能坐得稳，不能认为是发育落后。但是，如果这个阶段的宝宝还一点也不会坐，甚至倚靠着东西也不能坐，头向前倾，下巴抵住前胸部，甚至倾到腿部，这就需要去医院检查了。

**Q：我家宝宝6个月10天了，母乳喂养，精神状态好，会翻身，会独坐但不稳，只是竖抱时背部挺直，平时总是弯着，这是缺钙吗？**

A 对于母乳喂养的宝宝，需要每天及时补充维生素D，多吃一些含钙多的食品，适当补充钙质。对于6个月的宝宝正是学习独立坐的阶段，目前不能很好独坐，也是正常的情况，加强训练即可。

**Q：我家宝宝6个月11天了，是母乳喂养的，已经添加了米粉、香蕉泥和苹果泥了。自从添加辅食后，便便就是墨绿色的，这正常吗？**

A 大多数绿色大便，只要形状正常都是正常的大便。

**Q：翻阅了一些书籍，说7个月不要把尿，否则会不利于膀胱储存功能的建立。那么，什么时候开始把尿比较好？**

A 1岁以内的宝宝不建议把尿。学会了坐可以坐盆小便，1岁后学会简单说话，逐渐训练用语言表示小便，家长及时让宝宝坐盆，小便成功后及时给予表扬，宝宝就会乐意去重复。建议：宝宝小便时最好带宝宝去卫生间,告诉他这是大小便的地方。男宝宝建议爸爸带着去,方便学习和模仿。

Q:婴幼儿喝奶粉阶段是否有必要添加牛奶伴侣呢?

A 益生元能通过促进肠道正常菌群生长,保证人体健康,而且不被肠道消化。益生元多指低聚果糖、低聚半乳糖等。从营养和医学角度,并没有需要给配方奶粉添加助消化伴侣的依据。正常母乳或者配方奶粉喂养,合理添加辅食,就没必要添加"伴侣"。

**孩子的世界是单纯的**

家有8岁儿子和6岁侄女各一枚,一天在给儿子洗澡,侄女偏要一块儿洗。老妈就教育侄女不能一块儿洗,侄女就哭闹。这时儿子开口说:别和我一块儿黑,我皮肤这么黑,洗了会褪色,你洗会把你染黑的。侄女听了乖乖地走了。

开心大放映

# 第8个月
## 有了自己的感情

### 本月育儿要点

❋ **仍以母乳为主食**

虽然辅食的量慢慢在增多,但这一时期,宝宝还应以母乳为主食。

❋ **适量增加半固体食物**

宝宝进入了旺盛的牙齿生长期,这时候可以逐渐增加一些半固体食物,而不是一味地将食物剁碎、研磨。

❋ **让宝宝品尝不同食物**

宝宝7~8个月后,就可以把谷物和肉、蛋、蔬菜分开喂了,这样能让宝宝品尝出不同食物的味道,增加吃饭的乐趣,促进食欲,也能为以后专注吃饭打下基础。

❋ **布置家庭运动场**

准备一片足够宝宝活动的场所。

❋ **缓解顽固便秘的方法**

便秘的宝宝要多喝温水。

可以选择添加香蕉泥、红薯泥、胡萝卜泥等辅食。

妈妈顺时针按摩宝宝的小肚子也有助于促进排便。

❋ **宝宝咬乳头应对措施**

宝宝开始吃着玩儿时,要及时将乳头拔出来。

如果宝宝咬住了乳头,妈妈要将手指头放在乳头和宝宝牙床之间,撤出乳头,然后很坚决地告诉宝宝,咬乳头是不对的。

为正在长牙的宝宝提前准备一些牙胶。

# 超级育儿圣典

## 宝宝成长小档案

### 宝宝的体格发育

**❋ 体重**

男宝宝体重平均为 8.9 千克左右，正常范围是 7.9~9.8 千克。女宝宝体重平均为 8.3 千克左右，正常范围是 7.4~9.2 千克。

**❋ 身长**

男宝宝身高平均为 70.6 厘米左右，正常范围是 68.2~73.1 厘米。女宝宝身高平均为 69.1 厘米左右，正常范围是 66.7~71.5 厘米。

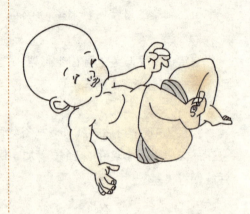

### 宝宝的发育特点

**❋ 睡眠**

这个月的宝宝每天仍需睡 15~16 个小时，白天睡 2~3 次。如果宝宝睡得不好，家长要找找原因，看宝宝是否病了，给他量量体温，观察一下面色和精神状态。

**❋ 体重**

7~8 个月的宝宝，体重增长的速度变缓慢了，但身高却迅速增长，渐渐已显示出"幼儿"的模样了。

### 宝宝的社会化发育

**❋ 宝宝的感官发育**

宝宝可以随意地观察自己感兴趣的事物，如水果、饼干、餐具、玩具等。宝宝能理解爸爸妈妈的语言并能用表情、动作来应答，如会表示"再见"、"谢谢"。

宝宝开始有兴趣、有选择地看东西，会记住某种他感兴趣的东西，如果看不到了，可能会用眼睛到处寻找。开始认识谁是生人，谁是熟人。生人不容易把宝宝抱走。

❊ **宝宝的运动能力**

宝宝可以自己坐起来，也可以随意翻身，爸爸妈妈一不留神他就会自己翻动。当宝宝趴着时，他会弓起后背，以使自己可以向四周观看。

此时的宝宝坐得很稳了，他可以在没有支撑的情况下坐起，可独坐几分钟，还可以一边坐一边玩，还会左右自如地转动上身，也不会使自己倾倒。尽管他仍然不时向前倾，但几乎能用手臂支撑。随着躯干肌肉逐渐加强，最终他将学会如何翻身到俯卧位，并重新回到直立位。现在他已经可以随意翻身，一不留神他就会翻动，可由俯卧翻成仰卧位，或由仰卧翻成俯卧位。所以在任何时候都不要让宝宝独处。

此时的宝宝已经达到新的发育里程碑——爬。刚开始的时候宝宝爬有两三个阶段，有的宝宝向后倒着爬，有的宝宝原地打转，还有的是匍匐向前，这都是爬的一个过程。等宝宝的四肢协调得非常好以后，他就可以立起来手膝爬了，头颈抬起，胸腹部离开床面，可在床上爬来爬去。

❊ **宝宝的语言发育**

宝宝会自然地发出各种声音。会模仿爸爸妈妈的语调，会大叫，感到满意时会发声。如果有人把他的玩具拿走他会哭闹。他还开始模仿别人嘴和下巴的动作，如学咳嗽等。此时，宝宝在理解成人的语言上也有了明显的进步。

他已能把妈妈说话的声音和其他人的声音区别开来，可以区别成人的不同的语气，如大人在夸奖他时，他能表示出愉快的情绪，听到大人在责怪他时，他们表示出懊丧的情绪。还能"听懂"成人的一些话，并能做出相应的反应，如成人说"爸爸呢"，宝宝会将头转向父亲；对宝宝说"再见"，他就会做出招手的动作。这些都表明宝宝已能进行一些简单的言语交往。能发出各种单音节的音，会对他的玩具说话。

❊ **宝宝的认知能力发育**

此时的宝宝对周围的一切充满好奇，但注意力难以持续，很容易从一个活动转入另一个活动。对镜子中的自己有拍打、亲吻和微笑的举动，会移动身体拿自己感兴趣的玩具。懂得大人的面部表情，大人夸奖时会微笑，训斥时会表现出委屈。

❊ **宝宝的情感和社交**

宝宝见到新鲜的事情会惊奇和兴

奋。他从镜子里看见自己，会到镜子后边去寻找，有时还会对着镜子亲吻自己的笑脸。如爸爸妈妈给他一个飞吻，要求他也给一个，他会遵照爸爸妈妈的要求表演一次飞吻。当爸爸妈妈与宝宝玩拍手游戏时，他会积极配合并试图模仿。现在他更加有怯生感了，怕与爸爸妈妈分开。

## 喂养宝宝

### 本月宝宝所需营养

宝宝到了 7~8 个月，妈妈的母乳量开始减少，且质量开始下降，所以，必须给宝宝增加辅食，以满足其生长发育的需要。母乳喂养的宝宝在每天喂 3 次母乳或 750 毫升配方奶的同时，还要上下午各添加一顿辅食。

宝宝第 8 个月每日所需的热量与前一个月相当，也是每千克体重 95~110 千卡（1 千卡 =4.186 焦）。

蛋白质的摄入量仍是每天每千克体重 1.5~3.0 克。脂肪的摄入量比上个月有所减少，上个月脂肪占总热量的 50% 左右（半岁前都是如此），本月开始降到了 40% 左右。

铁的需求量明显增加，半岁以前的每日需铁量为 0.3 毫克，但半岁以后，每日需要的铁量增加了 30 倍以上。维生素 D 的需要量没什么变化，仍然是每日 10 微克，维生素 A 仍是每日 400 微克，其他维生素和矿物质的需要量没什么大的变化。

需要注意的是，此时期的宝宝与饮食相关的个性已经表现出来，所以，煮粥时不要煮成大杂烩，应一样一样地制作，让宝宝体会不同食物的味道。同时也要补充菜泥、碎米、浓缩鱼肝油等营养丰富的食物。另外，肝泥、肉泥、核桃仁粥、芝麻粥、牛肉汤、鸡汤等食物营养也很丰富。如果宝宝已经长牙，可喂食面包片、饼干等。

## 本月宝宝如何喂养

宝宝对食物的喜好在这一时期就可以体现出来，所以，妈妈可以根据宝宝的喜好来安排食谱。比如，喜欢吃粥的宝宝和不喜欢吃粥的宝宝在吃粥的量上就会产生差别，所以，要根据个体差异制作辅食。不论代辅食如何变化，都要保证膳食的结构和比例要均衡。本月宝宝每日的母乳或配方奶摄入量在750毫升左右。

除了上个月添加的辅食，本月还可以增加肉末、豆腐、面条以及各种菜泥、菜碎等。只是需要注意每周增加一种新辅食种类，给宝宝一个逐渐习惯的过程。面包片、磨牙棒、小饼干这些固体食物也可以给宝宝吃，即使没有牙，宝宝也会用牙床嚼，妈妈不用担心。

## 奶和辅食要合理安排

宝宝如果一次能喝200～230毫升的奶，就应该在早、中、晚让宝宝喝3次。然后在上午和下午加2次辅食，再临时调配2次点心、果汁等。

宝宝如果一次只能喝100～120毫升的奶，那一天就要喝5～6次，以给宝宝补充足够的蛋白质和脂肪。

喂养的方法可以根据宝宝吃奶和辅食的情况调整。2次喂奶间隔和2次辅食间隔都不要短于3小时，奶与辅食间隔不要短于2小时，点心、水果与奶或辅食间隔不要短于1小时。喂食顺序应该是奶、辅食在前，点心、水果在后，就是说吃奶或辅食1小时之后才可以吃水果和点心。

## 口腔溃疡的宝宝如何饮食

### ✿ 让宝宝吃清淡食物

如果宝宝发生了口腔溃疡，常常因疼痛难以进食，导致哭闹。宝宝口腔溃疡较轻时，可以让宝宝吃松软嫩滑的清淡食物，让宝宝更易于吞咽。口味上不宜太咸，也不要喂宝宝太烫的食物。

### ❋ 严重时停止添加辅食

当宝宝口腔溃疡严重时，就要停止添加辅食。口腔溃疡的宝宝可以吃流质食物，妈妈除喂宝宝母乳或奶粉外，还可喂些果汁或汤水。但是注意不要喂猕猴桃、柑橘类果汁，这些水果会刺激口腔和喉咙，让宝宝更加疼痛。

## 宝宝感冒时如何饮食

### ❋ 多补充水分

宝宝感冒了，有时候会食欲不振或腹泻，妈妈要多喂些温热、有营养的辅食，给宝宝及时补充水分。但是，如果宝宝胃口不好，一定不要强迫宝宝。在宝宝恢复食欲前，妈妈要注意观察，除给宝宝开水外也可以喂一些果汁。

### ❋ 多吃营养丰富的食物

妈妈要多做些易消化且营养丰富的辅食，给宝宝增加营养。要多使用豆腐、鱼类、肉类、鸡蛋、乳制品等富含蛋白质的食品。另外，妈妈要多选用富含维生素C和胡萝卜素的绿黄色蔬菜，以保护宝宝的气管和喉咙。

### ❋ 给妈妈的建议：给宝宝做辅食有讲究

煮粥：最好用大米或者小米煮，煮得尽可能黏稠一些。

面食：面条里可以加切碎的各类蔬菜、肉末；刚蒸好的馒头、面包也可以给宝宝吃。

鱼类：要选择刺少、肉多的鱼；味道要清淡；最好清蒸。

豆类：最好选用豆腐，但要注意不能给宝宝吃凉的和凉拌的豆腐。

## 本月宝宝营养餐推荐

### 鱼肉菠菜粥
**营养丰富**

**材料** 大米250克，净鱼肉150克，菠菜100克，高汤少许。

**做法** 大米淘洗干净，放入锅内，倒入适量清水用旺火煮开，小火熬至黏稠。菠菜入沸水中焯烫一下，捞出后切成碎末；鱼肉放锅内蒸熟，取出后捣烂。将菠菜碎、鱼肉泥、高汤放入锅内，小火熬几分钟即可。

## Part 2 婴儿期——会叫爸爸妈妈了

**功效** 菠菜，平肝、止血、润燥；粳米，富含碳水化合物、富含锰；鱼肉，高蛋白，低脂肪，维生素、矿物质含量丰富，口味好，易于宝宝消化吸收。

### 苹果葡萄干粥
**预防宝宝便秘**

**材料** 大米45克，苹果1/2个，葡萄干15克。

**做法** 大米淘洗干净；苹果洗净，去核，切成薄片；葡萄干洗净，切碎。将苹果片和大米一同放入锅中，加适量水，煮沸后，放入葡萄干，转文火慢熬30~40分钟即成。适口后给宝宝喂食。

**功效** 适合8个月的宝宝食用，此粥味道甜美，适合宝宝的口味，还有助于胃肠蠕动，预防宝宝便秘。

### 牛肉粥
**强筋骨、补脾胃**

**材料** 牛肉30克，米饭1碗，姜末少许。

**做法** 牛肉洗净，放入锅中，加适量清水，煮沸，去除浮沫，放入姜末，用文火慢炖30分钟捞出，切碎；将米饭与牛肉碎一同倒入牛肉汤中调匀，武火煮沸后，再用文火熬煮至烂熟，即成，晾至温热后，给宝宝喂食。

**功效** 适合8个月的宝宝食用。牛肉耐咀嚼，可充分锻炼宝宝的咀嚼肌，具有强筋骨、补脾胃的功效，使宝宝身体强健。

### 香菇鸡肉羹
**适合胖宝宝食用**

**材料** 大米30克，鸡脯肉45克，香菇2朵，油菜2棵，植物油5毫升。

**做法** 大米淘洗干净；鸡脯肉洗净，剁成泥；油菜洗净，切碎；香菇洗净，剁碎。将锅置于火上，加入植物油烧热，下鸡肉泥、香菇碎翻炒片刻，再放入大米，混合调匀，加入适量清水，加盖熬煮15分钟，加入油菜碎，继续熬煮成稠粥即成，适口后给宝宝喂食。

**功效** 适合8个月的宝宝食用，此粥热量较低，富含蛋白质，特别适合胖宝宝食用，可调节身体状态，保证宝宝健康成长。

# 超级育儿圣典

## 日常照护

### 宝宝玩具如何清洗

玩具购买后应先清洁再给宝宝玩。平时清洁消毒的频率以每周一次为宜。不同材质的玩具清洗方法不一样。

**✷ 各种玩具的清洗方法**

塑胶玩具：用干净的毛刷蘸取宝宝专用的奶瓶清洁液刷洗塑胶玩具，再用大量清水冲洗干净。带电池的塑胶玩具，可把食用小苏打溶解在水里，用软布蘸着擦拭，然后用湿布擦后晾干。

布质玩具：没有电池的玩具可直接浸泡清洗，有电池盒的玩具需要拆出电池或者只刷洗表面，然后放在阳光下晒干。

毛绒玩具：用婴幼儿专用的洗衣液来清洗即可，具有抗菌防螨功能的洗衣液更好。充分漂清后在向阳通风处悬挂晾干。不可水洗的玩具可送至洗衣店干洗。

木制玩具：可用稀释的酒精或酒精棉片擦拭，再用干布擦拭一遍。

### 宝宝着装也讲究

给宝宝选择衣服，不仅要考虑美观和实用，还要特别注意安全问题。根据国家有关纺织品的规定，婴幼儿服装属于A类，直接接触皮肤类的服装属于B类，其他非直接接触皮肤类的服装属于C类。

因此，在为婴幼儿购买衣服时，首先应该看服装的标签上是否有A类婴幼儿服装的字样，如果没有，则有可能会影响宝宝的健康。

另外，在给宝宝穿着时，还要考

虑以下几个问题。

面料以柔软、吸汗、不起静电的纯棉为佳,并兼顾保暖和耐磨的需要。

颜色要上下搭配,做到整体协调。

款式要与活动内容相适应,最好以简洁、大方、实用为主,减少不必要的装饰和配件。

## 逗宝宝开心要适度

很多父母都喜欢逗弄宝宝,但逗弄宝宝应有所注意,否则会带来许多隐患。所以,逗宝宝开心要适度,需要把握好时机、强度与方法。

### ❋ 不要玩危险游戏

抛宝宝很危险:有些父母为了让宝宝高兴,就用手托住宝宝的身体,往上抛出三四尺高,在其下落时用双手接住。殊不知,宝宝自上落下,跌落的力量非常大,不仅有可能损伤成年人,而且成年人手指也有可能戳伤宝宝,如果被戳到要害部位,会引起内伤。更危险的是,一旦未能准确接住宝宝,后果不堪设想。

转圈圈也很危险:大人双手抓住宝宝的两只手腕,提起后飞快转圈。这种逗乐会使宝宝转得头晕眼花,有时大人自己突然站立不稳,甚至和宝宝一起跌伤,还会因离心力的作用,使宝宝的手腕关节脱位。

### ❋ 进食时不宜逗乐

宝宝的咀嚼与吞咽功能尚不完善,如果在他进食时与其逗乐,不仅会影响宝宝良好饮食习惯的形成,还可能将食物吸入气管,引起窒息甚至发生意外。如果宝宝在吃奶时把奶水吸入气管,还会发生吸入性肺炎。

### ❋ 临睡前不要逗乐

睡眠是大脑皮层抑制的过程,宝宝的神经系统尚未发育成熟,兴奋后往往不容易自我抑制。如果宝宝临睡前过度兴奋,往往迟迟不肯睡觉,即使睡觉,也会睡得不安稳,甚至出现夜惊。

## 培养宝宝良好的日常自理行为

7~8个月的宝宝,懂得大人的面部表情,对于大人的训斥或赞扬,会表现出委屈或兴奋的神情。

在自理能力上,宝宝会自己吃饼干。这时宝宝往往能自己拿着饼干,有目的地咬、嚼,而不是简单地

# 超级育儿圣典

"吃";当大人站在宝宝面前,伸开双手招呼他时,宝宝会发出微笑,并伸出双手表示要抱;如果妈妈跟他玩拍手游戏,宝宝会合作并模仿着玩。

7~8个月的宝宝已经可以坐得很好了,爸爸妈妈可以培养宝宝坐便盆的习惯。首先观察宝宝排便的规律,在宝宝有便意或有所表示时让宝宝坐在便盆上排便,但决不能强迫宝宝坐盆,如果宝宝一坐盆就吵着闹着不干,或过了3~5分钟也不肯排便等,不必勉强,但每天必须坚持让宝宝坐盆,时间一长,宝宝一坐盆,就可以排大小便了。

## 宝宝小门诊

### 宝宝的睡相关乎健康

正常情况下,宝宝睡眠时应该是安静、舒坦、呼吸均匀无声的。但当宝宝身患疾病时,睡眠就会出现异常变化。妈妈细心观察并早期发现有助于宝宝的健康成长。

#### ❋ 睡眠异常是生病的征兆

婴幼儿患病通常夜间不好好睡觉,表现为啼哭或烦躁不安,例如出现发热、腹痛、肛周瘙痒等状况时,由于不能用言语表达,只能哭闹。有时哭声尖锐,呈阵发性,哭闹时伴有面色发青,手足蹬动,头部后仰,腰部挺伸等。如果婴幼儿患有脑膜炎或中毒,又会出现嗜睡,即睡眠时间突然延长,整天昏昏欲睡,严重者入睡后不易被叫醒。

#### ❋ 异常睡眠与疾病

入睡后,撩衣蹬被,同时伴有两颧和口唇发红、口渴喜饮或手足心发热等症状,中医认为是阴虚肺热所致。

入睡后,脸孔朝下,屁股高抬,同时伴有口舌溃疡、烦躁、惊恐不安等症状,中医认为是"心经热则伏卧"。这常常是宝宝患了各种急性热病后,余热未净导致。

入睡后,翻来覆去,反复折腾,同时伴有口臭、气促、腹部胀满、口干、口唇发红、舌苔黄厚、大便干燥等症状,中医认为这是胃有宿食的缘故,应消食导滞。

睡眠时,哭闹不停,时常摇头,用手抓耳,可能是患有外耳道炎。

入睡后，用手去抓挠屁股。在宝宝睡沉了之后，家长可以在肛门周围见到白线头样小虫爬动，这是患有蛲虫病。

熟睡时，特别是仰卧睡眠时，鼾声隆隆不止，并张口呼吸，这是因为扁桃体肥大影响呼吸所致。

入睡后，烦躁、啼哭、易惊醒，入睡后全身干涩，面红、呼吸粗、重、急促，脉搏快，预示着宝宝即将发热。

## 肚子痛不要乱揉

宝宝腹痛，妈妈一般都喜欢帮宝宝揉一揉，觉得一定能缓解宝宝的疼痛，这种方法对胃肠道痉挛引起的胃肠绞痛有一定效果，但是下面这些情况可不能随便揉肚子。

### ❋ 肠套叠

多见于年幼儿童，特别是肥胖儿童。由于被套入的肠管血液供应受到阻碍，引起疼痛，时间长了发生坏死。如果盲目按揉，可能造成套入部位加深，加重病情。

### ❋ 蛔虫病

是引起宝宝腹痛的常见原因，某种因素刺激虫体时，会使蛔虫窜上窜下地蠕动，刺激肠道引起更加剧烈的痉挛疼痛，此时按揉宝宝肚子，只会更加刺激蛔虫，甚至引发胆道蛔虫症。蛔虫还可能穿破宝宝娇嫩的肠壁，引起腹膜炎。

### ❋ 急性阑尾炎

幼儿阑尾炎早期并无典型症状，可能肚脐周围有轻微疼痛，时有呕吐、腹泻的症状，按压肚子时疼痛并不明显，宝宝的免疫功能较差，患阑尾炎时很容易发生穿孔。如果在此时按揉宝宝的肚子或做局部热敷，可能会促进炎症化脓处破溃穿孔，形成弥漫性腹膜炎。

宝宝腹痛时，父母不要过于紧张，一旦觉得自己解决不了，最好尽早带宝宝去医院。

## 宝宝发热的应对

宝宝发热是每一个妈妈都会遇到的常见问题，有时候看着宝宝好好的，可是不一会儿额头就好像有点热了，很让年轻的妈妈着急，不知道该怎么办才好。

宝宝的正常体温应该在35.5～

# 超级育儿圣典

37.5℃之间，但是不能说宝宝过了37.5℃就是发热了，因为有的宝宝基础体温可能会高一点，有的时候可能会超过37.5℃，所以一定要因人而异。一般情况下，超过37.5℃就可以判断宝宝是发热了。

❋ **正确对待发热的利与弊**

很多妈妈将宝宝发热看成是洪水猛兽，唯恐避之不及，其实，宝宝发热并不是完全没有好处，只要是在一定的范围内，妈妈就不要过度地担心。

宝宝发热的弊端：持续的高热，会造成人体内的器官、组织调节功能的异常。而且高热还会造成大脑皮层处于过度兴奋或者是高度抑制状态，让身体防御疾病的能力下降，增加其他疾病感染的风险。

宝宝发热的好处：可以让免疫系统启动起来，尽可能消灭侵犯健康的有害病菌，促进人体的免疫系统更加成熟。

有的妈妈在发现宝宝有发热的症状之后就赶紧采取退热的措施，使用退热药，让宝宝的体温尽快降到37℃以下，这样就无法促成免疫系统的启动。其实，只要是保持体温不高过38.5℃，尽量减少宝宝的不适感，多饮水就行。

❋ **应对宝宝发热的两种方法**

物理降温：当宝宝的体温在38.5℃以下的时候，适宜采用物理降温的方法帮助宝宝进行退热，所以要想帮助宝宝退热，就要从以下几个途径当中入手。首先，是要保证宝宝有足够的水分摄入，因为退热主要是通过皮肤蒸发水分来实现的，如果体内水分不足，退热效果就会受到限制。其次，要在室温合适的情况下，尽量减少衣物以利于皮肤的散热。再次，洗温水澡、敷热毛巾都是比较不错的物理降温的方法。

药物降温：宝宝发热之后，如果没有超过38.5℃，最好的方法就是采取物理降温。如果超过了38.5℃，就要使用退热药了。

在选择退热药物的时候，要注意其中的药物成分，建议选择成分有"对乙酰氨基酚"和"布洛芬"的药物。

"对乙酰氨基酚"也被称之为"扑热息痛"，常见的商品名有"泰诺林"和"百服宁"；"布洛芬"常见的商品名有"美林"。在使用退热药物的时候，建议这两种药物交替使用，避免一直使用同一药物可能导致的副作用。同时也要注意，不要给12岁以下的儿童使用含有阿司匹林的退热药。

含有这两种成分的退热药有各种剂型，在选择上也是需要注意的。儿童药物有幼儿型和儿童型，每种剂型药物浓度不同，使用的剂量也是不同的。所以在使用上妈妈一定要多注意。

## 宝宝急疹如何应对

出生后到现在从没发过热的宝宝，突然出现高热（38～39℃），但没有流鼻涕、打喷嚏等感冒症状时，首先要考虑是否是幼儿急疹。半数以上的宝宝在出生后6个月至1岁半期间会出现幼儿急疹，而6～8个月期间尤其多。幼儿急疹最显著的特点是持续发热3～4天，然后宝宝的胸部、背部会出现像被蚊子叮了似的小红疹子，疹子出来了热就退了。

幼儿急疹不需要做特别的护理，因为不会引发并发症，疹子出了之后自己就好了。但是要做到这一点确实不容易，很多家长见到宝宝发热就特别着急，非要带着宝宝去医院做各项检查，又是吃药又是输液，大人宝宝一起遭罪。

宝宝发热时，家长要做到心里有数。如果是幼儿急疹，在发热的这几天，不管是吃退热药还是别的办法，都只是暂时性的退热，很快还会热起来。在发热期间宝宝精神状态虽然不如以往，但看起来并不像得了什么大病。有想玩玩具的意愿，哄逗时还会露出笑脸。喝奶量虽不如平时，但也不是一点儿喝不进去。

如果符合上述情况，建议爸爸妈妈可以先为宝宝做物理降温，用温水擦拭宝宝的额头、腋下、腹股沟等地方，同时要多给宝宝喝温水，如不能将体温控制在38.5℃以下，则应该服用退热药避免出现高热惊厥。

## 宝宝出水痘了怎么办

水痘是在宝宝幼儿期常见的一种疾病，传染性非常强，是由水痘病毒引起的，会破坏宝宝体内很多营养成分。通常有2～3周的潜伏期，在晚冬和春季发病率最高。

❋ **水痘表现**

开始会出现一两个红色米粒大的丘疹，半天到第二天就遍及全身，并变成水疱的形态。一两日后变成发白、有浑浊液体的脓包，瘙痒难耐，最后脓疱萎缩结痂。有的宝宝会有轻度的头痛、发热。易引发口腔溃疡，进食时宝宝会感到疼痛。

### ❋ 处理方法

宝宝如果食欲不佳的话，应该准备无刺激性、容易消化的食物。

增加柑橘类水果和果汁，并在宝宝的食物中增加麦芽和豆类制品，有助于减轻宝宝的水痘病症。

别让宝宝吃温热、辛辣、刺激性强的食物，如姜、蒜、韭菜、洋葱、芥菜、荔枝、桂圆、羊肉、海虾、海鱼、酸菜、醋等。也不要让宝宝吃过甜、过咸、油腻的食物及温热的补品。

从出痘到变成疮痂之前，要让宝宝尽量休息。如果没有发热，而又有食欲降低的情况，应准备无刺激性、容易消化的食物。

发疹会很痒，宝宝会用手去抓，记得将宝宝的指甲剪短，并告诉宝宝不要去抓。如果宝宝太小，可以给他戴手套。

#### 温馨提示
当宝宝出水痘食欲不好的时候，可以喝些水果汁，不仅能补充维生素，还能提高食欲。

##  快乐亲子时刻

### 宝宝玩具推荐

这个月，爸爸妈妈可以选择一些色彩鲜艳的脸谱、各种五颜六色的塑料玩具、镜子、图片、小动物、能发出悦耳动听声音的小摇铃、拨浪鼓、八音盒、风铃，有不同手感不同质地的玩具如绒毛娃娃、丝织品做的小玩具、床头玩具、积木、海滩玩儿的球等。

Part 2 婴儿期——会叫爸爸妈妈了

## 亲子游戏

### 盒子里寻宝
——大动作能力培养
参与人数 2人

**游戏目的** 帮助宝宝学习用手捏盒子、捏玩具、握住玩具等动作。

**游戏方法**

❶ 准备一些小玩具放在一个抽屉样的硬纸盒里。

❷ 在宝宝的注视下，妈妈打开盒子拿出一件玩具。

❸ 演示几次后，将盒子给宝宝，让宝宝试着打开盒子找玩具。妈妈先在旁边指导，训练几次后就让宝宝自己打开盒子。

> **温馨提示**
> 妈妈给宝宝的盒子不要太大，而且要容易打开。当宝宝找到玩具时，应及时鼓掌加以激励。

### 敲敲打打
——精细动作能力培养
参与人数 2人

**游戏目的** 通过敲打积木或者其他玩具的方法，锻炼宝宝的手臂力量。

**游戏方法**

❶ 准备一些木质积木、纸质的盒子和塑料的小玩具，教宝宝敲击木质积木，并听积木玩具发出的声音。

❷ 拿两个塑料的小玩具进行对击，让宝宝同样去做。

> **温馨提示**
> 妈妈也可以准备其他的一些小玩具，让宝宝听听不同的玩具发出的声音，刺激听觉发展。

### 大苹果和小苹果
——逻辑能力培养
参与人数 2人

**游戏目的** 训练宝宝对大小的感知。

**游戏方法**

❶ 准备一大一小两个苹果（大小差别要明显）。和宝宝面对面坐在地板上，苹果摆在宝宝面前。

❷ 妈妈对宝宝说："这是大苹果，那是小苹果。宝宝摸摸苹果。"另外，在宝宝用手摸苹果或罐子时，妈妈可以通过语言的重复来强化概念，如"这是大大的苹果，那是大大的罐子"。

> **温馨提示**
> 大和小是很重要的数学概念，宝宝开始可能很难理解它们。可先让宝宝认识"大"，引入"大"的概念，先不用提及"小"，但两个物体的比较还是需要的。

## 本月宝宝能力测评

**1** 一次可以按照妈妈的指示拿起4种玩具。
　　　　○ 是　　　　　　　○ 否

**2** 可以认识身体的2个部位。
　　　　○ 是　　　　　　　○ 否

**3** 可以用手指按电视、录音机、电灯或收音机中的开关。
　　　　○ 是　　　　　　　○ 否

**4** 可以叫出爸爸妈妈中的一人。
　　　　○ 是　　　　　　　○ 否

**5** 会给布娃娃盖被子。
　　　　○ 是　　　　　　　○ 否

**6** 当别人谈到自己时,宝宝会藏到妈妈身后,表示害羞。
　　　　○ 是　　　　　　　○ 否

**7** 会用勺子盛出食物。
　　　　○ 是　　　　　　　○ 否

**8** 妈妈给宝宝穿衣服时,宝宝会主动配合。
　　　　○ 是　　　　　　　○ 否

**9** 现在可以手膝一起爬行了。
　　　　○ 是　　　　　　　○ 否

**10** 扶着物体,会横行跨步。
　　　　○ 是　　　　　　　○ 否

✱ **评分结果:**

答"是"加1分,答"否"得0分。
9~10分,优秀;7~8分,良好;5~6分,一般;5分以下宝宝需要加强训练。

## 父母关注专题

### 专题一　通过饮食调理宝宝身体

宝宝的体质由先天禀赋和后天调养决定。宝宝的体质分为健康、寒、热、虚、湿五型。因此，父母根据体质作饮食调养是很必要的。

❀ **健康型**

这类宝宝的身体壮实、面色红润、精神饱满、胃纳佳、二便调，饮食调养的原则是平补阴阳，食谱广泛，营养均衡。

❀ **寒型体质**

寒型体质的宝宝形寒肢冷、面色苍白、不爱活动、胃纳欠佳，食生冷物易腹泻、大便溏稀。此类宝宝饮食调养的原则是温养胃脾，宜多食辛甘温之品，如羊肉、鸽肉、牛肉、鸡肉、核桃、龙眼等，忌食寒凉之品，如冰冻饮料、西瓜、冬瓜等。

❀ **热型体质**

热型体质的宝宝形体壮实、面赤唇红、畏热喜凉、口渴多饮、烦躁易怒、胃纳佳、大便秘结。此类宝宝易患咽喉炎，外感后易高热，饮食调养的原则是以清热为主，宜多食甘淡寒凉的食物，如苦瓜、冬瓜、萝卜、绿豆、芹菜、鸭肉、梨、西瓜等。

❀ **虚型体质**

虚型体质的宝宝面色萎黄、少气懒言、神疲乏力、不爱活动、汗多、胃纳差、大便溏或软，此类宝宝易患贫血和反复呼吸道感染，饮食调养的原则是：气血双补，宜多食羊肉、鸡肉、牛肉、海参、虾蟹、木耳、核桃、桂圆等。忌食苦寒生冷食品，如苦瓜、绿豆等。

❀ **湿型体质**

湿型体质的宝宝嗜食肥甘厚腻之品，形体多肥胖、动作迟缓、大便溏烂。保健原则以健脾祛湿化痰为主，宜多食高粱、薏仁、扁豆、海带、白萝卜、鲫鱼、冬瓜、橙子等。忌食甜腻酸涩之品，如石榴、蜂蜜、大枣、糯米、冷冻饮料等。

一般人都知道食物可以养人，但对食物也可伤人就不太清楚了。父母应了解事物的温凉，注意食物间的合理搭配，保持宝宝饮食属性的平衡。

❀ **蔬菜类**

温热性：刀豆、扁豆、青菜、黄

## 超级育儿圣典

芽菜、芥菜、香菜、辣椒、白菜、南瓜、蒜苗、蒜薹、大蒜、大葱、生姜、熟藕、熟白萝卜。

寒凉性：芹菜、冬瓜、生白萝卜、苋菜、黄瓜、苦瓜、生藕、莴笋、茄子、丝瓜、茭白、慈姑、紫菜、金针菜（干品）、海带、竹笋、冬笋、菊花菜、蓬蒿菜、马兰头、土豆、绿豆芽、菠菜、油菜、蕹菜。

平性：卷心菜、番茄、豇豆、芋艿、鸡毛菜、花菜、绿花菜（花椰菜）、黑木耳、银耳、山药、松子仁、芝麻、胡萝卜、洋葱头、蘑菇、香菇、蚕豆、花生、毛豆、黄豆、黄豆芽、白扁豆、豌豆。

❋ **粮食类**

温热性：面粉、高粱、糯米及其制品。

寒凉性：荞麦、小米、大麦、青稞、绿豆及其制品。

平性：大米、籼米、玉米、红薯、赤豆及其制品。

❋ **水果类**

温热性：荔枝、龙眼、桃子、大枣、杨梅、核桃、杏、橘子、樱桃。

寒凉性：香蕉、西瓜、梨、柑子、橙子、柿子、鲜百合、甘蔗、柚子、山楂、芒果、猕猴桃、金橘、罗汉果、桑葚、杨桃、香瓜、生菱角、生荸荠。

平性：苹果、葡萄、柠檬、乌梅、枇杷、橄榄、花红、李子、酸梅、海棠、菠萝、石榴、无花果、熟菱角、熟荸荠。

❋ **肉类**

温热性：羊肉、狗肉、黄鳝、河虾、海虾、雀肉、猪肝。

寒凉性：鸭肉、兔肉、河蟹、螺蛳肉、田螺肉、马肉、菜蛇、牡蛎肉、鸭蛋、蛤、蚌、黑鱼。

平性：猪肉、鹅肉、鲤鱼、青鱼、鲫鱼、鲢鱼、甲鱼、泥鳅、海蜇、乌贼、鸡血、鸡蛋、鸽蛋、鹌鹑肉、鹌鹑蛋、鳗鱼、鲈鱼、鳜鱼、黄花鱼、带鱼、鱼翅、鲍鱼、海参、燕窝。

❋ **奶制品**

温热性：奶酪。

平性：牛奶、豆奶、豆制品。

> **温馨提示**
>
> 无论宝宝偏热还是偏凉，都可以通过饮食调理。不要经常挑选与宝宝体质相矛盾的食品，凡偏热型的宝宝可以多挑选平性或寒凉性的食品；凡偏寒型的宝宝可以多挑选平性或温热性的食品。需要注意的是，健康型的宝宝如果吃了太多的热性或凉性的食品，超过了他的适应能力，也会造成身体不适。

# Part 2  婴儿期——会叫爸爸妈妈了

## 专题二  家庭常备小药箱

### 家庭常备外用药及其用途

| 药物名称 | 用途 |
| --- | --- |
| 创可贴 | 用于轻微伤口的包扎止血。 |
| "好得快"喷雾剂 | 用于轻微（无伤口，但稍有红、肿、痛）的扭伤。 |
| 碘伏、过氧化氢、酒精等 | 主要用于清洁、消毒伤口，避免感染。 |
| 凡士林、婴儿油、红霉素或金霉素眼膏 | 不仅能用于眼病，还可用于口唇疱疹、鼻腔干燥等。 |
| 开塞露、软便剂 | 临时通便。 |
| 痱子洗剂、尿布疹膏、鞣酸软膏、硝酸软膏 | 皮肤斑疹，局部用。 |
| 宝宝金水、十滴水 | 夏季祛痱消暑用。 |

### 家庭常备内服药

| 类别 | 药物列举 |
| --- | --- |
| 感冒药 | 感冒清热冲剂、板蓝根冲剂、藿香正气胶囊、双黄连冲剂、小儿速效感冒片。 |
| 退热药 | 解热止痛片、复方阿司匹林片、小儿退热口服液、泰诺口服液、小儿退热栓。 |
| 止咳化痰药 | 小儿止咳糖浆、伤风止咳糖浆、蛇胆川贝液、小儿珍贝散、复方甘草片。 |
| 助消化药 | 小儿消食片、多酶片、乳酶片、妈咪爱。 |
| 消炎药 | 阿莫西林粉剂、美欧卡、罗红霉素。 |
| 维生素类药 | 维生素C、维生素$B_2$。 |
| 补钙药 | 浓鱼肝油滴剂、贝特令（胶丸）、伊可新、可乐贝贝多（滴剂）、龙牡壮骨冲剂。 |

### 温馨提示

儿童用药原则：

切忌滥用退热药、抗生素等，体温38.5℃以下不需要特殊处理，多喝水就行，38.5℃以上才需要服退热药。

能输液尽量不手术，能打针尽量不输液，能吃药尽量不打针。

按病情选择合适的药物，能外贴尽量不口服。

# 超级育儿圣典

## 新手爸妈 学婴语
### XinShou BaMa XueYingYu
—— "扔东西"

### 宝宝"说"

我最近迷上了一种新的探索方式,那就是扔东西,只要是我能拿到的东西我都喜欢往地上扔,因为我喜欢听这种有趣的落地声,每一种声音好像都不同。

### 婴语解析

宝宝会观察物体坠落的过程,并注意不同物体落地的声音,他会渐渐发现东西落地和发出声音是有联系的,从而锻炼他的逻辑思维。

### 育儿专家告诉你

家长对宝宝扔东西要充分理解,并提供一定的帮助,比如为宝宝准备一些不怕摔的玩具,让宝宝扔个够。但是宝宝毕竟年纪还小,手脑协调性还不是很好,所以扔东西时很有可能会损坏物品,爸爸妈妈不要大呼小叫地责备宝宝。

## 育儿问答精选

Q:我家宝宝之前大便很正常,每天1次,但是最近大便突然增多,每天达到5~6次,晚上拉的有点稀,白天还好,去医院验大便也没什么不正常,请问这个要紧吗?有人说要吃点"妈咪爱",查了一下"妈咪爱"属于益生菌,这个会有影响吗?

A 如果大便性状正常,宝宝也没有其他不适,只是大便次数增多问题不大,如果宝宝穿衣服比较单薄,天气比较凉也会刺激排便。可以继续观察,如果大便持续不正常,并且宝宝精神状态不佳、食欲缺乏,建议继续去医院做化验。益生菌最好不要随便吃,免得破坏宝宝自身肠道菌群的发展。

## Part 2 婴儿期——会叫爸爸妈妈了

**Q：8个月的宝宝吃的青菜碎，拉出来的便便里面还能看见菜。是消化不好吗？**

**A** 如果宝宝吃的青菜碎被原样排出来，说明宝宝消化功能发育尚未完善，其消化吸收食物及适应新事物的能力比较薄弱。所以，这样的宝宝添加辅食不要操之过急，应注意：首次添加的量要少。添加食物要一样一样的，同时，添加的速度要缓慢。

**Q：我家宝宝已经快8个月了，可还是坐不稳，有时需要有人帮忙支撑，是因为他太胖了，还是因为缺钙等其他原因呢？**

**A** 运动能力发展缓慢和缺钙没有必然联系。超重确实是会影响宝宝的运动能力发育。如果宝宝还不能独坐，或者不喜欢坐，那也不必强求。建议可以让宝宝多趴着。趴着可以锻炼宝宝的腰背部肌肉，可以帮助他练习爬行，增强肢体的协调性。

**Q：男宝宝7个多月，纯母乳喂养期间每天1次大便，很有规律。但是自从添加辅食后，现在都是三、四天1次，不过大便形状还算正常，也不是太费力。但是间隔这么久是不是便秘啊？**

**A** 判断是不是便秘不能只看时间间隔，还要看大便是不是干硬，宝宝大便时是不是很费劲。如果大便性状正常，也不是很费力，那就不算便秘。日常饮食要注意多吃些含有膳食纤维的蔬菜和水果。建议家长每天都给宝宝做顺时针的腹部按摩，刺激肠蠕动，促进大便。

**Q：宝宝8个月了，不会用膝盖和手爬，但会匍匐前进，不喜欢跳，我用手架着她上下跳，腿也不用力，为什么呢？**

**A** 在发育过程中，有的宝宝某项运动做得好，但是另一项运动相对表现可能会差一些。每个宝宝的各项运动能力发展的水平不一样，不要因为宝宝的某项能力不好而着急。家长应该多给宝宝创造一些运动的机会，每天都要让宝宝爬一爬，坚持训练宝宝，相信宝宝很快就会有进步的。

# 第9个月
## 有了独立意识

### 本月育儿要点

本月,母乳喂养的次数可逐渐减少,一天3~4次就可以了。

❉ **防止宝宝误食异物的方法**

及时清理小物品,如小刀、小玻璃杯等。

当心水果核。

检查玩具的零部件。

❉ **宝宝吞咽异物后应对策略**

对于婴儿,爸爸妈妈可将其倒提两腿,头向下垂,同时轻拍其背部。通过异物自身的重力和呛咳时胸腔内气体的冲力,迫使异物咳出。

如果上述方法无效或情况紧急,应立即就医。

❉ **任性宝宝应对措施**

转移宝宝的注意力。

❉ **宝宝洗脚方法**

泡。

搓。

按摩。

## 宝宝成长小档案

### 宝宝的体格发育

**❋ 体重**

男宝宝体重平均为 9.2 千克左右，正常范围是 8.2~10.2 千克。女宝宝体重平均为 8.6 千克左右，正常范围是 7.7~9.6 千克。

**❋ 身长**

男宝宝身高平均为 72 厘米左右，正常范围是 69.5~74.5 厘米。女宝宝身高平均为 70.6 厘米左右，正常范围是 68.1~73.1 厘米。

### 宝宝的发育特点

**❋ 排便**

宝宝每天都基本上能够按时排大便，形成了一定的规律。有的宝宝已经可以不用尿布了。但这时的宝宝还不能自己有意识地控制大小便，只是反射性地排便。

有的宝宝排大便前脸部会有表情，学会"嗯嗯"地示意。只要大人留心，都可以准确地捕捉到宝宝的排便之需，及时帮他们解决内急。

**❋ 排尿**

宝宝此时还不会说话，不能表达自己的需求，还是要靠大人多观察，掌握宝宝的排尿规律。比如有的宝宝在排尿前会轻轻打个哆嗦。

**❋ 睡眠**

这个月的宝宝每天需要睡 14~16 个小时，白天可以只睡 2 次，每次 2 小时左右，夜间睡 10 小时左右。夜间如果尿布湿了，但宝宝睡得很香，可以不马上更换。

如有尿布疹的宝宝要随时更换尿布。

## 宝宝的社会化发育

### ❋ 宝宝的感官发育

宝宝能听懂简单的指示，如去拿玩具。他能发简单的音，但发音不一定准确。如想让爸爸妈妈帮他拿某个东西时，会指着东西看着爸爸妈妈的脸发出"啊啊"的声音。现在，当爸爸妈妈用布将积木盖住一大半，只露出积木的边缘时，宝宝能"哼哼"着找出被布盖住的积木。

### ❋ 宝宝的运动能力

宝宝可以一只手拿着东西爬，爬行时开始懂得转方向，有的宝宝能爬楼梯。宝宝可以坐着转向90度，而且能独自从坐姿稳稳当当地趴下。他能用手扶着物体站一会儿，站起来后会自己蹲下，少数宝宝可能还会扶着墙或家具侧走。

宝宝会在胸前拍手或拿着2样东西相互击打。他也能自己拿着奶瓶喝奶，奶瓶掉了会自己捡起来。他能将积木放入盒子里，还能再从盒子里取出积木。宝宝开始摆积木，能将2块积木叠起来。

拇指和食指能捏起细小的东西。此时的宝宝会出现一个非常重要的动作，就是喜欢用食指抠东西，例如抠桌面、抠墙壁。会模仿妈妈拍手，但没有响声。能把纸撕碎，并放在嘴里吃。把宝宝抱到饭桌旁，宝宝会用两手啪啪地拍桌子，会拿起饭勺送到嘴里，如果掉下去，会低头去找。能拉住窗帘或窗帘绳晃来晃去。

### ❋ 宝宝的语言发育

宝宝开始有明显高低音调出现，会用声音加强情绪的表达。他能模仿爸爸妈妈咳嗽，用舌头发出"嗒嗒"声或发出"嘶嘶"声。

9～10个月的宝宝，"咿呀学语"变得更复杂了，他已经能够将不同的音节组合起来发音，虽然这些音节组合没有固定的模式，但已经可表达一些意思了。还能模仿大人说一些简单的词，还能够理解常用词语的意思，并会一些表示词义的动作。这说明宝宝的语言能力也有了很大的进步。

### ❋ 宝宝的认知能力发育

此时的宝宝也许已经学会随着音乐有节奏地摇晃，能够认识五官。能够认识一些图片上的物品，例如他可

Part 2 婴儿期——会叫爸爸妈妈了

以从一大堆图片中找出他熟悉的几张。能够有意识地模仿一些动作，如：喝水、拿勺子在水中搅动等。可能他已经知道大人在谈论自己，懂得害羞；会配合穿衣；会与大人一起做游戏，如大人将自己的脸藏在纸后面，然后露出脸让宝宝看见，宝宝会高兴，而且能主动参与游戏。

✽ **宝宝的情感和社交**

宝宝能分辨出镜子中的妈妈和自己。他会在家人面前表演，受到表扬和鼓励时会重复表演。当与爸爸妈妈玩捉迷藏时，他会主动参与游戏。他对其他宝宝比较敏感，看到别的宝宝哭，自己也会跟着哭。

## 喂养宝宝

### 本月宝宝所需营养

对于8个月的宝宝，部分母亲的母乳已不能完全满足他们生长发育的需要，添加辅食就显得很重要。由于这个月大多数宝宝都在学习爬行，体力消耗会较大，应该给宝宝喂食更多富含碳水化合物、蛋白质和脂肪的食物。

第9个月，妈妈要注意给宝宝添加促进宝宝身体组织生长的蛋白质食物。还要添加提供宝宝每天活动与生长所需热量的碳水化合物，如面粉类食物。

### 本月宝宝如何喂养

原则上提倡喂母乳12个月以上，但由于宝宝个体差异的原因，并不是每个妈妈都可以做到。如果宝宝在这一阶段完成断奶，在营养方面，妈妈可以以各种方式给宝宝食用代乳食品。

一般来讲，这一时期宝宝的饮食为：每天4~5次配方奶，分别在早7时、下午2时、晚上9时和夜间（夜里如果宝宝熟睡也可以不喂），每次约为250毫升。另外要加2次辅食，可安排在上午11时和下午6时，辅

# 超级育儿圣典

食的内容力求多样化，使宝宝对吃东西产生兴趣且营养均衡。在这期间还可以安排宝宝吃些水果或果泥。在食物的搭配上要注意无机盐和微量元素的补充。

宝宝现在已经具备了一定的咀嚼能力，因此在添加辅食的时候，不要总是把食物做得软烂。像馒头、饼之类的食物，只要宝宝喜欢吃，就可以给宝宝吃。苹果这类的水果，可以切成薄片让宝宝自己拿着吃；香蕉、番茄等可以去掉皮后让宝宝直接吃了。不过肉类的食物还是要做成肉末或者肉馅再给宝宝吃。

## 不要擅自给晚长牙的宝宝补钙

正常情况下，宝宝出生之后6~7个月就开始长牙，所以，有些妈妈看到自己的宝宝到本阶段还不长牙，就十分着急，并片面地认定是宝宝缺钙而导致的。于是妈妈就会急切且盲目地为宝宝补充钙和鱼肝油。殊不知，只凭宝宝的长牙早、晚并不能确定宝宝缺钙与否，而且就算宝宝真的缺钙，也要在医生的指导下给宝宝补充钙质。一旦给宝宝服用过量的鱼肝油和钙质，就极有可能会引发维生素中毒，使宝宝的身体受到损害。

宝宝长牙的早或晚，通常由多方面的因素导致，虽然也与缺钙有关，但缺钙并不是主要原因。只要是宝宝没有什么其他的毛病，身体各方面都很健康，那么哪怕宝宝到1岁的时候才开始长牙，家长也无须担心，只要保证宝宝日常需要的营养就可以了，绝不可盲目地为宝宝补充过量的鱼肝油和钙。

## 这些食物对宝宝智力有影响

### ✽ 促进宝宝智力发育的食物

鱼肉中富含多种蛋白质，还含有不饱和脂肪酸以及钙、铁等成分，是脑细胞发育的必需营养物质。

蛋黄中的卵磷脂经肠道消化酶的作用，释放出来的胆碱直接进入脑部，与醋酸结合生成乙酰胆碱。乙酰胆碱是神经传递介质，有利于智力发育，改善记忆力。

大豆及其制品富含优质的植物蛋白质。大豆油还含有多种不饱和脂肪酸及磷脂，对脑发育有益。所以，父母应该让宝宝多进食一些大豆制品如豆奶、豆腐以及其他豆制品。

## Part 2  婴儿期——会叫爸爸妈妈了

牛肉、猪肝、鸡肉、鸡蛋、鱼、黑木耳、蘑菇、海带等，这些物质富含锌、碘、铜、铁、硒等微量元素，它们是构成大脑所必需的营养成分，是提高幼儿智商必不可少的物质。

蔬菜、水果及干果富含多种维生素，对促进大脑的发育、大脑功能的开发等均有一定的作用。家长要注意适当给宝宝补充维生素，不但能很好地帮助宝宝获得全面均衡的营养，还能帮助宝宝提高食欲。

❈ **对宝宝智力不利的食物**

以下食物宝宝如果吃多了，会影响大脑的发育，使宝宝智力出现问题。

含铝食物：世界卫生组织提出，人体每天摄铝量不应超过60毫克，如果一天吃50~100克油条便会超过这个允许摄入量，导致记忆力下降、思维能力迟钝，所以，早餐不能以油条为主食。经常使用铝锅炒菜、铝壶烧开水也应注意摄铝量增大的问题。

含过氧脂质的食物：过氧脂质对人体有害，如果长期从饮食中摄入过氧化脂并在体内积聚，可使人体内某些代谢酶系统遭受损伤，促进大脑早衰或痴呆，如熏鱼、烤鸭、烧鹅等。还有炸过鱼、虾的油会很快氧化并产生过氧脂质。其他如鱼干、腌肉及含油脂较多的食物在空气中都会被氧化而产生过氧脂质。

过咸食物：人体对食盐的生理需要极低，大人每天摄入6克以下，儿童每天摄入3克以下。习惯吃过咸食物的人，不仅会引起高血压、动脉硬化等症，还会损伤动脉血管，影响脑组织的血液供应，使脑细胞长期处于缺血缺氧状态而导致智力迟钝、记忆力下降，甚至过早老化。

## 早餐一定要有营养

给宝宝的早餐如何做到又美味又有营养呢？

❈ **一定要补充水分**

早晨一定要让宝宝喝一杯温开水或牛奶。

经过一夜的代谢，宝宝身体里水分散失很快，而且有许多废物需要排出，喝水可以补充身体里的水分，促进新陈代谢。

牛奶中除了水分，还提供优质蛋白质、易于消化吸收的脂肪和丰富的乳糖，还可以提供丰富的钙，对宝宝生长发育非常有益。

❈ **淀粉+蛋白质+脂肪=营养又补充能量**

如果早餐只有面包、米饭、粥之

类的淀粉类食物,宝宝当时吃饱了,但因为淀粉容易消化,宝宝很快又会感到饿,所以,早餐一定要有一些含蛋白质和脂肪的食物,可以让食物在胃中停留比较长的时间。

例如,可以给宝宝喝1杯牛奶,再配1个鸡蛋和一些主食。比如给宝宝准备了粥,就配上咸蛋、豆腐干、香肠;如果吃面,就配上荷包蛋或1块排骨。

❋ **别落下维生素**

维生素对宝宝的成长至关重要,宝宝一天的开始当然不能落下维生素了,早餐给宝宝一个水果,或在汤面里加一点绿叶蔬菜都是获取维生素的好办法。

除了早餐以外,宝宝的每顿饭都需要注意补充点维生素,维持营养均衡。

## 预防宝宝疾病的蔬果清单

❋ **萝卜预防疾病的做法**

扁桃体炎:鲜萝卜绞汁50毫升,甘蔗绞汁15毫升,加适量白糖水冲服,每日2次。

腹胀积滞、烦躁、气逆:鲜萝卜1个,切薄片;酸梅2粒。加清水5碗煎成1碗,去渣取汁加少许食盐调味饮用。

❋ **胡萝卜预防疾病的做法**

营养不良:胡萝卜1根,煮熟后每天饭后当零食吃,连吃1周。

百日咳:胡萝卜1根,挤汁,加适量冰糖蒸开温服,每日2次。

❋ **冬瓜预防疾病的做法**

夏季感冒:鲜冬瓜1块切片,粳米1小碗。冬瓜去皮瓤切碎,加入花生油炒,再加适量姜丝、豆豉略炒,和粳米同煮粥食用,每日2次。

咳嗽有痰:用鲜冬瓜1块切片,鲜荷叶1张。加适量水炖汤,加少许盐调味后饮汤吃冬瓜,每日2次。

❋ **南瓜预防疾病的做法**

哮喘:南瓜1个,蜂蜜半杯,冰糖50克,先在瓜顶上开口,挖去部分瓜瓤,放入蜂蜜、冰糖,盖好,放在蒸笼中蒸2小时即可。每日早晚各吃1次,每次半小碗,连服5~7个月。

蛔虫、绦虫病:取新鲜南瓜子仁

50 克，研烂，加水制成乳剂，加冰糖或蜂蜜，空腹服。

### ❃ 土豆预防疾病的做法

习惯性便秘：鲜土豆洗净切碎后，加开水捣烂，用纱布包绞汁，每天早晨空腹服下 1~2 匙，酌加蜂蜜同服，连续 15~20 天。

湿疹：土豆洗净，切碎捣烂，敷患处，用纱布包扎，每昼夜换药 4~6 次，2~3 天后便能治愈。

### ❃ 葱预防疾病的做法

感冒发热：连根葱白 15 根和大米 1 把煮粥，倒 1 勺醋，趁热吃，每日 3 次。

咳嗽：葱白连须 5 根，生梨 1 个，白糖 2 勺。水煎后，吃葱、梨，喝汤，每日 3 次。

### ❃ 白菜预防疾病的做法

百日咳：大白菜根 5 条，冰糖 50 克，加水煎服，每日 3 次。

感冒：大白菜根 5 条，洗净切片，红糖 30 克，生姜 5 片，水煎服，每日 2 次。

### ❃ 番茄预防疾病的做法

贫血：番茄洗净，鸡蛋 1 个煮熟，同时吃下，每日 1~2 次。

皮肤炎：将番茄去皮和子后，捣烂外敷于患处，每日更换 2~5 次。

## 本月宝宝营养餐推荐

### 山药麦片粥
**调养脾胃、促进食欲**

**材料** 粳米 50 克，山药 35 克，麦片 25 克，枸杞 5 粒。

**做法** 粳米淘洗干净；山药去皮洗净，切成小丁。将粳米、山药、麦片、枸杞一同放入锅中，加适量水，煮沸后，转文火熬煮 40 分钟即成，适口后给宝宝喂食。

**功效** 适合 9 个月的宝宝食用。枸杞能补血明目，搭配山药煮粥可调养脾胃，提高食欲，促进宝宝成长。

### 牛肉冬菇粥
**锻炼宝宝咀嚼能力**

**材料** 牛肉 35 克，冬菇 40 克，大米 45 克。

**做法** 冬菇洗净，切碎；牛肉洗净，放入锅中，加适量清水煮沸，去除浮沫捞出，晾凉切碎；大米淘洗干净，放入锅中，加适量清水，煮沸后，放入牛肉碎和冬菇碎，转文火熬煮至肉烂米熟即成，适口后给宝宝喂食。

**功效** 适合 9 个月的宝宝食用。冬菇、牛肉耐咀嚼，常食既可锻炼宝宝的咀嚼能力，而且营养丰富，促进宝宝健康成

# 超级育儿圣典

长。若宝宝咀嚼能力差，烹饪时，可将牛肉、冬菇切碎一些或多煮一会儿。

## 菠菜猪肝汤
**补肝、富含营养**

**材料** 菠菜4根，猪肝1小块，姜丝、高汤各少许。

**做法** 猪肝洗净，切碎；菠菜洗净，放入沸水中焯烫，捞出后切碎。锅内加水烧开，加入姜丝和高汤，再放入猪肝和菠菜，煮至肝熟即可。

**功效** 菠菜，平肝、止血、润燥；猪肝，养肝明目、健脾益气。此汤味道鲜美，营养丰富，是非常适合老人、孩子的美味汤品。

## 南瓜拌饭
**促进消化，美肤**

**材料** 大米45克，南瓜25克，白菜叶1片，高汤少许。

**做法** 南瓜去除瓤、皮，洗净，切丁；白菜叶洗净，切碎。大米淘洗干净，放入电饭锅中，加水适量，煲煮至沸腾时，放入南瓜粒和白菜叶，加入少许高汤，混合拌匀后，继续煲煮至熟烂即成。适口后，给宝宝喂食。

**功效** 适合9个月的宝宝食用。南瓜是宝宝辅食的最佳食品之一，易咀嚼吞咽。

# 日常照护

 **帮宝宝纠正牙齿发育期的坏习惯**

在宝宝生长发育期间，许多不良的口腔习惯能直接影响到牙齿的正常排列和上下颌骨的正常发育，从而严重影响了容颜面部的美观。下列不良习惯应及时纠正。

❋ **咬物**

一些儿童在玩耍时，爱咬物体（如袖口、衣角、手帕等），这样在经常咬物的牙弓位置上易形成局部小开牙畸形。

### ✽ 偏大侧咀嚼

一些宝宝在咀嚼食物时，常常只使用一侧，这种一侧偏用一侧废用的习惯形成后，易造成单侧咀嚼肌肥大，而废用侧因缺乏咀嚼功能刺激，使局部肌肉废用萎缩，从而使面部两侧发育不对称，造成偏脸或歪脸。

### ✽ 张口呼吸

后果是可使上颌骨及牙弓受到颊部肌肉的压迫，限制了颌骨的正常发育，使牙弓变得狭窄，前牙相挤排列不下引起咬合紊乱，严重的还可出现下颌前伸，下牙盖过上牙。

### ✽ 舔舌

多发生在换牙期，可使正在生长的牙齿受到阻力，致使上下前牙不能互相接触或把前牙推向前方，而造成牙齿畸形。

### ✽ 下颌前伸

一些婴儿喜欢含空奶头睡觉或躺着吸奶，这样奶瓶压迫上颌骨，而婴儿的下颌骨则不断地向前吮奶，长期反复地如此动作，可使上颌骨受压，下颌骨过度前伸，可形成前牙反颌，下颌骨前突的畸形，俗称"地包天"。

## 男宝宝摸"小鸡鸡"，怎么应对

有些男宝宝会出现抓"小鸡鸡"的现象，有两种可能，一种是可能存在包茎、会阴湿疹等不适，宝宝会因为瘙痒而抓"小鸡鸡"。另外一种可能是大人的原因导致的。比如周围的大人经常拿宝宝的"小鸡鸡"开玩笑，甚至喜欢去揪宝宝的"小鸡鸡"，宝宝会觉得大家喜欢他的"小鸡鸡"，并且会模仿大人的行为。

当宝宝出现这种行为，父母该如何做呢？

如果发现宝宝喜欢抓"小鸡鸡"，首先要检查是不是出现了包茎或者有湿疹，如果有就要及时治疗。

不要让宝宝穿得太多太热，适宜穿较宽松的内衣，同时保持清洁卫生。

如果是大人的原因导致的，首先大人要先改掉自己的问题，然后再去纠正宝宝的不良习惯。

注意不能因此惩罚、责骂或讥笑宝宝。

尽量把宝宝的注意力转移到其他活动上去，分散宝宝对固有习惯的注意力。

只要耐心诱导并适当地进行教育，大部分宝宝会随着年龄的增长不治自愈。

# 超级育儿圣典

> **温馨提示**
>
> 当宝宝去抓"小鸡鸡"的时候,妈妈可以通过给宝宝玩新的玩具,转移宝宝的注意力,慢慢地宝宝就会改掉这个不良习惯。

## 教宝宝认识身体

9个月龄的宝宝,虽然还不会完整地说话,但已经能够记忆并且理解一些日常生活中常用到的词汇。因此,认识身体的部位,也是这个月龄宝宝需要初步掌握的能力。

### ✿ 如何训练宝宝指认身体

宝宝一般最早认识的,是自己的小手。也有一些宝宝最先学会认眼睛或鼻子。对宝宝说"再见"时,宝宝会摇动小手,说到"握手"时,知道伸出小手。

有的宝宝喜欢蹬踢玩具,可以趁着宝宝兴趣浓厚的时候,教宝宝认识"小脚丫"。如果宝宝喜欢玩照镜子游戏,可以先学认五官。平时,给宝宝穿衣服、洗澡的时候,妈妈都可以用一些简单的词语来对宝宝说,如"伸手"、"抬腿"、"闭眼"、"张嘴"等,宝宝会逐渐懂得和记住妈妈在表达的含义。

### ✿ 教宝宝认识五官

妈妈先要在纸上画出五官的样子,并在图片上标出相应的字,如在画好的鼻子上写一个大大的"鼻"字。先教宝宝指图说"鼻子",再指自己的"鼻子",再指字说"鼻子"。

多次重复之后,宝宝懂得这就叫鼻子,当大人指图、字或自己的鼻子时,看看宝宝是否能说出来。用同样方法可以教宝宝学习到眼、耳、嘴、舌等字。

学会认识五官之后,妈妈可以把五官改成其他任何一个身体部位,比如手、胳膊、指甲等等。

# 宝宝小门诊

##  宝宝误食异物了该怎么办

### ❋ 宝宝误食异物应对策略

当发现宝宝吃了什么东西后表现有些不太正常时,爸爸妈妈可以一只手捏住宝宝的腮部,另一只手伸进宝宝的嘴里,将东西掏出来。

如果宝宝吞食了异物,但是没有什么异常的表现,只要不是带尖的物品,父母就不必过于惊慌。像围棋、硬币、纽扣、戒指、小珠子、果核等物品大都会原样随着大便排出来,但时间不尽相同。

如果宝宝呼吸急促、翻白眼或发出哮鸣声,就需要赶紧用手倒提宝宝的小脚让宝宝头朝下,拍他的背部。或者在宝宝背后和心口窝的下面,用双手往心口窝方向用力挤压(注意手法不能过猛、过硬),这样就有可能在宝宝使劲儿憋气的同时,将吞下去的东西吐出来。

如果上面的措施都没有效果,应立即送往医院急救。

若异物从鼻孔进入发生堵塞时,最好不要在家里取,也应该立即请医生处理。

### ❋ 防止宝宝误食异物的方法

清理小物品:妈妈要特别注意宝宝爬行的地面上是否掉有小物品,如扣子、大头针、曲别针、豆粒、硬币等,一定要先清理干净再让宝宝玩儿。

当心水果核:在吃有核的水果(如枣、山楂、橘子等)时,要特别当心,应先将核取出后再让宝宝食用。

检查玩具的零部件:仔细检查宝宝的玩具,看看玩具细小的零部件(如小珠子等)有无松动或掉下来的可能。

## 超级育儿圣典

### 预防宝宝患流脑

"流脑"是流行性脑脊髓膜炎的简称,是由脑膜炎双球菌引起的化脓性脑膜炎。"流脑"经呼吸道传播,春季为发病高峰期,半岁至2岁的宝宝最易被感染。

❋ **流脑的症状表现**

突然高热,剧烈头痛,频繁呕吐,精神不振,颈项强直,重者可出现昏迷、抽搐。流脑根据病情轻重分为普通型和暴发型。因此,在流脑高发期,若出现类似上呼吸道感染的症状,或者突发高热、身上有出血点、头痛、喷射状呕吐、嗜睡、烦躁不安等症状,要立即到正规医院抢救治疗,以免延误病情。

❋ **提前接种疫苗**

在流行前预防接种,皮下注射疫苗1次,接种后5~7天出现抗体,2周后达到高峰。秋末冬初对5岁以内宝宝接种流脑疫苗,抗病能力可维持1年左右。

❋ **家庭预防措施**

保持室内空气清新,勤开门窗通风或喷洒空气消毒剂,常晒被褥。个人勤换衣裤、勤晒衣物,平时多晒太阳。注意保暖,预防感冒。在剧烈运动或游戏后,应及时帮宝宝把汗水擦干,穿好衣服。注意口腔卫生,饭后用盐水漱口。春季多吃葱、蒜可以杀死口腔中的病菌,有预防作用。

流行期间减少大型集会和大型集体活动。在流脑流行季节或地区,尽量不要带宝宝去拥挤的公共场所。抵抗力低的宝宝应戴上口罩后再外出,以免增加感染机会。不要带宝宝到疾病患者家去串门。

### 预防女婴生殖器感染

许多家长很少关心女婴的生殖器官,原因当然很多。实际上,女婴娇嫩的生殖器官特别容易遭受各种疾病的侵袭,给孩子带来的损害常常重于成人的妇科病。

❋ **女婴生殖器感染的症状**

女婴生殖器官发育尚未成熟，阴道黏膜较薄，阴道内酸度较成人低，感染的机会也多。发生感染后，女婴阴道内的白带也会增多。正常女婴的阴道，也有少量的渗出物，颜色透明，没有气味。

如果孩子的白带发生异常，颜色发黄或发白，像脓液，有异味、量多，则有可能发生了炎症。如果白带增多呈乳凝块状，阴部发痒，有异味，还出现尿急、尿频、尿痛的症状，看上去发红，就有可能染上了滴虫、真菌或淋病。如果白带多而且有臭味，有可能是幼童将异物塞进了阴道。当孩子发生生殖器肿瘤时，也可出现白带带血等变化。

❋ **预防生殖器感染的措施**

预防女婴生殖系统感染非常重要，父母要注意以下问题：

女婴不要穿开裆裤，可减少感染的机会。

父母要教育女婴从小养成良好的卫生习惯。

女婴洗会阴的盆要单用，不能与洗手、洗脚盆合用，更不能与母亲合用。

女婴的毛巾、床单要单用，并经常洗晒、用开水烫。

女婴大便后要用纸先拭净小阴唇，再用纸拭肛门。在清洗时也是先洗前边，后洗肛门。

带孩子出外旅游或到公共场所，不要随便使用盆浴，不要使用不洁的毛巾、马桶、卫生纸。

## 快乐亲子时刻

### 宝宝玩具推荐

选择一些宝宝容易参与其中的玩具，如一些成套的类似餐具的各种小物件之类的玩具，让宝宝能将那些小物件放入小容器，如小筐、小盒等，然后再把它们取出来。或提供有盖子的小盒、小瓶等，让宝宝打开或盖上盖子。

# 超级育儿圣典

## 亲子游戏

### 声音从哪里来
——手眼协调能力培养
参与人数 2人

**游戏目的** 锻炼宝宝的手眼协调力。

**游戏方法**

❶ 给宝宝一个会发声的玩具，捏捏这个玩具让它发出声响，然后用毛巾把它盖起来，让宝宝去揭开毛巾找到它。

❷ 再用毛巾把玩具盖上，在盖着毛巾的情况下让玩具发出声音。

> **温馨提示**
> 如果宝宝不能顺利地把盖住玩具的毛巾揭开也没关系，妈妈可以一边提示，一边鼓励宝宝自己动手。

### 抓飞碟
——精细动作能力培养
参与人数 2人

**游戏目的** 培养宝宝手眼协调能力和捏取东西的能力。

**游戏方法**

❶ 准备一些扔向空中能缓缓落下的东西，如丝巾、小手绢、气球等。

❷ 妈妈和宝宝坐在地板上，将丝巾等东西扔到空中，并说"飞碟飞起来了"。

❸ 当丝巾落下时，举起胳膊去抓它，然后再扔出去，鼓励宝宝去抓握。

> **温馨提示**
> 妈妈可故意将丝巾往宝宝的方向扔，让丝巾正好落在宝宝面前，激发宝宝的兴趣。

### 认识"1"
——逻辑能力培养
参与人数 2人

**游戏目的** 建立宝宝对数的概念。

**游戏方法**

❶ 妈妈拿出1块点心或糖果，竖起食指告诉宝宝："这是'1'。"

❷ 让宝宝模仿这个动作，再把食物给宝宝，并再次竖起食指表示"1"。同时出示字卡，让宝宝认识"1"。

> **温馨提示**
> 当宝宝不能准确模仿的时候，妈妈要适当地引导一下，避免伤害宝宝的自信心。

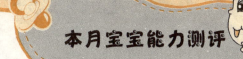

## 本月宝宝能力测评

1. 宝宝可以认识家长教过的身体部位。
   ○ 是　　　　　　○ 否
2. 宝宝可以直接去拿到自己喜欢的玩具。
   ○ 是　　　　　　○ 否
3. 宝宝可以拿取葡萄干或爆米花等小食品。
   ○ 是　　　　　　○ 否
4. 宝宝可以有意识地叫爸爸或妈妈。
   ○ 是　　　　　　○ 否
5. 宝宝可以不用妈妈扶持水瓶喝水，但可能有些洒漏。
   ○ 是　　　　　　○ 否
6. 当妈妈给宝宝穿衣服的时候，宝宝可以主动将胳膊伸入袖内双侧。
   ○ 是　　　　　　○ 否
7. 宝宝能手脚并用快速爬行。
   ○ 是　　　　　　○ 否
8. 扶站的时候，宝宝能蹲下捡东西。
   ○ 是　　　　　　○ 否
9. 妈妈双手牵着宝宝，可以向前行走。
   ○ 是　　　　　　○ 否
10. 玩游戏时，宝宝能快速将3个小球放到瓶中。
    ○ 是　　　　　　○ 否

✸ **评分结果：**

答"是"得1分，答"否"得0分。
9~10分，优秀；7~8分，良好；5~6分，一般；5分以下宝宝需要加强训练。

# 超级育儿圣典

##  父母关注专题

### 专题一　为宝宝选玩具

一些有趣的玩具在宝宝的体力和智力的发展中，有着很重要的作用。通过玩玩具，可以增加宝宝的四肢动作，促进协调运动的发展，并能使大脑潜能得以合理开发，增长智力，还能使宝宝的注意力更加集中。

#### ✻ 给宝宝选玩具要注意的事项

比如带声音一类的玩具，要选声音悦耳的，大小适中的。在大人摇铃，宝宝听和看的最初时期，可以选用大型花铃棒。但是到了宝宝能自己拿着玩时，花铃棒太大了，容易碰着宝宝的头和脸，很危险。所以宝宝拿在手里的花铃棒类玩具，要选用容易拿住的小型玩具。

在刚开始时，教宝宝玩玩具可以先用玩具去轻轻地触碰宝宝的小手，让他感觉不同的物体。等宝宝的小手能完全展开后，将玩具放入宝宝手中，使之握紧再慢慢抽出。此外，也可以等宝宝抓住玩具后，握住他的手，帮其摇出响声，同时讲"摇啊摇"，以启发宝宝的视听。

#### ✻ 给宝宝选择的玩具要安全

给宝宝选择玩具要以安全为主，而最安全的玩具应当是用布类做成的玩具。表面的布类要无毒，里面的填充物也要求无毒，不能混有尖硬的物体，也不应为颗粒细末状物体，否则一旦破裂后易呛入宝宝的气管。

因此，为宝宝选择玩具要做到：无毒、容易清洗消毒、表面光滑、周边圆钝无棱角、色彩鲜艳、重量较轻的，若能发出悦耳的声音则更好。

像花气球、拨浪鼓等，这样的玩具在色彩上不仅能从视觉上给孩子以刺激，发出的响声还能刺激听觉，使宝宝对外界环境发生兴趣。

若是选择吊车、小车等玩具，应以红色为基调，采用单一的色彩和形状。但选用这类玩具时必须注意一些问题。比如，那些带有小装饰品的玩具易招灰尘，因此应选用那些结构简单、不易招灰尘的玩具；应考虑到悬吊玩具上的饰品万一掉下来怎么办，为此在安装悬吊玩具时必须注意，吊装方法一定要稳妥可靠，万无一失，

Part 2 婴儿期——会叫爸爸妈妈了

同时还要考虑玩具与宝宝睡床的位置关系,保证宝宝能斜着看到玩具。

壁薄的塑料制玩具,宝宝咬一口就会破,出现切口是很危险的。另外,有些玩具带有小铃铛,宝宝有时会因为好奇而把它吞入口中,请务必留心。

选可以按出声的娃娃和动物玩具时,必须选用声音柔和的,因为声音强烈的玩具会使宝宝受惊。

总之,这个年龄段为宝宝选择的玩具,最好是带柄、易于抓握、能发出响声的,如摇棒、花铃棒、小摇铃等各种环状玩具。

## 专题二 读懂宝宝的身体语言

1岁之前的宝宝,常用各种手势来传达自己的想法,如果你是个细心的母亲,并能不断读懂他的身体语言,无形中就会给予宝宝极大的肯定。而宝宝自然也会越来越愿意和你交流。

### ❋ 妈妈,抱我

表现:找机会赖在你身上,抓抓你的头发,碰碰你的脖子,或者在你哺乳时,用自己的小手握住你的手指。

解析:这说明宝宝缺乏安全感,他要靠最亲密的接触来感觉你的存在。所以,当小宝宝把你刚做好的头发弄得一团糟的时候,千万不要气呼呼地把他扔进小床,你要做的事是继续陪伴他,并告诉宝宝这样是不可以的。

### ❋ 妈妈,告诉我为什么

表现:和你分享他的玩具。

解析:此时的宝宝总喜欢和你分享他的玩具:会走路的小鸭子,会跑的小汽车,不停旋转的小陀螺……不过你若以为他是要你和他一起玩这些会动的玩具可就大错特错了,宝宝的真正意思是想让你告诉给他:为什么这些玩具会动?

请不要不耐烦地草草把他打发了,要知道宝宝是想让他最信赖的人——妈妈或者爸爸,来帮助他认知一些事情。

### ❋ 妈妈,看我的动作

表现:对他人的语言和动作表示回应。

解析：9~10个月大的宝宝，会举起双臂，意思是"带上我出去逛逛"，甚至当你播放一段节奏欢快的音乐并做出跳舞的样子时，他会明白并欣然起舞。

## 新手爸妈 学婴语 —— "用手打人"

### 宝宝"说"

我会用手拍东西了，看到妈妈的脸也想拍一拍，可是妈妈好像很不高兴，我又做错了吗？

### 婴语解析

这时，宝宝正在探索手的功能，会无意识地去拍人。当他发现这种行为能引起大人的关注时，很有可能将其作为吸引关注的手段。当他有某种需求又没有得到满足时，便会挥舞小手打人。

### 育儿专家告诉你

手不是用来打人的。如果宝宝用手打人，一定要告诉宝宝这是不对的，还要让宝宝知道你很生气，千万不能笑脸相对。否则等于变相鼓励宝宝打人。如果宝宝大了还打人，那就会变成让人讨厌的宝宝，对宝宝的成长不利。

##  育儿问答精选

**Q：宝宝8个多月了，验血常规说是轻度贫血，让吃红豆、枣、瘦肉、猪肝，请问食补需注意什么？宝宝现在还不会扶着站，是发育慢吗？**

**A** 宝宝轻度贫血可以多给吃一些含铁的食品，如动物血、肝等，不过不能过量吃，每周吃1~2次，每次不超过20克即可。红枣、红豆的补铁效果并不是很好，所以不建议多吃。肉类补铁效果最好的是牛肉，可以给宝宝吃点牛肉。8个多月的宝宝应先训练爬，当学会爬以后才能训练站立和蹲下。8个多月的宝宝不会站是正常的，家长不用着急。

> **Q：女宝宝9个月了，最近总是喜欢摇头，吃奶时会吃一下就吐出奶，头摇会儿再接着吃，平常玩一会儿就自己摇头，这样正常吗？**

大概20%的宝宝，在6~10个月时会出现有节奏性的摇摆身体，还有6%的宝宝会出现以头撞物或摇头，或是有节奏地敲击甚至敲打自己。这种有节奏的动作可以让他们感到愉快。大部分宝宝在出现这些现象时神志清楚，表情显得自得其乐，没有其他异常行为，也不会出现危险。随着年龄增长，这种行为就会消失，家长不用担心。

> **Q：9个月宝宝的钙和锌可以同时补吗？**

应该补充钙质，无特殊缺锌的表现则不用补充锌。

> **Q：我家宝宝9个月了，我们经常在家里用豆浆机做豆浆，能给宝宝喝点豆浆吗？可以加糖吗？**

豆浆性味甘平，含有丰富的植物蛋白、脂肪、碳水化合物、维生素及矿物质等多种营养成分，还具有大量膳食纤维。每100克豆浆含蛋白质4.5克，脂肪1.8克，碳水化合物1.5克，磷4.5克，铁2.5克，钙2.5克以及维生素和核黄素等。9个月的宝宝适量食用是可以的，但是不能过量，否则会引起宝宝胃肠道胀气。

喝豆浆的时候可以适量加些糖，起到调味和增加热量的作用。

---

**我小时候是这么混的**

小时候我哥告诉我把砖头磨成粉可以止血用，我非常认真地磨了一大堆面面，仔细地分成一小包一小包的，分给了我的小伙伴们，并且告诉他们这是祖传的止血药，赢得无数羡慕眼光。

开心大放映

# 第 10 个月
## 有了自己的感情

### 本月育儿要点

❋ 添加辅食势在必行

即使这时母乳比较充足,也不能供给宝宝每日营养所需,必须添加辅食,并逐渐让辅食成为宝宝的主食。

❋ 宝宝咬人应对措施

用语言引导宝宝,并告诉他这样不对。

可经常给宝宝一些固体食物吃,以用来磨牙和锻炼咀嚼能力。

❋ 细心保护宝宝

在宝宝练习站立和迈步的时候,爸爸妈妈要在旁边保护宝宝,但不要过分害怕宝宝摔倒,只要没有危险就行。如果宝宝摔倒了要鼓励他自己爬起来,因为宝宝在摔倒与爬起来的过程中,会学会如何维持身体的平衡。

❋ 通过各种玩具开发宝宝的智力

在这个时期,应该尽可能多地给宝宝准备能够帮助其手部和全身活动、培养记忆力的玩具。

一般情况下,可以选择需要自己操作的玩具即可。

Part 2　婴儿期——会叫爸爸妈妈了

# 宝宝成长小档案

## 宝宝的体格发育

### ❋ 体重

男宝宝体重平均为 9.2 千克左右，正常范围是 8.2～10.2 千克。女宝宝体重平均为 8.6 千克左右，正常范围是 7.7～9.6 千克。

### ❋ 身长

男宝宝身高平均为 72 厘米左右，正常范围是 69.5～74.5 厘米。女宝宝身高平均为 70.6 厘米左右，正常范围是 68.1～73.1 厘米。

## 宝宝的发育特点

### ❋ 大便

有的宝宝即使此时有了坐盆的习惯，可是等自我意识有了萌芽之后，有的宝宝可能又不坐了。遇上这种情况，大人不能对宝宝失去耐心，大吵大嚷，因为这样会使得宝宝对自己的身体产生不好的感觉。

如果父母能以宽容、耐心的态度面对并解决"事故"，则有助于宝宝形成健康的身体意识。

### ❋ 睡眠

这个月宝宝的睡眠和上个月时差不多。每天需睡 14～16 个小时，白天睡 2 次。

正常健康的宝宝在睡着之后，应该是嘴和眼睛都闭得很好，睡得很甜。若不是这样，就应该找找原因。

## 宝宝的社会化发育

### ❋ 宝宝的感官发育

宝宝能将容器中的小物品抓出，如果物品从容器中掉出来，宝宝的视线会跟随物品移动。现在宝宝还表现出偏好使用身体的一侧及一只手。他还会用手指出身体的部位，如头、手、脚等。

宝宝学会了察颜观色，尤其是对

# 超级育儿圣典

父母和看护人的表情已有比较准确的把握了。如果妈妈笑，宝宝知道妈妈高兴，对他做的事情认可了，是在赞赏他，他可以这么做。如果妈妈面带怒色，宝宝知道妈妈不高兴了，是在责备他，他不能这么做。父母可以利用宝宝的这个能力，教育宝宝什么该做，什么不该做。但这时的宝宝还不具备辨别是非的能力，不能给宝宝讲大道理，否则会使他感到无所适从。父母一定要做到言传身教，带宝宝一起在生活、游戏中寓教于乐。

## ❋ 宝宝的运动能力

爬行时四肢已经能伸直，可以用手掌支撑地面独立站起来，可扶着家具，一边移动小手一边抬脚走。能自如地爬上椅子，再从椅子上爬下来。独站或扶站时，能有意识地从站立到坐下，再从坐下到俯卧。

能用拇指、食指熟练地捏住小物件，可用一只手拿2件小东西。有些宝宝可能还会分工使用双手，一手持物，一手玩弄。将悬吊玩具用线悬挂好之后，宝宝能用手推动玩具摇摆。

## ❋ 宝宝的语言发育

9～10个月的宝宝，"咿呀学语"变得更复杂了，他已经能够将不同的音节组合起来发音，虽然这些音节组合没有固定的模式，但已经能表达一些意思了。还能模仿大人说一些简单的词，还能够理解常用词语的意思，并会一些表示词义的动作。这说明宝宝的语言能力也有了很大的进步。

会叫"妈妈""爸爸"，还可能会说一两个字，但发音不一定清楚。能将语言与适当的动作配合在一起，如："不"和摇头，"再见"与挥手等。会一直不停地重复某一个字，不管问什么都用这个字来回答。

有些宝宝周岁时已经学会2～3个词汇，但可能性更大的是，宝宝周岁时的语言是一些快而不清楚的声音，这些声音具有可识别语言的音调和变化。只要宝宝的声音有音调、强度和性质改变，他就在为说话做准备。在他说话时，你反应越强烈，就越能刺激宝宝进行语言交流。开始能模仿别人的声音，并要求成人有应答，进入了说话萌芽阶段。在成人的语言和动作引导下，能模仿成人拍手、挥手再见和摇头等动作。

### ✲ 宝宝的认知能力发育

此时的宝宝能够认识常见的人和物。他开始观察物体的属性，从观察中他会得到关于形状、构造和大小的概念，甚至他开始理解某些东西可以食用，而其他的东西则不能，尽管这时他仍然将所有的东西放入口中，但只是为了尝试。遇到感兴趣的玩具，他会试图拆开看里面的结构，体积较大的，知道要用两只手去拿，并能准确找到存放食物或玩具的地方。此时宝宝的生活已经很规律了，每天会定时大便，心里也有一个小算盘，明白早晨吃完早饭后可以去小区的公园里溜达。

### ✲ 宝宝的情感和社交

宝宝在 9 ~ 10 个月时，在情绪与社交上已经能够意识到搂抱在感情交流上的重要性，为了得到爸爸妈妈或其他人的拥抱，宝宝甚至会主动拥抱你，这时的宝宝不再是一个被动的感情接受者了。

宝宝表现出个性特征的某些倾向性。如看到爸爸妈妈抱其他宝宝时会哭；有的宝宝不让别人动他的东西；有的宝宝看见别人的东西自己也想要；有的宝宝很大方地把自己的东西送给别人，但也有伸手把玩具给人，却不松手的情况。

# 喂养宝宝

## 本月宝宝所需营养

本月可以给宝宝进食丰富的食物，以利于其摄入各种营养素。添加辅食时，要给宝宝补充充足的 B 族维生素、维生素 C、蛋白质、钙和矿物质。

# 超级育儿圣典

## 本月宝宝如何喂养

经常给宝宝吃各种蔬菜、水果、海产品，可以为宝宝提供维生素和无机盐，以供代谢需要。适当喂些面条、米粥、馒头、小饼干等以提高热量，达到营养平衡的目的。经常给宝宝搭配动物肝脏以保证铁元素的供应。

给宝宝准备食物不要嫌麻烦，烹饪的方法要多样化。注意色香味的综合搭配，而且要细、软、碎，注意不要煎炒，以利于宝宝的消化。

## 预防维生素缺乏症

由于宝宝的饮食是被动饮食，加之饮食不合理，膳食不平衡，很容易患维生素缺乏症，尤其是潜在性缺乏。

### ✽ B族维生素缺乏症

症状：维生素 $B_1$ 缺乏会引起脚气病，宝宝会出现吐奶、腹泻、声音沙哑、心脏肥大、精神淡漠、嗜睡等现象；维生素 $B_2$ 缺乏会引起口角炎、皮炎；维生素 $B_6$ 缺乏会发生痉挛；维生素 $B_{12}$ 缺乏则发生贫血或精神、神经异常。

预防措施：预防B族维生素缺乏，除供给相应的维生素，经常食用新鲜蔬菜、蛋类、肉类食物外，米面加工不要过精过细，并适当供给粗糙米面类食物。

### ✽ 维生素D缺乏症

症状：维生素D缺乏主要表现为出牙晚、牙序不整、牙质差；方颅，前额隆起；前囟闭合晚（正常1岁半闭合）；肋骨外翻形成何氏沟。爬行、站立时，手脚因不堪负重出现"手足镯"，下肢呈现"X"形或"O"形。对维生素D缺乏的宝宝，要加强护理。

预防措施：

❶ 增加户外活动。每天坚持1~2小时户外活动，夏天可利用清晨或傍晚的阳光，或树荫下的折射光；冬天可在室内打开窗户晒太阳。照射时应尽量暴露皮肤，应避免对流风直接吹到宝宝身上，以防着凉感冒。

❷ 注意皮肤护理。维生素D缺乏症患儿头部爱出汗，要注意全身皮肤及头部清洁，有汗时及时擦干，勤洗澡，勤换洗内衣。

❸ 保持功能位。不能久坐、久

站（站时父母双手要托住其腋下，以支撑身体重量）和过早行走，以免加重骨骼畸形。

##  宝宝吃水果有讲究

### ✿ 挑选当季水果

挑选水果时以选择当季的新鲜水果为益。现在我们经常能吃到一些反季节水果，但有些水果，如苹果和梨，营养虽然丰富，可如果储存时间过长，营养成分也会丢失得厉害。所以，最好不要选购反季节水果。

购买水果时应首选当季水果；每次购买的数量也不要太多，随吃随买，防止水果霉烂或储存时间过长，降低水果的营养成分；挑选时也要选择那些新鲜、表面有光泽、没有霉点的水果。

### ✿ 水果要与宝宝体质相宜

要注意挑选与宝宝的体质、身体状况相宜的水果。比如，体质偏热容易便秘的宝宝，最好吃寒凉性水果，如梨、西瓜、香蕉、猕猴桃等，这些水果可以败火；如果宝宝体内缺乏维生素A、维生素C，那么就多吃杏、甜瓜及柑橘，这样能给身体补充大量的维生素A和维生素C；宝宝患感冒、咳嗽时，可以用梨加冰糖炖水喝，因为梨性寒，能够生津润肺，可以清肺热；但如果宝宝腹泻就不宜吃梨；对于一些体重超标的宝宝，妈妈要注意控制水果的摄入量，或者挑选那些含糖较低的水果。

### ✿ 水果不能随便吃

水果并不是吃得越多越好，每天水果的品种不要太杂，每次吃水果的量也要有节制，一些水果中含糖量很高，吃多了不仅会造成宝宝食欲缺乏，还会影响宝宝的消化功能，影响其他必需营养素的摄取。

有一些水果不能与其他食物一起食用，比如，番茄与地瓜、螃蟹一同吃，便会在胃内形成不能溶解的硬块儿。轻者造成宝宝便秘，严重的话这些硬块不能从体内排出，便会停留在胃里，致使宝宝胃部胀痛、呕吐及消化不良。

# 超级育儿圣典

## 不让宝宝捡东西吃的五大法宝

10个月的宝宝已经能用拇指和食指捡起小的东西了。虽然父母为宝宝的进步感到高兴，但随之带来的麻烦却会令父母无可奈何：无论捡起的东西是否能吃，宝宝都会放在嘴里尝尝；不希望他拿的东西如吃饭时的盘子碗筷，他会拿起来敲敲打打、乱扔，其实，这些行为只是宝宝尝试使用新本领的表现。如果父母能够利用这个机会，给宝宝准备足够的食物，让他们捡起来吃，在锻炼宝宝手眼协调的同时，增加了宝宝对食物的兴趣，对缓解乱扔东西有一定的作用。这时，父母需要做到的是：

认识到这是正常行为的表现，宝宝正在运用新的技能，练习用新的技能控制物体的能力。

当宝宝把捡起的食物丢得哪里都是时，不要只顾训斥、限制宝宝的行为，而是需要告诉他应该怎么做。

当宝宝捡起不能吃的东西并放到嘴里时，可以采用转移注意力的方法，替换宝宝手中的物品，而不要急忙夺下来，这样会使宝宝不安，并可能形成其他不好的习惯，如吮手指。

给宝宝准备可以吃的食物，需要种类多一些，如：薯条、熟的胡萝卜、软质水果等。颜色需要丰富一些，但量不要太多。

吃饭时，允许宝宝动手捏食物吃，这样会让宝宝体会到吃饭的乐趣。

## 本月宝宝营养餐推荐

### 番茄肝末
**预防缺铁性贫血**

**材料** 猪肝50克，番茄100克。

**做法** 将猪肝洗净、切碎；将番茄洗净，用开水烫一下，去皮后切碎。把猪肝放入锅中，加水或肉汤煮，快熟时放入番茄末即可。

**功效** 番茄中含有丰富的维生素C和大量纤维素，和含铁、维生素A丰富的猪肝同煮，能使营养增强，以维持宝宝正常生长和生殖功能。

### 蘑菇豆花汤
**适于病后体虚的宝宝食用**

**材料** 蘑菇25克，豆花40克，水发木耳8克，高汤适量，植物油、姜末、盐各少许。

**做法** 蘑菇洗净，切丁；水发木耳洗净，去蒂，撕碎。将锅置于火上，放

## Part 2 婴儿期——会叫爸爸妈妈了

入少许植物油,烧至七成热,放入姜末煸炒,再放入蘑菇、木耳碎,略翻炒后加入高汤煮沸,加入豆花,焖煮5分钟,加少许盐调味即成,适口后与主食一同喂给宝宝。

**功效** 适合10个月宝宝食用。豆花汤营养丰富,蘑菇能开胃,搭配食用既可补虚也可增强体质,特别适合病后体虚的宝宝食用。

### 火腿土豆泥
适于10个月宝宝食用

**材料** 火腿肉10克,土豆1个,黄油3克。

**做法** 将土豆洗净,上笼蒸熟,去皮,碾碎;火腿肉切碎。将土豆泥、碎火腿、黄油混合调匀,上锅蒸5分钟即成,适口后,给宝宝喂食。

**功效** 适合10个月的宝宝食用。土豆泥营养丰富,且易吸收,搭配火腿,风味更加独特。

### 鱿鱼紫菜饭
热量低,适合胖宝宝食用

**材料** 紫菜8克,鱿鱼丝20克,熟芋头10克,青菜2棵,大米60克。

**做法** 紫菜撕碎;鱿鱼丝切碎;熟芋头去皮,压成泥;青菜洗净,切碎。大米淘洗干净,放入锅中,加适量清水煮沸,放入芋头泥、青菜、鱿鱼碎、紫菜碎混合调匀,转文火慢煮至熟烂即成,晾至适口后给宝宝喂食。

**功效** 适合10个月的宝宝食用。紫菜中富含B族维生素及维生素E,可帮助宝宝维持机体酸碱平衡,有利于宝宝成长发育。此粥热量较低,特别适合胖宝宝食用。

### 菠菜面
有利于宝宝生长发育

**材料** 宝宝面条1把,菠菜3棵,香菇、水发木耳各1朵,高汤适量。

**做法** 将买来的手工鸡蛋面切成小段;菠菜洗净,用沸水焯一下,去除草酸,捞出切碎;香菇洗净,切碎;水发木耳去蒂,撕碎。将锅置于火上,加入高汤和少许水,煮沸后,加入宝宝面条、菠菜碎、香菇碎、木耳碎,转中火煮至面熟烂易嚼即成。晾至适口,用筷子给宝宝喂食,面和汤共食。

**功效** 适合10个月的宝宝食用。适量食用菠菜不会使宝宝体内的钙流失,可促进宝宝身体新陈代谢,促进脂肪、蛋白质和碳水化合物的吸收,有利于宝宝的成长发育。

# 超级育儿圣典

## 日常照护

### 不要给宝宝剪眼睫毛

很多年轻妈妈认为宝宝眼睫毛的生长与头发一样,剪一剪可以让宝宝的睫毛变得浓密黑长,从而使宝宝的眼睛变得很漂亮。其实这样做对宝宝的健康影响较大。

❀ **剪睫毛并不能达到预期效果**

睫毛的长短、粗细、漂亮与否,主要与遗传因素和营养状况有关,用剪睫毛来改变是徒劳的。事实上,一根睫毛的寿命3个月左右,而且,每个宝宝的睫毛生长都有自己的规律,因此,给宝宝剪眼睫毛,并不会使宝宝的眼睫毛长长。

❀ **剪睫毛会让宝宝的眼睛失去保护**

眼睛是心灵的窗口,宝宝通过眼睛看这个丰富而多彩的世界,而眼睫毛具有防止灰尘进入眼内、保护眼睛的作用,如果剪掉了宝宝的眼睫毛,宝宝的眼睛就失去了保护,灰尘、细菌等等很容易就侵入宝宝的眼睛里,从而引起各种眼病,很多宝宝在一两岁的时候就患有结膜炎,就与妈妈们下手剪掉保护宝宝眼睛的眼睫毛有关。

❀ **剪睫毛有可能伤到宝宝的眼睛**

宝宝出生时,眼睫毛是看不到的,大约1周后,眼睫毛才会慢慢长出来。2~3个月大时,宝宝的漂亮睫毛就完全形成了。但是宝宝的睫毛相比成人,还是较短的,妈妈们拿着剪刀给宝宝修剪眼睫毛的时候,剪刀锋利的尖端很可能会伤到宝宝的眼睛。甚至造成终身遗憾。

### 宝宝护理有"三怕"

如今的年轻父母们对自己的宝宝真是疼爱有加。但在呵护宝宝的过程中,一些不经意的疏忽,可能就会对宝宝造成伤害。

❀ **脑袋的摇晃**

婴儿的脑袋无论长度、重量在全

身所占的比例都较大，加上颈部柔软，控制力较弱，大人的摇晃动作易使其稚嫩的脑组织因惯性作用在颅腔内不断地晃荡与碰撞，从而引起婴儿脑震荡、脑水肿，甚至造成毛细血管破裂。

不要随意摇晃童车或摇篮，必要时可采用轻拍或抚摸婴儿背部、臀部的方法助其入睡，抱在怀中的婴儿也只宜轻缓摇晃，不可用力晃动。至于将孩子抛起来或抓住婴儿臂膀左右摇动的做法，更应绝对禁止。

❋ **肚皮怕受凉**

小宝宝的肚子对气温特别敏感，最怕受凉，一旦受凉，可使肠蠕动增强，导致腹痛、腹泻的发生。而腹痛、腹泻反过来又会严重影响小宝宝的营养吸收，使其抵抗力进一步下降，进而为各种感染性疾病的入侵开了方便之门。即使在炎热的夏季，也不能让宝宝一丝不挂地裸睡，要用毛巾或肚兜护住其腹部。

❋ **生病怕甜食**

孩子生病后消化道的分泌液减少，消化酶活力降低，食欲下降。此时若再进甜食，就会大量消耗维生素$B_1$，使消化液进一步减少，食欲也就更差。再者，甜食也会对免疫力产生消极的影响。宝宝生病的时候尽量少吃甜食，食谱应突出高维生素、高微量元素，以加快身体的康复。

## 好环境造就聪明宝宝

家是宝宝成长的摇篮，父母是宝宝的第一任教师。培养聪明的宝宝就要有一个有利于宝宝智力发展的家庭环境。

❋ **宁静益智**

法国专家进行的试验显示，噪声在55分贝时，宝宝的理解错误率为4.3%，而噪声在60分贝以上时，理解错误率则上升到15%。因此，应让宝宝尽量避免各种噪声的干扰，以利于智力发育。

❋ **颜色益智**

淡蓝色、黄绿色以及橙黄色能振奋精神，提高学习注意力。而黑色、褐色、白色可损害智力，降低智商。故在宝宝的居室墙壁上悬挂一些淡蓝色背景的挂画或条幅，将有助于宝宝的智力发育。

❋ **和睦益智**

家庭和睦、气氛融洽、充满亲情可增进宝宝的智力。恶劣的家庭环境会使宝宝心情压抑、孤独，生长激素减少，导致宝宝身材矮小、智商降

# 超级育儿圣典

低。家应该是一个能激起好奇心,有语言性、知识性、趣味性和训练性的环境。父母应该不断地创造一些氛围,或者提出一些问题,引起宝宝的好奇,引导他去思考、探索。

### ❉ 快乐益智

快乐的情绪有助于宝宝智力的发展,在宝宝还未满周岁的时候,妈妈可以邀请其他的妈妈带着同龄宝宝来家里玩耍,让两个宝宝在一起爬行、交流,你会发现,宝宝非常快乐。随着交往面越来越广,宝宝也变得越来越聪明。

## 宝宝小门诊

### 留心宝宝的体重变化

#### ❉ 宝宝的体重不容忽视

宝宝的体重反映了近期的营养状况,是宝宝智能发育的基础。如果宝宝有体重增长不良的情况,说明这一阶段的生长潜能不能得到充分的发挥,而这一损失对宝宝而言又是不可弥补的。因此,建议爸爸妈妈积极寻找宝宝体重增长不良的原因,并及时纠正。

#### ❉ 体重增长不良的三大原因

腹泻及呼吸道反复感染是影响6个月以上宝宝体重增长不足的原因之一。

喂养不当也是宝宝体重增长不足的主要原因。宝宝半岁以后,辅食添加不及时、不足,会造成宝宝喂养困难,营养素摄入不足,从而使体重增长缓慢。

辅食添加方法的不当,如过早地添加某一食物种类,初次添加辅食的量过大,也可使宝宝胃肠道难以适应,导致消化不良。

## 宝宝磨牙为哪般

宝宝磨牙的原因有多种，一般是由精神过度紧张、肠道寄生虫、饮食紊乱等引起的。

### ✿ 肠道寄生虫病

宝宝如果患上蛔虫病，蛔虫产生的毒素会刺激肠道，使肠道蠕动加快，从而引起消化不良、睡眠不安。毒素如果刺激神经，就会产生神经兴奋，从而导致磨牙。另外，蛲虫也会分泌毒素，引起肛门瘙痒，影响宝宝睡眠而发生磨牙。

### ✿ 精神过度紧张

如果宝宝在睡觉前过度玩耍或者白天受到了刺激，比如受到爸爸妈妈的责骂、看了打斗的场面等，就会引起精神紧张，以致压抑、焦虑不安而引起磨牙。

### ✿ 饮食紊乱和营养不均

如果宝宝挑食偏食，就会形成营养不均衡，导致钙、磷以及各种维生素的缺乏，引起晚间面部咀嚼肌的不自主收缩，便会磨牙。另外，如果宝宝晚间吃得太饱，睡觉时肚子里的食物还未消化完，就会加重胃和肠道的负担，引起睡觉时磨牙。

## 宝宝太爱动不一定是多动症

宝宝多动症的症状主要表现为活动过多，注意力难于集中，情绪不稳，有的还有一些感知障碍（如动作笨拙，发音存在缺陷、口吃、吐字不清等）。多动症可由遗传、神经心理、轻微脑损伤、生物化学、社会心理方面等多种因素造成。

"宝宝太好动了，整日都安静不下来，是不是有多动症？"日常生活中，不少爸爸妈妈把宝宝的好动和宝宝多动症划了等号，这就把宝宝多动症的外延人为地扩大了。其实，爱玩好动是每个宝宝的天性，特别是聪明的宝宝一般对周围的环境都充满好奇，什么东西都喜欢看一看、摸一摸，这是这个年龄特点的一种表现。你切不可因为宝宝活泼好动，就担心他有多动症，并因此过度急躁，影响对宝宝的养育。

# 超级育儿圣典

## 快乐亲子时刻

### 宝宝玩具推荐

在这个时期,应该尽可能多地给宝宝准备能够帮助其手部和全身活动、培养记忆力的玩具。

一般情况下,可以选择需要自己操作的玩具,例如,能够用嘴吹的喇叭、口琴,能够敲打的鼓,能抛的球,能跑的汽车,会飞的飞机等。

但是,不能把所有的玩具一股脑地给宝宝。如果一下拥有了很多玩具,宝宝就不懂得珍惜,而且比较善变。因此,每次最多给宝宝2~3个玩具。

### 亲子游戏

#### 把小熊递给我
——手眼协调和思维能力培养

参与人数 2人

**游戏目的** 锻炼宝宝的手眼协调能力和思维能力。

**游戏方法**

① 妈妈将小熊和其他玩具都放在宝宝面前,然后和宝宝说,"宝宝,把小熊递给妈妈好不好?"

② 鼓励宝宝把小熊找出来,并递给妈妈。

**温馨提示**

有过一次成功的经验,即使妈妈没有让宝宝把小熊递过来,宝宝也可能自己把小熊找出来递给妈妈,这个时候妈妈依然要夸奖宝宝,告诉宝宝他很棒。

## Part 2 婴儿期——会叫爸爸妈妈了

### 钻洞洞
——手眼协调和思维能力培养

参与人数 3人

**游戏目的** 锻炼宝宝的手眼协调能力和思维能力。

**游戏方法**

❶ 爸爸膝盖着地,手撑地,搭成一个"山洞"。

❷ 在爸爸身体的一侧放一个宝宝喜欢的玩具,鼓励宝宝钻过"山洞",向前爬,拿回玩具。

❸ 宝宝拿到玩具后鼓励宝宝"往回爬"交给妈妈。宝宝钻过"山洞"时,爸爸妈妈为宝宝欢呼。

#### 温馨提示
如果地板太凉,可以铺上一条毛毯,免得宝宝觉得不适。

### 小鸟飞
——听说能力和运动能力培养

参与人数 2人

**游戏目的** 锻炼宝宝的听说能力和运动能力。

**游戏方法**

❶ 与宝宝坐在一起,将他的胳膊展开,让他的手臂上下扇动学小鸟飞翔,并学小鸟"啾啾啾"地叫。

❷ 还可以学飞机的"隆隆"声,让宝宝像飞机一样飞。

❸ 带宝宝到户外玩耍时,也可以借机让宝宝观察小鸟和飞机,并反复学它们的声音。

#### 温馨提示
除了学小鸟飞和飞机飞,还可以和宝宝一起模仿其他动物的动作和声音。

---

**开心大放映**

### 孩子你勾起了爷爷的伤心事儿

老婆同事有一个小男孩,在家里不好好吃饭,他奶奶就给他说:"不好好吃饭以后就娶不着漂亮媳妇。"

小屁孩抬起头看了看他奶奶说:"我爷爷以前是不是也不好好吃饭?"

## 本月宝宝能力测评

1. 宝宝可以将瓶盖正确地放在瓶子上。
   ○ 是　　　　　　　○ 否
2. 宝宝可以用手指打开纸包取出食物。
   ○ 是　　　　　　　○ 否
3. 宝宝可以从大瓶子中拿出糖果。
   ○ 是　　　　　　　○ 否
4. 宝宝可以称呼出2~3个人。
   ○ 是　　　　　　　○ 否
5. 妈妈或者照料人抱其他宝宝时，宝宝会表达愤怒或哭泣。
   ○ 是　　　　　　　○ 否
6. 给宝宝穿裤子时，宝宝可以自己将腿伸入裤管内。
   ○ 是　　　　　　　○ 否
7. 宝宝会自己用脚蹬鞋袜。
   ○ 是　　　　　　　○ 否
8. 宝宝可以自己扶着家具来回走。
   ○ 是　　　　　　　○ 否
9. 宝宝可以自己用手脚爬上台阶。
   ○ 是　　　　　　　○ 否
10. 会竖起食指表示"1"。
    ○ 是　　　　　　　○ 否

❋ 评分结果：

答"是"加1分，答"否"得0分。
9~10分，优秀；7~8分，良好；5~6分，一般；5分以下宝宝需要加强训练。

## 父母关注专题

###  专题一　为宝宝添加后期辅食

❋ **添加后期辅食的时机**

宝宝的活动量会在9个月大后大大增加，但是食量却未随之增长，所以宝宝活动的能量已经不能光靠母乳或者配方奶来补充了。

这个时候应该添加一定块状的后期辅食来补充宝宝必需的能量了。

❋ **可以添加后期辅食的信号**

很多宝宝在9个月大后开始对大人的食物产生了浓厚的兴趣，这也是他们自己独立用小匙吃饭或者用手抓东西吃的欲望开始表现明显的时候了。

一旦看到宝宝开始展露这种情况，父母更应该使用更多的材料和更多的方法，来喂食宝宝更多的食物。在辅食添加后期，可以尝试喂食宝宝过去因过敏而未食用的食物了。

很多宝宝开始对大人所用的筷子感兴趣，想要学习使用筷子。

即使宝宝使用不熟练，也该多给他们拿小匙练习吃饭的机会。宝宝初期使用的小匙应该选用像冰激凌匙一样手把处平平的匙。

❋ **添加后期辅食的原则**

9个月龄大的宝宝在喂食辅食方面已经让大人省心许多了，不像过去那样脆弱，很多食物都可以喂了，但是妈妈也不可大意，须随时留意宝宝的状态。

这时间段仍需喂乳品。宝宝在这个时期不仅活动量大，新陈代谢也旺盛，所以必须保证充足的能量。喝一点儿母乳或者配方奶就能补充大量能量，也能补充大脑发育必需的脂肪，所以这个时期母乳和配方奶也是必需的，即使宝宝在吃辅食也不能忽视喂母乳，一天应喂母乳或者配方奶3~4次，共600~700毫升。

每天3次的辅食应成为主食。若是中期已经有了按时吃饭的习惯，那现在则是正式进入一日三餐按时吃饭的时期。

逐渐提高辅食的量以便得到更多的营养，一次至少补充2种以上的营养。不能保障每天吃足五大食品群的话，也要保证2~4天均匀吃全各种食品。

## 超级育儿圣典

### ✤ 添加后期辅食的方法

要养成宝宝一日三餐的模式，每天需要进食5~6次，早晚各2次奶，辅食添加3次。有的宝宝午睡后或夜间还需要喝一次奶。

不仅要喂食宝宝糊状的食物，也要及时喂固体食物，以便能及时锻炼宝宝的咀嚼能力，从而更好地向大人食物过渡。

先从喂食较黏稠的粥开始：宝宝已经完全适应一天2~3次的辅食，排便也看不出来明显异常，足以证明宝宝做好了过渡到后期辅食的准备。从9个月大开始喂食较稠的粥，如果宝宝不抗拒，改用完整大米熬制的粥。蔬菜也可以切得比以前大些，切成5毫米大小，如果宝宝吃这些食物也没有异常，证明可以开始喂食后期辅食了。

食材切碎后再使用：这个阶段是开始练习咀嚼的正式时期。不用磨碎大米，应直接使用。其他辅食的各种材料也不用再捣碎或者碾碎，一般做成3~5毫米大小的块儿即可，但一定要煮熟，这样宝宝才能容易用牙床咀嚼并且消化那些纤维素较多的蔬菜。

应使用那些柔嫩的部分给宝宝做辅食，这样既不会引起宝宝的抵抗，也不会引起腹泻。

### ✤ 后期辅食食材的选择

下面是按照宝宝月龄可以给他添加的辅食食材名单，父母可以酌情为宝宝添加。

| 10个月后开始喂的辅食食材 | | |
|---|---|---|
| 食材名称 | 功效及食用方法 | 注意事项 |
| 面粉 | 9~10个月的宝宝就可以喂食用面粉做的疙瘩汤。做成面条剪成3厘米大小放在海带汤里，宝宝很容易就会喜欢上它。 | 过敏体质的宝宝应该在1岁后开始喂食。 |
| 西红柿 | 水果中含的维生素C和钙最为丰富。但不要一次食用过多，以免便秘。去皮后捣碎然后用筛子滤去纤维素，然后冷冻。使用时可取出和粥一起食用或者当零食喂。 | 过敏体质的宝宝应该在1岁半以后开始喂食。 |
| 虾 | 富含蛋白质，但容易引起过敏，所以越晚喂食越好。去掉背部的腥线后洗净，煮熟捣碎喂食。 | 过敏体质的宝宝至少1岁大以后喂食。 |
| 鹌鹑蛋黄 | 含有3倍于鸡蛋黄的维生素$B_2$，宝宝10个月大开始喂蛋黄，1岁以后再喂蛋白。 | 若是过敏儿，则需等到1岁后再喂。 |

Part 2 婴儿期——会叫爸爸妈妈了

| 11 个月后开始喂的辅食食材 | | |
|---|---|---|
| 食材名称 | 功效及食用方法 | 注意事项 |
| 葡萄 | 富含维生素 $B_1$ 和维生素 $B_2$，还有铁，均有利于宝宝的成长发育。3 岁以前不能直接喂食葡萄粒，应捣碎以后再用小匙一口口喂。 | 无 |

| 12 个月后开始喂的辅食食材 | | |
|---|---|---|
| 食材名称 | 功效及食用方法 | 注意事项 |
| 红豆 | 一定要去除难以消化的皮。可以和有助于消化的南瓜一起搭配食用。 | 若宝宝胃肠功能较弱，则应在 1 岁以后喂食。 |
| 猪肉 | 猪肉富含蛋白质、维生素 $B_1$ 和无机盐，肉质鲜嫩，容易被消化吸收。制作时先选用里脊，后期再用腿部肉。 | 应在 1 岁后开始喂食。 |
| 鸡肉 | 鸡肉有益于肌肉和大脑细胞的生长。去皮、去脂肪、去筋后切碎，加水煮熟后喂食。 | 鸡肉可给 1 岁的宝宝喂食，油脂较多的鸡翅尽量推迟几岁后吃。 |

### ✿ 泥糊状食物的制作方法

辅食怎么样才算做好，什么样的黏稠度最适合宝宝吃？下面是几种常见后期辅食的制作方法，仅供参考。

大米：不用磨碎大米，直接煮 3 倍粥，也可以用米饭来煮。

鸡胸脯肉：去掉筋煮熟后捣碎。

苹果：去皮切成 5 毫米大小的块。

油菜：用开水烫一下，菜叶切成 5 毫米的碎片。

胡萝卜：去皮切成 5 毫米大小的块。

## 专题二　解读婴儿四类腹泻

腹泻的特点是大便次数增多和大便的性状改变，这是婴幼儿常见的腹泻的症状。

宝宝发生腹泻很常见，家长不要一看到宝宝的大便有些偏稀就认为宝宝出现腹泻了。如果宝宝出现了真正的腹泻，不仅会有排便的问题，而且宝宝还会哭闹、无食欲、睡眠不好等，体重也会受到影响。

### ✲ 病毒感染性腹泻

病毒造成的感染性腹泻，一般是在先出现发热、呕吐之后，第一次排便不一定是腹泻，接下来就会出现腹泻了。病毒感染造成的腹泻，通常是稀水样的大便，而且每次排便量很大，容易造成脱水的情况。婴幼儿腹泻当中，常见的就是病毒感染。

治疗原则：预防和治疗脱水，适宜的营养。

在治疗过程中，需要注意一些事项：

口服补液盐，预防和治疗轻度至中度脱水；

母乳喂养需要添加乳糖酶，配方奶粉喂养需要改成无乳糖配方；

辅助添加益生菌；

有发热症状时要采取措施及时退热；

避免使用抗生素类药物。

### ✲ 细菌感染性腹泻

宝宝出现腹泻之后，在大便检测中显示红细胞和白细胞都超过高倍视野15～20个以上时，可以考虑是细菌感染性腹泻。

如果出现了细菌性肠炎，使用抗生素要连续使用至少5～7天，然后再次化验大便，如果化验结果显示正常则可以停止用药，否则需要继续使用直到检测正常为止。停止使用抗生素的标准并不能够单单从大便的颜色和性状来判断。千万不要觉得好些了就自行停药，这样很容易造成慢性肠炎，增强细菌耐药性。

### ✲ 乳糖不耐受性腹泻

乳糖是乳汁中主要的碳水化合物，婴幼儿在发生腹泻之后，会损伤到肠道黏膜，造成小肠黏膜上的乳糖酶受到破坏，导致乳汁中的乳糖消化不良，从而引发了乳糖不耐受性腹泻。尤其是在轮状病毒性肠炎后，就很容易继发乳糖不耐受性腹泻。

母乳喂养的宝宝不容易出现轮状病毒性腹泻，而一旦出现，病症一般都会比较严重，可以在发病的1～2周内添加一些乳糖酶，或者换成不含乳糖的配方奶粉。因为肠道黏膜的修复是需要时间的，所以建议纯无乳糖配方奶粉喂养宝宝至少2周时间。

### ✲ 秋季腹泻

发病症状：腹泻是9～18个月的婴幼儿常见的疾病，多发生在每年的秋季，是感染了轮状病毒引起的肠炎。秋季腹泻起病急，多是先出现呕吐的症状。不管吃什么，哪怕是喝水，都会很快吐出来。紧接着就是腹泻，大便像水一样或者是蛋花样，每天五六次，严重的也有十几次的。腹泻的同时还伴随低热，体温一般在37～38℃之间。宝宝会因为肚子痛，一直哭闹，并且精神萎靡。

秋季腹泻是一种自限性腹泻，即

## Part 2 婴儿期——会叫爸爸妈妈了

使用药也不能显著缓解症状。呕吐一般1天左右就会停止，有些会延续到第2天，而腹泻却迟迟不止，即便热退下来了，也还会持续排泄三四天像水一样的呈白色或柠檬色的便，时间稍长，大便的水分被尿布吸收后，就变成了质地较均匀的有形便，而并不只是黏液。一般需要1周或者10天左右，宝宝才能恢复健康。

❋ **总体护理方法**

在护理方面，要提防宝宝脱水。可以去药店买点调节电解质平衡的口服补液盐，孩子一旦开始吐泻，就用勺一口一口不停地喂他。如果吐得很严重，持续腹泻，宝宝舌头干燥，皮肤抓一下就成皱褶，且不能马上恢复原来状态，这就说明脱水了，此时必须要去医院输液治疗。

在喂养方面，起初除了喂奶还可以喂些米汤之类的流食，待呕吐停止后，宝宝如果有食欲可以添加一些易消化的辅食、点心类。不能因为宝宝腹泻就只给他喂奶，这样也不利于大便成形。

## 新手爸妈 学婴语  XinShou BaMa XueYingYu "什么都往嘴里放"

### 宝宝"说"

我都已经10个月了，会坐、会爬了，突然发现周围好多陌生的东西，他们都是什么啊？让我万能的嘴来尝尝吧。这个毛巾软软的，小杯子硬硬的……

### 婴语解析

宝宝会坐、会爬之后视野宽阔了很多，对这个陌生又新奇的世界，他渴望用自己的方式去探索。而嘴就是他探索世界的工具，他会用嘴认识周围所有的一切，几乎什么东西都能放到嘴里尝一尝。

### 育儿专家告诉你

最初宝宝只是用嘴来认识自己的手，当手完全被宝宝唤醒之后，宝宝就开始用手和嘴相结合来认识世界了。所以这个年龄段的宝宝什么都喜欢用手拿着放到嘴里。只要干净卫生没有危险，建议妈妈不要随便制止宝宝的行为。

## 育儿问答精选

**Q：我家宝宝现在9个多月了，经常会暗自使劲，肩膀也会耸起用力，开始还以为他要拉臭，但其实并不是，他这是怎么了？**

A 宝宝全身用劲，与缺钙无关，如果没有其他异常表现，往往是一种情绪的表达或习惯动作，没必要担心。

**Q：10个月大的男孩，在户外遇到有风的天气总是流眼泪，这个正常吗？可以带太阳镜吗？**

A 由于10个月的宝宝眼泪管通畅度不够好，所以遇到天气有风时就可能出现流眼泪的现象。这是个发育中的问题，家长不用过分着急，如果严重应到眼科就诊。婴儿太阳镜质量通常不过关，不建议给宝宝使用。

**Q：女宝宝10个月了，我现在给她买玩具，需要照性别选择吗？**

A 在选择玩具时，不要强迫宝宝，可以按照宝宝自己的意愿买。玩具只要宝宝喜欢就好。

**Q：宝宝刚从床上掉下来，磕到了凳子，头上出现了一道血印，好心疼啊，磕破皮了要不要打破伤风针？**

A 宝宝如掉下来，不要马上抱起来，首先观察是否有出血，如有应该立即加压止血，并带到医院处理。如果只是磕破皮，就无须进行破伤风注射。另外要观察宝宝是否有活动异常。如果有，应该立即去医院，同时保护好宝宝避免二次损伤。如磕到的部位有血肿，应尽快冷敷，减少皮下出血，3天后再热敷。

# 第11个月
## 宝宝站起来了

### 本月育儿要点

❋ **锻炼宝宝自己吃饭**

宝宝的小手越来越灵活了,可以开始锻炼宝宝自己拿勺子吃饭。给宝宝准备一套专用餐具,爸爸妈妈先给宝宝示范怎样用勺子吃饭,让宝宝进行模仿。

❋ **三餐食谱各不同**

11个月宝宝的一日三餐依然是各种不同的食谱,这样能增加每次的摄取量,也能充分摄取一天所需的各种营养成分。

❋ **纠正宝宝吸吮手指的行为**

对已养成吸吮手指习惯的宝宝,应弄清原因。

要耐心、冷静地纠正宝宝吸吮手指的行为。

最好的方法是满足宝宝的需求。

帮助宝宝从小养成良好的卫生习惯,告诉宝宝这样做不卫生。

# 超级育儿圣典

## 宝宝成长小档案

### 宝宝的体格发育

#### ❋ 体重
男宝宝体重平均为 9.7 千克左右，正常范围是 8.6~10.7 千克。女宝宝体重平均为 9.1 千克左右，正常范围是 8.1~10 千克。

#### ❋ 身长
男宝宝身高平均为 74.6 厘米左右，正常范围是 72~77.2 厘米。女宝宝身高平均为 73.3 厘米左右，正常范围是 70~75.9 厘米。

### 宝宝的发育特点

#### ❋ 长牙
此时的宝宝长出 4~6 颗牙齿。

#### ❋ 睡眠
充足的睡眠对于身体健康来说尤为重要。睡眠不足，不但身体消耗得不到补充，而且由于激素合成不足，会使体内环境失调，从而削弱宝宝的免疫功能和降低体质。

这个月的宝宝每天需睡眠 12~16 个小时。白天睡 2 次，夜间睡 10~12 个小时。家长应该了解，睡眠是有个体差异的，有的宝宝需要的睡眠比较多，有的宝宝需要的睡眠就少一些。所以，有的宝宝到了 10 个月，每天还要睡 16 小时，有的宝宝只需 12 小时就足够了。只要宝宝睡醒之后，表现非常愉快，精神很足，也不必勉强他多睡。宝宝在睡前半小时，最好能开窗换气，以保持室内空气新鲜。开窗睡时不要让风直接吹在宝宝身上，以免受凉。

### 宝宝的社会化发育

#### ❋ 宝宝的感官发育
照镜子时宝宝会伸手去摸镜子中的影像。他开始探索容器与物体之间的关系，会摸索玩具上的小洞。他会

## Part 2 婴儿期——会叫爸爸妈妈了

辨认事物的特质,如说"喵"表示猫,看到鸟时用手向上指等。

### ✿ 宝宝的运动能力

宝宝可以用双手掌撑地,伸直四肢,用躯干上升的方式站起来;可以弯曲双腿,由蹲姿站立;也可能独站,摇摆身体;还可以靠着支撑物站立,身体前倾。宝宝能独自站立几秒钟,站立时身体可以转90度。

被拉住双手时,能走几步路。站立时宝宝会一手扶家具蹲下去捡地上的玩具,或在被爸爸妈妈拉着时弯腰去捡地上的东西。

把摇铃放在宝宝身边,宝宝会伸手去抓摇铃的把手,有些宝宝可能还会拿汤匙至嘴边。有的宝宝会自己脱袜子、解鞋带,能有意识地将手里的小玩具放到容器中,但动作仍显笨拙。

### ✿ 宝宝的语言发育

宝宝可长时间地咿呀学语,可能会说些惯用语,含混的一个长句中可能包含有意义的字眼。除了"爸爸"、"妈妈"外,他还能说两三个字,也能说出有意义的单字,如"走、拿、水"等。他在模仿爸爸妈妈说话时,模仿的语调缓急,脸部表情比模仿的语音要准确。

### ✿ 宝宝的认知能力发育

此时的宝宝已经能指出身体的一些部位。不愿意母亲抱别人,有初步的自我意识。喜欢摆弄玩具,对感兴趣的事物长时间地观察,知道常见物品的名称并会表达,宝宝能仔细观察大人无意间做出的一些动作,头能直接转向声源,也是词语—动作条件反射形成的快速期。这时期的宝宝懂得选择玩具,逐步建立了时间、空间、因果关系,如看见母亲倒水入盆就等待洗澡,喜欢反复扔东西去拾等。

### ✿ 宝宝的情感和社交

宝宝喜欢和爸爸妈妈在一起玩游戏、看书画,听爸爸妈妈给他讲故事。宝宝能听从妈妈的命令,并控制自己的行为,但不总是听话。他做错事时会显露出羞愧感,也会逗爸爸妈妈,试探爸爸妈妈的容忍度。

# 喂养宝宝

## 本月宝宝所需营养

第11个月的宝宝处于婴儿期最后两个月,是身体生长最为迅速的时期,需要更多的碳水化合物、蛋白质和脂肪。

10~11个月的宝宝,已经完全能够适应以一日三餐为主、早晚配方奶为辅的饮食模式。宝宝以三餐为主之后,家长就一定要注意保证宝宝饮食的质量。宝宝出生后是以乳类为主食,经过1年时间终于完全过渡到以谷类为主食。米粥、面条等主食是宝宝补充热量的主要来源,肉泥、菜泥、蛋黄、肝泥、豆腐等含有丰富的无机盐和纤维素,促进新陈代谢,有助于消化。

宝宝的主食有:米粥、软饭、面片、龙须面、馄饨、豆包、小饺子、馒头、面包、糖三角等。每天三餐应变换花样,增进宝宝食欲。

## 本月宝宝如何喂养

这一时期宝宝已经能够适应主要的一日三餐加辅食,营养重心也从配方奶转换为普通食物,但家长需要注意的是,要增加食物的种类和数量。经常变换主食,要使粥、面条、面包、点心等食物交替出现在宝宝的餐桌上。做法也要更接近幼儿食品,要软、细,做到易于吸收。

这个月,宝宝所需的热量仍然是每千克体重95千卡左右,蛋白质、脂肪、糖、矿物质、微量元素及维生素的量和比例没有大的变化。

父母不要认为宝宝又长了一个月,饭量就应该明显增加了,这容易导致父母总是认为宝宝吃得少,而使劲儿喂宝宝。父母要学会科学喂养宝宝,而不能填鸭式地喂养。

## 给宝宝吃点心要适量

点心的品种有很多，蛋糕、布丁、甜饼干、咸饼干等都是点心，都可以给这个月的宝宝吃，但是不能给宝宝吃得太多，这样容易造成宝宝不爱吃其他食物。点心一般都很甜，所以，要注意清洁宝宝的牙齿，可以给宝宝温水喝，教宝宝漱口，教宝宝刷牙，总之要保护好宝宝的牙齿。

点心不能宝宝想吃的时候就给，最好定时，下午3时左右，宝宝喝牛奶的时候吃点心是可以的。但是肥胖的宝宝最好不要吃这些点心，可以吃一些水果。

## 这些食物对宝宝眼睛好

❋ **蛋白质**

功效：蛋白质是组成人体组织的主要成分，能促进宝宝眼部组织的修复和更新。

食物来源：瘦肉、禽肉、动物内脏、鱼、虾、奶类、蛋类等含有丰富的动物性蛋白质，而豆类中含有丰富的植物性蛋白质。

❋ **维生素A**

功效：维生素A能提高眼睛对弱光的适应能力，增加对黑暗环境的适应能力，宝宝若缺乏的话容易引起眼结膜干燥、眼泪少，甚至导致眼角膜穿孔致盲。宝宝补充足够的维生素A，能消除眼睛的疲劳，还可以有效预防和治疗夜盲症、干眼症和黄斑变性。

食物来源：各种动物的肝脏、鱼肝油、奶类、蛋类及绿色、红色、黄色的蔬菜和橙黄色的水果，如胡萝卜、菠菜、韭菜、青椒、甘蓝、荠菜、海带、紫菜、橘子、哈密瓜、芒果等。

❋ **维生素C**

功效：维生素C是眼球水晶体的成分之一，宝宝如果缺乏的话，很容易导致水晶体浑浊，并可能患白内障。因此，应该在每天的饮食中注意补充维生素C。

食物来源：鲜枣、芹菜、卷心菜、菜花、青椒、苦瓜、油菜、西红柿、豆芽、土豆、萝卜、柑橘、橙、草莓、山楂、苹果等。

❋ **钙**

功效：宝宝补充钙质，能消除眼肌的紧张。

食物来源：奶类有牛奶、酸奶、豆奶等；水产品有鱼、虾、虾皮、海

# 超级育儿圣典

带、墨鱼等；干果类有花生、核桃、莲子；菌类有香菇、蘑菇、黑木耳等；绿叶蔬菜有菠菜、青菜、小白菜、芹菜、香菜、油菜等。

> **温馨提示**
> 宝宝每天吃点水果，能补充维生素C，让眼睛明亮，皮肤嫩嫩。

## 本月宝宝营养餐推荐

### 南瓜饼
**暖胃补虚**

**材料** 面粉40克，南瓜泥30克，黄油15克，发酵粉3克，白糖少许。

**做法** 将面粉倒入盆中，放入南瓜泥、白糖、发酵粉混合搅拌，加少量水，制成南瓜饼胚。将平底锅置于火上，放入黄油，待油热后，放入饼胚，双面煎至金黄色，即可。晾凉后，切成小三角，供宝宝食用。

**功效** 适合11个月的宝宝食用。南瓜属暖性食物，可暖胃补虚，且口感柔甜，适合宝宝食用。

### 二米粥
**促进神经系统发育**

**材料** 小米、大米各50克，白糖、清水各适量。

**做法** 将大米淘洗干净，用水浸泡1小时后置于锅内。将小米洗净后置于锅内和大米混合，加适量的清水，用文火煮成极烂糊状，再加适量的白糖，或者加入些菜水、鱼肉泥、菜泥均可，混匀，晾凉即可食用。注意在煮沸时不要因节省火力加面碱，以防止米中维生素遭到破坏。

**功效** 高糖类食物含丰富的B族维生素。为肌体活动提供足够能量，促进神经系统发育。给宝宝喂食时，开始要少量，逐渐可增加到小半碗。

### 水果蛋糕
**宝宝的小点心**

**材料** 面粉60克，鸡蛋1个，热牛奶20毫升，发酵粉3克，葡萄干10克，黄桃罐头1个。

**做法** 鸡蛋洗净，磕入碗中，打散；打开黄桃罐头，捞出几片，切成小块；葡萄干洗净，沥干后切碎。将面粉、发酵粉放入盆中，加入热牛奶和蛋液混合搅拌，再加入少许黄桃罐头水，调和成稠面糊，撒上葡萄干和黄桃块。取一个盘子，盘底抹些油，将蛋糕面糊倒入盘中，上锅蒸约35~50分钟即可取出，晾凉后，切成小块，供宝宝食用。

**功效** 适合11个月的宝宝食用。自己蒸的蛋糕不会含有太多糖分,并加入了鸡蛋和牛奶,既营养又美味,适合宝宝作为点心食用。

### 猪肝圆白菜
**有助于宝宝视力发育**

**材料** 猪肝泥60克,豆腐200克,胡萝卜半根,圆白菜叶2片,肉汤适量,淀粉、盐各少许。

**做法** 豆腐洗净,切丁;胡萝卜洗净,剁碎;圆白菜叶洗净,放入开水中煮软,捞出晾凉。将猪肝泥与豆腐、胡萝卜碎混合调匀,加入少许盐调味,然后放入白菜叶中作馅,再将圆白菜叶卷起,用淀粉封口后,放入肉汤中煮熟即可,适口后,戳开给宝宝喂食。

**功效** 适合11个月的宝宝食用,猪肝具有明目的功效,经常给宝宝食用,有助于宝宝视力的发育,预防近视、弱视。

### 三文鱼菠菜饭
**促进大脑发育**

**材料** 三文鱼肉200克,菠菜3棵,米饭1碗。

**做法** 菠菜洗净,切碎;三文鱼蒸熟去骨,鱼肉捣碎。将米饭倒入锅中,加适量水,煮沸后加入捣碎的三文鱼肉,转文火继续熬煮约20分钟,加入菠菜末,煮沸即可。适口后,给宝宝喂食。

**功效** 适合11个月的宝宝食用,三文鱼中所含的不饱和脂肪酸可促进宝宝的大脑发育,但过敏体质的宝宝慎用,避免引起过敏。

## 日常照护

### 为爱爬高的宝宝保驾护航

蹒跚学步的宝宝对爬高有着浓厚的兴趣,但爬高会让宝宝面临许多危险。这时爸爸妈妈就得多费心,既要满足他攀登的欲望,又要确保他安全无闪失。

❋ **了解攀高对宝宝的益处**

攀高能够培养宝宝对空间的感觉。当宝宝成功地爬上沙发或是登上楼梯的台阶时,他对自己的身体与世界的关系又加深了一些了解,对如何调整自己的动作以避免危险又多了一份认知。

### ❋ 爸爸妈妈来助阵

宝宝爱爬高的天性是不容易遏制的,如果担心宝宝有危险,爸爸妈妈可以帮助他转向更为安全一些的活动。例如用几个纸盒子拼成隧道,让他在里边爬行。

如果宝宝对爬高不感兴趣,爸爸妈妈也不必担心,因为有些宝宝正是通过钻洞、钻桌子来满足自己的探知欲的。最好是给予他适当的鼓励,在保证安全的前提下,帮助宝宝探索这个对他而言全新的世界。

## 宝宝不宜穿开裆裤

家长们选择开裆裤的原因,主要是舒服、方便。但实际上,开裆裤弊大于利,家长应坚决地对它说"不"。

### ❋ 冬季容易受凉

在我国,尤其是民间,父母总是让宝宝穿着开裆裤,即使是滴水成冰的冬季,宝宝身上虽裹得严严实实,但小屁股依然露在外面冻得通红。宝宝小屁股至少占身体表面积的5%以上,再加上上面的腰部,前面的下腹部和下面的大腿根都不同程度地透风受凉,因而总的受凉面积达到10%左右,这增加了10%的散热面积,易使宝宝受凉感冒,因此在冬季绝不可给宝宝穿开裆裤。

### ❋ 穿开裆裤很不卫生

宝宝穿开裆裤坐在地上,灰尘垃圾就很容易粘在屁股上,灰尘中的细菌也很容易粘在肛门和外生殖器的表面,并在适合的条件下繁殖起来。此外,地上的小蚂蚁等昆虫或小的蠕虫也可以钻到外生殖器或肛门里,引起瘙痒,可能因此而造成感染。穿开裆裤最容易导致交叉感染蛲虫。

### ❋ 穿开裆裤不安全

宝宝的活动量大,但开裆裤对宝宝的阴部却起不到任何的保护作用。宝宝阴部是身体中最柔弱的部位之一,也是最容易受到伤害的部位。没有了衣服或尿布的保护,外界物体的碰、撞、刺、夹、烫、擦等都会伤害到宝宝的阴部。蚊虫的叮咬,一些宠物,如猫、狗等的抓、咬,都会影响到宝宝的健康,有的还会给宝宝带来终身的残疾。

## 让宝宝有副好嗓子

每个父母都希望自己的孩子有一副好嗓子，发出美妙动听的声音。然而，除了先天的遗传因素外，父母还要知道如何保护好孩子的嗓子。

### ❋ 宝宝嗓子嘶哑的原因

出现声音嘶哑的现象的主要原因是宝宝没有学会如何科学发声。长时间用嗓过度或高声喊叫是宝宝声音嘶哑的主要原因。宝宝的声带比较柔嫩，组织比较疏松，高声喊叫会导致声带充血、水肿。由于宝宝发育尚不成熟，心理上却在逐渐摆脱依从状态，自我表现欲强，自我控制能力弱，很容易用嗓过度伤及声带。

### ❋ 不良姿势影响发声

要求宝宝坐位时一定要有"坐相"，即背部挺直、头居中，这样呼吸和发声才流畅，如果弯腰驼背头向前倾，呼吸气流不会流畅，这样会使发声受到影响。

宝宝站着学说话时，头颈部必须挺直，不要把头往下压，否则会使颈部紧张度提高，致使声带拉紧，影响发声。最好是头往前方直视，颈部直起。

### ❋ 避免宝宝大声喊叫

当宝宝咿呀学语的时候，父母可以把耳朵凑在宝宝的嘴边，让宝宝学着压低音量学说话，以免声音嘶哑。另外，父母说话轻柔，会对宝宝产生重要的影响，这也是保护宝宝嗓子的一个方面。

> **温馨提示**
>
> 长期声音嘶哑者多数已形成声带小结。轻者说话无力，音调改变，重者声音嘶哑，甚至呼吸困难。如能及时发现并予以纠正，宝宝声音嘶哑一般会好。

## 通过玩具偏好看宝宝性格

11个月大的宝宝已显示出个体特征的某些倾向性，你知道自己的孩子是什么性格吗？通过宝宝对玩具的喜好就可以发现这一秘密。

### ❋ 偏爱运动玩具的宝宝

有些小宝宝尽可能借助于球类、枪、棍等玩具做各种运动，而似乎从来不知疲倦，没有一刻安稳的时候，常被怀疑为多动症。

偏爱此类玩具的宝宝，性格更趋于外向，艺高胆大，思想单纯、精力充沛。

### ❋ 偏爱毛绒玩具的宝宝

毛绒玩具多是女孩的最爱，它们

不仅可以当做玩具，更是宝宝的朋友和伙伴，高兴了和它说话亲昵，不高兴了拿它出气，对那些渴望关怀、性格孤僻、小心胆怯的宝宝可以起到稳定情绪的作用，某种程度上成了他们的安慰物。

所以偏爱此类玩具的宝宝，性格上更倾向于温情、细腻、依恋、感情丰富。

### ❈ 偏爱组装玩具的宝宝

组装、拼插类型的玩具需要孩子有足够的耐心，而且也需要他们充分调动手、眼、脑的协调配合能力和动手操作能力，还可以充分发挥他们的想象力和创造力来任意组装形成新的图形。

偏爱此类玩具的宝宝，通常有较好的专注力，做事有耐心和韧性，有强烈的好奇心和求知欲。

## 宝宝小门诊

###  宝宝中暑妈妈有办法

宝宝的各个系统和脏器发育还不完善，体温调节中枢功能欠佳，皮肤比较薄，皮下脂肪丰富，接触高温后不容易散热，因此宝宝比大人更容易中暑。

#### ❈ 提前预防

夏季带宝宝出行要避开阳光最强的时段，最好上午10点之前，下午4点之后再外出。

给宝宝穿透气性好的纯棉或竹纤维的衣物，不要穿过多、过厚，也不要穿太少让大部分皮肤裸露在外面。

给宝宝带上足够的水，以便于补充身体丢失的水分。

#### ❈ 中暑后应对措施

夏季带宝宝外出，一旦发现宝宝出现口渴、多汗、尿频、头晕、无力等症状，首先要想到中暑的可能。

如果宝宝出现中暑，要马上将宝宝转移到阴凉通风的地方。如果宝宝还没有好转就要对宝宝进行物理降温。给宝宝脱去衣物、用冷毛巾冰敷额头、用温凉的毛巾擦拭宝宝全身。

如果宝宝出现呕吐的情况，可以让宝宝平躺后脸偏向一侧，然后清理口鼻，保持呼吸顺畅。

## 夏天谨防宝宝热伤风

夏季，由于频繁出入空调房，室内外温差比较大。宝宝很容易热伤。症状比较轻的会出现流清鼻涕、鼻塞、打喷嚏、轻度咳嗽，症状比较重的可能会出现发热、怕冷、头疼、乏力、食欲缺乏等。当出现了热伤风的症状之后，要及时采取科学的治疗措施。

夏天室温要保持在 26～28℃，不要让室温过低。给宝宝多喝温开水。尤其是发热的宝宝，更要多补充水分。

宝宝热伤风时往往会出现消化功能紊乱，消化酶减少，因此要让宝宝吃些清淡、易消化的食物。

给宝宝吃一些富含维生素 C 的蔬菜汁果，比如番茄、猕猴桃等。维生素 C 可以提高抵抗力，帮助热伤风痊愈。

保证宝宝充足的睡眠，热伤风时好好休息也有助于缓解病情。

不要轻易去医院，避免出现交叉感染。

## 宝宝感冒发热不能滥用抗生素

### ✼ 抗生素不能滥用

宝宝此时容易出现发热、流涕、咳嗽、腹泻等不适症状，很多爸爸妈妈都会选择用抗生素来让宝宝尽快恢复健康。这根源于人们的一个误解，即认为抗生素能够治疗一切炎症。其实抗生素只能对抗由细菌引起的感染，而对于由病毒引起的感染以及无菌性炎症是不起作用的。儿科常见的上呼吸道感染（俗称感冒）几乎 90% 都是病毒感染引发的，使用抗生素收效甚微。

### ✼ 抗生素有副作用

滥用抗生素也会导致不良的后果。它可诱导细菌耐药，使宝宝的胃肠道内正常细菌如乳酸杆菌受到抑制，杂菌却大量生长繁殖，菌群失调可造成严重的二重感染，也很容易伤害或者潜在伤害宝宝体内器官。

爸爸妈妈千万不要宝宝一生病就用抗生素，就算有了细菌感染也要搞清楚是什么菌，并使用针对它的抗生素。另外，除了在生病时不滥用抗生素，食品中抗生素残留的问题也应引起爸爸妈妈的重视。

✱ **应对宝宝感冒与发热**

经常清洗并晾晒宝宝的枕头、被子，保持干燥的寝具也能防止感冒病菌的积聚。

吃饭时要给宝宝认真洗手，因为感冒病毒常附着在玩具等某些物件上。

让宝宝多饮白开水，促进体内毒素排出，鼓励宝宝多吃富含维生素C的水果。

对体弱的宝宝可以注射流感疫苗，预防流感。

## 快乐亲子时刻

 **宝宝玩具推荐**

现在宝宝越来越喜欢看到色彩了，本月可以给宝宝准备一些无毒的彩笔，一些A4白纸，让宝宝在白纸上自由地创作吧。当宝宝看见彩笔的时候会很奇怪，当色彩印在白纸上渐渐形成图画的时候，宝宝会非常地开心，而且非常地有成就感。这个游戏可以满足宝宝的好奇心，并为宝宝学画画做准备。

Part 2 婴儿期——会叫爸爸妈妈了

##  亲子游戏

### 拔河比赛
——大动作能力培养
参与人数 3人

**游戏目的** 锻炼宝宝的空间能力和运动能力。

**游戏方法**

❶ 宝宝坐在床上，妈妈坐在宝宝的背后保护宝宝。

❷ 爸爸准备一只弹力较强，色彩鲜艳的新袜子，抓住袜子的一端，宝宝抓住袜子的另一端。

❸ 爸爸轻轻向后拽袜子，妈妈鼓励宝宝也向后拽袜子。爸爸突然松开手，让宝宝自然后仰进妈妈的怀抱。可以反复多次做这个游戏。

> **温馨提示**
> 如果宝宝开始时不会往后拉，妈妈可以在后面辅助宝宝，但要注意安全。

### 学涂鸦
——精细动作能力培养
参与人数 1人

**游戏目的** 训练手部的运动，不仅能锻炼宝宝手的灵巧性，还对他的智力发育相当有好处。

**游戏方法**

❶ 准备彩色蜡笔，让宝宝用蜡笔在纸上任意涂涂点点。

❷ 虽然这时候还看不出来画的是什么东西，但对他学习色彩是很有帮助的。

> **温馨提示**
> 妈妈给宝宝选择的蜡笔，一定要有一支暖色调的，如大红、玫瑰红或黄色的。再准备一支冷色调，如黑、灰，宝宝还可通过色彩学习辨识不同的色彩。

### 钢琴演奏
——听觉和创造能力培养
参与人数 2人

**游戏目的** 通过敲击钢琴或电子琴让宝宝感受不同的声音，刺激宝宝的听觉和音乐美感。

**游戏方法**

❶ 妈妈为宝宝准备一架玩具小钢琴或电子琴。

❷ 将钢琴放在桌子上，妈妈握住宝宝的手，在琴键上随意敲打或拍打。

❸ 妈妈也可以握住宝宝的手，用宝宝的食指敲击琴键，弹出一定的旋律。

> **温馨提示**
> 敲打是宝宝的天性，这个时期的宝宝对自己弄出来的声音非常感兴趣，并且对不同的声音有了一定的敏感性。妈妈要放手让宝宝敲敲打打。

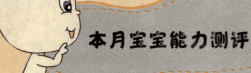

## 本月宝宝能力测评

1. 宝宝从3~5种颜色之中,可以挑出妈妈教过的颜色。
   ○ 是　　　　　　　　○ 否

2. 宝宝可以将5个环套在棍子上。
   ○ 是　　　　　　　　○ 否

3. 宝宝可以用积木搭成简单的高楼。
   ○ 是　　　　　　　　○ 否

4. 宝宝可以想办法够取远处的玩具。
   ○ 是　　　　　　　　○ 否

5. 宝宝听到别人叫自己名字时,会走过来或回头张望。
   ○ 是　　　　　　　　○ 否

6. 宝宝自己玩儿时,会哄布娃娃不哭,喂布娃娃吃饭,给布娃娃盖被子。
   ○ 是　　　　　　　　○ 否

7. 宝宝会用食指和拇指捏取食物。
   ○ 是　　　　　　　　○ 否

8. 宝宝自己能走稳大约5步。
   ○ 是　　　　　　　　○ 否

9. 宝宝可以扶栏上小滑梯、手脚踏1台阶,并扶住坐下。
   ○ 是　　　　　　　　○ 否

10. 宝宝能爬上椅子、桌子,取到玩具。
    ○ 是　　　　　　　　○ 否

✵ 评分结果:

答"是"加1分,答"否"得0分。
9~10分,优秀;7~8分,良好;5~6分,一般;5分以下宝宝需要加强训练。

# 父母关注专题

 **专题　帮助宝宝学走路**

### ❋ 学步期的安全措施

在地面铺上软地毯：宝宝学步时，摔跤是常有的事。在地面铺上一层地毯或泡沫地垫，这样，即使宝宝摔跤也不容易摔伤或摔疼了。

注意家具的安全：宝宝刚开始学步时，很难控制自己的重心，一不小心就有可能被碰伤。需给家具的尖角套上专用的防护套，以防宝宝受伤。也可以将家具都靠边摆放，从而为宝宝营造一个比较安全和宽敞的空间。

给插座盖上安全防护盖：宝宝学步后，活动的范围一下增大了，再加上宝宝总是充满了好奇心，看到新奇的事物总爱伸手触摸一下。为防止宝宝伸手碰触插座，一定要给插座盖上专用的安全防护盖，以防宝宝触电。

收拾好危险物品：宝宝总是顽皮好动，一些由玻璃等易碎材料做成的小物件或是如打火机、火柴、刀片之类的危险物品，以及易被宝宝误食的小药丸、小弹珠和易被宝宝拉扯下来的桌布等东西都要收起来，以防宝宝发生危险。

为宝宝穿上防滑的鞋袜：父母可以为宝宝购买学步的专用鞋，这样既能够保护宝宝的双脚，保证足部的正常发育，又能很好地防止滑跤。

若是需要室内脱鞋的家庭，要为宝宝穿上防滑的袜子，以防宝宝在地板上滑倒。

列出救援电话：紧急救援的电话号码要贴在明显处或电话机旁，一旦发生紧急情况，家人，尤其是家中独自带宝宝的老人，可以立刻寻求到帮助。

### ❋ 宝宝学步的方法

借助学步带：学步带是一种系住宝宝双肩和前胸的宽带子，父母可以将另一端捏住，并且可以自由调整和宝宝之间的距离，不用时时拉着宝宝的手臂，父母也会由此轻松解脱一只手。只是有时候，需要注意学步带的松紧。父母也可以用牢固的长布条或窄长毛巾代替学步带。

**扶着行走**：可千万不要小看宝宝扶墙、扶家具慢慢移动身体的行为，它是宝宝行走的开始。虽然独自站立还不够稳，但通过脚步的挪移，手脚和身体的配合，宝宝的平衡感正不断得到提升。

**推小车走路**：让宝宝站在小推车的后面，两只小手抓稳推车扶手，开始时父母可以带着宝宝一起通过掌控推车扶手来控制小推车前进的速度，等宝宝熟练以后，父母就可以放手让宝宝自己推小车了。父母还可以教宝宝在碰到障碍物的时候将小推车朝后拉，再进行转弯以避开障碍物。

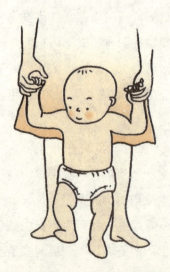

❋ **帮宝宝顺利学步的九条建议**

**蹬蹬腿脚**：平时，爸爸或妈妈可以经常用双手托住宝宝的腋下，托起宝宝，让他做蹬腿弹跳动作，练习宝宝腿部的伸展能力。

**做做仰卧起坐**：要练习宝宝的肌力，爸爸妈妈还可以与宝宝做仰卧起坐运动。宝宝仰卧，爸爸拉着宝宝的双手做以下动作：坐起—站立—坐下—躺下，如此反复几次。注意拉宝宝的双手不能太用力，以防用力不当造成宝宝脱臼。

**从爬行开始**：爬行可以锻炼宝宝腿部肌肉的张力和力量，有利于学步。因此，爸爸妈妈可以经常让宝宝在地板或硬的垫子上爬行，可利用玩具进行诱导。

**抓拿玩具，攀攀爬爬**：站立是走的前提，爸爸妈妈可以将宝宝喜欢的玩具放在与宝宝高度差不多的沙发或茶几上，鼓励他扶着站起来抓取玩具，还可以把玩具放在沙发上或拿在爸爸妈妈的手里，鼓励宝宝攀爬。

**营养储备**：宝宝在学走路，骨骼发育要跟得上，更要有足够的体能，这个时期要多给宝宝吃含钙食物，保证宝宝骨骼的正常发育，为学步加分。

**练习放手站立**：宝宝开始会因为害怕不愿意放手站立，爸爸妈妈可以递给宝宝单手拿不住的玩具，如皮球、布娃娃等，让宝宝不知不觉放开双手，独自站立。也可以把玩具放在另一边，逗引宝宝转动身体，独自站立。

**蹲在宝宝的前方**：当宝宝扶着会走后，爸爸妈妈可以蹲在宝宝的前方，展开双臂或者用玩具，鼓励宝宝过来，先是一两步，再一点点增加距离。等宝宝敢走后，爸爸妈妈可以分别站在两头，让宝宝在中间来回走。

**扶走训练**：培养宝宝的学步能力，爸爸妈妈可以让宝宝多在扶走的环境里活动，比如让宝宝扶着墙面、沙发、茶几、小床、栏杆、学步的推车、轻巧的凳子移步。

**多鼓励**：宝宝学走路时，摔倒是不可避免的。这时，爸爸妈妈不宜过度紧张，过度紧张反而会加剧宝宝对学步的恐惧。因此，当宝宝学步跌倒时，爸爸妈妈应给予安抚和鼓励，让宝宝有安全感，并有继续迈步的信心。

### ❋ 宝宝学走时间表

| 月龄 | 可能有的动作 |
| --- | --- |
| 8个月：努力扶物站立 | 宝宝会抓着身边的一切可以利用的东西站起来。一旦第一次站立成功了，他就不再满足于规规矩矩地坐着了。随后，他开始练习爬行，练习扶物行走，这样一来，宝宝就可以去够到自己感兴趣的东西了。 |
| 9~10个月：学会蹲 | 宝宝开始学习如何弯曲膝盖蹲下去，如果站累了怎么样坐下。 |
| 11个月：自由伸展 | 此时，宝宝很可能已经能够独自站立、弯腰和下蹲了。 |
| 13个月：蹒跚学步 | 大约有3/4的宝宝可以在这个阶段摇摇晃晃地自己走了，但也有些宝宝直到16个月才能自己走。 |
| 14个月：熟练地走路 | 宝宝能够独自站立，蹲下再起来，甚至有的宝宝能够倒退一两步拿东西。 |
| 15个月：自由地游走 | 大部分的宝宝能够走得比较熟练，喜欢边走边推着或拉着玩具。 |

# 超级育儿圣典

## 新手爸妈 学婴语
### XinShou BaMa XueYingYu —— "到处乱爬"

### 宝宝"说"

自从学会了爬，我可以用我的"四肢"到处走动。我已经不再满足于卧室了，我要爬到客厅、爬到厨房，还想爬到户外草地上去探险。

### 婴语解析

宝宝正是通过到处爬行，来感知空间、探索空间。也许在爬行过程中会遇到阻碍，但是宝宝会通过不断地尝试绕开阻挡物，顺利到达自己的目的地。

### 育儿专家告诉你

很多家长都很矛盾，一方面希望宝宝尽快学会爬，一方面又不让宝宝到处爬。与其一味地阻止宝宝爬行，不如在一旁保护好宝宝，并且为宝宝提供一个更大的、更适合爬行的空间。

## 育儿问答精选

**Q：宝宝11个月了，现在他会扶着东西迈步了，可是他的小腿总是弯弯的，好像伸不直，这是不是罗圈腿啊？**

**A** 由于宝宝在妈妈子宫里生长时总是弯腿盘曲，所以2岁以前的宝宝都有轻度的"O"形腿（也就是罗圈腿）。在以后正常发育生长的过程中，如果不出现其他干扰因素，随着站立和运动的开始，宝宝下肢向内弯曲的现象能够自动地获得矫正。这个月已经会迈步走的宝宝，要继续鼓励他学会自己行走，只是站立和走路的时间不宜过长。

**Q：10个多月的男宝宝到现在为止还不会爬，会不会有问题？**

**A** 如果10个月的宝宝还不会爬，应该带他到医院检查，确定神经和下肢肌肉发育是否有问题。如果宝宝爬得不够标准，即不是手膝爬，可以多给他练习爬的机会。如果宝宝不喜欢爬，而只想站，说明发育没什么问题。但还是尽可能创造机会多让宝宝爬。

**Q：宝宝11个月了，可是只长出了一颗牙，是不是缺钙啊？宝宝现在可以喂软饭了吗？另外现在可以给宝宝吃盐吗？**

A 宝宝出牙有早有晚，每个宝宝的情况都不一样，出牙的间隔也不一样，所以不用着急。只要保证每天500～1000毫升的奶量是不需要额外补充钙剂的，宝宝可以喂米粥、面条、小饺子、小馄饨了。建议每天不要超过1克的盐量，应该从小养成清淡饮食的习惯。

**Q：宝宝脾气不好怎么办？**

A 当宝宝无理取闹时，可以采用冷处理的方法。适当强制性地让他休息片刻、换种方式转移宝宝的注意力或者选择暂时冷落他一阵。要让宝宝知道发脾气解决问题的方法没有用，慢慢他就会停止用发脾气来达到自己的目的了。之后会在家长的耐心教导下，慢慢学会自我控制情绪。

**Q：宝宝最近一段时间一直流清鼻涕，但也不是很严重，无其他感冒不适症状，精神状态也良好，需要给宝宝吃药吗？**

A 宝宝可能患鼻炎，可不用吃药。只要注意保持鼻道通畅，及时清理鼻腔分泌物，用棉棍将分泌物卷出来即可。如果有鼻痂，可滴1～2滴乳汁在鼻腔，揉揉鼻子，使鼻痂软化后将其卷出或打喷嚏排出。应注意保持室内湿度，以免空气干燥，导致鼻痂形成，造成鼻腔堵塞。

**Q：请问11个月的宝宝可以睡记忆棉的床垫吗？据说可以保护脊柱。**

A 11个月的宝宝处于生长发育高峰期。不应受到人为限制。只要没有神经系统发育异常，就没有必要担心宝宝的发育。每个宝宝都有自己的发育轨迹，家长要尊重宝宝的成长规律，不要随便相信各种广告，给宝宝购买一些完全没必要的产品。

# 第 12 个月
## 好奇心增强了

### 本月育儿要点

❋ 偏食的宝宝注意补充营养

蛋白质、维生素、热量、膳食纤维等都是宝宝茁壮成长的必需营养，所以妈妈平时要多注意让宝宝及时补充这些营养，避免宝宝营养不良，影响生长发育。

❋ 逐渐过渡到以谷类为主食

过了1岁之后就要让宝宝逐渐向以谷类为主食过渡。所以可以开始给宝宝做些米饭、小包子、小馄饨之类的辅食。

❋ 多吃蔬菜水果

水果和蔬菜不能互换，不能因为宝宝不爱吃菜就用水果代替。水果中含有较高的糖分，吃多了会造成宝宝肥胖，还会损坏宝宝的牙齿。

❋ 让宝宝爱上蔬菜的方法

增加蔬菜种类。

改善烹调方法。

爸爸妈妈要为宝宝做爱吃蔬菜的榜样。

多鼓励宝宝吃蔬菜。

❋ 宝宝上火应对措施

鼓励宝宝多食用富含膳食纤维的食物。

不要给宝宝吃薯片、饼干这些容易导致上火的零食。

给宝宝穿轻薄透气的衣服。

要保证宝宝好好睡觉，增强抵抗力。

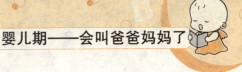

## 宝宝成长小档案

### 宝宝的体格发育

❈ **体重**

男宝宝体重平均为 9.9 千克左右，正常范围是 8.9~10.9 千克。女宝宝体重平均为 9.3 千克左右，正常范围是 8.3~10.3 千克。

❈ **身长**

男宝宝身高平均为 75.9 厘米左右，正常范围是 73.3~78.5 厘米。女宝宝身高平均为 74.6 厘米左右，正常范围是 72.1~77-2 厘米。

### 宝宝的发育特点

❈ **长牙**

长出 6~8 颗牙齿（长牙数量的多少会有个体差异）。

❈ **睡眠**

这个月的宝宝每天需睡眠 12~16 小时，白天要睡 2 次，每次 1.5~2 小时。有规律地安排宝宝睡和醒的时间，这是保证良好睡眠形成的基本方法。所以，必须让宝宝按时睡觉，按时起床。

睡前不要让宝宝吃得过饱，不要玩得太过兴奋，睡觉时不要蒙头睡，也不要抱着摇晃着入睡。

### 宝宝的社会化发育

❈ **宝宝的感官发育**

在视觉上，宝宝开始对小物体感兴趣了，能区别简单的几何图形；在听觉上，能较准确地判断声源的方向，并用两眼看声源，开始学发音，能听懂几个字，包括对家庭成员的称呼。在这个时期，爸爸妈妈对宝宝的视听尤其是语言智能，要大力地开发与培养。

❈ **宝宝的运动能力**

现在宝宝能在没有任何依靠的情况下站立，并能在短时间内保持平衡。爸爸妈妈牵着宝宝的一只手，宝宝就能移动双腿向前走。有的宝宝已经会走，但还是比较喜欢爬，有时会一边走一边做别的动作。他还会在澡盆里做出游泳的动作。

宝宝的拇指与其他四指已经能很好地配合，能把容器上的盖子拿下来。他会用拇指与食指或中指的指端捏小物件，并用食指指东西。一般来说，宝宝会用一只手拿着物品，用另一只手玩弄物品。他还能学着爸爸妈妈的样子拿着笔在纸上涂鸦，也会模仿着推东西。

### ❋ 宝宝的语言发育

宝宝可以控制音调，会发出接近爸爸妈妈使用语言时的声音。除了"爸爸""妈妈"外，他还会说2～3个单字，如"不要""Bye-bye"等。

宝宝还能模仿物品的声音。

### ❋ 宝宝的认知能力发育

此时他仍然非常爱动，不要期望他会有所不同。在宝宝周岁时，将逐渐知道所有的东西不仅有名字，而且也有不同的功用。你会观察到他将这种新的认知行为与游戏融合，产生一种新的迷恋。例如，不再将一个玩具电话作为一个用来咀嚼、敲打的有趣玩具，当看见你打电话时，将模仿你的动作。你可以通过给他提供玩具——鞋刷、牙刷、水杯或汤勺来鼓励这种重要的发育活动。此时他也许已经会随儿歌做表演动作。能完成大人提出的简单要求。

### ❋ 宝宝的情感和社交

宝宝有时会将玩具扔在地上，然后希望大人帮他捡起来，但大人捡起来后他还会再扔，并在反复扔玩具的过程中体会乐趣。他反抗的情绪开始增强，有时会拒绝吃东西，还会在妈妈喂食或睡午觉时哭闹不休。他喜欢模仿爸爸妈妈做一些家务事，如果让他帮忙拿一些东西，他会很高兴地尽力拿，同时也希望得到爸爸妈妈的夸奖。

## 喂养宝宝

### 本月宝宝所需营养

11~12个月的宝宝，已经完全适应以一日三餐为主、早晚配方奶为辅的饮食模式。米粥、面条等主食是宝宝补充热量的主要来源，肉泥、菜泥、蛋黄等含有丰富的维生素、无机盐，能促进新陈代谢，有助于消化。

第12个月的宝宝即将断母乳了，食物结构有较大的变化，这时食物营养应该更全面和充分，每天的膳食应含有碳水化合物、蛋白质、脂肪、维生素、矿物质和水等营养素，应避免食物种类单一，注意营养均衡。

### 本月宝宝如何喂养

这个月的宝宝最省事的喂养方式是每日三餐都和大人一起吃，加2次配方奶，有条件的话，加两次点心、水果，如果没有这样的时间，就把水果放在三餐主食以后。有母乳的，可在早起后、午睡前、晚睡前、夜间醒来时喂奶，尽量不在三餐前后喂，以免影响进餐。

1岁以内依然是以奶类为主食，过了1岁之后就要让宝宝逐渐向以谷类为主食过渡。所以现在就要开始给宝宝做些米饭、小包子、小馄饨之类的辅食。需要强调的是，1岁以后虽然是要逐渐过渡到以谷类为主食，但是奶粉还是要继续喝。

宝宝现在的喝奶量逐渐减少，辅食量逐渐增加，如果辅食中含蛋白质、脂肪比较多，含膳食纤维比较少的话，宝宝就很容易出现便秘。因此要鼓励宝宝多吃蔬菜水果。胡萝卜、油菜、菠菜、番茄等都是很好的选择。

## 1岁宝宝饮食的原则和要求

### ✻ 1岁宝宝的喂养特点

此时，大部分1岁的宝宝都可以完全断奶，并逐渐养成了一日三餐为主，早、晚牛奶为辅的进餐习惯。在宝宝饮食方面爸爸妈妈需要做得细、软、清淡。要注意营养均衡，搭配好蔬菜和水果，不要让宝宝养成偏食的坏习惯。

### ✻ 宝宝可以跟爸爸妈妈共同进食

1岁的宝宝不仅具有了肌肉的控制力，还有了良好的手眼协调能力，能够很好地控制手的动作。所以有的时候可以跟爸爸妈妈以及其他家庭成员一起吃饭了。爸爸或妈妈的饮食制作、饮食习惯都与能否让宝宝养成良好饮食习惯密切相关，因此，爸爸妈妈要以身作则，格外注意。

### ✻ 继续喝牛奶

虽然在宝宝的食谱中有动物性食品的安排，但量不足，因此牛奶仍然是较好的蛋白质来源。至于牛奶的量，可根据宝宝吃鱼、肉、蛋的量来决定。一般来说，宝宝断奶后每天补充牛奶的量不应该低于250毫升。

## 让宝宝爱上吃蔬菜

### ✻ 增加蔬菜种类

每天给宝宝提供3～5种蔬菜，并注意经常更换品种。如果宝宝仅仅拒绝吃1～2种蔬菜，可以试试换同类蔬菜，如不爱吃丝瓜可以改为黄瓜，不爱吃菠菜可以改为油菜等。还可以有意识地让宝宝品尝各种时令蔬菜。

### ✻ 改善烹调方法

宝宝的菜应该做得比大人的细一些、碎一些，同时要注意色香味。炒菜前可以把青菜用水焯一下，去掉涩味。一些味道比较特别的蔬菜，如茴香、胡萝卜、韭菜等，如果宝宝不喜欢吃，可以尽量变些花样，例如放入馅里，让宝宝慢慢适应。

### ✻ 爸爸妈妈要为宝宝做榜样

爸爸妈妈要带头多吃蔬菜，并表现出津津有味的样子。不要带头挑食，否则宝宝会模仿。

### ✻ 多鼓励宝宝

告诉宝宝吃蔬菜和不吃蔬菜的后果，有意识地鼓励宝宝，可以用一些奖励的方法。

Part 2 婴儿期——会叫爸爸妈妈了

 **要给挑食的宝宝补充营养**

虽然我们提倡宝宝不偏食，但实际上偏食的情况很常见。为了保证偏食宝宝的营养，在矫正宝宝偏食的同时，要注意补充相应营养：

不爱喝奶的宝宝，要多吃肉蛋类，以补充蛋白质。

不爱吃蔬菜的宝宝，要多吃水果，以补充维生素。

不爱吃主食的宝宝，要多喝奶以提供更多热量。

便秘的宝宝要多吃富含膳食纤维的蔬菜和水果。

 **本月宝宝饮食禁忌**

❋ **少让宝宝吃盐和糖**

1岁之前的宝宝辅食中不应该有盐和糖，1岁以后宝宝的辅食可以放少量盐和糖。盐是由钠元素和氯元素构成的，如果摄入过多，而宝宝肾脏又没有发育成熟，没有能力排出多余的钠，就会加重肾脏的负担，对宝宝的身体有着极大的伤害，宝宝将来就可能患上复发性高血压病。并且摄入盐分过多，体内的钾就会随着尿液流失，宝宝体内缺钾能引起心脏衰竭，而吃糖会损害宝宝的牙齿。所以，家长要注意，最好给宝宝少添加这两种调料。

❋ **不要拿鸡蛋代替主食**

11～12个月的宝宝，鸡蛋仍然不能代替主食。有些家长认为鸡蛋营养丰富，能给宝宝带来强壮的身体，所以，每顿都给宝宝吃鸡蛋。

这时候宝宝的消化系统还很稚嫩，各种消化酶分泌还很少，如果每顿都吃鸡蛋，会增加宝宝胃肠的负担，严重时还会引起宝宝消化不良、腹泻。

# 超级育儿圣典

## 本月宝宝营养餐推荐

### 葱花牛奶饼
**补钙、蛋白质**

**材料** 面粉50克，牛奶40毫升，葱末、盐各少许，植物油适量。

**做法** 将面粉、牛奶、葱末、盐一同放入盆中，混合成糊状。将植物油倒入一个碗中，平底锅烧热后，放2~3勺植物油，左右晃动使油均匀铺在锅面，用汤匙将适量面糊舀入锅中，将锅沿顺时针方向摇动，使饼成圆形，煎熟一面后，再舀2勺油，把饼翻过面再煎，待两面都金黄熟透后，用锅铲盛入盘中，晾至温热后，供宝宝食用。

**功效** 适合12个月的宝宝食用，奶味是宝宝最喜欢的味道，在面粉中添加牛奶，既能满足蛋白质的需求量，还能为宝宝补充钙质。

### 鱼肉蒸糕
**有利于眼睛和大脑发育**

**材料** 鱼肉30克，葱末10克，蛋清1个，盐少许。

**做法** 将鱼肉洗净，去除骨刺，剁成泥，加入葱末、蛋清、盐，调匀，捏成有趣的形状，摆放在盘中，上锅蒸约15分钟即成，晾至适口后给宝宝喂食。

**功效** 适合12个月的宝宝食用，鱼肉细嫩，富含多种营养素，宝宝喜欢食用，常吃不仅可补充每日营养，还有助于大脑和眼睛的发育。

### 馒头肉松夹饼
**提供足量蛋白质**

**材料** 肉松适量，牛奶馒头半个。

**做法** 将馒头中间稍微撕开，放入适量的肉松。视情况让宝宝自己拿着吃，或剥下小片馒头夹肉松喂食。

**功效** 适合12个月的宝宝食用，牛奶馒头与肉松可为宝宝提供足量的蛋白质和大量热能，适合作为午餐食用。

### 鸡肉馄饨
**营养丰富、增进食欲**

**材料** 鸡肉泥60克，小馄饨皮8个，姜末、香菜碎、紫菜碎、虾皮、鸡汤各少许。

**做法** 用清水将虾皮泡软，剁碎；姜末放入鸡肉泥中，拌匀，包入一个个小馄饨皮中。锅中加适量清水，煮沸，下入小馄饨，煮至漂浮，捞出，加入热鸡汤，再兑一些馄饨汤，洒上香菜碎、紫菜碎、虾皮即成。晾至适口后给宝宝喂食。

**功效** 适合12个月的宝宝食用，小馄饨是宝宝爱吃的食物，味道鲜美，使宝宝胃口大开，但不宜一次食用过多，以免胀腹消化不良，而且也影响下一餐的饮食。

### 番茄鸡蛋拌饭
**调节肠胃功能**

**材料** 米饭1碗，番茄、鸡蛋各1个，植物油适量，盐、糖各少许。

**做法** 番茄用热水去皮，去除根蒂，切成小块；鸡蛋洗净，磕入碗中打散；锅中倒入植物油，烧至八成热时倒入鸡蛋液，摊成蛋皮，倒出，剁碎。在锅中加适量植物油，烧热后，下番茄翻炒几下，放入碎蛋皮、盐、糖，翻炒至熟，加入少许清水，倒入米饭，翻炒拌匀，沸后关火，加盖闷约3分钟即成，晾至适口后给宝宝喂食。

**功效** 适合12个月的宝宝食用，番茄鸡蛋拌饭味道酸甜鲜美，可增加宝宝食欲，调节胃肠蠕动能力。

# 日常照护

## 宝宝适合阅读哪几种书

宝宝在3岁之前，所谓的阅读、识字就是让他常常看字、听句和接触书本与画册。要让宝宝喜欢上阅读，还要给他选对书，只有那些适合的、并能让宝宝喜欢的画册与图书才能引起阅读的兴趣。

✱ **适合宝宝的书**

活泼优美的图画书是儿童图书中最重要的组成部分，也是最适宜宝宝进行早期阅读的图书。常见的儿童图画书有三种：

概念书：类似于识字卡片，向宝宝讲解某个概念，比如大小的概念及数字的概念。

知识书：这是儿童的百科全书，只要宝宝想知道的在这类图书里面全部都有。

故事书：这种书都是儿童题材的小故事，情节生动曲折，画面色彩鲜艳，宝宝往往很喜欢。

# 超级育儿圣典

这三种图书犹如宝宝成长过程中的必需营养品，爸爸妈妈选择时都应涉及，让宝宝的精神营养也均衡全面。

在让宝宝看书时，爸爸妈妈可以把宝宝抱在身上读几页给他听，这样不仅可以增进亲子感情，而且会让宝宝慢慢地被这些图书所吸引，不久宝宝就会主动喜欢起书来。

❋ **自制手工书**

在这个年龄，爸爸妈妈也可以尝试着和宝宝一起做本属于宝宝自己的手工书。书的内容可以是生活的照片，加上大大的文字，或是宝宝喜欢的涂鸦。

## 不要让宝宝隔着窗户晒太阳

隔着窗户晒太阳对防治佝偻病没有丝毫的作用。在人的皮肤内有7－脱氢胆固醇，经过阳光中紫外线的照射，可以转变成胆固化醇，胆固化醇即内源性维生素$D_3$，具有防治佝偻病的作用。但是要注意，在晒太阳时一定要暴露皮肤，使阳光中的紫外线直接照射到皮肤上。如果隔着窗户晒太阳，阳光中的紫外线会被玻璃吸收或反射回来，紫外线不能或很少透过玻璃照射到宝宝的皮肤上，所以这样做根本起不到防治佝偻病的作用。

因此，晒太阳时不能隔窗，而且，即便是在室外，也应尽量多地暴露宝宝的皮肤，使阳光充分照射。当然，也要避免过于强烈的阳光直接照射到宝宝的皮肤，可选择树荫下有缝隙处进行照射。

## 任性的宝宝如何教养

11～12个月的宝宝已经有很强的任性行为，一有不满意之处就会发脾气，哭闹个没完，有的宝宝发起火来，还会动小手打人。遇到宝宝任性的时候，大人首先要耐心劝阻，教宝宝站在别人角度想一想。如果宝宝依然不肯罢休，爸爸妈妈可以采取冷处理，让宝宝自己去哭一阵，待发泄完毕后，再和他讲道理。爸爸妈妈可以用以下几个小办法。

❋ **转移注意力**

在宝宝任性发脾气时，爸爸妈妈也可以说："你听，那边是什么声音，快去看看。"把宝宝的注意力转移到别的地方去，以摆脱眼前的困境。

❋ **暂时回避**

有时让宝宝先哭闹一会儿也好，就当做呼吸操和运动体操，均能促进宝宝的生长和发育，它既可以增加肺活量，又可增加血液循环，还能增加消化液的分泌。其实，大哭大闹往往是1岁左右宝宝逼迫大人"就范"的主要手段。如果宝宝一哭，就无条件地满足他的任何要求，就会使宝宝认为只要自己一发脾气，一切都会如愿以偿。

每一个宝宝都有任性的时候，父母要耐心引导宝宝的个性向着良好健康的方向发展，对于宝宝不好的行为父母要明确表示禁止。

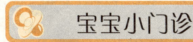

## 宝宝小门诊

### 宝宝噎着了，怎么办

宝宝还小，吃东西有时不会控制速度，如果是喜欢吃的东西，就会大口塞进嘴里，因此很容易噎着自己。如果不小心发生了这类情况，父母该怎么处理呢？

将宝宝脸朝下放在前臂上，固定住头和脖子。对于大些的宝宝，可以将宝宝脸朝下放在大腿上使他的头比身体低，并得到稳定的支持。用手腕迅速拍宝宝肩胛骨之间的背部几下。

如果宝宝还不能呼吸，将宝宝翻过来躺在固定的平台上，仅用两根手指在胸骨间迅速且稍微用力地推几下。

如果宝宝依然不能呼吸，用提腭法张开气管，尝试发现异物。发现较小异物时，用手指将其弄出。

如果宝宝不能自己开始呼吸，试着用嘴对嘴呼吸法或者嘴对鼻呼吸法2次，以帮助宝宝开始呼吸。

进行上述步骤的同时，拨打急救电话。

## 宝宝患急性肠炎的应对法

患急性肠炎的宝宝,每天大便在10次左右,大便为黄色或者黄绿色,含有不消化的食物残渣,有的时候大便会出现"蛋花汤样"。

这时,不必急着带宝宝去医院,避免交叉感染。可以将宝宝的大便装到干净容器中,一般在一两个小时之内送到医院做化验,然后在医生的指导下服药。

让宝宝多喝含盐的温开水,防止出现脱水情况。只要宝宝有食欲,可以喂他吃一些易消化的食物,如稀粥、面汤等。

注意宝宝的腹部保暖,如果宝宝的腹部受凉,会刺激肠蠕动,加重腹泻情况。

宝宝的用品和玩具要及时清洗并消毒,以免反复感染。

如果宝宝还在吃母乳,妈妈要少吃脂肪类食物,避免母乳中脂肪含量增加。

喂奶前多喝水,稀释母乳也有助于缓解腹泻症状。

## 宝宝患上过敏性鼻炎,如何防治

过敏性鼻炎,医学上又称变态反应性鼻炎。它与支气管哮喘一样,是一种最常见的呼吸道疾病。尤其是春季,各种花草、虫螨开始复苏,容易引起过敏性鼻炎的发作。宝宝遇到冷空气会打喷嚏、鼻塞、淌鼻涕。宝宝经常觉得鼻子、眼睛发痒而使劲揉。

家庭中的尘螨、蟑螂、霉菌及花粉是主要的过敏原。居家环境最重要的是避开过敏原,维持家庭环境的清洁,比如保持室内干燥通风,注意减少室内植物;勿用地毯和填充式玩具、避免使用厚重的布质窗帘(可用百叶窗或塑胶遮板代替)。让宝宝少喝冰水,避免宝宝吸入二手烟。床上用品最好使用防螨材料制品,每天起床叠被子。

Part 2　婴儿期——会叫爸爸妈妈了

##  快乐亲子时刻

###  宝宝玩具推荐

现在宝宝比较喜欢自己动手了，本月可以给他提供一些识物卡片，或者一些图画书，让宝宝自己翻着看，这些可以锻炼宝宝最初对事物形状的判断和认识能力。

###  亲子游戏

**找玩具**
——思维能力锻炼
参与人数 2人

**游戏目的** 锻炼宝宝的思维能力。

**游戏方法**

❶ 妈妈抱着宝宝坐在桌边，桌上放上玩具，让宝宝先玩一会儿。

❷ 然后，妈妈用一张透明的纸，放在玩具上面将玩具挡住，让宝宝看见玩具但拿不到。

❸ 宝宝伸出去的手只能碰到纸。这时妈妈开始教宝宝将纸向左或右移开，然后拿到玩具。

**温馨提示**

注意纸边不要太锋利，以免划伤宝宝的手。

# 超级育儿圣典

## 小杯倒水
——手眼协调能力锻炼

参与人数 2人

**游戏目的** 锻炼宝宝的手眼协调能力。

**游戏方法**

❶ 将一个杯子里倒上一点儿水,妈妈先给宝宝示范一下,将这个杯子中的水倒入另外一个杯子里。

❷ 鼓励宝宝自己动手倒水。宝宝开始时可能不能准确地将水倒进去,多练习几次就好了。

### 温馨提示
可以准备一些大小不同的杯子、瓶子等,增加游戏的难度和趣味。

## 玩具箱寻宝
——运动能力和空间感锻炼

参与人数 2人

**游戏目的** 锻炼宝宝的运动能力和空间感。

**游戏方法**

❶ 准备一个结实的大号纸箱,将玩具放到纸箱里,然后问宝宝,"你看,箱子里有什么啊?"并且鼓励宝宝自己到箱子里找到他喜欢的玩具。

❷ 妈妈还可以教宝宝将玩具拿出箱子又放回去,让宝宝懂得如何收拾自己的玩具。

### 温馨提示
妈妈要一直陪在宝宝身边和他互动,不能因为宝宝自己玩玩具就掉以轻心。

---

### 此墅非彼树

早上煜煜高兴地跑到我面前说:"老师,我们家住别墅了。"还没等我回答煜煜的话,在一边的文昭说:"有什么了不起的,我家有桃树、梨树。"此墅非彼树呀。原来在孩子的词典中别墅是一种树。

开心大放映

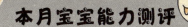

## 本月宝宝能力测评

1. 宝宝见到妈妈会主动投怀。
   ○ 是　　　　　　○ 否

2. 妈妈拿小球逗宝宝时,宝宝能转动头、颈并用目光追踪小球。
   ○ 是　　　　　　○ 否

3. 喜欢和妈妈互相抓握玩耍,如抓握玩具、衣服、被子等。
   ○ 是　　　　　　○ 否

4. 当带有铃铛的绳子套在某一肢体时,宝宝知道动这一肢体使铃铛响。
   ○ 是　　　　　　○ 否

5. 宝宝见到熟人会笑,也会对着镜子笑。
   ○ 是　　　　　　○ 否

6. 要撒尿时,宝宝会有提示,白天开始少尿床了。
   ○ 是　　　　　　○ 否

7. 宝宝能由俯卧位转为侧卧位。
   ○ 是　　　　　　○ 否

8. 宝宝能抬起半胸用肘支撑上半身。
   ○ 是　　　　　　○ 否

9. 当家长双手从两侧托胸前举起宝宝时,宝宝的头、躯干和髋部成直线,膝屈成游泳状。
   ○ 是　　　　　　○ 否

10. 扶着宝宝腋下能在地上迈10步。
    ○ 是　　　　　　○ 否

❋ **评分结果:**

答"是"加1分,答"否"得0分。
9~10分,优秀;7~8分,良好;5~6分,一般;5分以下宝宝需要加强训练。

# 超级育儿圣典

## 父母关注专题

### 专题一　为宝宝选择一个安全的汽车座椅

现在,越来越多的家庭都有汽车,在享受带宝宝方便出行的同时,一定要注意宝宝的安全。宝宝的骨骼不像大人那么结实,行驶中任何的意外动作,都可能对宝宝造成伤害。因此,宝宝坐车时,应尽量使用有质量保证的儿童安全座椅。

#### ✲ 头枕要舒适、防撞

宝宝的大脑处在生长发育的重要时期,需要特别加以保护。因此,座椅的头枕不仅要使宝宝舒适,还要具有良好的防撞功能。

#### ✲ 设计要安全舒适

特别是对月龄小的宝宝来说,汽车安全座椅的设计非常重要,它关系着安全性能的发挥,更保障了平时使用的舒适度。

汽车的安全座椅有一个全球一致的标准,座椅后向45度的角度设计可以最平均地分散冲击力,正确地安装好后,发生碰撞时幼儿产生的惯性力将会被背部和"怀抱"性的座椅背均匀分散。

#### ✲ 椅背要可调

椅背最好可以调节成不同的倾斜角度,来适应宝宝睡眠、玩耍等不同的状态。弧度深的靠背可有效防止侧撞。内层要有防撞层,以减轻碰撞时的冲击力。安全带及锁扣(包括肩垫、胯垫、护裆)等部件的细节处理都要考虑到宝宝的舒适和安全。有些锁扣还能显示安全带是否已经安装牢固,防止成人因一时疏忽造成安全隐患。

#### ✲ 1岁以内的宝宝一定要选购可反向安装的座椅

1岁以内的宝宝要使用反向安装的座椅,1到3岁的宝宝也应尽可能久地坐在反向安装的安全座椅内,直至他们超过座椅生产商所允许的身高或体重限制。这是保护宝宝安全的最佳方式,因为在出现事故的时候,冲击力总是朝向车头,反向安装的安全座椅可以让宝宝的背部与安全座椅靠背充分接触,最大限度地分散冲击力,保护好宝宝的脊椎和头颈。

Part 2 婴儿期——会叫爸爸妈妈了

✱ **尽量不选择二手座椅**

尽量不要选择二手的安全座椅，因为很难了解其过去的使用情况。这些座椅的有些部件可能已经丢失、损坏或已被召回，还有可能有塑料老化、长期受压造成裂痕等问题，万一出现交通事故，可能起不到保护的作用。

✱ **按宝宝年龄选择**

出生至6周岁的宝宝，在很多国家都是法定必须使用安全座椅的年龄。当然，为了更好地保护宝宝，提供舒适乘坐，安全座椅通常分年龄段设计。当然在保证适用的前提下，我们可以考虑往后的使用要求，达到不浪费的目的。

如果您的宝宝尚在6个月内，那么建议您选择新生儿专用的安全座椅，6个月以上一般座椅品牌都有具体的参考体重，具体可参考下表。

| 适用于体重 | 相对年龄 |
| --- | --- |
| 10千克以下 | 1岁以下 |
| 9~15千克 | 1~4岁 |
| 15~25千克 | 3~5岁 |
| 22~36千克 | 8~11岁 |

## 专题二　关注宝宝的心理健康

11~12个月的宝宝感情更加丰富，这时宝宝已经初步建立害怕、生气、喜爱、妒忌等感情，并且已经能够意识到什么是好，什么是坏。

爸爸妈妈是宝宝身心发展的最初园丁，可以说也是宝宝生理健康和心理健康的"双重护士"。

因此，为了宝宝的健康成长，爸爸妈妈切不可只注重宝宝的身体生长，而忽视了宝宝心理的健康发展。爸爸妈妈应当注意以下几点：

✱ **培养良好的情感和情绪**

爸爸妈妈的关心、家庭的温暖，能培养宝宝良好的情感和情绪。但是这种关心不能是溺爱，不是无限制地满足一切需要。比如，对1岁的宝宝来说，不能一哭就喂奶，一哭就抱着，以免养成宝宝用哭来取得需要满足的不良习惯。

不能对宝宝进行不合理的逗引与戏弄，以免宝宝过度兴奋而导致神经发育不良。爸爸妈妈还要注意对宝宝的态度，若是有冷淡、歧视等态度，则会导致宝宝的情绪处于压抑状态。

✲ 要多鼓励、多表扬

宝宝分辨是非的能力是在后天学得的，而爸爸妈妈的是非观念和处理态度对宝宝的心理发展影响极大。因此，爸爸妈妈对宝宝的良好行为和点滴进步，要充分肯定和鼓励，对不好的行为则应予以及时制止。

当宝宝把自己的玩具让给别的宝宝玩儿，爸爸妈妈就应当加以称赞。而当宝宝抢夺别人的玩具时，就要制止他。是非要分明，态度要慈爱，使宝宝养成以友好的态度对待小朋友的习惯，并让宝宝知道对与错。

## 新手爸妈 学婴语

XinShou BaMa XueYingYu

——“玩食物”

### 宝宝“说”

我不喜欢总是让妈妈喂，我也想自己吃饭。可是爸爸妈妈没有给我准备吃饭的工具，但我可以用手去抓。自己吃饭的感觉真棒！

### 婴语解析

宝宝对自己吃饭感兴趣，并且会自己伸手去抓食物，这是他探索世界的一个方式，也会是非常愉悦的体验。

### 育儿专家告诉你

宝宝抓食物吃时，爸爸妈妈不要严厉呵斥。只要没有危险，宝宝的手也已经清洗干净，爸爸妈妈就可以适当地允许宝宝用手抓着吃饭。当宝宝成功地抓起饭团，并吃到嘴里时，宝宝会很有成就感，这也有助于养成不偏食的好习惯。如果怕宝宝把衣服弄脏，可以给他穿上围兜。

## 育儿问答精选

**Q：宝宝犯错误可以打屁股或者打手心吗？**

A 不建议对宝宝采用体罚的方式，否则容易让宝宝产生暴力倾向或者变

## Part 2 婴儿期——会叫爸爸妈妈了

得胆小、怯弱。当宝宝做得对,妈妈要高兴地抱抱他,以示鼓励;当宝宝不听话时,妈妈要很严肃地告诉他,妈妈不喜欢他这样,并说明为什么不喜欢。每次都这样引导,慢慢宝宝就会知道什么能做、什么不能做了。

**Q:** 宝宝做事情没有耐心,一遇到自己做不了的事情,一般试了2~3次还不行,就会发脾气,还会打玩具、打大人,遭到这种情况我该怎么办?

**A** 宝宝会有这些反应,是因为他目前能力有限,而不是宝宝在无理取闹,所以不要试图在短时间内改变他。在宝宝发脾气的时候,要尽量温和地面对他、安慰他,哪怕只是温和地看着他发脾气,然后替他说出心里的烦躁,让他知道妈妈是理解他的。

**Q:** 前段时间,奶奶带着宝宝回老家待了一些日子,自从回来后,宝宝就特别黏我,只要我去上班,他就抱着我不让我走,还哭,我该怎么办?

**A** 这是由于上次他离开你时间太久了,他怕你一出门又会像上次一样,一下子好久都见不到,所以他才会害怕分离。你上班去之前要和宝宝道别,并且告诉宝宝下午下班后你就会回来陪他,让他乖乖和奶奶一起玩儿,等你回家。宝宝很快就会适应你去上班这件事的,没必要太担心。下班后你要尽量多陪陪宝宝,以满足他想和你在一起的意愿。

**Q:** 闺女马上快满1岁了,见谁都愿意跟,没有防范意识,怎么办?

**A** 1岁左右的宝宝还不理解"危险"的含义,所以对生人没有防备,这也是正常现象。家长只能加强防范。同时可以利用过家家等游戏,让宝宝初步了解不是所有人都能被信任。但是要注意方法,例如,可以说"和陌生人走了之后,就见不到爸爸妈妈"之类的话。

# 妈妈手记

—— 宝宝 1 岁时

不知不觉间，宝宝 1 岁了。伴随着宝宝的成长，父母一定也有许多感触吧。在宝宝 1 周岁这个值得纪念的日子，记下宝宝的健康状况和发育情形，以及自己想要给宝宝说的话，包括对宝宝的期望与祝福，给宝宝一份特别的生日礼物吧。

身高

体重

运动能力发育

智力发育

情感与社交

童言童趣

爸爸对你说　　　　妈妈对你说

（最好放一张宝宝的近期照片，当孩子长大的时候，看到 1 岁时的自己，一定会惊喜万分）

# Part 3

## 幼儿期——越来越调皮了

宝宝终于迈出了人生的第一步，他的视野变得更加宽广。渐渐地，他已经长成一个大宝宝了。不变的是，他还是喜欢赖在妈妈怀里。他的笑是那么的灿烂，当他笑的时候，整个世界都变得明亮，父母所有的烦恼、劳累都会烟消云散。转眼间，他又瘪起小嘴，他委屈得快要哭了……不好，他又开始叛逆了，他开始和父母对着干……他要上幼儿园了，诸多不舍和担忧，各种复杂情绪涌上父母心头……

# 1岁1个月～1岁3个月 行走自如

## 本阶段育儿要点

❀ **科学安排宝宝的早餐**

主食应该以谷类食物为主。

荤素搭配。

❀ **避免宝宝吃危险食物**

不宜给宝宝吃带刺的鱼、带骨头的肉,以免鱼刺或骨头卡在宝宝的喉咙里。

不宜给宝宝吃花生等坚果类食物,避免食物被宝宝吸入气管,给宝宝带来生命危险。

❀ **宝宝耍脾气应对措施**

让宝宝冷静下来最重要。

看到宝宝哭闹,妈妈也应做到冷静地处理。

❀ **正确表扬宝宝的方法**

及时表扬,趁机让宝宝懂得一些道理。

表扬的内容应该是宝宝经过努力才能做到的事情。

要表扬到具体的细节。

❀ **父母关心和赞扬的重要性**

一般情况下,宝宝的自信心、信任感和积极的性格都是在婴儿期形成的,因此,父母的态度决定了宝宝的未来。这个阶段的宝宝喜欢做事,不肯闲着,喜欢被表扬。

Part 3  幼儿期——越来越调皮了

## 宝宝成长小档案

### 宝宝的体格发育

1岁的宝宝体重约为出生时的3倍，身长增加了25厘米左右。

男宝宝体重为8.5~12千克，身高为72.8~83.9厘米。

女宝宝体重为7.8~12.2千克，身高为70.8~82.5厘米。

### 宝宝的发育特点

能够搭起几块积木。

会用表情、动作和简单的语言表达完整的意思。

味觉很灵敏，对不同的气味，有不同的反应。

能主动与外界交流。

走路早的宝宝走得更稳，走路晚的也会迈步了。

拇指、食指和中指能够很好配合，捏起物品。

宝宝喜欢自言自语，词汇量增多。

有的宝宝已经会用自己的名字表示"我"。

既渴望独立，又对爸爸妈妈很依赖。

### 宝宝的社会化发育

❋ **宝宝的感官发育**

宝宝能较刻意且正式地模仿，或是模仿不在面前的人的动作。即使眼睛不看，宝宝也能正确地拿东西。看到别人示范后，他会搭2~3块积木。当有人问他几岁时，他会用眼注视着你，并竖起食指表示1岁了。

❋ **宝宝的运动能力**

宝宝的平衡能力增强，比原来站得更稳了，走路也有进步了。弯腰捡东西，能站起来不摔倒。摔倒时能自己爬起来。宝宝肢体运动能力逐渐增强，会借助小凳子、小桌子、沙发等物体往高处上。宝宝可能会独自爬上

6～10个台阶，如果妈妈牵着宝宝的手，宝宝可能站立着走上好几级台阶。

宝宝已经不满足只在平地上爬，也不满足往桌子、椅子上爬，宝宝开始试探着往更高的地方、更危险的地方爬。宝宝还会往爸爸肩上爬，宝宝愿意爸爸把他举得高高的，愿意爸爸用肩膀扛着他。越危险的地方，宝宝越是要上；越有刺激的地方，宝宝越是要去。

宝宝的拇指与其他四指已经能很好地配合，能把容器上的盖子拿下来。他会用拇指与食指或中指的指端捏小物件，并用食指指东西。一般来说，宝宝会用一只手拿着物品，用另一只手玩弄物品。他还能学着爸爸妈妈的样子拿着笔在纸上涂鸦，也会模仿着推东西。

❋ 宝宝的语言发育

这时，宝宝已能听懂一些常见的最基本的日常用品名称。当父母说出某个事物的名称时，他能从周围环境中或图画中认出这个物体；当父母说出身体的某一部位时，他能认出被称呼的那个部分；他还能执行某些简单的命令，如"把球放在桌上"、"把鞋给我"等等。由此可见，这一阶段的宝宝能听懂的话比他能说的话要多得多。

在以后的发展阶段中，宝宝将逐渐学会说更多的话。这时，他还只能说出一个一个的词，而且词汇量不丰富，大概有一二十个。他经常用一个词表达多种意思，因为对宝宝来说，一个词就是一个完整的句子，同一个词在不同的场合可以代表几种不同的意思。如"水"，也许是"要喝水"，也许是"给我一点水"。

可见，宝宝最初用的几个词所表达的意思，不一定与父母理解的意思相同。因此，父母要结合当时的情景和他的具体情况来分析，以便能准确领会宝宝的意思。

❋ 宝宝的认知能力发育

相对于1岁以前的宝宝而言，这时的宝宝开始对外界的人或事物变得更加敏感和警觉。宝宝对外界的人或事物的敏感程度越高，潜能越容易被开发出来，学习的能力也越强。

能分清物体的形状，最先会认圆形，但很快就能确认方形和三角形。

## Part 3 幼儿期——越来越调皮了

能指认出哪些生活用品是自己的。宝宝的用品要放在固定位置,让宝宝找自己的毛巾、水杯、帽子等,也可进一步让宝宝指认妈妈的一两种物品。同宝宝一起看书时边看边问,你会发现宝宝有心领神会的能力,能用声音和表情回答。

看书时让宝宝自己翻书。宝宝已经懂得什么是好,什么是不好,能记住故事情节。

因此在每天空闲的时候,在宝宝睡觉前都可以通过给他阅读来分享这些美好的时间,同时通过阅读会刺激宝宝的好奇心、想象力和说话的欲望。

### ✿ 宝宝的情感和社交

这么大的宝宝,既希望独立,又具有极强的依赖性,尤其是对爸爸妈或看护人的依赖,比宝宝期更加强烈。宝宝想按照自己的意愿行事,但又希望爸爸妈妈在身边。在接下来的日子里,宝宝对妈妈的依赖感越来越强,直到4岁以后,这种依赖感才有所减弱。

有的妈妈认为宝宝太黏人了,试图锻炼宝宝的独立性,有意把宝宝自己放在一个房间,不让宝宝看到妈妈。这样做的结果会适得其反,使宝宝的依赖性变得越来越强,独立性越来越弱。宝宝对世界有太多的未知,常常不能确信他的安全性,这就使得宝宝不但具有冒险精神和探索愿望,还有对未知世界的恐惧和不安。宝宝表现出对爸爸妈妈的依赖性,是希望从爸爸妈妈那里获得安全感。

# 喂养宝宝

### 本阶段宝宝所需营养

12个月以上的宝宝开始长出臼齿,发育快的宝宝已经长尖牙了。宝宝长出臼齿后就能正式咀嚼并吞咽食物,一日三餐都可以和爸爸妈妈一起在餐桌上吃,但最好再喝几百毫升的奶。

这个时候即使已经断奶了,宝宝也不会因为不吃母乳而出现营养不良等情况。本阶段宝宝需要重点补充的营养包括以下几种。

# 超级育儿圣典

## ✽ 优质蛋白

蛋白质摄入对于宝宝的生长发育是极其重要的。好吸收、高利用、少负荷的蛋白质才算是优质的蛋白质。富含丰富优质蛋白质的食物主要有：

鱼类：鱼肉中富含丰富的蛋白质，如球蛋白、白蛋白、含磷的核蛋白，还含有不饱和脂肪酸、钙、磷、铁及维生素 $B_{12}$ 等成分，这都是脑细胞发育必需的营养物质。

蛋类：鸡蛋中的蛋白质吸收率高。同时，蛋黄中的铁、磷含量较多，均有助于脑的发育。因此，蛋类是宝宝每天必吃的食物。

## ✽ 锌

对宝宝来说，锌的缺乏与否，关系到宝宝身体、智力的发育及免疫功能的健全。

## 本阶段宝宝如何喂养

虽然配方奶可以同时提供给宝宝蛋白质、脂肪、维生素、矿物质等营养，但是绝对不能只喝配方奶。配方奶中的碳水化合物、维生素、膳食纤维都少之又少，而这些又是宝宝健康成长必不可少的，所以需要吃各种食物，以保证营养均衡。

要保证每天饮食的多样化，五谷、蔬菜、肉、蛋、奶、水果等都需要吃。五谷主要为宝宝提供热量和B族维生素，肉蛋奶为宝宝提供足够的蛋白质、脂肪，蔬菜、水果主要为宝宝提供维生素、矿物质和膳食纤维。

## 不能给宝宝喝饮料

如果宝宝不喜欢喝水，妈妈会想当然地认为饮料也是液体，饮料可以替代水。这种观念是错误的，不管是什么饮料都不适合宝宝喝。各种饮料中都含有较高的糖分以及各种添加剂，对宝宝有害无益。另外，总是用饮料代替水也是导致宝宝不爱喝水的原因。其实，宝宝渴的时候，只要你不提供饮料，他就会选择喝水的。

## 不要给宝宝吃危险食物

不宜给宝宝吃带刺的鱼、带骨头的肉，以免鱼刺或骨头卡在宝宝的喉咙里。

不宜给宝宝吃较大颗粒状的食物，比如花生米、瓜子、开心果、杏仁、核桃仁、糖球、黄豆、爆米花等，因为这些食物容易被宝宝吸入气管，带来致命危害。

不宜给宝宝吃肉松、香肠等加工类肉食品：含致癌物质亚硝酸盐和大量防腐剂。

不宜给宝宝吃腌制类食品。这类食物会影响黏膜系统，对宝宝肠胃有伤害。

不宜给宝宝吃油炸食品。这类食物含致癌物质：破坏维生素，使蛋白质变性。

不宜给宝宝吃话梅、蜜饯类食品。这类食物含致癌物质——亚硝酸盐。

另外，方便面、可乐、罐头等不健康食品也不可给宝宝食用，爸爸妈妈们一定要注意了。

## 肉类食物少不了

动物性食物是1岁以上宝宝不可缺少的食物。宝宝适当吃些动物性食物有利于他的生长发育。动物性食物含有宝宝所需的大量营养物质，就蛋白质而言，动物性食物的蛋白质中，含氨基酸的比例与人体的很接近。

肉类食物在供给热量、促进脑发育、促进脂溶性维生素的吸收与利用方面功不可没。它含有的多种不饱和脂肪酸，是宝宝体格和智能发育的"黄金物质"。

## 宝宝还小，不能吃补品

有些爸爸妈妈认为给宝宝吃补品更有利于身体健康，吃人参糖、人参饼干，喝人参奶粉、人参可乐，有的还给宝宝喝冰糖燕窝。这些补品如果让老人或病人服用也许有益处，但让宝宝食用却是有害的。

因为人参可促进激素分泌，燕窝可促进性腺功能，宝宝食用后，可能发生性早熟。另外，补品中含有的激素或激素类物质会导致宝宝骨骼提前闭合、缩短骨骼生长期，导致身材矮小。所以，爸爸妈妈们一定要记住，5岁以内的宝宝不应吃补品。

# 超级育儿圣典

 **本阶段宝宝营养餐推荐**

## 果仁芝麻糊
**健脑、明目**

**材料** 黑芝麻（熟）100克，花生仁（熟）、核桃仁各75克，松仁45克，牛奶150毫升，冰糖适量。

**做法** 将黑芝麻、花生仁、核桃仁、松仁混合，一同倒入搅拌机中，打碎，以50克为1份，分成若干份。食用时，将果仁芝麻粉放入锅中，倒入牛奶，用文火一边加热，一边搅拌均匀，直至成黏糊状，关火，加入冰糖调味，晾至适口后，即可给宝宝食用。

**功效** 适合13个月以上的宝宝食用。果仁芝麻糊富含多种营养元素，特别是坚果类食物可促进宝宝大脑发育，并能提高视力，是天然的健脑食品。

## 红薯芋头泥
**补充维生素**

**材料** 红薯1/2个，芋头1个。

**做法** 将红薯、芋头洗净，上锅蒸熟，分别去皮，用勺背压成泥状，然后将其混合即可。晾至适口后，盛入宝宝碗中，让宝宝尝试自己用勺吃。

**功效** 适合13个月以上的宝宝食用。红薯口感绵香，有丝丝甜味。泥状食物软绵，最适合锻炼宝宝用勺的能力。刚开始时，妈妈可先给宝宝少盛一些，避免宝宝不小心打翻后，糊得到处都是，不易清理。

## 虾皮碎菜包
**补钙**

**材料** 虾皮6克，小白菜3棵，鸡蛋1个，面粉适量，发酵粉3克。

**做法** 虾皮用温水疱软，切碎；将鸡蛋洗净，磕入碗中，与虾皮一同搅拌调匀；小白菜洗净略焯一下，切碎，放入蛋液中混合调成馅料。将发酵粉与面粉混合，和成面团后，略醒10分钟，搓成条状，揪成一个个小面团，压平后将馅料包入其中，包成提褶小包子，上笼蒸熟即成。晾至不烫时，掰开让宝宝拿着食用。

**功效** 适合14个月的宝宝食用。虾皮富含钙质，与蔬菜、鸡蛋黄包成包子，小巧又美味，宝宝喜爱食用。

## 鸡肝小米粥
**和胃安眠**

**材料** 鲜鸡肝、小米各50克，香葱末、盐各适量。

**做法** 鸡肝洗净，切碎；小米淘洗干净，与鸡肝一同入锅煮粥。粥煮熟之

# Part 3 幼儿期——越来越调皮了

后，用盐调好口味，再撒上些香葱末即可。

**功效** 甜咸，呈糊状，含有丰富的蛋白质、钙、磷、铁、锌及维生素A、维生素$B_1$、维生素$B_2$和尼克酸等多种营养素。

### 黑木耳炒黄花菜 —— 补铁

**材料** 黑木耳5克，黄花菜20克，植物油、葱末、姜末各适量，盐少许。

**做法** 预先用清水将黑木耳泡发，去除根蒂，洗净，撕碎；黄花菜用冷水疱发，洗净，挤去水分切碎。锅内倒入适量植物油，烧至七成热，下入葱末、姜末煸香，再放入木耳碎、黄花菜碎，煸炒至木耳、黄花菜熟烂，烹入少量清水，加入少许盐调味，再翻炒几下即成。晾至适口后，与主食一同给宝宝喂食，也可让宝宝用勺自己食用。

**功效** 此菜富含铁，可补充每日所需铁，还可锻炼宝宝的咀嚼能力。

## 日常照护

### 帮宝宝改掉吸吮手指的不良习惯

婴儿期的宝宝吸吮手指是一种正常的生理现象。一般来说，宝宝在断奶之后，吸吮手指的习惯就会慢慢消失。如果宝宝到了1岁以后还喜欢吮吸手指，家长就必须引起重视了，应仔细查一查原因。

❋ **吸吮手指的坏处**

吸吮手指是坏习惯，对宝宝健康危害极大。因为手指和指甲缝中存在很多病菌，在宝宝吸吮手指时，容易把它们食入体内，从而引起胃肠道疾病，如肠炎、寄生虫病、痢疾等。长期吸吮手指，小手浸泡在口水里，会刺激手指的局部软组织，时间久了容易出现手指蜕皮、肿胀、感染、变形。

宝宝常吸吮手指，还会影响出牙，时间长了会引起牙齿排列不整齐，牙齿闭合不良。长此以往还会使上颌的前牙前伸或下颌及下前牙前突，造成牙齿咬合不齐，不仅影响美观，还会影响咀嚼功能。

# 超级育儿圣典

如果宝宝形成了吸吮手指的习惯,不仅会影响他的身体健康,还容易产生紧张、焦虑、自卑、抑郁等不良情绪,影响宝宝的心理健康。

### ✿ 帮宝宝戒除吮指的坏习惯

在日常照料中,家长要防止宝宝养成吸吮手指的习惯。如果宝宝在无形中已经养成了习惯,父母要耐心帮他改掉。

家长应从及时满足宝宝的生理和心理需要入手,减少宝宝的焦虑感。

家长可以适时地给宝宝提供充足的可供探索的玩物引逗他去拿,占住他的双手,使他没有机会去吸吮手指。

当宝宝忍不住吸吮手指时,可以用新奇的东西转移他的注意力,或多做亲子游戏来转移他的注意力。

## 宝宝喜欢被关心和夸奖

在这个时期,宝宝的自我意识逐渐形成,因此需要父母的关心和赞扬。

一般情况下,宝宝的自信心、信任感和积极的性格都是在婴儿期形成的,因此,父母的态度决定了宝宝的未来。这个阶段的宝宝喜欢做事,不肯闲着,喜欢被表扬。

爸爸妈妈每天要给宝宝展示才能的机会,吩咐宝宝做些小事情,如"给妈妈开门"、"帮妈妈拿一个苹果"等,宝宝每完成一件事情都会很高兴。爸爸妈妈要用"真能干"等词语鼓励宝宝,使宝宝尽情享受成就感带来的喜悦。在宝宝的成长过程中,父母和宝宝之间的交流与互动将发挥非常重要的作用。

但是,也不能放任宝宝的错误行为。当宝宝犯错误时,应该果断制止。

如果做同样的事情,却得到不同的评价,那么,宝宝的是非观就容易混淆。

### ✿ 正确表扬宝宝的方法

表扬及时,趁热打铁:一旦宝宝出现好的行为,要及时表扬,越小的宝宝越要如此。

表扬的内容应该是宝宝经过努力才能做到的事情。比如,表扬一个6岁的宝宝自己会吃饭,意义甚微,而在学走路的过程中,给予"宝宝会迈步了,真棒"这样的表

## Part 3 幼儿期——越来越调皮了

扬，比较有针对性。

要夸具体，夸细节：不要总笼统地说"宝宝真棒！"要让宝宝知道自己为什么得到了表扬，哪些方面做对了，好在哪里，宝宝才能从中受到启发。

表扬的时候不要许诺一些做不到的事情。否则，久而久之，宝宝就会不信任你，对你的表扬不会很珍惜。

### 理智应对宝宝哭闹

哭是宝宝的拿手好戏，几乎所有的父母都在为宝宝的哭而担心。如果你想让宝宝感受到你对他的爱和关照，同时又不愿成为他哭声的奴隶，这要求你必须很有理智。

#### ✹ 哄宝宝的方法

如果宝宝哭闹得特别厉害，父母可以用以下方法抚慰他：帮助孩子运动。在运动的过程中和宝宝互动。可以抱着婴儿边走边摇晃，或晃动他的小床。但摇晃时，一定要注意力度别太重。还可以用一个兜兜把他缚在胸前，唱歌或念书给孩子听。

如果宝宝看上去是肚子疼，你可以让他伏在你的肩膀上，用一只手轻轻地拍他的背，也可以让他趴在你的腿上，用手搓揉他的后背。婴儿需要从别人的接触和抚摸中感受到爱。

让宝宝听舒缓优美的音乐，或把你的声音录下来放给他听。

#### ✹ 语言能力强化

当宝宝学会说话后，你可以运用语言和动作强化他的好行为，减少他不必要的哭泣。

当孩子能够听懂大人的话时，你一定要记住在他不哭的时候也要爱抚他。

一定要注意在孩子刚刚停止哭声，开始按你希望的那样去做时，立即给予他鼓励性的关注。

搞清楚孩子反常的长时间啼哭的原因，因为他可能非常烦躁甚至生病了。

#### ✹ 5种不恰当的处理方法

大声呵斥：宝宝在闹脾气耍赖时，爸爸妈妈大声呵斥宝宝，宝宝可能会因为害怕而止住哭闹，但是这种办法只是暂时奏效，而且会伤害宝宝的感情。

# 超级育儿圣典

立即满足宝宝的要求：千万不要宝宝一哭闹就满足他的要求，这样容易让宝宝养成靠哭闹达到目的的坏习惯。

置之不理：宝宝哭闹的时候，爸爸妈妈选择置之不理，这会伤害宝宝的感情，导致宝宝不再信任爸爸妈妈，甚至不再喜欢和爸爸妈妈交流。

打屁股：动不动就打屁股会伤害宝宝的自尊。可能会造成宝宝性格孤僻，不愿意与人交往。

千方百计哄宝宝：如果宝宝一哭闹，爸爸妈妈就想尽办法哄宝宝，甚至胡乱许一些承诺，这种办法只会养成宝宝的坏习惯，还会使宝宝失去对父母的尊重。

## 宝宝小门诊

### 宝宝口臭怎么办

每天都与宝宝十分亲近的妈妈，忽然有一天在与宝宝玩耍时发现，宝宝竟然有口臭。这让妈妈担心不已，怎么回事呢？

#### ❋ 宝宝口臭的原因

口腔内有积奶或积存的食物残渣未能及时洗净；牙齿有大龋洞，内有腐败食物；牙龈发炎、出血，或有牙龈瘘管出脓；口腔溃疡、扁桃体炎、咽炎等。食物残渣、坏死组织和脓液受到细菌作用后，产生吲哚、硫氢基及胺类，可散发出腐败性臭味。

胃肠功能障碍所引起的一种消化不良，常在嗳气时闻到酸臭味。进食大蒜、葱头等食物可有该类食物的特殊臭味。宝宝过多地进食甜食、高蛋白、高脂肪食品也容易导致口臭。

另外，气管炎、肺炎、肺脓疡、支气管扩张，呼出气体可带腐烂臭味；宝宝如患有中耳炎也会导致口臭；宝宝玩耍时把异物塞入鼻腔引起鼻炎、鼻出血而导致口臭也很常见。

#### ❋ 如何防臭除臭

注意宝宝的口腔清洁卫生。稍大一点后让宝宝饭后漱口，早晚刷牙。

饮食要有规律：让宝宝多吃蔬菜和水果，不挑食，不偏食，不暴饮暴食，粗细粮搭配合理。

Part 3 幼儿期——越来越调皮了

防止消化不良：当宝宝出现消化不良时，可适当给其服用一些助消化的药。

注意预防并及时治疗龋齿及牙齿排列不齐。控制宝宝吃甜食，特别是睡前不吃甜食。

用中药芦根、薄荷、藿香煎汁，或1%的双氧水、2%的苏打水、2%的硼酸水等含漱，有一定的缓解口臭的作用。

## 如何预防宝宝上火

哪些宝宝容易出现上火呢？

宝宝体质偏热，容易出现"上火"现象；宝宝肠胃处于发育阶段，消化等功能尚未健全，过剩营养物质难以消化，也容易造成食积化热而"上火"；奶粉、米糊、鲜奶等高蛋白质食品的摄入，常吃薯片、饼干等油煎炸零食或是食物搭配不科学等，都是引起宝宝"上火"的原因。

上火常常成为引发其他疾病的导火索。宝宝上火会造成肠胃功能紊乱，并出现腹胀、腹痛、吐奶等症状。上火还易导致宝宝便秘，不仅影响宝宝情绪、降低宝宝的睡眠质量，还会让宝宝体内的残留物质无法及时排出，危害到身体健康。

❊ **预防措施**

不要给宝宝吃薯片等容易上火的零食。在保证营养均衡的同时，要鼓励宝宝合理补充富含膳食纤维的谷类、蔬菜、水果等食物，另外要多喝白开水。

给宝宝穿轻薄透气的衣服，夏天晚上睡觉时可以给宝宝铺小凉席。要保证室内温度在24~28℃之间，湿度也要在55%左右。

要保证宝宝好好睡觉，睡眠好的宝宝抵抗力也会强。

如果天气允许，多带宝宝外出散步，可以促使宝宝体内内热的发散，提高抗病能力。

## 宝宝咳嗽怎么办

咳嗽可能发生于任何时候，宝宝可能出现干咳或有黏液的湿咳，咳嗽通常伴随着感冒或病毒感染。

❊ **正确认识咳嗽**

咳嗽是人体的一种保护性反射，咳嗽能帮助清洁呼吸道，并使其保持

## 超级育儿圣典

通畅。咳嗽往往伴有咳痰，痰就是呼吸道中被清理出来的垃圾，与痰一起排出体外的还有病菌。咳嗽也是机体对外界环境的防御反应，空气干燥，有寒冷刺激或辣味、烟味等都可引起咳嗽，提醒人们做出防御。

### ❋ 盲目用药不可取

宝宝咳嗽比成人的反应严重，多数会咳嗽不止。爸爸妈妈看到宝宝有点咳嗽，就会很紧张地马上去找医生给宝宝吃药、打点滴。用药的结果是宝宝的胃口差了，而食欲不好，营养也就会跟不上，宝宝的抵抗力就随之降低，这样一来，宝宝更容易感冒、咳嗽，甚至会引起哮喘。宝宝一旦陷入这样的恶性循环，往往会变得身形瘦小、面色焦黄。

### ❋ 宝宝咳嗽的家庭护理

如果宝宝咳嗽次数频繁的话，可使用凉雾加湿器。当他睡觉时，将加湿器放在宝宝房内。调整喷雾口，别直接吹到宝宝或弄湿他的床单。加湿器要放在宝宝够不着的地方。

假如你没有加湿器，可将宝宝带进浴室，关上门，打开莲蓬头，让宝宝待在充满蒸气的浴室内至少10分钟。

有些咳嗽，例如和哮喘有关的咳嗽，则在冷空气中约待10分钟会有较好的治疗作用。冬天时，当宝宝患有和哮喘有关的咳嗽时，医生会建议你将宝宝穿着温暖后，带他到外面散步一会儿。假如他穿着够温暖，而且室外并不是非常寒冷时，到外面走一走，通过冷空气刺激孩子的呼吸道。

除了使用加湿器以外，你可以让宝宝多摄取流质食物，帮助稀释分泌物，减少他的活动量，因为活动会使他咳得更严重。

### ❋ 出现下面情况需要找医生

假如宝宝出现以下任何症状时，一定要联络儿科医生：

呼吸困难、呼吸短促、发热、焦躁兴奋、食欲显著减少、进食困难、呼吸有喘鸣声、连续咳嗽。

假如咳嗽是由细菌感染所引起的话，医生可能会开抗生素进行治疗。

假如是由病毒感染所造成的，只能处理其症状。

Part 3　幼儿期——越来越调皮了

## 快乐亲子时刻

### 宝宝玩具推荐

随着宝宝月龄的增加，宝宝更加乐于运动，一刻也不闲着。随着活动范围的扩大，现在的宝宝对什么都充满好奇，所有能够拿到的东西都要试图拿到。手眼配合能力及操作能力也提高了。妈妈可以用多种游戏方式来配合宝宝单调的行走动作，以增加他的兴趣。只要借助一些物品或主题，激发宝宝的想象，他会乐意走动的，如玩大积木、坐滑梯等。注意要先教宝宝怎样使用器械，并注意安全。

### 亲子游戏

**我是小司机**
——行走和与人交往能力锻炼

参与人数 3人

**游戏目的**　锻炼宝宝的行走能力和与人交往能力。

**游戏方法**

❶ 爸爸双手向后拉住宝宝的双手，然后带着宝宝一起向前走，一边走一边对妈妈说："嘀嘀嘀，我是一个小司机，妈妈妈妈快上车，我要送你上班去。"

❷ 妈妈听到后就抓住宝宝的衣服跟着爸爸和宝宝一起往前走。等宝宝能够走得很好了，可让宝宝来做司机。

**温馨提示**

爸爸做司机可以逐渐增加游戏的难度，比如不断改变路线，从直线到转弯等。

# 超级育儿圣典

## 唱儿歌做游戏
——语言能力培养

**参与人数 2人**

**游戏目的** 锻炼宝宝的语言能力。

**游戏方法**

❶ 妈妈和宝宝一起坐在地板上,一边唱着儿歌,一边和宝宝做相应的动作。

❷ 比如唱"你拍一,我拍一",同时配合拍手的动作,让宝宝和你一起拍手。或者唱"拉大锯,扯大锯",同时拉着宝宝的手来回摇晃。

### 经典儿歌推荐

**拍手歌**

你拍一,我拍一,一个小孩坐飞机;
你拍二,我拍二,两个小孩打电话;
你拍三,我拍三,三个小孩爬高山;
你拍四,我拍四,四个小孩写大字;
你拍五,我拍五,五个小孩跳跳舞;
你拍六,我拍六,六个小孩吃石榴;
你拍七,我拍七,七个小孩刷油漆;
你拍八,我拍八,八个小孩吹喇叭;
你拍九,我拍九,九个小孩喝啤酒;
你拍十,我拍十,十个小孩不许动。

**拉大锯**

拉大锯,扯大锯,姥姥家里唱大戏。
接闺女,请女婿,就是不让宝宝去。
不让去,也得去,骑着小车赶上去。

### 温馨提示

一边唱儿歌,一边做动作,会让宝宝对儿歌更感兴趣,也能增强宝宝对抽象语言的理解力。

## 玩积木
——动手能力和创新能力培养

**参与人数 2人**

**游戏目的** 锻炼宝宝的动手能力和创新能力。

**游戏方法**

❶ 妈妈和宝宝一起坐在地板上,准备一些大块的积木,妈妈和宝宝一起玩搭积木的游戏。

❷ 妈妈可以给宝宝示范怎样将积木搭起来,但是妈妈不要过多干预宝宝。

❸ 让宝宝按照自己的想法去搭积木,不管怎么做,只要宝宝开心就好。

### 温馨提示

宝宝喜欢将搭起的积木推倒,这不是在淘气,而是在进行新的体验和探索。

# 父母关注专题

## 专题 宝宝常见意外及护理

1岁多的宝宝最容易发生意外，一方面宝宝现在的好奇心、探索心极强，什么都想去尝试，另一方面宝宝还没有产生危险意识，不能够及时避免危险。避免意外没有更好的办法，只能要求家长加强防范，保护好宝宝。

### ✿ 常见的意外情况

摔伤、砸伤、划伤：床上、沙发上、窗台上、楼梯上、玩具车上掉下来；地板有水打滑摔伤；撞倒椅子等被砸伤；撞到桌角被磕伤；开关抽屉、开关门把手夹伤；玩刀子、剪子被割伤。

烫伤、烧伤：玩热水壶、煮饭锅、热水器、热熨斗、打火机；或者把桌布拽下来，打翻饭桌上刚做好的热饭、热菜等。

电、煤气：不小心摸了没有安全盖的电插座口，或者把电线拽掉，或者把煤气开关打开，这都是非常危险的事情。

误吞、误食：玩具的小零件、小螺丝、烟头、扣子等小物件都有可能被宝宝吃到嘴里；糖块、花生、瓜子、果冻等食物都有可能把宝宝呛到或者噎着，宝宝还可能将这些小东西塞到鼻孔或者耳朵里。另外各种药片、洗衣液、洗手液、消毒液，甚至一些有毒的东西，如果被宝宝吃进去，后果不堪设想。

来自宠物、花草的危险：有宠物的家庭，要更加警惕，一方面要避免宝宝被咬，另一方面也要尽量远离宠物，免得感染寄生虫等疾病。如果家里养花草，则要注意是否有毒、有刺，免得伤害宝宝。

溺水：不要让宝宝独自接近家里装满水的盆、桶、浴缸、鱼缸等，带宝宝到户外玩耍，要远离河、井等地方。

交通事故：带宝宝外出要走安全的地方；如果是用自行车带，要安装结实的安全座椅、系牢安全带，还要避免宝宝的脚伸到车轱辘里；如果是坐汽车，要坐在汽车的后排，并且要准备儿童安全座椅。如果是坐公交车，要扶稳、坐好。

误食药物：家里所有药物的药瓶上，都应写清楚药名、有效时间、使用量及禁忌证等，以防给宝宝用错药。为了防止宝宝将糖衣药丸当糖豆吃，最好将药物放在柜子里或宝宝够不着的地方收好，有毒药物的外包装还须再加密，使宝宝即使拿到也打不开。如果宝宝不小心把药丸当成糖果误食，要赶紧用手指刺激咽喉，把吃下去的药吐出来或送医院及时治疗。

如果宝宝误食了刺激性或腐蚀性的东西，也应先喝水，但要避免喝得太多引起呕吐，反倒会灼伤食道，然后赶快就医。

误食干燥剂：现在，很多食品包装袋中都有干燥剂。宝宝不知道这是什么，常常以为是好吃的东西，拿出来就放在嘴里大嚼特嚼，这时候，妈妈可千万要注意了。

目前，市面上的食品干燥剂大致有两种。

❶ 一种是透明的硅胶，没有毒性，误食后也不需做任何处理。

❷ 一种是三氧化二铁，红色的，具有轻微的刺激性。如果误食的量不是很大，给宝宝多喝水稀释就可以了。如果宝宝误食得比较多，甚至出现了恶心、呕吐、腹痛、腹泻的症状，可能就是铁中毒了，这时要及时送医院就医。

其他事故：游乐场的游乐设施也并不完全安全，要注意做好各种安全措施；下雨天要带好雨具，打雷的时候要赶紧回家或不要外出。

❋ **常见意外的护理**

宝宝摔倒后的护理：如果宝宝摔倒了，但能马上哭出声来，一般没有什么问题。即便宝宝摔倒时可能会因为受到惊吓而嘴角苍白，但抱起来后会很快恢复正常，爸爸妈妈也不用过分担心。若还是不放心，可在宝宝睡觉时，注意观察宝宝的呼吸是否匀畅，并24小时观察宝宝的精神状态，若精神饱满、能玩、吃喝都没问题，就算无大碍了。

宝宝被撞伤后的急救：如果宝宝被撞伤，几分钟后，磕碰的地方会出现红肿，可涂抹茶油、香油或万花油以消肿。撞伤时，可用冰块冷敷肿胀患处，或者用鸡蛋在患处圆圈式按摩，减轻疼痛。第3天起采用热敷，每天2~3次直至消肿。

如果有擦伤，爸爸妈妈先用清水洗净宝宝的伤口，确保没有脏东西留在里面然后擦干伤处，涂上抗菌药膏，防止细菌侵入。如果擦伤处经常与衣服摩擦，可以用纱布包扎伤口，并做及时更换，保持伤口的清爽。

宝宝烫伤后要防止过敏：如果宝宝被烫伤，爸爸妈妈应立刻用凉水冲洗烫伤处，持续3~5分钟，以缓解皮肤的疼痛。然后擦干皮肤，在患处

## Part 3 幼儿期——越来越调皮了

涂上抗生素软膏,再用纱布轻轻包扎,要注意及时更换。但千万不要用冰块敷伤处,过冷的刺激会对皮肤造成更大的伤害,也不要涂润肤霜,防止引起进一步的过敏症状。

宝宝受伤后要及时止血:如果宝宝因割伤、碰撞、摔倒等导致出血,爸爸妈妈应马上用干净的纱布按住伤口,并尽可能抬高患处,以便迅速止血。待止血后,用生理盐水或清水冲洗伤口,清除污染物,用棉签蘸双氧水轻轻涂在伤口周围,再冲洗一遍,清洁杀菌。接下来用浸有生理盐水的小纱布覆盖伤口,然后用大纱布包扎。

##  育儿问答精选

**Q:** 宝宝现在13个月了,每顿饭都会加点盐和葱姜来调味,我想问一下1岁的宝宝可以吃调味料了吗?

**A** 葱姜不属于调味料,算是添加料,吃一点也没什么关系,主要是把握好量,不能多吃。但是像味精、鸡精、酱油这种调味料还是暂时不加为好。1岁以前的婴儿也需要钠,每天需要1克盐。

**Q:** 男宝宝14个月了,可以走得很好,但是依然不会爬,该咋办?

**A** 14个月的宝宝还不会爬,发育似乎显得落后了,但这并不意味着宝宝发育真的有什么问题。也许宝宝有些胖,或者父母过早让宝宝练习爬,导致宝宝对爬产生了逆反心理。宝宝的运动发育不都是均衡的,可能有暂时落后的现象,可以带宝宝看医生,如果没有发现问题,就耐心地训练宝宝。

**Q:** 我准备带我14个月的女儿回北方过年,北京天气比较冷,下雪多,要注意什么,才能够给宝宝做好保暖措施,让宝宝适应天气的转变?

**A** 回家探亲最主要的是根据当地的情况适当安排宝宝的生活,增减衣

# 超级育儿圣典

物。但是，不要打破宝宝以往的生活规律，不要过多地去一些公共场合，以减少接触传染病的机会。

宝宝所吃食物一定要注意卫生，要减少外出吃饭的机会。如果确实需要到外面饭店吃饭，一定要索要发票，以防万一。

**Q：宝宝刚好15个月，目前家里沟通以普通话为主，有时也会夹杂方言，会不会影响宝宝的语言表达能力？**

A 语言环境对宝宝语言发育至关重要，想要宝宝说什么口音的话，家人就要说什么样的语言，当然主张大人都说普通话为好。但对方言浓重的老年人来说，很难做到，对老人也不能强求。即使宝宝说话有口音，也不要着急纠正，需要尊重宝宝。

**Q：宝宝15个月了，走路有点"内八字"，怎么办？**

A 15个月的宝宝刚学会走路，出现"内八字"、"外八字"，大多数情况下都是正常的，等到走路越来越稳，都会自己纠正。需要注意的是，如果宝宝走起路来像只鸭子，那就要去医院检查，排除髋关节半脱位或髋关节畸形等症状。

## 开心大放映

### 我的鼻屎呢

今天，当我正在拆包裹的时候，我2岁的孩子伸出两只手指给我看，并且对我说："妈咪，看！"我把她的手指放进嘴里说："嗷呜，我要吃掉你的手指！"她一脸担忧地说："妈咪，我的鼻屎呢？"

### 宝宝吐了

宝宝2个月，老婆刚给他喂完奶，正躺着玩。
老婆冲着宝宝问："宝宝，妈妈是不是最漂亮的啊？"
宝宝微微一笑，然后……吐了。

# 1岁4个月~1岁6个月
## 会自己拿着杯子

### 本阶段育儿要点

❋ **主食量因人而异**

停止授乳后,需要通过主食来为宝宝提供所需的营养成分,因此,不仅一日三餐要规律,而且量也要增加,一次吃一碗(婴儿用碗)是最理想的。

❋ **正确判断宝宝的营养情况**

建议爸爸妈妈不要用宝宝饭量的大小来衡量宝宝的发育情况,而是要注意监测宝宝的成长情况,只要宝宝的生长发育指标在正常范围之内,就没必要强迫宝宝吃东西。也没必要给他补很多营养素。

❋ **药物处理**

家里所有药物的药瓶上,都应写清楚药名、有效时间、使用量及禁忌证等,以防给宝宝用错药。

❋ **晚睡的宝宝应对策略**

给宝宝制订固定的作息时间。

增加白天的活动量,同时减少白天的睡眠时间。

纠正宝宝晚睡的习惯需要慢慢来,今天早睡5分钟,明天继续早睡5分钟,慢慢地宝宝就能习惯早睡了。

# 超级育儿圣典

## 宝宝成长小档案

### 宝宝的体格发育

男宝宝体重为 9~13.7 千克,身高为 75.5~87.4 厘米。

女宝宝体重为 8.3~12.9 千克,身高为 73.8~86 厘米。

### 宝宝的发育特点

能说简单的句子。
能分辨物体的形状。
喜欢玩橡皮泥。
能熟练下蹲、向前走、向后走。

会用手拧旋转钮。
自己玩玩具时,如果玩不好会一直尝试。
更喜欢自己玩耍。

### 宝宝的社会化发育

❋ **宝宝的感官发育**

宝宝能分清前后方向。大人说在前面,宝宝会朝前走或向前看;说在后面,宝宝会转过头或转过身去。宝宝的观察力和注意力都有进步,能记住若干事物的特点。宝宝能认识到物体放倒了,并将它翻过来。

❋ **宝宝的运动能力**

宝宝走路比较稳当,能上下楼梯,会后退着走路,还能转弯。他能把枕头、毛绒玩具等东西举起扔下或扔出。进入 1 岁半以后,大多数宝宝已经能够下蹲、行走自如了。有的宝宝还可能会眼睛盯着地面,动作不很协调地往前"冲"着跑几步。

宝宝的协调性较好,能往图形板中放入五六种板块,会倒扣套碗造塔。他会拼上 2 个半圆做圆形,拼上 2 个长方形做方形搭桥。他也会穿珠子,还能将不同的东西挑出来。

❋ **宝宝的语言发育**

16~18 个月的宝宝能听懂日常生活中的简单会话,对于有方向性的命令式语言,不用借助任何手势或面部

## Part 3 幼儿期——越来越调皮了

表情就可以完全理解了。如9个月时，你对他说："宝宝，过来。"必须伸出双手迎接他，他对这句话的理解更多的是凭借你"双手迎接"的动作，而现在你只要说出这句话就行了，不用凭借动作或面部表情，因为他已经能理解你的指令式语言了。在语言表达方面，宝宝自己会为日常生活中一些常见的事物命名，如把拨浪鼓叫做"咚咚"，把猫叫做"喵喵"等。但是，他在命名或使用新东西时同时会出现一种"泛化"现象。

### ❋ 宝宝的认知能力发育

让宝宝看着书上的实物图片，能和现实生活中相同的实物联系起来，并指给妈妈看。能辨别简单的形状，如圆形、方形和三角形。多数宝宝能从照片中找出爸爸妈妈，有的宝宝也能找到自己。能理解空间概念，如果妈妈说"苹果在妈妈的衣袋里"，宝宝如果理解了空间概念，就会去掏妈妈衣袋。

宝宝还具有了对物品类别区分的能力。如碗、勺子都属于吃饭用的。宝宝不但会把鞋子放在一起，还知道鞋垫是放在鞋子里的，袜子、鞋子和鞋垫关系密切。宝宝还能分辨出什么能吃，什么不能吃。

### ❋ 宝宝的情感和社交

他始终相信自己是这个世界的中心，他应该得到所有的关注、所有的玩具和所有的好吃的。他同样认为自己的想法也是别人的想法，所以和其他宝宝在一起的时候，他很自然地不论做什么都首先考虑自己的利益。宝宝开始向着执拗期迈进，比如积木倒了，他会毫不气馁地继续重搭。

## 喂养宝宝

### 本阶段宝宝所需营养

宝宝能吃的食物多了，饮食差异更明显了，饮食问题也就更突出了。如果宝宝不好好吃饭。挑食、偏食，再加上宝宝身体有点小异常，妈妈就马上认为他缺营养了，然后就想方设法地去补营养，补钙、铁、锌等。其实家长完全没有必要这么紧张，绝大部分饮食问题都不是疾病，不会造成什么不良影响。

建议爸爸妈妈不要用宝宝饭量的大小来衡量宝宝的发育情况，而是要注意监测宝宝的成长情况，只要宝宝的生长发育指标在正常范围之内，就没必要强迫他吃东西，也没必要给他补很多营养素。

## 本阶段宝宝如何喂养

这阶段的宝宝已经能够一日三餐正常吃了，外加两顿辅食，可以是水果、酸奶、点心等，除此之外还要有一定量的配方奶粉。每天应该有规律地按时按顿按量（或适量）给宝宝吃东西。

这一时期是让宝宝养成规律饮食的重要阶段，因此爸爸妈妈一定不要为了让宝宝安静或者让他有事儿做不打搅你，就给他零食吃；也不要宝宝一哭闹就马上给他吃零食。

如果宝宝一天到晚都在吃东西，就会逐渐丧失感觉真正饿的能力。他会机械地想吃，无聊了、紧张了、烦躁了都想吃东西。这种习惯不仅容易导致宝宝发胖，还会使他因为不正常吃饭而营养不良。

## 注意不要让宝宝缺铜

### ✱ 铜缺乏的表现

宝宝贫血、面色苍白、发育停滞、智力低下、水肿。严重时会引起视觉减退，反应迟钝。动作缓慢，部分宝宝会出现食欲缺乏、腹泻、肝脾肿大等。

引起宝宝骨质改变，发生骨质疏松，影响宝宝骨骼生长发育。甚至出现自发性骨折和佝偻病。

容易引起抽风。

### ✱ 铜的食物来源

口蘑、海米、榛子、葵花子、芝麻酱、核桃、肝等。

蟹肉、豆类、小茴香、黑芝麻、花生、紫菜、莲子、燕麦片等。

## Part 3 幼儿期——越来越调皮了

### 为宝宝准备一些有益的零食

对于正在成长中的宝宝,在三餐之外适当吃些零食可以增加能量和营养素,补充正餐以外体力的消耗与营养不足。所以,给宝宝准备适当的零食是必须的。

多吃营养丰富、富含膳食纤维、低糖、低热量的食品。如酸奶、奶粉等奶制品含钙丰富,有益于骨骼和牙齿的生长;水果、大枣、粗纤维饼干等含丰富的维生素;核桃仁、花生、杏仁等坚果类食品富含铁、锌等矿物质。

少选含糖高和脂肪多的食品和饮料。巧克力、水果糖、冰淇淋、奶油蛋糕、果冻等多吃对身体无益;猪肉脯、牛肉干、蛋糕、面包等脂肪含量高,应少吃。

不选膨化食品、油炸食品。腌制食品、薯片、薯条、虾条、雪饼等主要是由糖、淀粉和膨化剂制成的,含有大量色素、防腐剂、香精。尽量不要让宝宝吃这些没营养的零食。

#### ✤ 宝宝吃零食的原则

饭前1小时不能吃零食,否则会影响正餐的食量。

少吃,最好不吃高热量、高糖、高脂肪的零食,可吃低盐、低糖、低脂肪的零食。

将容易对宝宝构成危险的零食收起来,比如瓜子、花生、豆子等食物,在爸爸妈妈离开时一定要收起来,免得宝宝不小心将这些食物塞到鼻孔或耳朵里。

不吃含人工色素、香精、甜味剂、防腐剂的零食。

买零食前要注意看生产日期,少吃保质期长的零食,不吃马上就要变质的零食。如果购买回来的零食发现有胀袋或者包装破损,就不要再给宝宝吃了。

最健康的零食是水果和酸奶,蛋糕等点心也要少吃,毕竟含糖量都很高。有些还含有反式脂肪酸,对宝宝健康无益。

# 超级育儿圣典

## 教宝宝学会用勺子和杯子

这个时期的宝宝自己吃饭的欲望很强,拿起勺子往嘴里放食物的动作也更加熟练。妈妈不妨鼓励宝宝多练习使用餐具。

### ✳ 用勺子

宝宝到了一定年龄,会喜欢抢勺子,这时候,聪明的妈妈会先给宝宝戴上大围兜,在宝宝坐的椅子下面铺上塑料布,把盛有食物的勺子交到宝宝手上,让他握住勺子,妈妈握住宝宝的手把食物慢慢地喂到他嘴里。

妈妈可以自己拿一把勺子给他演示盛起食物喂到嘴里的过程。在宝宝自己吃的同时也要给他喂一些。别忘了用较重的不易掀翻的盘子或者底部带吸盘的碗。这个过程中需要妈妈做好心理准备,因为宝宝可能会吃得一片狼藉。

### ✳ 用杯子

最开始的时候,妈妈可以手持杯子,并让宝宝试着用手扶住,再逐渐放手。接着妈妈可以逐渐脱离奶瓶,让宝宝在爸爸妈妈的协助下用杯子喝水。宝宝所使用的杯子应该从鸭嘴式过渡到吸管式再到饮水训练式。最好选择厚实、不易碎的吸管杯或双把手水杯,妈妈先跟宝宝一起抓住把手,喂宝宝喝水,直到宝宝学会,能随时自己喝水为止。

**温馨提示**

宝宝用勺子吃饭的时候,妈妈要注意宝宝食物的温度,避免宝宝烫伤自己!

## 本阶段宝宝营养餐推荐

### 牛肉土豆饼
**营养高、有助于消化**

**材料** 牛肉 60 克,土豆、鸡蛋各 1 个,面粉适量,牛奶、姜末、盐、料酒各少许。

**做法** 牛肉洗净,切块,加入少许料酒腌制 30 分钟,放入盐、姜末,剁成泥;土豆去皮,切块,上锅蒸熟,加入少许牛奶,捣成泥;鸡蛋洗净,磕入碗中,打散拌匀。将土豆泥和牛肉泥混合拌匀,做成小圆饼,表面用面粉轻微裹一层,再刷上一层蛋液,锅内倒适量油,烧至八成热,文火将饼双面煎黄即成,晾凉后切成小块,让宝宝自己拿着吃。

**功效** 适合 15 个月的宝宝食用。牛肉可强健肌肉,但会影响胃黏膜,不利于消化,土豆富含叶酸能保护胃黏膜,两者搭配不仅营养高,且有助于宝宝消化吸收。

## Part 3 幼儿期——越来越调皮了

### 猪血菠菜汤
**补血养虚、明目润燥**

**材料** 猪血40克，菠菜2棵，姜末、盐、香油各少许。

**做法** 猪血洗净，切成小块，用热水焯煮片刻，除去浮沫；菠菜洗净，用热水焯一下，捞出晾至温热后，切碎。锅中加适量清水，煮沸后，下入猪血、菠菜和姜末。再次煮沸后，加入少许盐调味，转文火焖煮片刻，关火后滴入1滴香油调匀即可。晾至温热后，给宝宝食用。

**功效** 适合16个月的宝宝食用，猪血菠菜汤可补血养虚、明目润燥，补充体内铁含量，特别适合体弱多病、免疫力差的宝宝食用。

### 金黄鳕鱼片
**益智健脑**

**材料** 鳕鱼200克，鸡蛋1个，料酒、盐各适量。

**做法** 将鳕鱼肉用水洗净，擦干水分，切成片，淋上料酒，撒上适量的盐；鸡蛋磕开，打散，搅匀。平底锅烧热后倒入油，将鳕鱼片放入蛋液中打滚，再放入锅中，用小火煎黄即可。

**功效** 鳕鱼是一种低脂肪、高蛋白、刺少、老少皆宜的营养食物。鳕鱼具有高营养、低胆固醇、易于被人体吸收等优点。鳕鱼鱼脂中含有球蛋白、白蛋白及磷的核蛋白，还含有儿童发育所必需的各种氨基酸，其比值和儿童的需要量非常相近，又容易被人消化吸收，还含有不饱和脂肪酸和钙、磷、铁、B族维生素等。

### 蜜糖糯米藕
**适合体虚的宝宝食用**

**材料** 糯米45克，莲藕1节，红糖6克，桂花蜜12克。

**做法** 糯米洗净，用温水浸泡1小时；莲藕洗净，去皮后切下蒂，但不要丢掉。将泡好的糯米用筷子捅进藕眼中，压实后，将切下的蒂盖在上面，再用牙签固定，放入锅中炖煮30分钟，取出晾凉后，切成薄片。将锅内煮藕的水取出少许，倒入奶锅中，加入红糖和桂花蜜调匀，熬煮成浓稠汤汁，浇在藕片上即成，晾至适口后，给宝宝食用。

**功效** 适合16个月的宝宝食用。糯米莲藕可开胃补虚，特别适合体虚的宝宝食用。

### 蔬菜饼
**明目、补维生素**

**材料** 圆白菜、胡萝卜各30克，豌豆20克，面粉50克，鸡蛋1个。

**做法** 将面粉、鸡蛋和适量水和匀成面糊。圆白菜、胡萝卜洗净，切细丝，与豌豆一起放入沸水中焯烫一下，捞出，沥干，和入面糊中。将面糊分数次放入煎锅中，煎成两面金黄色的饼即可。

**功效** 此道菜富含纤维质及蛋白质，无论当成点心或在正餐时配饭吃都很适合。

## 日常照护

### 教宝宝从小讲卫生

宝宝现在已经能够稳当地走路了，所以接触到更多以前没有接触过的东西。接触外界难免带有细菌，这些细菌是看不见、摸不着的，如果不注意卫生，就会因感染细菌而生病。所以，爸爸妈妈要教宝宝养成良好的卫生习惯。

❋ **教宝宝保持双手卫生**

让宝宝懂得饭前便后要洗手，在宝宝吃东西之前，在接触过血液、泪液、鼻涕、痰和唾液之后，在接触钱币之后或者在玩耍之后都要提醒宝宝洗手，保持清洁。在不方便洗手的环境中，可用湿的消毒纸巾为宝宝擦干净手。有的宝宝贪玩、性子急，不是忘记洗手就是不认真洗，爸爸妈妈应耐心地提醒他，不要因宝宝不愿意洗手而采取迁就的态度。

❋ **教给宝宝正确的洗手方法**

先用水冲洗手部，将手腕、手掌和手指充分浸湿后，用洗手液或香皂均匀涂抹，让手掌、手背、指缝等处沾满丰富的泡沫，然后再反复搓揉双手及腕部，最后再用流动水冲干净。宝宝洗手的时间不应少于30秒。

❋ **教宝宝学会定时坐盆大小便**

1岁以后可训练宝宝坐便盆，每天固定时间督促宝宝小便，并训练逐渐推迟排尿时间。

当出现尿意时，能主动控制暂时不尿，以后逐渐延长。爸爸妈妈可逐步培养宝宝坐盆解大便的习惯，让宝宝形成条件反射，避免便秘。

## 尽量不给宝宝穿松紧带裤

宝宝正处于快速生长发育的阶段，其腰段还未发育完善，松紧带裤随着宝宝的跑跳、下蹲等活动容易滑脱下来，不仅影响宝宝的运动，而且还容易使宝宝着凉生病。如果加大松紧带的力量，松紧带就会紧紧勒在宝宝的胸腹部，对宝宝胸廓的运动和发育产生不利的影响。所以宝宝不宜穿松紧带裤，最好穿背带式裤或背心式连衣裤。

## 宝宝喜欢咬人怎么办

早在宝宝刚开始长牙时，他就有咬人的举动。1岁以后，宝宝貌似更喜欢咬人了，不只是咬妈妈，还会咬家里的其他人，到外面玩时，还会冷不丁地咬其他小朋友。

❋ **原因及应对措施**

想要改变宝宝爱咬人的习惯，首先要明白宝宝咬人的原因。基本上分为生理原因和心理原因两种。

❋ **生理方面**

长牙。长牙时牙龈会痒，宝宝有很强的咬东西的欲望而无法得到满足，所以才会咬人。这种情况，可以给宝宝准备磨牙棒、苹果条等食物，以满足他们的磨牙需求。

不会说话。1岁以后宝宝与人交往的欲望变得很强烈，但是由于还不会说话，又不懂得怎么与人交往，因此他们常用推、拉、咬等手段来引起别人的注意，以此实现交往和表达意愿的目的。爸爸妈妈要做的是尽量教宝宝学会运用语言表达。如果宝宝还说不好，可以教宝宝用身体语言和表情以及简单的发音表达自己的意愿。比如饿了想吃，可以用手指指嘴，想出去玩，就去拍拍门之类的。

❋ **心理方面**

发泄情绪。1岁后，宝宝往往表现出强烈的自我意识，当他感到不满时，就有可能通过咬人来发泄。当宝宝感到紧张、害怕、压力、愤怒时，也会咬人。如果宝宝出现这种情绪时，爸爸妈妈不要呵斥也不要用武力解决，最好用宝宝喜欢的游戏转移他的情绪。另外要保证宝宝充足的睡眠，睡眠状况比较好的宝宝一般很少用牙齿咬人。

模仿。有的时候宝宝咬人是对大人的模仿。如果爸爸妈妈习惯咬咬宝宝的小手指表示亲昵的话，宝宝也会模仿你的这种行为。这个时候一方面要明确告诉宝宝咬人不好，爸爸妈妈不喜欢他咬人，另一方面爸爸妈妈也要改掉自己的坏习惯。

## 宝宝小门诊

### 宝宝消化不良的处理办法

通常在节日过后，儿科门诊最常见的就是宝宝饮食问题：过食、过饱、积食。积食不是小问题，它不仅会增加宝宝肠、胃、肾脏的负担，还可能给这些脏器带来疾病。因此，爸爸妈妈要引起足够的重视。

❀ **宝宝积食的症状**

正所谓"食不好，睡不安"，积食的宝宝会在睡眠中不停翻身，有时还会咬牙。宝宝还会出现胃口变小、食欲明显不振、常指着肚子说疼的情况。爸爸妈妈留意观察时，会发现宝宝鼻梁两侧发青、舌苔又厚又白，并有口臭。有的宝宝甚至还可伴有恶心、呕吐、手足发热、皮色发黄、精神萎靡等症状。

宝宝一旦出现积食症状，可以吃些好消化的粥、蛋花汤、面条等。同时不要再给宝宝吃高热量、不易消化的脂肪类食物，以免加重积食。如果宝宝不想吃东西，就不要强迫他吃，给脾胃一个休整的机会。

❀ **食疗方**

糖炒山楂：取红糖适量，放入锅中，用小火炒化（为防炒焦，可加少量水），加入几颗去核的山楂，再炒五六分钟，闻到酸甜味即可。每顿饭后让宝宝吃一点。

山药米粥：取山药一小截，去皮洗净，切成小丁，大米或小米50克。将大米淘洗干净，与山药丁一起熬煮成粥。

白萝卜粥：白萝卜、大米各50克。把白萝卜、大米分别洗净。萝卜切片，先煮30分钟，再加大米熬煮成粥，可以加适量红糖调味。

## Part 3　幼儿期——越来越调皮了

### ❋ 按摩疗法

捏脊：让宝宝趴在床上，妈妈以两手拇指、食指和中指捏其脊柱两侧，随捏随按，由下而上，再从上而下，捏3~5遍，每晚1次。

揉中脘：胸中与肚脐连线的二分之一处，即是中脘穴。妈妈用手掌根旋转按揉，每日2次。

按压涌泉：足底心即是涌泉穴。妈妈以拇指压按涌泉穴，旋转按摩30~50下，每日2次。

### ❋ 预防积食

预防宝宝积食，爸爸妈妈平时一定要适当调节宝宝饮食。饮食过冷、过热、过凉、过咸、过辛、过多等，都会对宝宝稚嫩的胃肠道造成伤害。保持饮食规律，日常多喝水，适当做运动，宝宝就不会那么容易积食。

## 流感的预防及护理

### ❋ 宝宝患上流感的症状

流感是由流感病毒所引起的，有一定的季节性，主要集中在冬春季。流感比较典型的症状有高热、头痛、咳嗽、全身酸痛、疲倦无力、咽痛等。流感发热比普通感冒要高，一般以高热为主。宝宝流感有时还会出现胃肠症状，比如恶心、呕吐、拉肚子，而且流感容易诱发如肺炎、心肌炎、中耳炎、脑膜炎等并发症。父母可以采取以下护理措施。

静养：宝宝得流感，静养最重要。爸爸妈妈要保证宝宝有充足的睡眠，以及足够安静的室内环境。

如果宝宝不想老是躺着的话，也可以让宝宝在室内玩耍。宝宝没有食欲时，也不必强迫宝宝吃饭。由于发热会消耗大量水分，所以一定要帮宝宝补充足够的水分。饭后用温水漱口，用热毛巾清洁鼻孔，能起到排毒的作用。

给宝宝测体温：宝宝发热时，一定要及时给他测体温。如体温过高，要在医生指导下用药物降温，退热后，可简单地给宝宝洗个澡，但不能让他感到疲劳。

护理要周到：临睡前给宝宝喝一杯水，有助于宝宝夜间鼻腔保持通畅。对于有咳嗽、流涕症状的宝宝，可把床头部的垫子垫得稍微高一些，这样，宝宝的呼吸会比较容易一些。不要让宝宝穿得过多，而应及时调整室温，室温应设定在以不感到寒冷为宜。而且，爸爸妈妈要营造一个使宝宝感到舒心的环境。室内要保持舒适、温暖，保持空气流通。

为了让室内空气不过分干燥，可以在宝宝的房间里放一个增湿器，或

# 超级育儿圣典

者在通气处挂一条湿毛巾，以增加空气的湿度。

### ❋ 预防宝宝流感

一般情况下，3岁以下的宝宝自身免疫功能正在发育和成熟，对外界病毒的抵抗能力较弱，更容易感染流感。而接种疫苗是预防流感最有效的方法。另外，在流感的高发季节，爸爸妈妈还要给宝宝多吃一些含维生素的食物，提高宝宝自身的免疫能力。

> **温馨提示**
> 接种流感疫苗要避免空腹，接种后要观察20分钟。对鸡蛋或疫苗中其他成分过敏者不应接种。年龄小于6个月的宝宝不应接种。

## 快乐亲子时刻

### 宝宝玩具推荐

现在可以给宝宝大量的纸、彩色笔让他画。给他转转盘或者类似的玩具，让他的手指做翻转、扭转、拨号及滚动物品的练习。

### 亲子游戏

**我喜欢你，小熊**
——爱和语言能力培养
参与人数 2人

**游戏目的** 锻炼宝宝爱的能力和语言能力。

**游戏方法**
❶ 妈妈和宝宝坐在地板上，玩具熊也放在地板上。
❷ 妈妈先将玩具熊抱在怀里，一边轻拍玩具熊一边说："小熊，和你玩真高兴，我最喜欢和你玩了。"
❸ 然后抱着宝宝，也说类似的话："宝宝，你是个乖宝宝，妈妈爱你。"
❹ 最后，给宝宝一个毛绒玩具，让他抱着，可以贴脸，还可以亲一亲。

> **温馨提示**
> 只要宝宝感兴趣，可经常玩这个游戏。不久，宝宝就可能自己抱着玩具"呀呀"自语了。

## Part 3 幼儿期——越来越调皮了

### 我的头我的肩
——认识自己的身体
参与人数 2人

**游戏目的** 教宝宝认识身体各部位。

**游戏方法**

❶ 一边唱儿歌,一边做动作。当你唱到哪个部位时,就把双手放在你身体的相应部位。

❷ 你既可以坐下来做动作,也可以站起来做。

下面是这个游戏的歌词:

我的头我的肩

我的头,我的肩,这是我的胸。
我的腰,我的腿,这是我的膝盖。
小小手,小小手,小手真可爱。
上面还有我的十个手指头。
我的头,我的肩,这是我的胸。
我的腰,我的腿,这是我的膝盖。
小小脚,小小脚,小脚真可爱。
上面还有我的十个脚指头。
我的头,我的肩,这是我的胸。
我的腰,我的腿,这是我的膝盖。

小小手,小小手,小手真可爱。
上面还有我的十个手指头。

**温馨提示**

开始的时候要慢,然后等宝宝掌握要领后,你可以开始加快速度。

### 弄破泡泡
——手眼协调能力锻炼
参与人数 2人

**游戏目的** 锻炼宝宝的手眼协调能力。

**游戏方法**

❶ 妈妈可先吹泡泡,然后让宝宝看看怎么把这些泡泡弄爆。

❷ 慢慢地吹,可以吹出一些大泡泡,或者快快地吹,可以吹出很多小泡泡。

❸ 宝宝一定会被这些神奇的泡泡吸引的,你还可以鼓励宝宝去追泡泡。

**温馨提示**

泡泡在掉到木地板或者是比较光滑的瓷砖上时,有可能会把宝宝滑倒,所以在玩游戏的同时要注意安全。

---

### 开心大放映

小娘们儿,我来啦。

有天爸爸哄孩子睡觉。儿子一翻身嘟囔一句:"小娘们儿,我来啦。"爸爸怒气冲冲地找孩子他妈:"你以后别看那些乱七八糟的电视剧。"妈妈纳闷,"我没有啊。"听孩子爸说完,妈妈哈哈大笑,说:"儿子看的是喜羊羊与灰太狼,他说的是:小羊们,我回来啦……"

## 本阶段宝宝能力测评

**1** 宝宝能把认识的水果或动物的图片进行配对。
　　　　○ 是　　　　　　○ 否

**2** 宝宝能指出身体5处部位。
　　　　○ 是　　　　　　○ 否

**3** 宝宝会拿2个东西。
　　　　○ 是　　　　　　○ 否

**4** 宝宝可以搭简单的形状，如火车、高架桥等。
　　　　○ 是　　　　　　○ 否

**5** 宝宝听到自己的名字，会回头反应。
　　　　○ 是　　　　　　○ 否

**6** 宝宝可以说出4种物体的名字。
　　　　○ 是　　　　　　○ 否

**7** 宝宝从胡同口可以找到自己家门口。
　　　　○ 是　　　　　　○ 否

**8** 宝宝会将小物体放入小瓶并从小瓶中取出。
　　　　○ 是　　　　　　○ 否

**9** 宝宝会自己翻书看。
　　　　○ 是　　　　　　○ 否

**10** 宝宝开始产生对黑暗和动物的恐惧感。
　　　　○ 是　　　　　　○ 否

✼ 评分结果：

答"是"加1分，答"否"得0分。
9~10分，优秀；7~8分，良好；5~6分，一般；5分以下宝宝需要加强训练。

Part 3 幼儿期——越来越调皮了

# 父母关注专题

## 专题 从小给宝宝立下规矩

当宝宝还是小不点的时候,父母可以用专门的儿童电源插座,也可以安装护栏让宝宝远离危险,可以设置一些简单的路障,避免宝宝四处淘气。但是,随着宝宝的长大,让他们远离危险,似乎变得越来越难了——他们俨然是精力充沛的小探险家!

现在他们开始有了自己的主意,渴望去探索一切新鲜的事情。因此,父母应该考虑培养宝宝的"纪律"与"规矩"意识了。

我们所说的"规矩",并不是打宝宝的屁股,或者罚宝宝站在太阳下,而是教宝宝,什么样的行为是正确的。

在培养宝宝规矩的过程中,父母应该遵循的原则是:合理期望。即什么样的要求是适合自己宝宝的。每个孩子的生活环境不同,性格不同,脾气也不同,发育速度也有区别。所以父母必须根据自己宝宝的特点来定规矩,不能一刀切。

很多父母可能会认为:能掌握更多词汇,准确表达自己的意思的宝宝会比同龄宝宝更成熟,所以要求就应该高一些。但是,事实并非如此。你家里那个能说会道的宝宝与同龄人比较,可能自控能力、耐心和社会交往能力更差一些。

需要特别注意:即使对于同一个宝宝,父母的合理期望值也应该根据实际情况而变化。如宝宝累了或饿了,就会变得不听话。或者如果宝宝已经在汽车座椅上坐了1个小时,父母还需要宝宝再坐1个小时的话,那就不符合实际情况了。

# 超级育儿圣典

##  育儿问答精选

**Q：1岁4个月的宝宝，喜欢嚼东西，他爸爸给了他一个花生仁，嚼了半天也没见吐。这么大的宝宝能吃花生吗？**

A 1岁4个月的宝宝咀嚼能力还不够，不应该吃花生等坚果，不仅不宜嚼烂，也不利于消化吸收。但宝宝爱咀嚼食物也是锻炼咀嚼能力的过程，并不是坏事。提醒一下，宝宝咀嚼干果时，家长不要呵斥，要避免宝宝情绪波动，如果呛入气管就会造成大麻烦。

**Q：什么时候给宝宝刷牙合适呢？**

A 出牙后就应开始刷牙。1岁半之前，要鼓励宝宝每次吃东西之后喝几口白水，也可使用指套式牙刷帮宝宝刷牙。1岁半后，家长刷牙时，可给宝宝一个小牙刷，一起学刷牙。

**Q：1岁4个月宝宝能喝鲜牛奶吗？**

A 国外建议1岁的宝宝就能喝鲜牛奶，但是就我国而言，建议2岁以内的宝宝最好不喝鲜牛奶。1岁多的宝宝还是以配方奶为主。

**Q：1岁半的宝宝抵抗力差经常感冒。有人介绍说打球蛋白可以增强免疫力！这么小可以打吗？**

A 造成感冒的原因很多，可能是穿着过多所致的出汗后着凉；可能由过敏引起；可能与病毒感染等多种因素有关。反复感冒并不能说明抵抗力低下，只有反复细菌感染，才需考虑，并需血液检查证实。没有确诊之前不要接受注射免疫球蛋白。

**Q：宝宝经常提出一些无理要求，我是不是应该制止他？**

A 不知道你所谓的无理要求指的是哪些，但是建议家长不要从大人的角度看待宝宝的要求。不要轻易判断这个要求是否无理，也不要简单粗暴地拒绝宝宝的要求。对于宝宝提出的要求，只要没有危险，不会对宝宝产生不利影响，同时也不会给大人造成什么损失，那就可以答应。如果确实是有危险的，就需要明确告诉宝宝不可以。

# 1岁7个月~1岁9个月
## 爱模仿的"小大人"

### 本阶段育儿要点

❋ 宝宝含饭应对方法

父母可有针对性地训练宝宝，让宝宝与其他宝宝同时进餐，模仿其他宝宝的咀嚼动作，这样随着年龄的增长，宝宝含饭的习惯就会慢慢地改正过来。

❋ 不要拿零食作为奖励品

宝宝的胃容量比较小，一次进食量又有限，饿得也是比较快的。适当吃零食可以补充一些营养和热量。另外，零食还能调剂食物的口味。没有必要去完全禁止零食。

但不要滥用零食来哄劝宝宝。当宝宝发脾气时，不要利用零食来转移他的注意力，这样会使宝宝觉得零食是奖励品，是非常好的东西，无意间就强化了宝宝吃零食的习惯，并学会用零食来讨价还价。

❋ 远离小动物

宝宝与小动物玩耍存在很多危险，发生最多的是宝宝被猫狗等小动物咬伤、抓伤，不能排除感染狂犬病的可能。

# 超级育儿圣典

## 宝宝成长小档案

### 宝宝的体格发育

男宝宝体重为 9.4~14.4 千克，身高为 77.9~90.6 厘米。

女宝宝体重为 8.8~13.5 千克，身高为 76.6~89.2 厘米。

### 宝宝的发育特点

喜欢拼图游戏。
会使用句子和妈妈问话。
能分出大小、找出事物的不同。
注意力时间延长。
能模仿很多声音。
能够分辨声音的来源。

会跑着跑着突然停下来，能双脚跳。
会自己端着杯子喝水。
喜欢和妈妈之外的人亲近，不再黏妈妈。

### 宝宝的社会化发育

❋ 宝宝的感官发育

宝宝更喜欢对称的、色彩丰富、抽象的图案，还能分辨一些颜色了。此时宝宝如果还不能分辨出红色和绿色，就要想到红绿色盲的可能。这时的宝宝对声音开始敏感起来，能够辨别电视或广播中说话的声音是男声还是女声。宝宝开始通过听妈妈的指令去做一些事情，根据妈妈说话的语调能辨别出妈妈是高兴还是生气，而不需要再看妈妈的表情。

# Part 3　幼儿期——越来越调皮了

### ✿ 宝宝的运动能力

宝宝会用蜡笔画线了；能熟练地用杯子和勺；能认真地练习把绳子穿到带眼的珠子里，还会把一张粘有胶水的纸贴在物体上，并能搭七八块积木。

当宝宝能拣起地上很小的东西，并能用拇指和食指准确地对捏起来时，说明宝宝的视力有了很大进步，有了对微小物体的注意能力。另外，宝宝平衡与协调能力进一步发展，能蹲下、起立和弯腰拾物，在各种能力相互配合之下，能做出复杂的动作。

### ✿ 宝宝的语言发育

这一阶段，宝宝的语言表达能力将发生质的飞跃，有至少50%的宝宝已经掌握120~180个词，到了21个月时，很多宝宝能说出200个左右的词汇。

宝宝在经过了较长的一段单字词语后很快向双字词语发展，能说出较完整的表达一定意思的词，如"妈妈抱""拿来"等。宝宝喜欢念儿歌，因为儿歌朗朗上口，可以像唱歌一样唱儿歌，也可以像说话一样说儿歌。爸爸妈妈还会惊喜地发现，宝宝能够借助简单优美的旋律记住很长的歌词。这个阶段宝宝还有一个令人惊喜的进步，就是他开始学会使用否定和疑问的表达方式了。宝宝开始用"不睡"等语句来拒绝父母，宝宝最爱说的词是"没了"，也会用"哪儿""什么"来问你一些问题。宝宝喜欢向妈妈问这问那，这是宝宝强烈求知欲的表现，爸爸妈妈千万不要打击宝宝的积极性，一定要认真回答宝宝的每一个问题。

### ✿ 宝宝的认知能力发育

大多数宝宝的形状感知能力都有了明显提高，能够区分3种以上的形状了。宝宝能够比较准确地把各种不同形状的物体，通过相对应的缺口放到固定的容器中。

此时期的宝宝已经开始有了初步的思维活动，对事物的认识已经开始由整体向多方面发展，所以在日常生活及游戏中要注意培养宝宝的认知能力。教宝宝去观察一些不同的事物，在观察中教会他一些抽象概念，如物体的大与小、位置的上与下等等，使宝宝对这些事物特征有一定的分辨能力。

宝宝的记忆力有所增强，开始记忆事情的经过，并能通过联想表达他的记忆。比如爸爸妈妈总是在双休日带宝宝到动物园或游乐场去玩，宝宝就记住了，当爸爸妈妈都不去上班的时候，就会要求父母带他去动物园或游乐场。在日常活动中可让宝宝有意识地记一些东西并不时地对宝宝提问，培养和锻炼宝宝的记忆力。

### ✿ 宝宝的情感和社交

这时的宝宝已经有了初步的自我

意识。爸爸妈妈可以教宝宝准确地说出自己的名字（包括姓），并教会宝宝正确使用"我"这个代词，知道哪些东西是"我"的，哪些事情是"我"做的，使宝宝逐渐完善自我意识。

快到2岁时，除了继续依恋妈妈外，也开始亲近其他人。经常照顾宝宝生活起居的看护人、爸爸、爷爷、奶奶、姥姥、姥爷，家里的兄弟姐妹和周围的小朋友，如果对他表示友好，他会很高兴地和周围人玩耍。如果对他不表示亲近，或不经常和他在一起玩耍，他也不会主动发展密切关系。在人际交往上，宝宝还处于被动状态。

宝宝既能走路，又会用语言表达了，这时他会对周围的事物更好奇，还会对一些新面孔发生兴趣。宝宝的同情心在这个月也开始萌生，妈妈要利用机会慢慢培养。

## 喂养宝宝

### 本阶段宝宝所需营养

宝宝的咀嚼能力有了明显的进步。他现在可以用上下切牙把食物咬下来。没有长出磨牙的宝宝，还会用上下切牙将比较硬的食物咬碎，再慢慢咀嚼。

妈妈不用担心宝宝会把牙咬坏，宝宝对自己牙的坚硬程度还是心中有数的。咀嚼能力的提高意味着宝宝能吃更多的食物了，宝宝的食谱也可以更加丰富了。

### 本阶段宝宝如何喂养

每天一日三餐要形成规律，让宝宝按时吃饭。每天不仅吃肉、蛋、奶、豆制品，还要吃五谷杂粮、蔬菜水果。每天所吃的食物种类应该在10种以上，而且要注意荤素、粗细、干稀的搭配。

每天早晚可以喝2次奶，总奶量在250~500毫升。如果宝宝不喜欢喝配方奶粉，也可以给宝宝喝点酸奶。

Part 3 幼儿期——越来越调皮了

## 给宝宝吃鸡蛋的诀窍

鸡蛋除含优质蛋白质和脂肪类外，还含有大量的维生素A、胡萝卜素、卵磷脂及矿物质等，营养价值很高，因此，幼儿每天都要吃鸡蛋。

### ❋ 每天吃鸡蛋的量

1~2岁的宝宝，每天需要蛋白质40克左右，除普通食物外，每天添加1~1.5个鸡蛋就足够了。如果食入太多，宝宝胃肠负担不了，会导致消化吸收功能障碍，引起消化不良和营养不良。

### ❋ 鸡蛋的最佳吃法

一般而言，用清水煮鸡蛋是最佳的吃法，但要注意让宝宝细嚼慢咽，否则会影响消化和吸收。

对于幼儿来说，蒸蛋羹、蛋花汤也非常好，因为这两种做法能使蛋白质更容易被宝宝消化吸收。

鸡蛋含有维生素D，可促进钙的吸收，豆腐中含钙量较高，若与鸡蛋同食，不仅有利于钙的吸收，而且营养更全面。

### ❋ 鸡蛋一定要煮熟

鸡蛋很容易受到沙门菌和其他致病微生物感染，生食易发生消化系统疾病。因此鸡蛋必须煮熟再食用。煮鸡蛋的时间一定要掌握好，一般煮8~10分钟即可。

煮得太生，鸡蛋中的抗生物素蛋白不能被破坏，使生物素失去活性，影响机体对生物素的吸收，易引起生物素缺乏症，如疲倦、食欲下降、肌肉疼痛，甚至发生毛发脱落、皮炎等，也不利于消灭鸡蛋中的细菌和寄生虫。煮得太老也不好，由于煮沸时间长，蛋白质的结构变得紧密，不容易消化。

## 可以给宝宝吃点粗粮

本阶段的宝宝，每天应保证主食100~150克，蔬菜100~125克，牛奶250~500毫升，豆类及豆制品10~20克，肉类50~75克，鸡蛋1个，水果50克左右，油10毫升左右。如果宝宝不爱吃肉蛋类，可以增加配方奶的量。

另外，要注意给宝宝吃点粗粮，粗粮含有大量的B族维生素、膳食纤维以及各种矿物质，都是宝宝生长发育所必需的营养物质，例如玉米面粥、窝头片等。

# 超级育儿圣典

## 宝宝爱含饭的应对方法

有的宝宝喜欢把饭菜含在口中,不嚼也不吞咽,这种行为俗称"含饭"。含饭的现象易发生在婴儿期,多数见于女宝宝,以父母喂饭者较为多见。

❋ **原因**

这种原因通常是由于父母没有让宝宝从小养成良好的饮食习惯,没有在正确的时间添加辅食,宝宝的咀嚼功能没有得到充分锻炼而导致的。这样的宝宝常由于吃饭过慢或过少,无法摄入足够的营养素,而导致出现营养不良的情况,甚至出现某种营养素缺乏而致使其生长发育迟缓。

❋ **应对方法**

父母可有针对性地训练宝宝,让其与其他宝宝同时进餐,模仿其他宝宝的咀嚼动作,这样随着年龄的增长,宝宝含饭的习惯就会慢慢地改正过来。

## 本阶段宝宝营养餐推荐

### 油菜肉末面条
**增进宝宝食欲**

**材料** 细挂面20克,肉末30克,小油菜2棵,葱末、料酒、盐、植物油各适量。

**做法** 油菜洗净,切碎。锅内倒入适量植物油,烧热后,放入肉末、葱末爆香,调入料酒,加水煮沸,转文火,加入小油菜、盐熬煮5分钟,关火。另起一锅,加适量清水,煮沸,将细挂面掰成两半,放入锅中,煮熟,用冷水过一下,盛入碗中,加入煮好的肉末汤,拌匀,即可供宝宝食用。

**功效** 适合2岁的宝宝食用。过冷水的面条较爽滑,汤也较澄清,可增进宝宝食欲。

### 牛肉蔬菜粥
**强身健体**

**材料** 牛肉30克,米饭50克,土豆、胡萝卜、韭菜各15克,盐少

# Part 3 幼儿期——越来越调皮了

许,高汤适量。

**做法** 将牛肉、韭菜分别洗净,切碎;胡萝卜、土豆分别去皮,洗净,切成小丁。锅中放高汤煮沸,加入牛肉碎、胡萝卜丁和土豆丁炖10分钟,加入米饭拌匀再煮约10分钟至沸,加韭菜碎,再加盐调味即可。

**功效** 冬季,孩子容易得呼吸道感染等疾病。如果能摄入足够的维生素,就能有效增强身体的免疫功能。

## 鱼肉饼
锻炼宝宝咀嚼能力

**材料** 鲜鱼肉40克,面包粉70克,鸡蛋1个,盐、植物油各少许。

**做法** 鱼肉洗净,上锅蒸熟,压成泥状。将鱼肉泥、面包粉、鸡蛋液、盐一同放入盆中,搅拌均匀,作为馅料。用手将馅料分成2~3份团成球状。将平底锅置于火上,倒少许植物油,烧至七成热,转文火,放入馅料球,用锅铲将其压平,煎至双面金黄时即可。晾至温热后,给宝宝食用。

**功效** 适合1.5岁以上的宝宝食用。鱼肉饼鲜嫩酥脆,有助于锻炼宝宝的咀嚼能力,可作为加餐食用。

## 枣花卷
补血

**材料** 面粉150克,红枣100克,发酵粉、食用碱各10克。

**做法** 面粉、发酵粉、食用碱加水和成面团,面团发酵好后要揉透。然后搓成长条,揪成剂子,擀成长饼,并刷一层油。在面饼两头各放一颗枣,卷起,入锅蒸熟即可。

**功效** 大枣含有大量的糖类物质,主要为葡萄糖,也含有果糖、蔗糖,以及由葡萄糖和果糖组成的低聚糖、阿拉伯聚糖及半乳醛聚糖等。并含有大量的维生素C、核黄素、硫胺素、胡萝卜素、尼克酸等多种维生素,具有较强的补养作用,能提高人体免疫功能,增强抗病能力。

## 奶香鸡肉粥
适于18个月以上宝宝食用

**材料** 鸡脯肉45克,粳米60克,牛奶100毫升,植物油、盐各少许。

**做法** 鸡脯肉洗净,切成细丝,加少许盐腌渍,下锅煸炒至熟,盛出;粳米淘洗干净,放入电饭锅中,加适量清水,煮开后,加入鸡丝和牛奶,继续熬煮至烂熟即成,晾至适口后供宝宝食用。

**功效** 适合1.5岁以上的宝宝食用。鸡肉、牛奶都是宝宝成长中最好的食物,搭配做粥,奶香味美,营养溶于粥中,更容易被宝宝吸收。

## 日常照护

### 改掉宝宝睡前"吃"被子的坏习惯

宝宝的精力很旺盛,晚上上床睡觉时,很难马上从兴奋状态过渡到睡眠状态,再加上宝宝的自我抑制能力又差,上床后如果没有大人在身边,很容易通过"吃"被子或其他一些奇怪的嗜好使自己入睡。

**※ 应对措施**

告诉宝宝,被子不卫生,吃了会肚子痛。也可以给宝宝一个干净的毛绒玩具,让他抱着入睡,以代替"吃"被子的不良习惯。这一点上,妈妈一定要有耐心,因为宝宝的理解能力和抑制能力毕竟不如成人,他可能不会马上放弃固有的习惯,还需要做更多的努力。

在临睡前转移宝宝的注意力,每天睡觉前给宝宝讲一些故事,或为宝宝播放一些轻柔优美的音乐,创造一个良好的睡眠环境。另外,在睡觉前给宝宝喝些配方奶,也有助于帮助宝宝入眠,从而使他逐渐忘掉"吃"被子的不良习惯。

适当减少宝宝白天的睡觉时间,同时增加一些室外活动,增加宝宝的活动量,宝宝感到有些累的时候,更容易入睡。

不要让宝宝在睡觉前过于兴奋。尤其是爸爸妈妈白天都在外面工作,只有晚上回来陪宝宝玩,如果玩的时间过长,或者玩一些刺激性的游戏,很容易造成宝宝过于兴奋,不容易入睡,也就更加依赖"吃"被子这个嗜好了。

不要过分强调宝宝"吃"被子的习惯。不要总是拿这个和人抱怨。更不要在宝宝睡觉前特意叮嘱宝宝不要"吃"被子,这样做反而会提醒宝宝想起"吃"被子的事儿。最好是在宝宝"吃"被子的时候,很自然地将被子拿开,并且迅速转移宝宝的注意力。

Part 3　幼儿期——越来越调皮了

### 让宝宝远离小动物

很多宝宝都喜欢猫、狗等小动物，随着活动能力的增强，有些宝宝会喜欢与小动物一起玩耍。宝宝与小动物玩耍存在很多危险，发生最多的是宝宝被猫狗等小动物咬伤、抓伤，不能排除感染狂犬病的可能。

另外，猫、狗等小动物身上有许多病菌，如沙门氏菌、钩虫、蛲虫等，宝宝常与之接触，很可能会感染上这些病菌。猫、狗等小动物的毛或皮脂腺散发的脂分子，也可引起宝宝过敏或气喘等疾病。因此，要尽量减少宝宝与猫、狗等小动物的接触。

### 宝宝做噩梦，如何应对

噩梦的发生，常由宝宝在白天碰到了某些强烈的刺激，比如看到恐怖的电视或听到恐怖的故事等而引起，这些都会在大脑皮层上留下深深的印迹，到了夜深人静时，其他的外界刺激不再进入大脑，这个刺激的印迹就会释放而发挥作用。此外，宝宝身体不适或有某处病痛也会出现噩梦。当宝宝生长快，而摄入的钙又跟不上需要，都会导致噩梦。爸爸妈妈应该怎样帮助宝宝走出噩梦？

在宝宝做噩梦哭醒后，妈妈要将他抱起，安慰他，用幽默、甜蜜的语言解释没有什么可怕的东西，以化解对噩梦的恐惧感。

要了解宝宝在白天看见了哪些可怕的东西。向宝宝讲清不害怕的道理，免得以后再做噩梦。有的宝宝在下雨刮风时看到窗外的树或其他东西不断摇晃，就会和可怕的东西联想起来，到了入睡后自然会做噩梦。所以妈妈可带宝宝到窗外去走走，让宝宝知道窗外并没有什么可怕的东西，那些摇晃的东西不过是风吹动所致。

做噩梦的宝宝在第2天往往还会记住梦中的怪物。妈妈可让宝宝将怪物画下来，以培养宝宝的创造力，然后借助于"超人""黑猫警长"的威力打败怪物，以安慰宝宝。

# 超级育儿圣典

当宝宝初次一个人在房间睡时，因害怕而会做噩梦，此时妈妈一方面向宝宝讲一个人睡的好处，另一方面可开个小灯，以消除宝宝对黑暗的恐惧。也可以打开门，让宝宝听到父母的讲话声。感到父母就在身边，这样就可安心入睡了。

##  宝宝小门诊

### ❀ 换季感冒的应对措施

随着年龄的增长，宝宝的抵抗力有所增加，但是感冒依然是宝宝多发的疾病。尤其是在换季时，天气变化异常，更容易引发感冒。

❀ **保证充分休息**

宝宝生病时更应该保证良好的休息和充足的睡眠，睡觉有帮助宝宝恢复身体的功效。

❀ **少吃多餐**

适宜吃易消化的流质或半流质的食物，可以多吃些蔬菜水果，以补充维生素C，达到增强抵抗力的目的。

❀ **合理穿衣**

宝宝感冒时不要随意加减衣服，既不要给宝宝捂太厚，也不能穿太少冻着宝宝。如果宝宝出现发热，就更不能捂太多，免得让宝宝体温继续升高。

❀ **采用物理降温**

宝宝感冒伴随发热症状，如果温度不超过38.5℃就没必要给宝宝吃药，可以采用物理降温的方法帮助宝宝缓解发热。最好的办法是洗温水澡。

> **温馨提示**
>
> 适当加减衣服，增强宝宝的抵抗力。不要让宝宝变成易感儿。如果0~2岁的宝宝在1年之内感冒超过了7次，我们就称其为"易感儿"。一旦天气发生变化，宝宝就有可能得感冒。如果治疗不当，有可能引发哮喘或其他疾病。

## Part 3 幼儿期——越来越调皮了

### 宝宝呕吐如何护理

❋ 症状表现

宝宝常发出"咝咝"的痰鸣声，晚饭后、睡觉前，伴随一阵咳嗽发生呕吐。只要不咳嗽就不会呕吐。这种宝宝往往平时容易积痰。

常发生的呕吐是突然发热伴有呕吐，宝宝看上去会特别疲劳。

宝宝晚饭吃了太多肥肉、米饭，引起呕吐，吐完之后宝宝觉得舒服了，既能安稳睡觉，也不会发热，这是过食的原因，妈妈也会很清楚。

秋季快满周岁的宝宝反复呕吐，还发生多次水样大便，伴有发热，但热度不高，可能是"秋季腹泻"。

感冒、口腔炎、一氧化碳中毒也会伴有呕吐的症状。

❋ 饮食护理

在宝宝呕吐后，要注意观察宝宝1~2小时，如果宝宝口渴，要逐渐少量多次地喂点果汁、凉茶水或冰水等流体类汁水，但不要喂柑橘汁。如果宝宝没有异常反应，就可以给宝宝水喝。

在宝宝呕吐后3~4小时，会感到肚子饿，最好喂给宝宝面糊或烂粥。

通过按摩可以缓解宝宝的呕吐症状，具体方法如下：让宝宝仰卧，家长用中指先按后揉中脘穴1~3分钟。该穴位于人体上腹部，胸骨下端与肚脐连接线的中点即为此穴。

### 宝宝患上扁桃体炎如何护理

❋ 症状表现

急性扁桃体炎常表现为高热、咽痛，扁桃体肿大发红，不敢吞咽进食。年龄幼小的宝宝则表现为流口水、不吃食物，病情严重者扁桃体上可见数个化脓点，又称化脓性扁桃体炎，此时体温更高，持续时间也更长。

❋ 饮食护理

饮食方面要清淡，可吃乳类、蛋类等高蛋白食物和香蕉、苹果等富含维生素C的食物。辅食最好制成易于吞咽、消化的半流质饮食，如米汤、米粥、豆浆、绿豆汤、菜泥、果泥、蛋汤等。此外，还应适当多饮水。

当宝宝出现吞咽困难时，不要强迫他进食，可以先喂食一些流食，如酸奶等，以减轻咽喉疼痛。

多给宝宝吃流食或其他润滑、易吞咽的食物。

❋ 生活护理

如果宝宝发热，妈妈要注意房间

的保暖，督促宝宝注意休息，必要时可采取降温措施；妈妈要监督宝宝保持口腔清洁，用淡盐水或漱口水漱口，以防止感染加重。

## 非饮食性便秘如何应对

有的宝宝从婴儿期就有便秘的情况，一直到现在还是容易经常便秘。这类宝宝大多数是因为吃蔬菜、粗粮比较少所以才便秘。只要注意给宝宝添加蔬菜（宝宝不喜欢吃蔬菜，可以将蔬菜剁碎做成饺子）和粗粮（红薯和土豆都不错）就能改变宝宝的便秘情况。但是有些宝宝的便秘却不能通过饮食而缓解，家长就要采取一定的措施来缓解了。

### ✻ 应对措施

首先带宝宝去医院做个检查，排除肠道疾病。

一定要培养宝宝固定排便的习惯，在固定的时间让宝宝坐便盆。

排便前给宝宝做做腹部按摩，用手掌在肚脐周围按照顺时针按摩3分钟左右。

依然要进行饮食调理。继续寻找能够缓解宝宝便秘的食物。如果单纯某一种促进排便的食物没有用，可以考虑将很多种食物混在一起给宝宝吃。比如将芹菜、胡萝卜、花生米、蜂蜜、香油拌在一起吃。这些食物都具有促进排便的功能，混合在一起更有利于缓解便秘。

用热水的蒸汽熏一下宝宝的肛门；用手指轻轻按摩宝宝的肛门，都有促进排便的作用。

还可以带宝宝去看中医，中医里一些缓解便秘的方法还是很有效的。

如果宝宝超过72小时都没有排便，就不能再等宝宝自行排便。如果饮食调节和按摩这些方法都无效，那就要借助肥皂条或者开塞露帮助宝宝排便了。如果用肥皂条和开塞露还不管用，就必须带宝宝去医院做进一步检查。

宝宝便秘时，大便比较干硬，很容易将肛门撑破出血，会很疼。如果每次大便都这样，就会让宝宝形成"大便=疼痛"的概念。如果是这样，宝宝即使有便意也不敢大便了，便秘也就越来越严重。

> **温馨提示**
>
> 不要随意给宝宝吃辅助排便的药物，这种药物虽然暂时会有用，但是它会影响宝宝正常的肠道功能，使宝宝对药物产生依赖。

# Part 3　幼儿期——越来越调皮了

## 快乐亲子时刻

### 宝宝玩具推荐

本阶段建议妈妈给宝宝选择一些能够发展感知和认知能力的玩具，例如具有不同颜色、形状、质地并且能发出声音的玩具。

### 亲子游戏

#### 敲勺
——精细动作技能锻炼
参与人数 2人

**游戏目的** 锻炼大运动技能和精细动作技能发展。

**游戏方法**

① 让宝宝坐在地板上。宝宝和妈妈拿一对小勺。

② 妈妈唱童谣，鼓励宝宝跟着节奏去敲击勺子。

③ 妈妈尝试将相同的童谣节奏唱得快一些，并随之加快敲打节奏的速度，再减慢唱歌速度及敲打节奏的速度。

> **温馨提示**
> 注意不要让宝宝打到自己，或者用勺戳伤自己。

#### 认识小动物
——语言和认知能力培养
参与人数 2人

**游戏目的** 锻炼宝宝的语言能力和认知能力。

**游戏方法**

① 妈妈把宝宝抱在怀里，打开画册，翻到小狗的图片，学小狗"汪汪"叫，告诉宝宝小狗会看家，小狗会吃骨头；翻到小猫的图片，一起学"喵喵"叫，然后告诉宝宝，小猫会抓老鼠，爱吃鱼。

② 按照这种办法继续帮助宝宝认识其他动物。

> **温馨提示**
> 给宝宝选认知画册，最好选择有真实动物照片的，这样更有利于宝宝认识更多的动物。

# 超级育儿圣典

## 找亮光
### ——大动作能力培养

参与人数 3人

**游戏目的** 训练宝宝动作的敏捷性、身体的灵活性及反应能力。

**游戏方法**

① 准备一面小镜子。在天气晴朗时,选择比较空旷的场地。

② 父母用小镜子对准太阳,将亮光反射在地面上,让宝宝去捕捉亮光,并用脚踩踏照在地上的亮光。

**温馨提示**

不要用光照射宝宝的眼睛。父母可以不断变换方位,锻炼宝宝的反应能力。

## 父母关注专题

### 专题 男女宝宝大不同

父母常说:"睡梦中的宝宝就是一个可爱的小天使,醒来后就是一个捣蛋的小魔鬼。"是啊,不管是男宝宝还是女宝宝,他们都有可爱之处,也有让人头疼的地方。下面我们通过妈妈们的描述来认清男宝宝和女宝宝吧。

#### 男宝宝

❋ **可爱之处**

安安妈(宝宝:1岁零9个月):

儿子最喜欢被举高,总是央求着爸爸举高。一被高高举起来,就笑个不停,开心的小脸蛋真可爱。

牛牛妈(宝宝:2岁零3个月):

2岁的时候,我问儿子:"打雷可怕吗?"儿子说:"我是男孩,我才不怕呢!"

涵涵妈(宝宝:2岁10个月):

每次送去幼儿园时,都喜欢找年轻漂亮的教师抱。汗,这么小就显得有些"色迷迷"的了。

然然妈(宝宝:2岁半):

去医院做血常规检查,针扎进去竟然能忍住不哭。完了,皱着可怜兮兮的笑脸对我说:"我勇敢吗?"

豆豆妈(宝宝:1岁零10个月):

一坐在车的驾驶席上,儿子便手持方向盘,一边"嘀嘀"地叫着,一边模仿起开车的样子,很是帅气。

❋ **麻烦之处**

畅畅妈(宝宝:11个月):

睡相不好，夜里睡觉的时候，总是动来动去，一觉醒来，经常已经睡到床尾了。这是男宝宝才有的表现吗？

**松松妈（宝宝：1岁零9个月）：**

一到电动玩具车的柜台便不肯走了，一般都要看上半个小时，怎么也不肯挪步。

**康康妈（宝宝：2岁）：**

每天都要去外面玩，1岁多点就喜欢玩滑梯，经常是摔了一跤又一跤，可还是要玩。

**飞飞妈（宝宝：1岁4个月）：**

脾气可大了，发起脾气的时候，可了不得，有时连我都降不住他，再大一点真不知道该怎么办了。

**皮皮妈（宝宝：8个月）：**

碰到什么都想抓，可手脚又不知轻重，有时还会碰痛自己；没有耐心，肚子一饿就大哭。

## 女宝宝

### ❉ 可爱之处

**晴晴妈（宝宝：1岁零10个月）：**

只要我去收拾晾晒的衣物，她就会去拿晾衣架的盒子，还帮我做其他很多事。

**嘟嘟妈（宝宝：1岁零6个月）：**

每当我化妆的时候，女儿总会跑过来，学着我的样子，描描眉、涂涂口红，非常可爱。

**乐乐妈（宝宝：2岁零4个月）：**

经常歪着脑袋对外公甜甜地叫"外公"，老爷子每次都被她哄得乐不可支。

**果果妈（宝宝：2岁零4个月）：**

讲话的语气和做事的方式都像妈妈。喜欢照顾她的布娃娃们，喜欢别人夸她可爱。

**甜甜妈（宝宝：1岁零1个月）：**

女儿很爱整齐，每次都会把脱了的鞋子摆放整齐。不只是她自己的，连我的和她爸爸的也都帮忙摆好。

### ❉ 麻烦之处

**小小妈（宝宝：1岁零9个月）：**

不喜欢穿妈妈准备好的衣服，喜欢自己挑选衣服。因此，常常会穿上搭配不协调的衣服外出。

**点点妈（宝宝：1岁零6个月）：**

出门的时候必须把裤子穿好，虽然很漂亮，不过每次都要花很长时间。

**蓉蓉妈（宝宝：1岁零5个月）：**

一到夏季，看着女儿的一头汗水，总是禁不住想给她理发。但想想长头发好看，所以只能忍住。

**苏苏妈（宝宝：1岁零4个月）：**

在儿童乐园玩钻隧道游戏时，刚到入口那儿就哭起来，结果害得其他小朋友都站在后面等候。

**悦悦妈（宝宝：1岁）：**

比较怕生，不管男女，只要是陌生人跟她说话，就一脸紧张地盯着人家，弄得我很尴尬。

## 育儿问答精选

**Q: 宝宝都1岁7个月了,但是还不会说话,这正常吗?**

A 对"不会说话"的宝宝,家长首先应判断宝宝是不会说话,还是没有必要说话。现在太多家长非常理解宝宝的肢体语言,并且能够满足宝宝全部肢体语言的需求,导致宝宝没有必要说话,或只会叫人即可。语言是交流的工具,只有耳聋才会真正导致语言缺失。排除耳聋原因,说话晚就与家长的引导有关。家长可以试着不要马上满足宝宝的要求,鼓励宝宝说出自己的意愿而不是用身体语言表达。

**Q: 宝宝1岁8个月了,我该怎么给他清理包皮垢呢?**

A 包皮垢是包皮与龟头间常存有的乳白色的物质。用清水冲洗、擦洗,效果不好,还会遭到宝宝反抗。其实处理方法很简单。包皮垢属油脂类分泌物,溶于油。在包皮和龟头处涂上橄榄油1~2分钟,再用浸满油的棉签轻轻擦拭,就会非常容易地去除所有包皮垢。

**Q: 宝宝1岁8个月了,还没有做过微量元素的检测,请问这个检测一定要做吗?**

A 宝宝的生长发育主要依赖于蛋白质、脂肪、碳水化合物这些宏量元素。微量元素只有在宏量元素充足的基础上才能发挥应有的作用。所以,关注宝宝的营养是否均衡,比检测微量元素重要得多。而且现在用血液检测微量元素的方法并不准确。因为血液中的微量元素水平不能代表真正的体内水平。如果血液内钙低可致低钙惊厥,但不能说明骨骼内钙质不足而导致佝偻病。而且手指取血过程会受到组织液的稀释,不太能准确反映血液中微量元素的水平。所以,观察宝宝的生长发育比任何检测都准。

**Q: 我家男宝1岁9个月了,现在还在喝母乳,请问什么时候断奶好,另外,现在可以给宝宝吃奶酪吗?**

A 世界卫生组织建议母乳喂养可以到2岁或2岁以上,所以只要母乳充

## Part 3  幼儿期——越来越调皮了

足,且有条件,可以继续喂下去。但是如果你母乳有困难,可以选择混合喂养,不过要提前让宝宝习惯配方奶。宝宝现在可以吃奶酪,但是不能吃太多,因为奶酪中饱和脂肪酸的含量高,不适合宝宝多吃。

> Q：我家宝宝1岁零8个月。晚上睡觉呼吸不是很畅,常张嘴呼吸,声音也较大。带他去医院,拍了张X线片。诊断结果是腺样体中度肥厚,占鼻腔宽度2/3以上,扁桃体肿大。请问这样的情况需不需要将扁桃体和腺样体开刀切除？如果不切除,那对宝宝的发育会不会有影响？

A 宝宝睡觉时张嘴呼吸或打鼾,代表上气道部分梗阻。对宝宝来说,多是腺样体、扁桃体肥大所致。肥大程度与打鼾程度多呈正比。是否需手术切除,最好依据睡眠监测结果。若睡眠时打鼾伴呼吸暂停,应接受手术。否则,会致慢性缺氧,影响大脑发育,肥大的腺样体还会压迫听神经,损伤听力等。

> Q：我家男宝21个月,还说不好话,只会偶尔自己念叨"爸爸、妈妈、奶奶、这个",会自己走几步,但是不能走得时间太久,这是不是发育迟缓了？还有这个年龄有必要上早教课吗？

A 21个月男宝宝只会说几个字,这也算正常,有的男孩语言发育就是会慢些,有的到2岁才会说话。至于走路,不能看宝宝走路时间长短,要看宝宝走路姿势是不是正确,如果宝宝能够全脚掌着地走路,那么就是正常的,没必要太担心。是不是应该上早教课,这个没有绝对的答案,即使送宝宝去上早教课,也不能忽视了爸爸妈妈的陪伴,要让宝宝在爸爸妈妈的陪伴下快乐成长。

---

### 什么是妈妈

妈妈问："有一种动物,长着两只脚。每天早晨天刚亮,就会叫你起床,一直叫到你起床为止。这是只什么动物呢？"

玲玲答："是妈妈。"

开心大放映

# 1岁10个月~2岁
## 整天"造反"的宝宝

### 本阶段育儿要点

❋ **可以和大人吃相似的食物**

2岁左右的宝宝可以吃大部分食物，但一次不能吃太多，要遵守从少量开始、慢慢增加的原则。

❋ **宝宝厌食调整策略**

更换食物花样。

不要强迫宝宝吃饭。

让宝宝学会独立吃饭。

❋ **宝宝偏食应对策略**

增加宝宝的运动量。

不要哄骗宝宝。

让宝宝心情愉快。

❋ **不合群宝宝的应对措施**

不能光讲大道理，要借助宝宝容易接受的方式引导宝宝。

可以邀请别的小朋友到家里来玩。

鼓励宝宝结交一个好朋友。

多带宝宝参加各种活动。

家长要言传身教，多结交朋友。

❋ **龋齿的预防**

补充钙质和维生素D。

做好宝宝的牙齿保健。

及时处理乳牙上的积垢。

要定期去看牙科。

❋ **培养宝宝爱心的方法**

教宝宝亲吻父母、抚摸父母，以表示对父母的爱。

养些小金鱼、种花等，培养宝宝的爱心和对大自然的兴趣。

培养宝宝对别人情绪、情感的理解和体验。

及时表扬宝宝的好行为，让他感受到被爱、被关注。

Part 3　幼儿期——越来越调皮了

## 宝宝成长小档案

### 宝宝的体格发育

男宝宝体重为 9.8~15 千克，身高为 80.2~93.5 厘米。

女宝宝体重为 9.3~14.2 千克，身高为 79.1~92.1 厘米。

### 宝宝的发育特点

懂得"你、我、他"的含义。
能够听懂"不"。
具有很强的模仿力。
2 岁以内宝宝特有的"罗圈腿"开始变直了。

能打开门的插销。
爱问为什么。
喜欢和小朋友玩耍，但还不懂得分享。

### 宝宝的社会化发育

❋ **宝宝的感官发育**

宝宝对疼痛和冷热有了强烈的感觉，而且还知道采取"措施"：热了，宝宝会脱衣服、踢被子；冷了，会要求穿衣服，钻到被子里；对疼痛更是反应强烈，并能告诉妈妈疼的准确位置。

❋ **宝宝的运动能力**

宝宝的双手更加灵巧。宝宝可以只用一只手拿着小杯子熟练地喝水，而且宝宝使用汤匙的技术也有了很大的提高。他可以叠放 6~7 块积木，可以将珠子穿起来，还能用蜡笔在纸上模仿大人画出垂直线和圆圈。宝宝走路不仅很稳了，而且能够跑，还可以自己单独上下楼梯。如果宝宝将什么东西掉在地上，他也可以马上蹲下将物品捡起来。这时的宝宝很喜欢进行大运动的游戏和活动，如爬行、跳舞、踢球、跑、跳等。

❋ **宝宝的语言发育**

这个阶段的宝宝，其中一半已经

会使用200～300个词汇，并会说出3～5个字组成的句子。宝宝开始用语言独立表达自己的要求，而不再只是借助肢体语言。多数宝宝会用3个字组合的句子来表达他的所见所闻或感受，比如："宝宝睡""他哭了"等。宝宝经常从成人的谈话中观察一些语法现象，并"总结"出一些基本的语法规则。然后他会将这些规则不加区别地运用到许多场合，但有时可能是错误的。不过，爸爸妈妈不必担心，这是很正常的现象，而且宝宝还会根据成人的语言不断地修改这些自制的语法规则，直到正确。

宝宝说到自己时能正确地用代词"我"，而不是用小名表示自己。宝宝在说到第二人称时，也能正确地用代词"你"，而不再用"妈妈、爸爸"等。

宝宝能说出名称、用途和身体部位。相继给他看2张画、4件物品，他能说出画中形象（如小狗、小兔）和物品（如杯子、帽子）的名称和用途。在大人的询问下，宝宝能对人体的鼻、眼、耳、口、头发、手、脚等7个部位进行指认。

### ✲ 宝宝的认知能力发育

爸爸妈妈现在需要帮助宝宝先识别红、黄、绿三种颜色。当宝宝能够认识路口红灯、黄灯和绿灯后，再告诉宝宝红绿灯的意义。

2岁是表象出现的时期，宝宝会在头脑中回忆起妈妈，看到与妈妈相关联的东西也会想起妈妈，宝宝的记忆力也随之发展了。

宝宝有极强的模仿力，也有极强的模仿欲望，喜欢模仿大人或动物的动作。由于已知道钥匙或钱币的用途，当他拿着钥匙时，会走近房门，准备开门。当他看到钱的时候，也会联想到买东西。

### ✲ 宝宝的情感和社交

2岁宝宝开始有明显的个人分化倾向，从感受方式的深度来看，在某些方面已经很接近成人了。宝宝会有怜悯、同情、拘谨、腼腆等复杂感情的流露了。此外，2岁宝宝逐渐有了幽默感，别人笑的时候，会跟着一起笑。

在社交方面，表现出喜欢与伙伴玩耍。宝宝通过亲近熟悉的人逐步扩大与陌生人，尤其是同龄宝宝之间的交往。宝宝开始喜欢和小朋友玩耍，只是还缺乏合作精神，虽然偶尔会发生一些小摩擦，但仍觉得跟朋友在一起很快乐。

Part 3 幼儿期——越来越调皮了

## 喂养宝宝

###  本阶段宝宝所需营养

这个阶段的宝宝每天吃多少合适呢？每个孩子情况不同。一般来说，每天应保证主食 100～150 克，蔬菜 150～250 克，牛奶 250 毫升，豆类及豆制品 10～20 克，肉类 25 克左右，鸡蛋 1 个，水果 40 克左右，糖 20 克左右，油 10 毫升左右。

另外，要注意给孩子吃点粗粮，粗粮含有大量的蛋白质、脂肪、铁、磷、钙、维生素、纤维素等，都是小儿生长发育所必需的营养物质。将近 2 岁的孩子可以吃些玉米面粥、窝头片等。

### 本阶段宝宝如何喂养

为了宝宝身体的均衡发展，应通过一日三餐和零食来均匀、充分地使宝宝摄取饭、菜、水果、肉、奶等五类食物。可以跟大人吃相似的食物，比如可以跟大人一样吃米饭，而不必再吃软饭。但是要避开质韧的食物，一般食物也要切成适当大小并煮熟透了再喂。不要给宝宝吃刺激性的食物。有过敏症状的宝宝，还要特别注意慎食一些容易引起过敏的食物。2 岁左右的宝宝可以吃大部分食物，但一次不能吃太多，要遵守从少量开始、慢慢增加的原则。

这个阶段的宝宝，每天应保证主食 100～150 克，蔬菜 100～125 克，牛奶 250～500 毫升，豆类及豆制品 10～20 克，肉类 50～75 克，鸡蛋 1 个，水果 50 克左右，油 10 毫升左右。如果宝宝不爱吃肉蛋类，可以增加配方奶粉的量。

## 蔬菜水果对牙齿好

当宝宝出牙逐渐完成之后,妈妈就要想办法让宝宝拥有一副健康的牙齿。牙齿健壮,胃口才会好,宝宝身体才会更加强壮,而且牙齿的发育情况对宝宝的咀嚼、发音和面容外观也很重要。

### ✤ 蔬菜可以清洁牙齿表面残渣

宝宝由于不及时刷牙,口腔中容易有残留物。而芹菜、胡萝卜、花椰菜等蔬菜含有大量的粗纤维,宝宝在咀嚼时可以擦去黏附在牙齿表面的残渣,有效清洁牙齿和牙龈。

### ✤ 水果可以消灭牙齿细菌

由于宝宝的乳牙刚长齐,牙齿比较脆弱,抵抗力弱,口腔中容易滋生各种细菌,引发牙龈炎、牙菌斑等。各类水果,如草莓、猕猴桃、哈密瓜等含有丰富的维生素C,不仅可以消灭牙齿里面的细菌,还能促进胶原蛋白的生成,使牙龈更健康。

## 有助于宝宝长高的食物

父母一般都十分关心宝宝的身高,而宝宝的身高又受多种因素的影响,其中,遗传和饮食的影响最大。你知道给宝宝吃什么才能让他长得更高吗?

### ✤ 富含蛋白质的食物

蛋白质是构成骨细胞的最重要的物质。含蛋白质丰富的食物首推鲜牛奶、鱼类、蛋类、动物肝脏,豆及豆制品仅次之。每餐如有两种以上蛋白质食物,可以提高蛋白质的利用率和营养价值。

### ✤ 有助补钙的食物

与骨骼生长最密切的矿物质是钙和磷,钙的吸收和利用要通过鱼肝油、蛋黄、乳品中的维生素D以及日光中的紫外线照射才能发挥作用。含钙丰富的食物有鲜牛奶、虾皮、海带、紫菜及豆制品、芝麻酱、深绿色蔬菜。

### ✤ 有助补锌的食物

婴幼儿期缺锌是影响身体长高的原因之一。牛羊肉、动物肝脏、海产品都是锌的良好来源。草酸、纤维素、味精等会影响锌的吸收,婴幼儿最好不要食用味精。吃含草酸高的菠菜、芹菜应该先用开水焯一下。

## 让宝宝更聪明的五类营养素

2岁左右的宝宝正处于大脑发育的关键期,通过多种营养素的补充可以使脑神经细胞活跃,思考及记忆力增强,为宝宝的智能发展奠定良好的基础。促进宝宝大脑发育,有五类营养素是必不可少的。

| 营养素 | 营养功效 | 推荐食物 |
| --- | --- | --- |
| 脂肪 | 可维持神经细胞的正常生理活动,并参与大脑思维与记忆等智力活动,对脑细胞和神经的发育起着极为重要的作用。 | 各种坚果及果实类,如核桃、芝麻、葵花子、南瓜子、西瓜子、杏仁、花生、芒果等。<br>各种鱼类,特别是牡蛎、乌贼、章鱼、虾等含量更高。<br>各种肉类,如牛肉、猪肉、羊肉、鸡肉、鸭肉、鹌鹑肉等。 |
| 蛋白质 | 蛋白质是最主要的营养素之一,必须适当补充,以满足宝宝发育之需。 | 各种乳类及肉蛋类,如母乳、牛奶、鸡蛋、鹌鹑、牛肉、羊肉、鸡肉、猪肉。<br>各种动物脑,如猪脑、牛脑、羊脑等。<br>大豆及大豆制品,如豆腐、豆浆、豆奶、大豆油等。<br>各种鱼和虾,特别是非养殖性鱼虾的蛋白质含量更高。 |
| 钙质 | 钙质不仅对骨骼生长、牙齿坚固及心脏调节有重要作用,而且它对脑和神经细胞的信息传达也有很大影响。 | 杏仁、花椰菜、荠菜、橄榄、扁豆、海藻、牛奶、奶粉、乳酪、沙丁鱼、蛤、虾、芝麻等。 |
| 维生素 | 维生素是宝宝发育必不可少的重要营养素,尤其是维生素C、维生素E和B族维生素,能使脑功能更灵活、敏锐。 | 维生素C:草莓、苹果、梨、山楂、红枣、菠菜、龙须菜、甘蓝、菜花、香菜等。<br>维生素E:苹果、胡萝卜、芹菜、莴笋、燕麦、芝麻、各种肉类。<br>B族维生素:糙米、玉米、花生、小豆、蚕豆及蔬菜、水果、蘑菇等。 |
| 碳水化合物 | 碳水化合物是宝宝大脑活动的唯一能源。 | 各种谷类杂粮,如小米、玉米、黑米、大米、面食。<br>其他食物,如红枣、桂圆、蜂蜜、土豆等。 |

# 超级育儿圣典

## 染色食品要当心

国家明令禁止在宝宝食品中添加任何色素。可是目前市售的儿童食品中，着色是很普遍的现象，拿这种儿童食品喂养宝宝是有害的，可造成智力低下、发育迟缓、语言障碍，严重者会停止生长发育。

爸爸妈妈们在为宝宝选购食品时，应多为宝宝的健康着想，在选择漂亮的食品和饮料时，要慎之又慎。尽量挑选不含或少含人工色素的食品，以限制色素的摄入量，尤其在夏天，不要让宝宝喝太多的着色饮料，要掌握一个原则，那就是宝宝的食品和饮料应当以天然品或无公害污染产品为主。

## 本阶段宝宝营养餐推荐

### 小兔吃萝卜
**营养丰富**

**材料** 瘦肉35克，鱼肉20克，米粉、腐竹、白萝卜、胡萝卜各5克，菠菜100克。

**做法** 先把瘦肉剁烂，加葱花、生粉、油、盐等拌匀做馅，然后用沸水烫熟；米粉和好，擀成圆片。把拌好的肉馅放在皮中间，对折成扇形，把面前尖端部分用大拇指压扁后再用剪刀剪成两小片，向上捏成兔耳朵；镶两粒胡萝卜作眼睛便成小兔，用蒸锅蒸10分钟。将腐竹、菠菜和去骨的鱼片焯熟，焯时加盐和一点点油。用这三样原料作铺垫，再摆上小兔。小兔的前面可放白萝卜和胡萝卜丝，造成小兔吃萝卜的意境。

**功效** 这种形象生动的菜肴容易吸引宝宝的注意，更值得称道的是它所含的能量、铁质、维生素A和维生素C特别丰富，如果作为宝宝的正餐是非常理想的。

### 蛋花鱼
**含有丰富的钙和磷**

**材料** 鱼泥250克，鸡蛋1个，豆腐100克，糖、葱末、姜丝各适量。

**做法** 将鱼泥用姜丝、酱油、糖和少许植物油拌匀，鸡蛋去壳搅匀。用适量水和盐把豆腐煮熟，然后加入煨好的鱼泥，待熟时撒蛋花葱末，煮熟便成。

**功效** 以2岁幼儿为例，这份菜中含有168卡的能量，其中60%来自鱼肉

## Part 3 幼儿期——越来越调皮了

特有的不饱和脂肪,这个能量值相当于宝宝全天所需的1/6。它所含的蛋白质也非常丰富,大约可占全天所需能量的1/3。而钙和磷这两种元素不仅含量丰富,而且比例恰当,可以满足全天需要的近一半营养需要。

### 五彩卷
**预防缺铁性贫血**

**材料** 鱼肉、鸡蛋、土豆各25克,白萝卜50克,胡萝卜、绿豆芽、油各5克,葱末、生粉各10克。

**做法** 先把土豆煮熟去皮搅烂;鱼肉剁烂加上葱、生粉、精盐拌匀;然后把鸡蛋去壳搅匀煎成蛋皮备用。煎时少放油,不要煎焦,保持蛋色,把蛋皮贴锅的一面向上平放。铺上肉末,卷起、蒸熟,然后切成片打上芡汁。把胡萝卜、白萝卜、绿豆芽切成丝,旺火炒熟后铺平在碟子上,放上已切好的蛋卷便成。

**功效** 这道鱼肴不仅含有很丰富的能量、蛋白质和脂肪,还富含维生素C。此值相当于2岁宝宝全天需要量的一半。其中的铁含量也很丰富,这两种营养素的配合对于预防幼童发生缺铁性贫血是非常有益的。

### 豌豆炒虾仁
**适于2岁宝宝食用**

**材料** 豌豆25克,虾仁4只,植物油、盐各少许。

**做法** 豌豆洗净,研碎;虾仁洗净,剔除泥肠,切段;锅内倒少许植物油,烧至七成热时,放入虾仁爆炒后,再放入豌豆碎,烹一点水,文火焖煮片刻,加少许盐调味即成,晾至适口后,搭配主食供宝宝食用。

**功效** 适合2岁的宝宝食用。此菜颜色淡雅,口味清爽,可增进宝宝的食欲。

# 超级育儿圣典

## 日常照护

### 家庭门窗应采取一些安全措施

现代化的都市内，高楼林立，一楼高过一楼。室内也装修得富丽堂皇，显得窗明几净。在此仍不免提醒那些有宝宝的家长，室内装修在讲究美观、大方的同时，还要对您的宝宝采取一些安全措施。

窗户的高度一般要求距地面0.7米，在窗户上装上栏杆或窗纱，以保证宝宝的安全。房门最好向外开，不宜装弹簧。装有玻璃门的家庭，应在玻璃门上与宝宝等高的地方，贴上贴纸，以提醒宝宝那里有玻璃，不是空的，以免磕破头。在宝宝自己会打开的门上系一个铃，当他推门出去时，以便里面的人可以察觉到。在不想让宝宝进去的房间的门上钉一个钩子扣住，以保证他推不开。在纱门上适合宝宝的位置装一个如浴室里挂毛巾用的横杆，以便宝宝容易推门进出。

### 宝宝注意力不集中该怎么办

有父母说，他们家有个2岁的宝宝，活泼好动，有时候还能模仿电视里人物所说的话或者动作，可爱极了。但是最近宝宝的注意力很难集中。跟他说话，他经常目光游离不定，当问他"刚才说什么"时，他也支支吾吾回答不上来，而且做事情总是丢三落四。很害怕宝宝会因为注意力不集中，影响将来的学习。

其实，2岁左右宝宝的注意力很难集中属于正常现象。因为宝宝的大脑发育还不够成熟，兴奋和抑制过程不能很好地平衡，兴奋性较高，容易受外界影响，注意力集中在一件事情上的时间大约为3～5分钟。宝宝不能集中注意力主要是由以下3个原因造成的：

宝宝注意力不集中往往和宝宝的成长环境及爸爸妈妈的教养方式有关，如当宝宝安静地沉浸在自己的小天地时，妈妈总是来"打扰"。繁杂、喧闹等环境使宝宝的注意力不易集中。

宝宝长期看电视不利于创造性思维的培养，语言能力也容易发展迟滞。

如果只是把玩具和书扔给宝宝让他自己去玩，爸爸妈妈没有加以指导，就很容易让宝宝形成浮躁和注意力涣散的毛病。所以，让宝宝做事情集中注意力的时间变长，还需要爸爸妈妈在平时下功夫，培养宝宝的注意力和专注力。

针对这几点原因，父母要这样做：

当宝宝在安静地"研究"他们的玩具或者沉浸在他的小天地时，爸爸妈妈不要去打扰宝宝，不要过多地来回走动。不要以"吃饭"、"出去玩"等事去打断宝宝，让宝宝集中注意力的时间变长。

在游戏中培养注意力：宝宝都很喜欢做游戏，尤其是做他们喜欢的游戏时，注意力集中的时间就会变长。爸爸妈妈可以和宝宝一起拼图、画画。活动的内容可以由易到难，千万不要让宝宝产生厌倦情绪。当宝宝做完后，爸爸妈妈要给宝宝适当的赞美和鼓励，这样既培养了宝宝的注意力，又增强了宝宝的自信心。

进行专门的训练：找出几样玩具，让宝宝看上1~2分钟，然后撤掉其中的1个或2个，请宝宝猜出是什么东西被撤掉了。或者把几种不同形状的东西放在宝宝看不见的口袋里，让宝宝闭上眼睛去摸，然后提出"有几样东西"、"都是些什么"等问题。

## 从小培养宝宝的爱心

让宝宝尽早建立正确的情感表达方式，并不断强化。如教宝宝亲吻父母、抚摸父母，以表示对父母的爱。跟宝宝玩布娃娃，让宝宝拍娃娃睡觉，给娃娃盖被、喂娃娃吃奶等。

经常带宝宝与其他小朋友一起玩，养小金鱼、种花等，培养宝宝的爱心和对大自然的兴趣。

培养对他人的同情，即对别人情绪、情感的理解和体验。

经常表扬宝宝好的行为，提高他的自信心，让他感受到被爱、被注意。

# 宝宝小门诊

## 预防宝宝患龋齿

产生龋齿的原因是由于食物的残渣在牙缝中发酵，产生多种酸，从而破坏了牙齿的釉质，形成空洞，导致牙痛、牙龈肿胀，严重的会使整个牙坏死。

采取以下措施，可有效避免龋齿的发生。

### ❋ 补充钙质

饮食中缺钙也会影响牙齿的坚固，牙齿因缺钙变得疏松，易形成龋齿。维生素D可帮助钙、磷吸收，维生素A能增加牙床黏膜的抗菌能力，氟对牙齿的抗龋作用也不可少，所以要注意从膳食中保证供给。在饮食中要多吃富含维生素A、维生素D及钙的食物，如乳品、肝、蛋类、肉、鱼、虾、海带、海蜇等。

### ❋ 做好宝宝的牙齿保健

要让宝宝养成早晚刷牙的好习惯，最好在饭后也刷牙。牙刷要选择软毛小刷，刷时要竖着顺牙缝刷，上牙由上往下刷，下牙由下往上刷，切不要横着拉锯式刷，否则易使齿根部的牙龈磨损，露出牙本质。使牙齿失去保护而容易遭受腐蚀。

### ❋ 及时处理乳牙上的积垢

当宝宝满2岁时，乳牙已基本长齐，爸爸妈妈应带宝宝去医院检查一下，并处理乳牙上的积垢，在牙的表面进行氟化物处理。当后面的大牙一长出来，就要在咬合面上涂一层防龋涂料，这样做可以大大地减少龋齿。

### ❋ 要定期去看牙科

发现有小的龋洞就要及时补好，一般可每隔一年定期做一次牙齿保健。

### ❋ 少吃糖

让宝宝少吃或不吃甜食，这对预防龋齿有一定的作用。但同时要注意，不仅是糖，残留在牙齿间的所有食物，都有引起龋齿的可能，所以，在不吃糖的同时，还必须保持牙齿的清洁。

## Part 3 幼儿期——越来越调皮了

> **温馨提示**
>
> 牙齿表面的釉质与氟结合,可生成耐酸性很强的物质,所以,为了预防龋齿,很多牙膏里都加入了氟。含氟牙膏对牙齿虽然有保护作用,但是对2~3岁的宝宝来说,他们的吞咽功能尚未发育完善,刷牙后还掌握不好吐出牙膏沫的动作,很容易误吞,导致氟摄入过量。

### 宝宝得了流行性腮腺炎怎么办

#### ✿ 流行性腮腺炎的症状

流行性腮腺炎中医称为痄腮,是由腮腺炎病毒侵犯腮腺引起的急性呼吸传染病。它的主要特征是发热、耳下腮部肿痛。腮腺肿大一般以耳垂为中心,向前、后、下发展,局部皮肤紧张、发亮但不发红,用手轻轻触碰有轻微的疼痛,当说话、咀嚼食物时会加剧疼痛。较重的时候,腮腺周围水肿严重,有时可以使容貌变形,并出现吞咽困难的现象。

#### ✿ 预防和治疗宝宝腮腺炎

**注射疫苗**:爸爸妈妈可在宝宝出生后14个月,给宝宝注射流行性腮腺炎减毒活疫苗,对容易感染的宝宝可注射麻疹、风疹、腮腺炎三联疫苗。

**及时隔离治疗**:在腮腺炎流行期间,爸爸妈妈不要带宝宝去公共场所。如果发现宝宝患病,要及时隔离治疗,并且要限制宝宝的活动量,多给宝宝喝白开水。另外,室内要注意通风换气,宝宝的毛巾、餐具等要彻底消毒煮沸,并与其他人分开使用。

**让宝宝卧床休息**:患病的宝宝精神和体力都很差,妈妈要引起重视,让宝宝卧床休息并做好护理工作。如果宝宝没有得到很好的休息,很容易引起并发症。

**护理腮肿**:如果宝宝发热达到39℃以上,爸爸妈妈可以用冷敷宝宝的头部、用温水擦浴或者用酒精擦浴的方法,使局部血管收缩,从而减轻炎症，达到减轻疼痛的目的。

饮食上要吃流质食物：宝宝在患病期间，妈妈要做一些流质和软食给宝宝吃，如绿豆粥、大米粥、菜粥等。避免宝宝食用葱、姜、蒜、辣椒等刺激性食物。另外，不要给宝宝吃油腻食物。

❋ **推荐减轻腮腺炎的食谱**

绿豆粥：将适量绿豆和大米用清水淘净。将绿豆用清水洗净，放入锅中，加清水用大火煮沸，然后用小火焖至绿豆酥烂；放入大米，用中火煮至米粒开花时即可食用。

板蓝根粥：将适量板蓝根、大青叶放入锅中，加适量水，煎煮30分钟后去渣；将大米洗净，放入锅中，加入去渣后的板蓝根汁和适量清水，煮成粥，加适量冰糖即可食用。

## 谨防宝宝患佝偻病

佝偻病俗称"软骨病"，是由于维生素D缺乏引起体内钙、磷代谢紊乱，而使骨骼钙化不良的一种疾病。佝偻病会使宝宝的抵抗力降低，容易合并肺炎及腹泻等疾病，影响宝宝的生长发育。

❋ **佝偻病的主要症状**

宝宝烦躁不安，夜间容易惊醒、哭闹、多汗，头发稀少，食欲缺乏。

骨骼脆软，牙齿生长迟缓；方颅，囟门闭合延迟；各关节的骨骼软骨增大，胸骨突出呈现为鸡胸，脊椎弯曲；腿骨畸形，出现O形腿或X形腿；行动缓慢无力，肌肉软弱无力。腹部呈现壶状。

❋ **佝偻病的预防措施**

宝宝每天应在室外活动1～2小时，晒太阳能促使维生素D的合成，预防佝偻病。

每天补充适量的维生素D，鱼肝油要每天吃。此外，应根据宝宝的需要来补充钙剂。

提倡母乳喂养，及时给宝宝合理地添加如蛋黄、猪肝、奶及奶制品、大豆及豆制品、虾皮、海米、芝麻酱等辅食，以增加维生素D的摄入。

不要吃过多的油脂和盐，以免影响钙的吸收。

Part 3 幼儿期——越来越调皮了

## 快乐亲子时刻

###  宝宝玩具推荐

操作意识的出现是这个年龄宝宝的一大特点。妈妈可以给宝宝买一些电动或机械玩具,让他自己摆弄,渐渐他就会知道为什么小汽车会跑,为什么飞机会飞。

###  亲子游戏

**玩气球**
——精细动作能力培养

 参与人数 2人

**游戏目的** 锻炼宝宝的手眼协调能力。

**游戏方法**

❶ 爸爸妈妈把气球抛向空中,当气球下来时,教宝宝用左右手向上击球,或者让宝宝用头顶气球,使气球不落地。

❷ 也可以和宝宝比赛看谁玩的时间长(或击的次数多)。

**温馨提示**
小心不要把气球弄破,免得吓着宝宝。

# 超级育儿圣典

## 贴纸游戏
——精细动作能力培养

参与人数 2人

**游戏目的** 锻炼宝宝的精细动作能力。

**游戏方法**

① 妈妈陪宝宝一起玩贴纸,先和宝宝一起翻看贴纸书,然后引导宝宝:"我们要不要给这片草地上,贴几朵小花?"如果宝宝点头,妈妈就把小花贴纸撕下来,鼓励宝宝将它贴到草地上。

② 如果宝宝熟练了,还可以让宝宝自己把贴纸撕下来,然后再自己贴上。

**温馨提示**

不要要求宝宝一定贴得准确,只要宝宝能把贴纸贴上,至于贴在哪里都不重要。等到宝宝越贴越熟练时,可以逐渐增加贴纸的难度。

## 红绿灯
——反应能力和协调性锻炼

参与人数 2人

**游戏目的** 锻炼宝宝的反应能力及协调性。

**游戏方法**

① 在地上画两条平行的线,线之间要留有一定的距离,并且不要放其他物品。

② 让宝宝站在一条线的后面。妈妈站在宝宝对面那条线的后面。

③ 告诉宝宝,当妈妈说"绿灯"时,宝宝就向妈妈跑过来,当说到"红灯"时,宝宝就要停下来。

④ 就这样一直"红灯、绿灯"交替喊,直到宝宝跑到妈妈这条线这里。

**温馨提示**

这个游戏要在比较空旷的地方玩,而且要确保活动场地没有任何妨碍活动的物体,以防宝宝绊倒。

### 家有熊孩子

今天给儿子买了一些他最爱吃的奶糖,我怕他吃多了坏牙,只给了他几个,把剩下的藏了起来。

他很不情愿,瞪眼望着我,突然捏了捏我的喉结,大哭起来。

我忙问:"怎么啦?"

他指着我的喉结哭道:"爸爸偷吃我的糖,在这儿,快还给我……"

开心大放映

# 本月宝宝能力测评

1. 宝宝会说出自己"1岁",并伸食指表示1岁。
   ○ 是   ○ 否
2. 宝宝会背两句儿歌。
   ○ 是   ○ 否
3. 宝宝会替家长拿拖鞋、板凳、日用品等。
   ○ 是   ○ 否
4. 宝宝自己可以端杯子喝水,并且洒得很少了。
   ○ 是   ○ 否
5. 宝宝自己会去坐便盆,只是偶尔尿裤子。
   ○ 是   ○ 否
6. 宝宝跑步时,扶着人或者扶着物可以停止。
   ○ 是   ○ 否
7. 宝宝不扶人或者扶物可以踢球。
   ○ 是   ○ 否
8. 宝宝会回答简单的提问。
   ○ 是   ○ 否
9. 宝宝逐渐习惯和同龄伙伴交往。
   ○ 是   ○ 否
10. 宝宝能打开门闩,会折纸,逐页看书。
    ○ 是   ○ 否

✱ 评分结果:

答"是"加1分,答"否"得0分。

9~10分,优秀;7~8分,良好;5~6分,一般;5分以下宝宝需要加强训练。

# 父母关注专题

## 专题 宝宝厌食、偏食怎么办

### ❋ 宝宝厌食期怎么调整

这个阶段的宝宝容易出现"生理性厌食期",这主要是由于宝宝对外界探索的兴趣明显增加,因而对吃饭失去了兴趣。

父母可以这样做,来增强宝宝的食欲:

更换食物花样。父母应经常更换食物的花样,让宝宝感到吃饭也是件有趣的事,从而增加吃饭的兴趣。有的父母看到宝宝不肯吃饭,就十分着

急。先是又哄又骗,哄骗不行,就又吼又骂,甚至大打出手,强迫孩子进食,这样会严重影响宝宝的健康发育。

让宝宝独立吃饭。应放手让宝宝自己吃饭,使其尽快掌握这项生活技能,也可为幼儿园入园做好准备。尽管宝宝已经学习过拿勺子,甚至会用勺子了,但宝宝有时还是愿意用手直接抓饭菜,好像这样吃起来更香。爸爸妈妈要允许宝宝用手抓取食物,并提供一些手抓的食物,如小包子、馒头、面包、黄瓜条等,以提高宝宝吃饭的兴趣,让宝宝主动吃饭。

适当降温。夏天有的宝宝常常是一顿奶喝完就满头大汗,热得没有食欲。为改善这种情况,妈妈可以在喂奶时,在宝宝的脖子下垫一块毛巾,隔热吸汗,或选择在25~27℃的舒适空调房里给宝宝喂奶。

腹部按摩。宝宝肠胃消化功能弱,容易发生肠胀气。适当的腹部按摩可以促进宝宝肠蠕动,有助于消化。

具体步骤为:宝宝进食1小时以后,让宝宝仰卧躺下;手指蘸少量宝

宝油抹在宝宝肚子上作润滑；右手并拢，以肚脐为中心，用 4 个手指的指腹按在宝宝的腹部，并按顺时针方向，来回划圈 100 次左右。

补充益生菌。这个阶段的宝宝，在高温的影响下容易发生肠道菌群的紊乱。

适量给宝宝补充益生菌，有助于肠道对食物的消化吸收，以维持正常的运动，从而增进食欲。

少吃多餐。对食欲不佳的宝宝也不要勉强。每次喝奶的量变少了，那就适当增加一两顿午间餐，尽量保证每天的总奶量达标就可以。

准备清火营养粥。宝宝开始长牙时，咀嚼能力尚弱。熬一些消暑、健脾的粥给宝宝吃，可以营养、训练两不误，如绿豆百合粥、红豆薏米粥等。

餐前 2 小时不吃零食。适度的饥饿感可以让宝宝食欲增强，餐前 2 小时内不要给宝宝吃零食、喝果汁，哪怕是 2 块小饼干，也会大大影响宝宝的食欲。要知道，"饥饿"是最好的下饭菜。

食物补锌。宝宝在夏天容易出汗，易导致锌元素的流失，缺锌会引起厌食。可为宝宝补充一些含锌量高的食物，如把杏仁、莲子一类的干果磨成粉，做成辅食给宝宝食用。缺锌情况严重的宝宝，也可适当服用一些补锌的保健品。

✱ **宝宝偏食的应对措施**

做饭时多考虑宝宝的喜好，对宝宝不喜欢吃、却又富有营养的食物，必须精心烹调，尽量做到色、香、味俱佳，还可将其添加到宝宝喜欢吃的食物中，使其慢慢适应。

增加宝宝的运动量。运动会加速能量的消耗，促进新陈代谢，增强食欲。在肚子饿时，宝宝是很少偏食、挑食的，俗话说的"饥不择食"就是这个道理。

不要哄骗宝宝。当宝宝较饿时，比较容易接受不喜欢的食物，可以让宝宝先吃他不喜欢的，再吃他喜欢吃的，但应注意不要过分强迫，以免宝宝对不喜欢的食物更加反感。

让宝宝心情愉快。父母带头吃宝宝不爱吃的菜，只要宝宝吃了，便给予适当的鼓励，这样能调动宝宝的积极性。

## 育儿问答精选

**Q:** 我家女宝现在1岁10个月了，从前一段时间就开始喜欢翻东西，特别是口袋里的东西（不管是自己家的还是别人家的），这需不需要引导，以后会不会成为坏习惯呢？

**A** 现在正是宝宝接触世界的阶段，对任何事物都充满了好奇，急于探索，宝宝的这种探索精神大人应该支持。如果总是阻止宝宝，就会扼杀她的心智成长。家长要做的只是帮宝宝排除一切不安全的因素，并在适当的时候给予一些引导。宝宝的探索是永不消停的，满足她的一个探索需要，在获得满足之后，宝宝就会转移到新的目标。

**Q:** 我家女宝还有2个月就2岁了，可是胆子还是很小，戒备心很强，在家里总是非常活泼，但在陌生环境或有陌生人跟她说话时，她就老不吭声，躲躲闪闪；只喜欢跟比自己大的熟悉宝宝玩，从不会主动接触跟自己同龄的宝宝，我该怎么改变宝宝的这种情况呢？

**A** 宝宝的这种反应很正常。快2岁的宝宝在陌生人面前出于自我防卫，不愿和对方接近是正常的。家长需要做的是尽量帮助她扩展人际关系，把遇见的人介绍给她，引导她去认识对方，而不只是要她和对方打招呼。和较大的宝宝玩也是出于"安全"的心理，你想让她和同龄小朋友玩，就需要给她创造机会，最好是先领着她们一同玩。

**Q:** 我外甥1岁6个月就开始上早教了，在课堂上他总爱翻教室地垫，老师不管拿什么新教具或玩具都吸引不了他，他总是影响别的小孩上课，这有什么办法能改善吗？

**A** 为什么要改善呢？这个宝宝很棒啊。2岁宝宝在发现陌生事物时能够自主去探索，满足学习需要，这才是真正的早教。上亲子早教班，目的就是

## Part 3　幼儿期——越来越调皮了

引导他去探索，去活动。每个宝宝的成长状况和学习能力都不相同，早教班应该提供更多的探索空间和活动，让宝宝进行体验。如果老师采取统一的集体教学模式，那还不如不去早教班。

> **Q：我儿子还有1个月就满2周岁了，最近公婆来帮忙看，我发现他们总限制他，厨房、卫生间不让宝宝自己去，这不能摸那不能碰，总说脏不可以，在家都牵着手，东西掉了马上帮捡。而我们以前让他自己收玩具，宝宝都做得很好。我公婆这样做是不是不好啊，我该怎么办呢？**

**A** 1~2岁的宝宝是探索求知的关键期，什么都感兴趣，都要动一动，如果这也不让那也不许，把宝宝训练得对什么新鲜事物都不敢接触，将来会有各种各样的问题。你可以和老人多交流，清理好杂物，把危险物品藏好或加上保护措施。厨房、卫生间保持干净，就不怕宝宝进去了。

> **Q：宝宝2岁了，两个大门牙之间有个很大的缝隙，需要矫正吗？**

**A** 乳牙间隙不需要矫正。甚至还有学者认为，间隙型乳牙比无间隙型乳牙更有利于恒牙的正常排列，利于恒牙咬合功能的正常形成。

# 妈妈手记

## ——宝宝 2 岁时

时间过得真快,宝宝已经满 2 岁了,爸爸妈妈看着宝宝一天天的变化,一定很欣喜吧!那就在下面记录下宝宝这时的发育情况,并写下对宝宝的期望与祝福吧!

身高

体重

运动能力发育

智力发育

情感与社交

童言童趣

爸爸对你说          妈妈对你说

(最好放一张宝宝的近期照片,当孩子长大的时候,看到 2 岁时的自己,一定会惊喜万分)

# 2岁1个月~2岁3个月
## 进入"第一逆反期"

### 本阶段育儿要点

**❋ 肥胖宝宝的饮食调养方法**

根据宝宝的年龄制订节食食谱。

多吃富含膳食纤维的食物。

食物宜采用蒸、煮或凉拌的方式烹调。

可以给宝宝安排几餐量少且不含糖和淀粉的零食。

应减少容易消化吸收的碳水化合物的摄入。

少吃糖果、甜点、饼干等甜食。

尽量少吃炸薯条等油炸食品。

少吃脂肪性食品,特别是肥肉。

**❋ 当心染色食品**

为宝宝选购食品时,应多为宝宝的健康着想,在选择漂亮的食品和饮料时,尽量挑选不含或少含人工色素的食品,以限制色素的摄入量。着色食品可造成宝宝智力低下、发育迟缓、语言障碍,严重者会停止生长发育。

**❋ 快乐就餐**

家长要给宝宝创造一个良好的就餐环境,让宝宝愉快地就餐,才能提高人体对各种营养物质的利用率。如此说来,愉快地进餐是宝宝身心健康的前提。

**❋ 宝宝郊游注意事项**

爸爸妈妈带宝宝郊游的时候,切记注意饮食卫生,给宝宝讲"病从口入"的道理。吃东西前要用肥皂、流动水洗手。另外,应注意让宝宝及早休息,睡眠充足才能消除疲劳。

# 超级育儿圣典

## 宝宝成长小档案

### 宝宝的体格发育

男宝宝体重为9.9~15.7千克，身高为80.9~96.1厘米。

女宝宝体重为9.4~15千克，身高为79.9~94.8厘米。

### 宝宝的发育特点

词汇量达到了上千个。
学着听电话里的声音。
理解快慢的速度和物品的轻重。
能分辨不同的材质。

能够跨越或绕开障碍行走。
会自如地使用剪子。
喜怒哀乐更加明显。
分得清你、我。

### 宝宝的社会化发育

❋ 宝宝的运动能力

宝宝的大运动更加协调，比如宝宝能够独自跨越障碍物了，在地上放一根木棍或小塑料棒，宝宝会抬起脚跨越过去。宝宝能独自用手扶栏杆上楼梯，但现在还不会一脚一个台阶地下楼梯。再就是宝宝能蹲下做事，能够比较快速地从蹲位变成站立位。能够把腰弯得很低而不会向前摔倒，且弯腰时，如果妈妈叫宝宝，宝宝会在弯腰状态下把头扭过来看着妈妈。

宝宝的运动能力正在提高。他会用脚尖走路，能够单脚站立，还可以双脚起跳。宝宝敢登上滑梯，从滑梯上滑下来。喜欢爬到高处，有的宝宝还会从高处往下跳，以此寻求新的刺激。现在宝宝不喜欢走路了，因为走路已经没有挑战了。宝宝很喜欢和爸爸妈妈赛跑，和宝宝赛跑是引发宝宝运动兴趣的好方法。

宝宝已经会用剪刀剪东西了，会把纸剪掉一个角或剪开一个口子。宝宝能独立吃饭，能麻利地用勺和碗。

## Part 3 幼儿期——越来越调皮了

### ❋ 宝宝的语言发育

宝宝词汇量大增,已经能用300个左右的字组成不同的词语了。宝宝几乎每天都能说出新词,这让爸爸妈妈很惊讶,因为很多词语父母并没有教过。有的宝宝记住的词汇可能超过600个,半数宝宝能够使用500个以上的词汇。宝宝2岁以后能够通过2~6个词构成的句子来表达意愿、需求和感受。宝宝开始使用"我、你"等人称代词,基本能够分辨"我"和"你"。大多数宝宝都能够说十来个比较复杂的句子,比如"我去商店""那是我的"等包含主谓宾的句子。

宝宝现在能完整地把一首儿歌背下来了,语言发育快的宝宝掌握的儿歌会更多。这个时期的宝宝喜欢和自己以及成人说话,也喜欢看书。他会用手指指着书上的图画告诉你图画的名字。2岁是宝宝语言能力发展的关键时期,你对宝宝说得越多、唱得越多或者读得越多,宝宝脑部的语言部分就越发达。

### ❋ 宝宝的认知能力发育

宝宝开始学习概念归类,他知道一些东西是"厨房用品",另外一些是"浴室用品",食品可以定义为"吃的东西",衣服可以定义为"穿的东西"。他能够很容易地发现物体的细微之处,例如当你要求宝宝把鞋子拿给你,他会拿来相配的一双鞋。宝宝正在逐渐学会各种物体的分类技能,这说明他的高级认知技能正在快速发展之中。宝宝搭积木时能砌3层金字塔。宝宝已经能辨认出1、2、3,分清楚内和外、前和后、长和短等概念的区别。宝宝对网形、方形、三角形等几何图形有了认识,只是对多边形的划分还不明确,常用"三角形、圆角形、方角形"等来表达。宝宝现在能区分白天和晚上。你可以告诉宝宝早晨天亮了,大家要起床了,爸爸妈妈要上班,宝宝可以出去玩了。晚上天黑了,灯亮了,宝宝要洗澡睡觉。在教宝宝初步建立时间概念的同时,也是在帮助宝宝建立有规律的生活习惯。

### ❋ 宝宝的情感和社交

宝宝开始对小朋友感兴趣,与小朋友玩耍时间延长。尽管宝宝现在已经掌握了不少词汇和语句,但宝宝与小朋友之间交流时主要还是采取非语言交流。模仿是现在宝宝的主要游戏,一个宝宝跳一跳,其他的宝宝也要跳一跳。

宝宝的情绪逐渐从惧怕中分化出羞耻和不安;从愤怒中分化出失望和羡慕;从愉快中分化出希望和分享。宝宝的情绪变得丰富起来,开始有了我们看得见、感受得到的喜怒哀乐。情绪能够做到稳定,但也会在愿望不被满足时而大声哭闹。有时宝宝会表现出某种具有攻击性的行为,会打、咬、指挥身边的人,还会产生强烈的逆反心理。

# 喂养宝宝

## 本阶段宝宝所需营养

2岁以后的宝宝,应该逐渐增加食物的品种,使其适应更多的食物。这时,要给宝宝多吃肉、鱼、蛋、牛奶、豆制品、蔬菜、水果、米饭、馒头等食物,以保证宝宝生长发育所需的各种营养素。在主食方面要注意粗、细粮的搭配。不要只吃粗粮或细粮,要轮换吃,或是混合着吃。

## 本阶段宝宝如何喂养

虽然已经2岁多了,但是宝宝全身各个器官还都处于一个幼稚、娇嫩的阶段,宝宝的消化系统器官所分泌的消化酶活力比较低,量也比较少。这时候,如果宝宝吃得过饱,会加重消化器官的工作负担,引起消化吸收不良。所以,宝宝并不是吃得越多越好,而是要有时、有量。

给宝宝做饭的基本原则是少盐、少油、适当调味,不要太硬、不要太多。另外还要保证营养均衡和食物多样化。

## 肥胖宝宝如何饮食

根据宝宝的年龄制订节食食谱，限制能量摄入，同时要保证生长发育的需要，食物要多样化，维生素、膳食纤维要充足。

多吃粗粮、麸子、蔬菜、豆类等富含膳食纤维的食物，这些食物可以帮助宝宝消化，减少废物在宝宝体内的堆积，预防肥胖。

食物宜采用蒸、煮或凉拌的方式烹调。

可以给宝宝安排餐量少且不含糖和淀粉的零食，这样的食物可以减轻宝宝的体重，还有助于保持宝宝的血糖，同时能预防过量生成胰岛素，控制宝宝对碳水化合物的渴求。

在为宝宝制作辅食时，不应该过多地放盐。

应减少容易消化吸收的碳水化合物的摄入；少吃糖果、甜点、饼干等甜食；尽量少吃炸薯条等油炸食品；少吃脂肪性食品，特别是肥肉。

## 宝宝营养缺失的表现及对策

2岁后的宝宝在断奶后，如果在饮食上没有很好地进行婴幼衔接，再加上有的宝宝饭量偏小，这样就有可能出现营养不良。营养缺乏的宝宝会出现头发稀黄、情绪不佳等现象。爸爸妈妈要善于观察宝宝的表现，及时给宝宝补充营养。

### ✲ 缺乏蛋白质和铁质

发现宝宝郁郁寡欢、反应迟钝、表情麻木，提示爸爸妈妈要检查一下宝宝体内是否缺乏蛋白质与铁质，应考虑多给宝宝吃一点水产品、肉类、奶制品、畜禽血、蛋黄等高铁、高蛋白质的食品。

### ✲ 缺乏维生素

发现宝宝忧心忡忡、惊恐不安、失眠健忘，表明宝宝体内B族维生素不足，此时应及时补充一些豆类、动物肝脏、核桃仁、土豆等B族维生素丰富的食品。宝宝情绪多变、爱发脾气则与吃甜食过多有关，学名叫"嗜糖性精神烦躁症"。

除了减少甜食外，多安排点富含B族维生素的食物也是必要的。

另外，宝宝固执、胆小怕事，多因维生素A、B族维生素、维生素C及钙质摄取不足所致，应多给宝宝吃一些动物肝脏、鱼、虾、奶类、蔬菜、水果等食物。

### ✲ 缺乏锌元素

如果宝宝多动、反应慢、注意力

不集中，并且舌味觉功能减退，容易患呼吸道感染、口腔溃疡等多种疾病，并且不容易治愈，这表明宝宝缺锌，严重缺锌的宝宝，还可出现"异食癖"。此时，应给宝宝多补充富含锌的食物，如牡蛎、瘦肉、猪肝、鱼类、鸡蛋、黄豆、玉米、扁豆、土豆、南瓜、白菜、萝卜、蘑菇、茄子、核桃、松子、橙子等。

### ✱ 缺乏镁元素

如果宝宝出现肌肉抽搐、惊厥时意识丧失、两眼上翻等现象，这表示宝宝很有可能是缺镁。应给宝宝多补充富含镁的食物，如紫菜、荞麦面、高粱面、黑豆、蚕豆、豌豆、豆腐、苋菜、桂圆、核桃仁、虾米、花生、芝麻等。

### ✱ 给妈妈的建议：继续培养宝宝的吃饭能力

2~3岁的宝宝即将入园，面临着步入"社会"的挑战，锻炼好吃饭能力就显得非常紧迫了。如若不然，入园后宝宝吃饭能力不好必然影响宝宝对营养的摄入。爸爸妈妈除了培养宝宝吃饭定时定量，不挑食、偏食，少吃零食等良好进食习惯外，还要锻炼宝宝自己动手的能力，放手让宝宝自己尝试用勺、碗吃饭。

## 不能要求宝宝吃饭快

在人的唾液中有许多消化酶，食物咀嚼的时间越长，食物就会被研磨得越小越细，食物与唾液混合的时间越长，就越能使食物得到初步消化。由于宝宝的胃肠道发育还不完善，胃蠕动能力较差，胃腺的数量较少，分泌胃液的质和量均不如成人，如果进食时充分咀嚼，在口腔中就能将食物充分地研磨和初步消化，就可以减轻下一步胃肠道消化食物的负担，提高宝宝对食物的消化吸收能力，保护胃肠道，促进营养素的充分吸收和利用。

## Part 3 幼儿期——越来越调皮了

### 本阶段宝宝营养餐推荐

#### 红枣高粱米粥
**补养气血**

**材料** 高粱米60克，红枣6枚。

**做法** 红枣洗净，去核，放入温水中泡软，切成丝。高粱米淘洗干净，用温水浸泡30分钟，与泡好的红枣丝一同倒入砂锅中，加适量清水，用武火煮至枣熟米烂即成，晾至适口后，给宝宝食用。

**功效** 适合2岁以上的宝宝食用。高粱米中富含蛋白质和膳食纤维，搭配红豆制成粥，可补养气血，特别适宜体虚、贫血的宝宝食用。

#### 木瓜菠萝奶
**全面补充营养**

**材料** 木瓜80克，菠萝肉100克，牛奶100毫升，白糖少许。

**做法** 木瓜去皮和子，切成小块；菠萝肉切丁。将木瓜块、菠萝肉丁倒入榨汁机中打碎，加入牛奶和白糖，搅拌后，用过滤网滤出汤汁，即可给宝宝饮用。

**功效** 适合2岁以上的宝宝食用。木瓜菠萝奶中富含蛋白、脂肪、维生素及人体必需矿物质，有利于宝宝成长发育，可在午休后与点心搭配食用。

#### 黄瓜炒鸡蛋
**爽口，减脂**

**材料** 黄瓜1根，鸡蛋2个，黑木耳（水发）15克，虾皮、葱末、植物油、盐各少许。

**做法** 黄瓜洗净，切成薄片；鸡蛋洗净，磕入碗中，打散；虾皮用温水浸泡至软，捞出沥干水分；木耳洗净，去蒂，撕成小块。锅内倒油，烧至八成热时，倒入蛋液，煎熟打散，捞出。再起油锅，烧热后，下入葱末、虾皮略炒，放入黄瓜片，翻炒几下后，倒入炒好的鸡蛋，加少许盐调味，再炒几下，即可出锅，晾至适口后，搭配主食给宝宝食用。

**功效** 适合2岁以上的宝宝食用。黄瓜可减脂，搭配鸡蛋可增加菜肴的营养，口味清爽鲜美，适合胖宝宝食用。

#### 爆炒鸡块
**提高免疫力**

**材料** 鸡肉150克，芹菜50克，冬笋10克，高汤30克，老抽1小匙，料酒、盐、醋、花生油各少许，葱末、姜末各1小匙。

**做法** 芹菜洗净，剁碎；冬笋洗净，切条；鸡肉洗净，切成小方块，倒入老抽、醋、料酒、盐和葱末拌均匀。

357

油锅烧热后，放入鸡块煸炒，炒至白色，水分快干时加入冬笋、姜末，快火急炒。放入芹菜略炒后，加入高汤，至炒熟后即可。

**功效** 鸡肉含有优质蛋白，能滋养身体，提高宝宝的抵抗力和免疫力。与富含粗纤维的芹菜、冬笋一起炒后，味道香而不腻，很多宝宝都会就着吃下一大碗饭呢！

##  日常照护

###  怎么让宝宝乖乖吃药

宝宝生病时，可能比平时更容易激动、烦闷，宝宝需要家人的关怀。现在大部分给宝宝服用的药物都已经添加了糖果的成分，宝宝比较容易接受。但是，如果宝宝还是不喜欢服药，下面的一些方法可能有帮助。

#### ✻ 给宝宝喂药小技巧

准备好宝宝喜欢的食物，让他服完药后食用，以去除药物的味道。在给宝宝服药时要多多鼓励他，服药后要给他适当的奖赏和赞扬。

尽量在喂药时，将药物喂入宝宝的舌后端。因为味蕾都在舌前部，所以，将药喂入舌后部，宝宝就不会感觉到药味太强。

不可以用欺骗的方法让他服药，应该告诉宝宝吃药的原因：吃药病就会好起来，身体上的不适就会减轻。让宝宝学会接受服药。

如果在喂药时，宝宝一直乱动，可以请家人帮忙抱住他，以防他乱动。

#### ✻ 错误的喂药方法

果汁喂药：各种果汁饮料中一般都含有果酸和维生素 C，它们的化学属性通常呈酸性，不利于药物在肠道内的吸收，会影响疗效。

捏鼻喂药：这种行为会给宝宝造成非常不好的感觉，而且容易呛入气管引起窒息。

与食物一起喂药：有味的药不要和食物放在一块喂，免得让宝宝对食物也产生抗拒，反而导致厌食。

开水冲药：调和药物的开水要用温热的，开水会破坏药物成分。

## Part 3 幼儿期——越来越调皮了

### 带宝宝郊游的注意事项

年轻的爸爸妈妈们有着超前的消费观念和生活意识，可能会经常带宝宝到野外去旅游、度假，由于宝宝小，进行这些活动时有以下问题需要家长注意。

✽ 带一本急救手册和一些急救用品，包括治疗虫咬、日晒、发热、腹泻、割伤、摔伤的药物，并准备一支拔刺用的镊子，以防万一。

✽ 即便在营地能买到所需要的食物和饮料，也要准备好充足的食物和饮水，以防万一。

✽ 准备好换洗的衣服和就餐用具，并将它们装在所带的塑料桶里，这些大小不同的塑料桶可以用来洗碗、洗衣服。

✽ 给宝宝准备一个盒子，里面放一些有关鸟类、岩石及植物的书供他参考，并放入许多塑料袋、空罐子、盒子给他装采来的标本。

✽ 无论气象预告如何，一定要带上雨具、靴子、外套，以备不测。

### 不要阻止宝宝"自己来"的做法

宝宝最近常常把"我来"两字挂在嘴边，如果问他："宝宝，我给你倒点水吧？"他会不假思索地说："我来。"有时候在路上遇到了一个小水沟，担心他自己过不去就把他抱过去，而他却非要执拗地重新走一遍，来证明自己已经有了这个能力。宝宝这是想脱离爸爸妈妈吗？

此时的宝宝身心发展速度很快。他们逐渐发现自己有能力做很多事情，比如穿简单的衣服。可是真正让他们自己来时，却并没有那么简单：比如扣子总扣不上。这时他们就生气地向大人求助，可当爸爸妈妈帮他时，他又非常不服气地说"不"。其实，这也是宝宝摆脱依附心理的表现。有依附心理的宝宝依恋爸爸妈妈，他们经常让爸爸妈妈帮助自己，而自己却很少尝试着去做。他们喜欢哀求爸爸妈妈跟他们一起玩．给他们讲故事，如果爸爸妈妈不这样做他们就会哭闹。就这样，爸爸妈妈成了这类宝宝的"奴隶"。如果宝宝能顺利地完成一项事情，他们的自信心就会增强，反之，就会产生很大的挫败感。这正是这个年纪宝宝的行为和心理特点，他们虽然还非常依赖成人，但是随着自我意识的增强，他们很想通过自己的能力来做事情，向大人来证明自己"我能行，我长大了"。

因此，针对宝宝的这一心理特点，爸爸妈妈对宝宝的行为不能全盘否定，一定要给宝宝提供"自己参与"的机会，让他们独立自主的能力得到最大程度的提高。

父母应该怎么做呢？

给宝宝施展才能的机会：当宝宝要求自己做某件事情时，爸爸妈妈可以根据事情的难易程度来决定是否让宝宝自己来做。如果是宝宝能力范围所及并且不存在安全隐患的事情，就要放手让宝宝来做，比如自己动手吃饭、穿衣、帮妈妈拿拖鞋等。

满足宝宝的好奇心：有时候宝宝要"自己来"是因为他们对事情很好奇。比如当他们看到妈妈很轻易地把水倒进杯子里时，他们也要自己试一试，不管自己是不是已经有了这个能力，也不管是不是存在危险。这时要满足宝宝的好奇心，可以选择一个塑料杯子，给宝宝盛一些凉水，并且选择在不怕弄湿的地方，让宝宝在自己动手的过程中增长见识和能力。

##  宝宝小门诊

### 宝宝经常尿床怎么办

经常尿床的宝宝往往胆小、敏感、易于兴奋或过于拘谨。所以，父母还应从培养宝宝的性格入手来纠正尿床现象。

❋ **宝宝尿床的原因**

疾病因素：蛲虫症（虫体对尿道口的刺激）、尿路感染、肾脏疾患、尿道口局部炎症、脊柱裂、脊髓损伤、骶部神经功能障碍、癫痫、大脑发育不全、膀胱容积过小等，但因病引起的遗尿只占很小的比例。

精神因素：宝宝入睡前玩得太累或过度兴奋，宝宝曾受到惊吓甚至是

## Part 3 幼儿期——越来越调皮了

害怕尿床受到责骂等。

不良卫生习惯：父母照顾不周，没有给宝宝进行及时的排尿训练，如长期使用一次性尿布，宝宝对排尿的行为没有敏感的反应。宝宝的内裤太紧、局部没有清洗造成尿渍刺激等。

环境因素：突然换新环境，气候变化如寒冷等。此外，宝宝入睡前饮水过多；吃了西瓜等含水量多又有利尿作用的水果；父母在宝宝夜间有尿意时没有及时把尿等都会造成宝宝尿床。

宝宝睡眠过沉也是原因之一。只要找到原因有针对性地给予纠正，宝宝尿床现象必将大大减少并最终不再尿床。

### ✿ 宝宝尿床的对策

当宝宝尿床了，要安慰宝宝，记住宝宝并不是存心尿床的，而且宝宝并不能控制自己。父母能做的就是不要在宝宝尿床这件事上大做文章。平静地给宝宝换掉裤子或者床单，而不要责怪他。

控制宝宝尿床的最好办法是减少夜尿的次数。父母应在宝宝经常尿床的时间提前叫醒他排尿。每天晚上入睡前先排尿，夜间父母对宝宝的"表示"要能做出及时反应，不要让孩子憋急了尿床。对经常尿床的宝宝，晚饭要吃得淡一些，晚上应少饮水并不要吃含水分多的水果。

## 宝宝被动物咬伤，怎么处理

### ✿ 猫狗咬伤

被狗、猫咬伤后，伤口流血，不要立即止血，流出的血可以冲掉伤口内的一些细菌和毒素。用自来水将被咬伤口反复冲洗，然后涂以2.5%的碘酒，用纱布包扎，如出血不多也可不包扎。被狗咬伤后，应在2~3小时内注射狂犬疫苗，如2~4天后再注射疫苗，多数就起不到预防狂犬病的效果。

### ✿ 蜇伤

如是蜂蜇伤，切忌挤压蜂蜇处，

也不要马上冲洗或涂碘酒，应先用无菌针头把蜇针挑出，涂擦食醋（黄蜂蜇伤）或肥皂水（蜜蜂蜇伤），出现水肿时，可冷敷患处。

如是毒蛇咬伤，应先挤出毒液，

用布条系紧伤口距心脏最近的地方，不让毒液随血液流到心脏。接着用干净的剪刀或刀片在伤口部位切成2厘米的十字形，然后挤出毒液或吸出毒液（蛇的毒液在血中具有强烈毒性，而在唾液中无毒）。保持安静，保暖，然后送医院，接受抗血清注射。

❈ **老鼠咬伤**

在城市平房或农村居住的宝宝有可能被老鼠咬伤。若被老鼠咬伤，必须用肥皂和自来水将伤口冲洗干净，即使小伤口也应到医院就诊，防止发生鼠咬症，医生常给宝宝注射抗生素治疗。

❈ **蚊虫叮咬**

宝宝被蚊虫叮咬后，局部会出现红、肿、热、痒或疼痛，可用肥皂水冲洗，以中和蚊子分泌的酸性毒素，另外可用花露水稀释后涂擦局部。

如果宝宝被叮咬处较痒，总爱搔抓，可用复方炉甘石洗剂止痒。如伴有化脓，可用红霉素软膏局部涂抹。如果被叮咬处局部红肿发热，宝宝体温升高，应考虑感染或过敏情况，及时进行抗感染或抗过敏治疗。

应防止宝宝抓伤引起炎症。要止痒、消炎，勤给宝宝洗手，剪短指甲，谨防宝宝搔抓叮咬处，避免继发感染。为防止蚊虫叮咬，夏季给宝宝洗澡时可滴几滴宝宝专用花露水，有驱蚊的功效。夜晚睡觉时可用蚊帐。

## 快乐亲子时刻

 **亲子游戏**

**传声筒**
——听觉能力锻炼

 参与人数 2人

**游戏目的** 锻炼宝宝的听觉能力。

**游戏方法**

① 妈妈在宝宝耳边轻声说话，如"我们一起拍手"，让宝宝也同样在你耳边轻声重复这句话。

② 可以多练习几次，让宝宝逐渐学会控制自己的音量，学会用较轻的声音传话。

**温馨提示**

对宝宝耳语时，声音一定要轻柔，且不要直接对着宝宝的耳道。

## Part 3 幼儿期——越来越调皮了

### 装豆子
——精细动作能力培养

参与人数 2人

**游戏目的** 培养宝宝的触摸感，促进手眼的协调性，其中的分类练习，也能帮助宝宝集中注意力。

**游戏方法**

❶ 妈妈准备几个空盒子或空瓶。

❷ 将一些豆子、珠子、扣子、花生米之类的东西撒在白床单上。

❸ 在每个空瓶子或空盒子里放入一种物品，让宝宝逐个根据类别往空瓶子或空盒子里面放。

**温馨提示**

做这个游戏，对宝宝长大以后上学认真听讲、做手工等都比较有益。

### 猜猜看
——认知能力培养

参与人数 2人

**游戏目的** 锻炼宝宝的记忆力。

**游戏方法**

❶ 妈妈将宝宝熟悉的小玩具摆出来，让宝宝看看、摸摸，说说它们是什么。

❷ 取一个物品放在布袋里，让宝宝把手伸进袋子里摸摸，然后说出摸到的是什么。

❸ 如果宝宝说对了，妈妈要说："宝宝真棒！"并鼓励宝宝简单说出理由；如果没有猜对，就和宝宝重新来认识一下这个物品。

**温馨提示**

最好选择宝宝比较熟悉的、认识的玩具。

## 父母关注专题

### 专题 弱智儿的辨别方法

弱智儿又称"智能落后"、"智力低下"，泛指大脑发育不全或精神神经系统发育不全或大脑受损伤而导致智力发展障碍的儿童。如何能识别宝宝早期智力低下的信号并及早治疗呢？父母可以对照下表来识别并及早治疗。

## 超级育儿圣典

| 异常情况 | 原因及病症 | 表现特征 |
| --- | --- | --- |
| 外形异常 | 先天愚型 | 宝宝面部扁平、塌鼻梁、常张口伸舌、流涎、身材较矮、眼裂上斜、内眦赘皮，易辨认。 |
| | 脑积水 | 宝宝脑袋特别大，眼睛犹如"太阳下山状"。 |
| | 甲状腺功能减低 | 宝宝表情呆滞、皮肤粗干、舌头宽大、面部臃肿、两眼的距离加宽。 |
| | 苯丙酮尿症 | 宝宝皮肤异常的白、毛发颜色也特别浅，有的皮肤很干燥。 |
| 气味异常 | 苯丙氨酸 | 宝宝由于苯丙氨酸代谢障碍，苯乙酸不能和谷氨酰胺结合，从尿和汗液中排出，呈发霉样的气味（鼠尿味），家中能闻到耗子臊味。 |
| | 枫糖尿症 | 宝宝尿常有烧焦糖的气味。 |
| | 甲基丁烯酰甘氨酸尿症 | 宝宝小便呈猫尿味。 |
| 语言异常 | 自闭症 | 正常宝宝在7个月时就会模仿大人发出简单的单词，1岁时会叫人，说出10多个单词，听懂简单的指令，2岁时会回答简单的问题，3岁时会正确表达自己的意见。自闭症的宝宝往往落后正常宝宝1~2年。 |
| | 先天愚型、苯丙酮尿症 | 宝宝的行为、行动迟缓，语言发育更落后，智商常低于50。 |
| 动作异常 | 呆小症 | 正常宝宝，3个月会抬头，6个月会坐，8个月会爬，9个月会扶站，1岁会走。患有智力低下的宝宝，动作发育大大落后于正常宝宝。宝宝特别"乖"。 |
| | 苯丙酮尿症 | 宝宝步态异常，常多动，兴奋不安，与正常宝宝淘气、活泼不同，宝宝有无目的、不可抑制的动作，如推倒椅子、碰碎花瓶。 |
| 哭声异常 | 先天愚型、呆小症 | 宝宝哭声往往低微。 |
| | 威来姆病 | 宝宝除智力低下外，哭声也嘶哑。 |
| | 猫叫综合征 | 宝宝智力低下，在出生不久，哭声如猫叫。 |

## Part 3 幼儿期——越来越调皮了

以上疾病都会引起宝宝智力发育异常。宝宝的爸爸妈妈应善于明察秋毫，对宝宝身上的外形异常、气味异常、语言异常、动作异常、反应异常、哭声异常引起警惕，因为这可能是疾病的早期信号。

##  育儿问答精选

**Q：** 我和宝宝爸爸对待宝宝的方式有很大分歧。我希望宝宝多和我们拥抱，我老公则认为男宝宝总拥抱亲吻不好。宝宝有时坐在我身后，会轻轻踢我后背，我觉得这是宝宝在玩儿，并不制止，但是宝爸却认为我娇惯宝宝。我们俩人到底谁做得好？

**A：** 无论是爸爸或妈妈，都是在学习做父母，这就意味着两人在教育宝宝方面都不具备"权威"，在教育理念上应通过学习而减少分歧。通过交流讨论，选择合理可行的方式方法，渐渐趋向统一。只要坚持"让宝宝健康快乐"这个原则，你们的距离就会逐渐缩小。

**Q：** 女儿在楼下和小朋友一起玩，发生矛盾，她非拽着我回家拿零食，给小伙伴看，以此来吸引伙伴。我觉得她这样做不妥当，但是我该怎样和她讲呢？

**A：** 首先要尊重宝宝的愿望。对于这么小的宝宝，朋友就是玩到一起的人，没必要说很多道理。告诉宝宝，让小朋友喜欢有很多方法，除了拿零食还可以想想别的，鼓励女儿自己想。另外要引导宝宝做真实的自己，告诉她可以不喜欢别人，别人也可以不喜欢她。

**Q：** 我家宝宝在家里任性、霸道，在外面很想和小朋友一起玩耍，但又不敢，有时候小朋友抢了他的玩具，他也不敢出声，只是看着小朋友，然后和我们哭闹。怎么才能使宝宝胆子变得大一点呢？

**A：** 在家里任性、霸道、稍不如意就大哭大闹，在外面却胆小、过分依赖父母,是很多独生子女的通病。主要是因为爸爸妈妈的宠爱过度导致的。

考虑到这个原因,妈妈对宝宝应该适当地放手,要鼓励宝宝做自己能做的事情,告诉他正确的做法,并适当给予鼓励。宝宝能力增强了,自信心就会跟着增强,胆子也会逐渐增大。平时,多让宝宝到户外活动,多与小朋友接触,练习社交能力。宝宝与小朋友一起玩耍时,若有表现好的行为,爸爸妈妈可以对宝宝适当给予奖励。

**Q:我家宝宝最近白天很少咳嗽,可一到晚上咳嗽就变得很严重。喝了糖浆和小儿化痰止咳颗粒都没见好转,该怎么办?**

A 如果只是晚上咳嗽,说明问题不是出自气管、支气管和肺部,应是鼻咽部。气管、支气管和肺部出现炎症,咳嗽应该24小时都会出现,而且白天更会重些。如果只是夜间咳嗽,特别是后半夜咳嗽应是鼻咽分泌物在平躺时倒流,刺激咽喉而引发咳嗽。应看耳鼻喉科,确定原因,采取对因治疗。仅服止咳药肯定不会见效。

### 人各有志

幼儿园里,明明用积木搭了一栋高楼,说:"长大我要当建筑师。"

涛涛用积木搭了一座桥梁,说:"长大我要当设计师。"

儿子浩浩却把积木搭成一排,一推说:"胡了……"

开心大放映

# 2岁4个月~2岁6个月
# 模仿能力越来越强了

## 本阶段育儿要点

❀ **宝宝饭菜原则**

少盐、少油、适当调味，不要太硬、不要太多。

❀ **口腔卫生习惯**

定期给宝宝做牙齿检查。

少吃糖。

3岁以内的宝宝不能使用含氟牙膏。

❀ **服驱虫药时注意事项**

饮食应该定时、定量，多吃新鲜蔬果，多喝水，少吃易产气的食物，此外，还要注意饮食卫生。

❀ **预防感冒**

不要给宝宝穿太多的衣服。

多给宝宝喝水。

多到户外活动。

❀ **多点时间陪宝宝**

现在宝宝喜欢和爸爸妈妈一起玩，希望爸爸妈妈多点时间陪自己，所以爸爸妈妈要在百忙之中抽出一定的时间陪宝宝，可以增强亲子之间的感情。

# 超级育儿圣典

## 宝宝成长小档案

### 宝宝的体格发育

男宝宝体重为 10.3~16.5 千克，身高为 83.2~98.4 厘米。

女宝宝体重为 9.9~15.8 千克，身高为 82.3~97.3 厘米。

### 宝宝的发育特点

能说 7 个字以上的句子。
会直接说出自己的需求。
关注物品的细节。

喜欢骑三轮车。
喜欢折纸游戏。
能感知爸爸妈妈的爱。

### 宝宝的社会化发育

❋ **宝宝的运动能力**

宝宝会蹲在地上玩，还可以不用借助手的力量，直接站起身来。宝宝行走开始玩起花样来，或横着走，或倒退着走，或一脚踩在一根方木上，一脚踩在地上，一高一低地往前走。现在宝宝不满足于正常速度的跑步，如果跑得太快，又突然想停下来时，由于还没有控制惯性的技巧，脚收住了，身体却收不住，结果常常会摔个大马趴。宝宝可以画"十"字和正方形，还喜欢用纸折叠东西；能够用积木搭建桥梁。

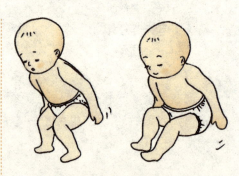

❋ **宝宝的语言发育**

这一阶段，半数宝宝已经掌握了 400~500 个口头用语，多数宝宝的词汇量约在 100~700 个左右。约一半的宝宝能够说出包含 7 个字以上的句子。

## Part 3　幼儿期——越来越调皮了

宝宝开始在句子中使用介词和形容词。宝宝常用的词包括：里面、上面、下面、外面、前面、后面等。宝宝可能会说："我要到外面去玩"、"我要站在桌子上面去"、"我把小布熊放到玩具箱里面了"。宝宝开始用语言表达自己的心情，描述自己的感受。不高兴时，会对妈妈说"我生气了"。当肚子不舒服时，会告诉妈妈"我肚子疼"。但这个年龄段的宝宝对情绪和感受的描述通常是不准确的。

### ✿ 宝宝的认知能力发育

宝宝很爱提问，并且联想能力提高了。如果宝宝看到一个鹅卵石，会告诉妈妈这是鸡蛋；如果宝宝看到一个小树枝像数字八，就会举着树枝告诉爸爸妈妈这是"八"，还会用小手比划着。

宝宝喜欢反复听一个故事，读一本书。宝宝偏爱爸爸妈妈使用的东西，喜欢穿大人的大鞋在屋里走来走去，还会站到镜子前面欣赏，看着自己穿着爸爸的大鞋，戴着爸爸的帽子，冲着镜子咯咯地笑。女孩会拿着梳子在镜子面前给自己梳头，会拿着妈妈的口红往自己的嘴唇和脸上涂。

### ✿ 宝宝的情感和社交

宝宝已经可以解开衣服上的钮扣或开合末端封闭的拉锁，穿脱简单的开领衣服，还会自己把鞋和袜子都脱下来，光着脚在屋里走来走去。宝宝现在特别喜欢与小朋友一起做游戏，但还不能主动找小朋友一起玩；一起玩时，缺乏合作精神；对小朋友的玩具开始感兴趣，但还不很情愿把自己的玩具跟小朋友分享。

这么大的宝宝，对爸爸妈妈有强烈的依赖感，也逐渐发展出对爸爸妈妈的情感。宝宝希望得到爸爸妈妈的喜欢，开始在意自己在爸爸妈妈心目中的样子和位置。

## 喂养宝宝

### 本阶段宝宝所需营养

为了保证宝宝每天能够获得充足的热量，需要科学地安排好日常饮食。每天需要补充主食150～180克，蛋白质40～50克，脂肪30～50克，奶粉400毫升，新鲜蔬菜200~250克以及水果150~200克，以保证给宝宝补充充足的蛋白质、脂类、糖类、维生素、矿物质和水。如果宝宝每次的进餐量达不到以上要求，而活动量又比较大，就需要在主餐之外再补充点心，如饼干、糕点等。总之，要保证这时期的宝宝每天所需的热量大约在1200~1500千卡。

## 本阶段宝宝如何喂养

从宝宝出生到现在，依然有很多家长都在为宝宝是否缺乏微量元素而发愁。一般只要每天保证均衡营养，不挑食、不严重偏食，宝宝都不会缺少太多微量元素，不会影响宝宝的正常生长。即使有轻微的缺失，那么也最好是通过食物来补充。补铁可以吃牛肉等红肉以及动物肝脏等食物。补锌可以吃动物肝脏、鱼、瘦肉等。

补充微量元素需注意。膳食纤维会影响铁和锌等微量元素的吸收，谷类、豆类、坚果类食物含有植酸，也会影响身体对微量元素的吸收。另外，如果过量摄入铁，会影响锌的吸收，如果摄入锌过量，又会影响铁的代谢。

## 宝宝吃的食物不能太成人化

宝宝出齐20颗乳牙了，咀嚼能力大大增强，可以直接吃许多大人的食物了，如馒头、面条、饺子、鱼肉等。但是据研究，即使6岁儿童的咀嚼能力也只能达到成人的40%。鉴于2岁半宝宝的咀嚼能力仍然很有限，爸爸妈妈不要给他过硬的食物，有些食物还需要为宝宝单独做。在烹饪食物方面要给予宝宝特殊照顾，制作宝宝容易消化吸收的食物，而不能完全地成人化，如米饭要闷得软一点、肉要切得碎点、炖得烂点，这样更有利于宝宝消化吸收。

## 注意高血铅宝宝的饮食

如果血铅含量只是偏高，没有达到铅中毒的严重程度，一般饮食调整就能逐渐缓解。可让宝宝多吃一些富含维生素C、钙、铁、锌的食物，以抑制人体对铅的吸收。柑橘、番茄、青椒、柚子等蔬菜、水果含维生素C丰富，蛋、奶、豆类及豆制品含钙丰富，而动物内脏、动物血含铁、锌丰富。

防治高血铅，爸爸妈妈还要让宝宝按时定量吃饭，如果长时间空腹，或者饥一顿饱一顿，人体对铅的吸收也会增加。对于爆米花、皮蛋、添加色素的零食等含铅较多的食物，要让宝宝忌口。

## 宝宝服驱虫药后的饮食

目前的驱虫药不需要严格忌口，在驱虫后可吃些富有营养的食物，如鸡蛋、豆制品、鱼、新鲜蔬菜等。

驱虫药对胃肠道有一定的影响，所以饮食要特别注意定时、定量，不要过饱、过饥，过量的营养反而会使胃肠道功能紊乱。

服驱虫药后要多喝水，多吃含膳食纤维的食物，如坚果、芹菜、韭菜、香蕉、草莓等。水和植物纤维素能加强肠道蠕动，促进排便，可及时将被药物麻痹的肠虫排出体外。

要少吃易产气的食物，如萝卜、红薯、豆类，以防腹胀。也要少吃辛辣和热性的食品，如茶、咖啡、辣椒、狗肉、羊肉等，因这些食物会引起便秘而影响驱虫效果。

钩虫病及严重的蛔虫病多伴有贫血，在驱虫后应多吃些红枣、瘦肉、动物肝脏、鸡鸭血等补血食品。

在夏季进食生冷蔬菜和水果的机会多，感染蛔虫卵的机会大，到了秋季，幼虫长为成虫，都集中在小肠内，如此时服驱虫药可收到事半功倍的效果。

常听一些家长说，宝宝打虫药也服过了，但不见蛔虫打出。蛔虫有遇到酸性食物就容易变软的特性，因此宝宝服用驱虫药后，如果能吃一点具有酸味的食物，如乌梅、山楂、食醋等，有利于蛔虫的排出。

# 超级育儿圣典

 **本阶段宝宝营养餐推荐**

### 豆沙酥饼
**健脾开胃**

**材料** 红豆沙60克,面粉70克,牛奶、植物油各适量,白糖少许。

**做法** 将红豆沙中加入牛奶、白糖拌匀,作馅。面粉加少许牛奶,用温水和成面团,和好后醒一会儿,再将面团搓成长条,切成一个个等量的小面团,用手将中间压成窝,加入豆沙馅,做成生饼坯。锅内加适量植物油,将生饼坯双面煎至金黄,即可。

**功效** 适合2.5岁的宝宝食用。豆沙酥饼口感酥脆,健脾开胃,可作为加餐食用。

### 豆腐鱼头汤
**健脑养心**

**材料** 鱼头1个,豆腐60克,葱末、姜末、植物油、盐各适量。

**做法** 将鱼头洗净,去鳃,剖成两半;豆腐洗净,切成小块。锅内加少许植物油,加入葱末、姜末炒香,加入鱼头,翻炒两下后,加适量清水和豆腐块,煮沸后,转文火慢炖30分钟,加盐调味即成,晾至温热后,给宝宝食用。

**功效** 适合2.5岁的宝宝食用。鱼头豆腐汤营养丰富,可健脑养心,提高大脑的灵活性和适应能力。吃时,宝宝可吃豆腐和汤,鱼头需经拆卸后,拣没鱼骨、刺的部分给宝宝吃。

### 清香杂粮粥
**预防便秘**

**材料** 糙米、燕麦、绿豆、糯米、薏仁、砂糖各10克。

**做法** 糙米、绿豆、薏仁、糯米洗净。连同燕麦加水、砂糖后置入锅中煮熟即可食用。

**功效** 糙米与燕麦都含有丰富的维生素$B_1$与纤维素,可以促进宝宝的肠胃蠕动,预防便秘,并带走小肚肚内堆积的有害物质。

### 排骨汤面
**营养丰富**

**材料** 猪排骨150克,细面条60克,青菜3棵,盐、醋各少许。

**做法** 青菜洗净,切成小段;猪排骨洗净,剁成小块,放入砂锅中,煮沸,加少许醋,转文火熬煮40分钟,关火,捞出猪骨,留汤汁。另起一锅,加适量水,煮沸,下入细面条,煮软时,放入青菜段,再煮片刻,将青菜和面捞入碗中,加入适量排骨汤,少许盐调味即成,晾至适口后,

Part 3 幼儿期——越来越调皮了

给宝宝食用。

**功效** 适合2.5岁的宝宝食用。排骨汤营养丰富，其中富含的骨胶原、骨黏蛋白、磷酸钙都是宝宝骨骼成长必需的营养，将其制作成汤面，可避免油腻，有利于消化吸收。

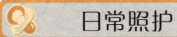

## 日常照护

### 可以教宝宝学穿衣了

2岁半的宝宝对穿衣服开始关心了，无论会不会，都会显示出想自己穿衣服的愿望。这时候，父母要利用宝宝的这种独立性培养孩子的自理能力。让宝宝从脱简单的衣服开始，逐步学会自己穿衣服。

❀ **拒绝妈妈的帮忙**

2岁半的宝宝会把两只脚塞进一条裤筒，手臂穿进袖口，或者拼命想把头从罩衫中伸出来。宝宝在做这种努力时，态度是非常认真的。这时候谁都会想过去帮忙。近2岁的宝宝可能会接受这种帮助，但是2岁半的宝宝多半会顽固地拒绝。宝宝常常会拨开妈妈的手，甚至不准妈妈碰到他的身体。此时宝宝的自信和自尊以排斥干涉的形式显现出来。

❀ **不露痕迹地协助**

不过，孩子排斥干涉的态度会因时、因地而改变。有时宝宝会像婴儿

般要求妈妈为他穿衣服；有时会光着身子逃出房间，高兴地四处乱跑，好像在和妈妈玩捉迷藏游戏，如果妈妈正好忙碌不堪时，免不了就会发脾气。

"妈妈替你穿"这种行为，对自立性强的宝宝而言是无法接受的。正确方法是让宝宝试着自己穿容易上身的衣服，最后妈妈再稍微加以帮助，

而且要不露痕迹地协助宝宝。

一旦发现宝宝遭遇困难，父母可以提供适时的指导与协助。比如说，教宝宝扣纽扣时，叮嘱宝宝要从下往上扣，这样会顺手一点，并要宝宝用一只手先扒开扣眼，再用另一只手捏紧纽扣，最后把纽扣扣进扣眼里。教宝宝穿袜子时，先让宝宝知道袜跟不能穿到脚面上，而是应该正好套住脚后跟，并且帮助宝宝先把袜子卷起来，再让他把脚趾伸进袜筒内，然后一边伸一边拉袜口，这样穿起袜子来就容易多了，宝宝学得也会快很多。

## 不要总是阻止宝宝损坏玩具

这一时期的宝宝特别喜欢把玩具拆开，看看里面有什么东西。他自己装不上时，就会急得直跺脚，有的宝宝甚至会大哭大闹发脾气。在宝宝的眼里，玩具没有贵贱之分，不管花了多少钱，只要送到宝宝手里，照样会被肢解得七零八落，变成一堆零件。

看到刚刚给宝宝买的玩具被肢解掉或者摔烂、砸碎时，有的爸爸妈妈就认为宝宝不知道珍惜自己的物品，或者认为宝宝和自己对着干，故意做些爸爸妈妈不让做的事情。有的爸爸妈妈甚至会动手打宝宝。其实，宝宝破坏玩具也是在玩玩具，只是采取了不同的方式，没有按照说明书上的玩法来玩，想用自己的方式来玩。破坏玩具也是宝宝的一种探索和学习。在成人看来，宝宝在搞破坏，可在宝宝心里并不是故意要破坏一个东西，他们对破坏也缺乏概念。只是他们对这个东西太感兴趣了，想研究一下。宝宝在破坏玩具的过程中，大脑处在兴奋状态，脑细胞非常活跃，所有的信息就会在那一刻重新被排列和组合，这正是培养宝宝想象力的关键时刻，也是其创造力的体现。爸爸妈妈对宝宝的破坏行为首先要用宽容的心态来看待，并且要为宝宝提供"破坏"的机会，做合理的引导。

做父母的要这样做：

### ❈ 不要恐吓宝宝

宝宝喜欢破坏玩具，是强烈的好奇心和求知欲所致。在这个过程中，他们的手、眼和脑都处在活动状态，注意力会被集中起来。因此，不要轻易打断宝宝，更不要恐吓宝宝。

### ❈ 给宝宝创造条件

爸爸妈妈要有意识地为宝宝创造"搞破坏"的条件，并引导宝宝去思考。比如，可以对宝宝说："你看这个皮球为什么会浮在水面上呢？如果我们把气门打开，你觉得它还能浮起

## Part 3 幼儿期——越来越调皮了

来吗?"宝宝会非常乐意地去试验一下。

### ✤ 满足宝宝的好奇心

宝宝好奇心非常强。当宝宝对某玩具或家里的物品感兴趣时,要满足他的好奇心,同时可要求宝宝如果把玩具拆开了,还要负责装好。这就会使宝宝在拆开玩具时更细心地观察,为重新装好提前做准备,同时也培养了宝宝的责任心。

## 如何应对宝宝撒谎

嘉嘉妈妈说,宝宝昨天去邻居家玩,回来的时候手里拿着一个玩具车。问他玩具是从哪里来的,他说是邻居家的小朋友送给他的。可是后来,小朋友的妈妈说她的宝宝丢了一个玩具车,不知道到哪里去了。嘉嘉妈妈这才知道,原来宝宝在撒谎!这么小就开始说谎,长大后可怎么得了呢?

对此,我们给父母的建议是:

不要立即当众训斥宝宝:发现宝宝有说谎行为,爸爸妈妈不要立即气急败坏地责怪宝宝,而是要心平气和地和宝宝沟通,了解宝宝撒谎的原因,看看宝宝的内心需求。只要宝宝的要求合情合理,爸爸妈妈就要答应,这样宝宝以后就不会用谎言来寻求理解和支持了。

鼓励宝宝说真话:如果宝宝犯了错误,并且说了真话,要对他这种敢作敢当的行为给予肯定,然后根据宝宝做错事的情况,帮宝宝一起分析事情的前因后果,然后告诉宝宝解决事情的正确方法。

给宝宝树立榜样:宝宝有很强的模仿力,爸爸妈妈的言行会直接影响宝宝的行为。在平时的生活中,要教导宝宝认识和适应社会,学会正确处理人际关系,区分交际语言与谎言的不同。爸爸妈妈要以身作则,不说与事实不符的话,给宝宝一个正面的模仿对象。

## 宝宝小门诊

### 产生扁平足的原因及预防

#### ✱ 产生扁平足的原因

产生扁平足的原因有先天性与后天性两种。先天性扁平足是由于距骨畸形，造成韧带松弛所致；后天性扁平足宝宝的足骨并无异常，常由于体重过重、行走习惯不良、长期站立或负重过多或重病后活动太早等原因，使足部肌肉和韧带松弛萎缩，最后形成扁平足。确定有无扁平足需在宝宝2岁以后，一旦发现宝宝有扁平足应尽早进行治疗。

足弓对下肢关节以及内脏和脑都有重要的保护作用，值得一提的是，3岁前的宝宝几乎都有些扁平足，直到会走路以后才能逐渐发育成正常的足弓。

#### ✱ 预防扁平足的主要措施

鞋子要合适：给宝宝选用布底鞋，后跟可以稍微高一些（一般高2厘米就可以）。鞋的大小要合适，鞋底要有一定的弯曲，以便能够托住足弓。鞋要轻便、舒适。不能让宝宝穿拖鞋，因为拖鞋不仅不能保护足弓，还可能造成"八字脚"。

锻炼足部肌肉：让宝宝赤足在沙滩或草地上行走，屈曲足趾，足底外缘着地步行，有利于足部外侧肌肉和韧带的锻炼。让宝宝赤脚走路时，要选择直且平坦、干净的路面，以软硬适中的沙土质地为宜，以防宝宝娇嫩的足底被尖锐的硬物刺伤。可尝试让宝宝用脚趾抓取小圆珠，以锻炼足部肌肉。

另外，不要让宝宝过早地学走路和过久站立，更不能让宝宝负重过多。用热水给宝宝泡脚，可以促进宝宝足部血液循环。

### 鼻出血怎么处理

#### ✱ 鼻出血的原因

鼻出血也叫鼻衄，一年四季均可发生。造成鼻出血的原因很多。由于鼻子是面部最突出的器官，受外伤的机会多，加上鼻腔的黏膜血管较多，特别是鼻中隔前下方有四个大血管的

## Part 3 幼儿期——越来越调皮了

分支交织成网,形成易出血区,一旦碰伤后就可发生鼻出血。

夏天气候炎热(血管容易扩张)、春秋季节气候干燥,都易造成鼻腔出血。此外,挖鼻孔或因鼻部疾病(如慢性鼻炎、萎缩性鼻炎、鼻腔及鼻窦的肿瘤),也可引起鼻出血。患有其他疾病,如感冒发热、某些急性传染病、风湿热、血液病和血管疾病等,也可造成鼻子出血。

鼻出血多数是单侧,有时血液绕过鼻咽部从另一侧流出,对此常误认为双侧出血。鼻出血可自行停止,如果持续大量地出血,宝宝可出现面色苍白、脉搏弱快、头晕、全身乏力等。若长期反复出血,可出现贫血。

✻ **鼻出血时的护理**

**止血**:发现宝宝鼻出血时,妈妈不要惊慌,应速让宝宝取坐位或卧位,用盆或碗接鼻血,以免血到处流而引起宝宝精神紧张。同时用手指捏住宝宝的鼻子,嘱咐用嘴呼吸,以便压住出血点,起到止血的作用。然后用清洁的棉花、布头或软纸塞入鼻孔,压迫出血点止血。如果在上述填塞物上浸渍麻黄素或肾上腺素后再塞入,止血效果更好。

**颈部冷敷**:在宝宝的额部和颈部进行冷敷,用于冷敷的毛巾每2~3分钟浸冷水1次。或用止血粉或将头发用火烧成灰(中药称血余炭)吹入流血的鼻腔,也可起到止血作用。还可用人乳喷入出血的鼻腔内,往往可以止住正在流的鼻血。

**就医**:由于引起鼻出血的原因很多,对于反复出血的宝宝应送医院做进一步的检查,以便针对病因进行治疗。

# 快乐亲子时刻

## 亲子游戏

**找盖子**
——逻辑能力锻炼
参与人数 2人

**游戏目的** 锻炼宝宝解决问题的能力。

**游戏方法**

❶ 和宝宝坐在地毯上,拿出所有有盖的纸空盒子。

❷ 将所有盖子排成一排,让宝宝将

# 超级育儿圣典

盖子和盒子配对，并鼓励宝宝将盒子盖上。

**温馨提示**
尽量选择颜色、大小都不相同的盒子，便于宝宝更好地区分。

## 连连看

——记忆力锻炼
参与人数 2人

**游戏目的** 发展宝宝对图形的辨别力、知觉能力，从而提高宝宝的右脑形象思维能力。

**游戏方法**
❶ 将图画纸分成两半，中间画线隔开。
❷ 在线的两边按不同顺序分别画出相同形状的图案。
❸ 引导宝宝将相同的图案用铅笔连起来。
❹ 训练中，可以边玩边告诉宝宝图案是什么形状，如三角形、四边形、五角星等。反复进行这种训练，让宝宝认出其中的1~2个图案的形状。

**温馨提示**
尽量让爸爸也多陪陪宝宝进行这项游戏。研究表明，多和爸爸玩游戏的宝宝，左右脑的发展比较均衡，性格也会比较好。

## 教宝宝认识环境

——社交能力培养
参与人数 2人

**游戏目的** 2周岁后的宝宝已经有了比较鲜明的自我意识，而且有自己的主见，并能长时间专注自己感兴趣的事物。

**游戏方法**
❶ 每次带宝宝上街时，家长都要有意识地让宝宝看看门牌号，并让宝宝看看是第几个门，在小区楼前再让宝宝看看是第几个楼，或者让宝宝记住小区的名字。
❷ 走出胡同口时，让宝宝记住胡同口的名称，或者记住这条街道有什么标志性的建筑物。比如第1次出门，先让宝宝记住自己所住的楼层，第2次出门让宝宝记住小区和胡同口的名称，第3次出门让宝宝记住街道的名称。

**温馨提示**
父母教宝宝认识这些环境，从另一种含义上属于安全教育。

## 本阶段宝宝能力测评

1. 宝宝能双脚离地跳。
   ○ 是　　　　　　　　○ 否
2. 宝宝学骑三轮车。
   ○ 是　　　　　　　　○ 否
3. 宝宝会画规则的线条、圆圈等。
   ○ 是　　　　　　　　○ 否
4. 宝宝能分辨上下、里外，知道大小等。
   ○ 是　　　　　　　　○ 否
5. 宝宝能用动作和语言表示眼前所没有的东西。
   ○ 是　　　　　　　　○ 否
6. 宝宝能指出身体的多个部位。
   ○ 是　　　　　　　　○ 否
7. 宝宝会扒开裤裆坐便盆。
   ○ 是　　　　　　　　○ 否
8. 爸爸妈妈禁止做的事情，宝宝知道不去做，有一定控制力。
   ○ 是　　　　　　　　○ 否
9. 宝宝喜欢同1～2个好朋友玩，但容易发生冲突。
   ○ 是　　　　　　　　○ 否
10. 宝宝会自己穿松紧带裤子，会扣上和解开纽扣。
    ○ 是　　　　　　　　○ 否

❋ 评分结果：

答"是"加1分，答"否"得0分。
9～10分，优秀；7～8分，良好；5～6分，一般；5分以下宝宝需要加强训练。

## 父母关注专题

### 专题 宝宝外出防拐骗攻略

每个宝宝都是上天赐予家庭的礼物，都是父母的心头肉。带宝宝外出时，尤其要注意种种拐骗手段，做好防范工作，尽自己的努力去保护宝宝。父母要时时提高警惕，并做到以下几点：

❋ **如需聘请保姆，要核实好身份**

聘请保姆，最好通过正规家政公司聘请保姆，保留其身份证复印件和清晰的生活近照，核查其家庭电话、地址等信息，留意经常与保姆往来的人。万一保姆拐走了宝宝，警方可以利用这些信息尽快展开解救工作。

❋ **外出留意四周情况，不要带宝宝到偏僻人少的的地方**

不足1岁的宝宝外出，尽量使用婴儿专用背带。坐手推车的宝宝要系好安全带。将宝宝放在自行车后座时，注意系好安全带，或让一名家长在后面看着。并注意防范后面来的摩托车、面包车等。

❋ **不要让陌生人抱宝宝**

要提防经常在公园、小区、商场、超市、医院、幼儿园门口转悠的形迹可疑的人。发现陌生人抱宝宝试图离开时，不要犹豫，马上呼救，冲上去抢过宝宝并请周围的人抓住人贩子，然后打110报警。

❋ **教宝宝拒绝陌生人的糖果、饮料、礼物和搂抱，不跟陌生人走**

告诉宝宝不要在没有大人看护的情况下跟随陌生人，包括同龄小朋友外出玩耍，以防犯罪分子用各种手段骗取他的信任，伺机拐骗。

❋ **带宝宝外出，最好有父母或有社会经验的家人看管，而不是保姆**

当带宝宝到大型商场、热闹街道或大型活动场所的时候，人多拥挤的地方要特别注意，不能由毫无社会经验的小保姆照看，给犯罪分子可乘之机。

❋ **带宝宝外出时，不要让宝宝离开自己的视线**

在人多的地方，千万不要让宝宝离开自己的视线。购物时，可用带子将宝宝的衣服牢牢系在手推车上，让

## Part 3 幼儿期——越来越调皮了

人贩子不容易轻易抢夺。

✽ **熟记宝宝的体貌及当日的衣着特征**

要谨记宝宝身上一些明显的体表特征，如胎记等。宝宝一旦失踪，必须及时报案，不要抱着侥幸与犯罪分子私了。给宝宝带有家庭相关信息的物品，但不要太明显，反被犯罪分子利用。

✽ **宝宝能说话时，开始教授相关本领，进行安全教育**

教宝宝背诵家庭电话号码、地址、父母单位等信息。教宝宝辨认警察、军人、保安等穿制服的人员，告知其如遇特殊情况可向这些人员求助，并教会宝宝拨打110，模拟特殊场景进行训练。

✽ **经常提醒教育保姆和家人提高防范意识**

不要让宝宝独自在门外玩耍。带宝宝在小区玩耍时要提高警惕。家里的门要时刻关好，不是家人或熟悉的人不能开门。与邻居和睦，遇事可以彼此照顾。

✽ **千万不要让陌生人照看宝宝**

当没有时间或精力照顾宝宝时，最好将宝宝交给可信赖的亲朋好友。不能轻易相信任何主动接近宝宝的陌生人，包括雇工、老乡、新认识的朋友等。

✽ **在医院不要把新生儿交给不认识的医护人员**

产妇及陪护家人在睡觉或休息时，最好锁上门。当医护人员提出要带宝宝去检查时，家人一定要跟着去，千万不要把宝宝单独交给穿白大褂的陌生人。

---

**温馨提示**

8种容易让人放松警惕的拐骗场所：医院、车站、商场、菜市场、餐厅、公园、游乐场、十字路口、小区。

---

## 育儿问答精选

**Q：宝宝每次被责备的时候，都一声不吭呆呆看着我，我该怎么应对呢？**

**A** 宝宝会出现这种情况，应该是你责备宝宝的时候比较多而且比较严厉，宝宝害怕你会采用更可怕的方式来惩罚他，所以才会这样。碰到宝宝做

# 超级育儿圣典

错的时候首先想到的不是去责备他,而是应该陪着他一起找出错在哪儿,然后引导他应该怎么纠正已经犯下的错,以后应该怎么避免才行。

**Q:** 我女儿2岁5个月,做了不对的事情我给她指出来,并阻止她继续做。她会对我大吼,还会扔东西,爸爸妈妈应该怎样引导呢?

**A** 改变宝宝应该从改变自己开始。如果爸爸妈妈没教会宝宝如何恰当地表达,甚至做了坏的榜样,那也不能指望宝宝能做多好。另外家长应该多告诉宝宝该怎么做,而不是告诉他不该怎么做。

**Q:** 今天宝宝非要去玩危险品,我马上阻止并抱开了他,结果他大哭特哭,挣扎着要脱离我。我不让他走,他就张口咬我,并发出狂吼声。我特别诧异他怎么会发这么大的脾气,我又该怎么办呢?

**A** 所谓危险品是我们大人的认知,宝宝只是对它感到好奇。宝宝的好奇心与探索欲是他学习的动力。如果确实是危险品,那就要放在宝宝拿不到的地方,不要等宝宝要去碰时才拿开。宝宝会咬你吼你是因为你不接纳他的情绪,也没教会他如何表达。作为家长,这种情况下你应该允许宝宝哭,等宝宝平静下来了再和他讲。

**Q:** 宝宝2岁半了,最近经常出现口腔溃疡,他平时也不爱吃蔬菜和水果,是不是要额外给他吃点维生素呢?

**A** 宝宝出现口腔溃疡多数是由于上火引起的,说明他平时吃的蔬菜、水果都不够。在这种情况下,不能单单指望用复合维生素,而是应该从预防口腔溃疡着手。首先应该先从调整饮食习惯开始,平时多给他准备一些新鲜的蔬菜等。一般情况下,维生素C和B族维生素可以预防口腔溃疡,但是不能起到治疗的作用。

### 儿子从小就有安全意识

刚才喝绿豆汤,儿子碗里突然掉进了一只蚊子,儿子满脸不乐意地拿去倒掉,边倒边嘀咕:"你出来的时候妈妈没告诉你不能玩水吗?现在好了吧,淹死了吧!"

开心大放映

# 2岁7个月~2岁9个月
## 行走自如

### 本阶段育儿要点

❋ **宝宝吃水果的原则**

吃水果的时间最好安排在饭后2小时或在餐前1小时左右。鱼虾和水果最好分开食用，至少应在吃过鱼虾2小时后再吃水果，这样有利于水果的消化吸收。

❋ **应对口吃宝宝**

口吃常常与宝宝的性格有关，开朗、大方、乐观、自信的宝宝即便有口吃，但他注意力不集中在口吃上，而是放在所表达的内容和参与的活动中，不把"口吃"当成自己的问题，一般都能很快改善。

❋ **宝宝泌尿道感染的预防和护理**

因为宝宝时期许多器官发育并不完善，免疫功能差，抗病能力也差，皮肤薄嫩，细菌容易入侵。宝宝输尿管细而长，管壁纤维发育差、容易扩张而发生尿潴留及感染。看管好宝宝不坐地、不穿开裆裤，每日换洗内裤，对减少发病有一定帮助。

❋ **宝宝光看电视不愿吃饭怎么办**

如果强制宝宝不许看电视，宝宝会不高兴。因此应尽量把吃饭时间安排在宝宝喜欢的节目演完后。宝宝看的节目一般时间为15~30分钟，可以等宝宝看完再吃。还要经常跟宝宝讲，长时间看电视容易影响视力。

# 超级育儿圣典

## 宝宝成长小档案

### 宝宝的体格发育

男宝宝体重为10.8~17.2千克，身高为85.4~100.6厘米。

女宝宝体重为10.3~16.8千克，身高为84.5~99.7厘米。

### 宝宝的发育特点

会用"我们""他们""花儿们"这些复数名词。

认识更多的颜色。

能够辨别周围人的性别、年龄。

会临摹一些图画。

会自己穿外套。

会关注周围人的情绪。

### 宝宝的社会化发育

✱ 宝宝的运动能力

宝宝动作能力大有长进，大多数宝宝走路已不在话下，还能越过障碍物，往更高的地方爬，甚至要站在沙发背上。宝宝已经不满足徒手运动了，开始喜欢借助运动器材进行运动，并且宝宝还会自己来创造运动器材，比如家里的凳子、桌子、餐具、炊具，甚至爸爸的大鞋。爸爸妈妈一定要为宝宝提供这种创作"源泉"，让宝宝尽情发挥，有助于宝宝创造力的发展。宝宝能抬起一条腿站立数秒钟了。宝宝开始向学习和模仿某种动作方面发展，可以跟着妈妈练习做简单的体操运动。

# Part 3　幼儿期——越来越调皮了

宝宝的精细动作更精确、协调，他能在一张纸上画出垂直或水平的直线，开始自发地画线段、弧线及各种形状的线条。写数字是宝宝比较喜欢做的事情，他同时也喜欢临摹和模仿一些图案。当四指握紧时，拇指能够伸开并自由活动，这意味着宝宝能够分别控制拇指与其他手指的活动了，能动手做更为复杂的事情了。宝宝开始学习用积木搭建镂空的造型，能够在比较有限的空间内放置物品。

宝宝现在开始喜欢带有体育运动性质的活动，如踢球、掷球。宝宝开始把球抛向他希望抛向的地方，还力争把球踢得更远，并能主动把球踢给和他一起玩的人。宝宝还喜欢做翻滚、跳远、跳木马等运动。

### ❋ 宝宝的语言发育

语言出现跳跃式发展：宝宝的语言发育，第一阶段是 7~8 月时咿呀学语期，第二阶段是 1 岁左右语言起步期，第三阶段是 2 岁左右语言爆炸期。现在宝宝进入了第四阶段——发现兴趣期，也就是说，宝宝开始对语言产生浓厚的兴趣，会出现跳跃式的进步。宝宝能够在兴趣的引导下自觉地练习语言的运用，是这个年龄段语言发展的显著特点。宝宝尝到了语言的甜头：语言可以表达自己的意愿；可以使自己依偎在爸爸妈妈身边，倾听着甜甜的话语；自己也能顺利地加入大人的谈话。这真是太美妙的体验了。这个阶段的宝宝，词汇量突飞猛进。宝宝基本上能用母语表达自己的需求和看法，并能和爸爸妈妈及周围熟悉的人进行语言交流。宝宝经常语出惊人，令大家惊讶不已。他使用修辞的能力显著增强，几乎达到成人的一半。

### ❋ 宝宝的认知能力发育

此前宝宝就可能已经知道里、外、上、下等方位了，但其理解还仅局限于具体事物，而非抽象认识。现在宝宝开始在抽象意义上理解上、下、里、外、前、后等方位概念了。如，宝宝正站在床头橱上，而妈妈看见了，说"快下来"，宝宝会明白妈妈是在命令他从床头橱上下来，而以前的宝宝就不能理解妈妈这样的省略。不过，宝宝现在仍不能分辨左和右。宝宝不但会数数，还能理解数的意义。如果一家三口人在一起，妈妈说我们每个人吃 1 个苹果吧，宝宝会知道这需要 3 个苹果。宝宝能够使用复数名词了，如我们、他们、小兔子们、小朋友们，并能够理解这是很多的意思。

### ❋ 宝宝的情感和社交

宝宝能从动态的录像播放中认出自己和熟悉的人，而不仅仅是从静态的镜子里和照片中认识自己，这是宝宝对自我认识的又一进步。强烈的好奇心和对安全环境的需求，仍是这个年龄段宝宝的"矛盾"心理。

宝宝开始为自己完成了某个比较困难的任务而感到自豪，当爸爸妈妈对宝宝加以表扬时，宝宝也会为自己鼓掌。宝宝在一边玩耍，2个成人聊天聊到宝宝时，宝宝可能更想听到别人对他的表扬，这意味着宝宝开始学会自我肯定了。

## 喂养宝宝

### 本阶段宝宝如何喂养

为保证宝宝的正常发育，每天应供给的营养为：热能1200千卡，蛋白质40克，钙、铁、锌、维生素各适量。将上述营养供给量折合成具体食物，大约粮食量为100～150克，鱼、肉、肝、蛋总量约100克，豆类制品约25克，奶粉或豆浆250毫升，蔬菜数量与粮食量大致相同，也为100～150克，再加上适量的油及糖。

现在宝宝之间存在一定的个体差异，有的宝宝活动量大或生长发育较快，而男孩也通常食量要大些。食物的数量是否符合身体需要，一定要参考宝宝每月的体重增长情况。

### 宝宝营养要均衡

宝宝快3岁了，活动量加大，能量消耗更多，同时身体各个器官尤其是脑部、视力都处于发育的关键期，因此，一定要为宝宝提供全方位的营养支持。要做到营养均衡，宝宝每天要摄取A、B、C三类不同的食物。

A类食物：主要是富含碳水化合物的主食。如大米、小米、面粉、燕麦片、红薯、玉米等。

B类食物：主要是富含维生素、矿物质的食物，以利于宝宝的新陈代谢和骨骼发育。如新鲜的蔬菜、水果和动物肝脏等。

C类食物：主要是富含蛋白质、卵磷脂、必需氨基酸的食物。如鸡、鸭、鱼、虾、奶粉、鸡蛋、豆类、肉类等。

Part 3 幼儿期——越来越调皮了

### 加餐食材要选好

由于宝宝的胃容量相对较小,大约为400~500毫升,而活动量却很大,消化快,往往没到吃饭时间便会饿了。为了满足宝宝的生理需要,可以多餐摄入,在两餐之间酌情给予加餐食物,这样能及时为宝宝补充能量以满足肌体需要。加餐食物可以是饼干、馒头、酸奶、鸡蛋、水果、红薯、胡萝卜、核桃等。

需要注意的是,加餐在食物的选择上一定要适当。首先是不可给宝宝高糖、高脂的食物,浓茶、辣椒和其他刺激性、不易消化的食品也不可以给宝宝吃,否则会影响宝宝的正常饮食。其次,某些宝宝对有些食物会有过敏反应。当发生过敏时,应立即让宝宝停止食用这些食物。等宝宝稍大一些,逐渐脱敏时,再给宝宝少量添加,如果不再出现过敏反应,便可正常进食。

### 尽量不给宝宝吃反季节蔬果

爸爸妈妈们尽量不要给宝宝吃反季节的水果、蔬菜。这些蔬果看着诱人,但是对宝宝的身体健康非常不利。

如今反季节蔬果随处可见,然而大多是用了催熟剂或激素类化学药剂的,一株果树从幼苗至成熟,可以使用一至十几种激素,使用较多的是番茄、葡萄、猕猴桃和草莓等。

要想让宝宝完全远离激素不太可能,这就需要爸爸妈妈们尽量少买反季节蔬果。蔬果食用前最好先用清水浸泡5分钟,然后用水冲洗,这样就可去掉大部分农药。叶菜类的菜梗与茎相接处、果蒂、卷心菜外面几层,都容易积农药,买来后应切除。

### 宝宝进食海鲜的原则

各式海鲜不仅含有大量高蛋白,而且含有均衡的氨基酸,海鲜中所含的丰富钙质,更是宝宝骨骼、牙齿发育的必需营养素。此外,鱼油中所含的脂肪酸DHA,能够帮助宝宝的脑部发育及智力发展。以下几种适合宝宝的餐点中,针对海鲜的选购与制备,为爸爸妈妈提供几项注意的原则:

## 超级育儿圣典

### ❋ 鲔鱼沙拉三明治

鲔鱼沙拉是深受宝宝欢迎的食物之一，但几种食物混合在一起，拌匀之后，应立即放入冰箱冷藏，如果要外出野餐，记得放冰桶储存，否则沙拉很容易变质。

### ❋ 蒸鱼

爸爸妈妈烹调的时候应注意，鱼肉需煮熟。因为淡水鱼多为养殖鱼类，在养殖场容易受到污染，易含寄生虫，因此必须煮至熟后才可食用。有些宝宝从换乳期开始，就非常厌恶吃鱼，原因多半是对鱼腥味排斥。其实鱼本身的腥味可利用醋、葱、姜、蒜等调味料除去。此外宝宝常会惧怕鱼刺，如果妈妈觉得挑出鱼刺很麻烦，不妨可考虑为宝宝选购含鱼刺较少的鲑鱼或旗鱼，则可解决此项困扰。

### ❋ 银鱼粥

选购银鱼时要注意鱼身是否干爽，色泽是否自然明亮，鱼的颜色不要太白。为避免商人掺有荧光剂或漂白剂，可在烹调前多冲几道水，或用热水烫过。此外，海洋鱼类，为了保鲜，捕捉后常覆以盐保存，这时就要注意烹煮时，不要又添加大量盐调味，否则可能会造成鱼粥过咸，给宝宝的肾脏带来负担。

## 本阶段宝宝营养餐推荐

### 鲜白萝卜汤
**提高免疫力、预防感冒**

**材料** 白萝卜60克，姜片2克，盐少许。

**做法** 白萝卜洗净，切小片，同姜片一起放入锅中。锅中加适量水，大火煮至白萝卜片熟，加适量盐调味即可。

**功效** 白萝卜有"小人参"之称，可通气镇咳，祛热消积，还有杀菌的功效，尤其对于呼吸道疾病有特殊的疗效。

### 苹果沙拉
**增强智力发育**

**材料** 苹果1个，葡萄干、优酪乳各适量。

**做法** 苹果洗净，去除皮和核，切成小块；葡萄干洗净。将苹果块和葡萄干一起放入碗中，浇上优酪乳拌匀，即可供宝宝食用。

**功效** 适合2.5岁以上的宝宝食用。水果中富含维生素C和锌，可增强宝宝的智力发育，特别适合宝宝午休后食用。

Part 3 幼儿期——越来越调皮了

### 蒜泥茄子
**杀菌、开胃**

**材料** 长茄子1根，生抽1滴，葱末、蒜泥、盐、醋、香油各适量。

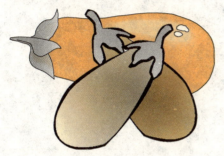

**做法** 长茄子洗净，去蒂，用刀切成长条，放入盘中上锅蒸熟。取一只小碗，放入蒜泥、葱末，加入盐、醋、生抽，浇在蒸熟的茄子上，拌匀即成，搭配主食供宝宝食用。

**功效** 适合3岁的宝宝食用。大蒜可杀菌，搭配茄子一同食用，味道可口，有助于提高宝宝食欲，具有开胃的功效。

### 南瓜肉包子
**增进食欲**

**材料** 瘦肉70克，南瓜150克，面粉120克，发酵粉5克，植物油、葱末、姜末、生抽、香油各少许。

**做法** 瘦肉洗净，剁成肉末；南瓜去皮和瓤，切成粒，加入肉末、葱末、姜末、香油、生抽搅拌调匀，作馅料；将发酵粉放入面粉中，用温水和成面团，醒约5分钟，搓揉成长条，切成等量的小块，用手压平后，擀成包子皮，包入馅料，制成包子，在铁箅子上均匀涂抹一层薄油，摆上包子，上锅蒸熟，即成，晾至温热后供宝宝食用。

**功效** 适合2.5岁以上的宝宝食用。南瓜易消化吸收，搭配瘦肉制成包子，可增进宝宝食欲，很多宝宝都很喜爱。

## 日常照护

 **清除厨房中的安全隐患**

宝宝大都喜欢到厨房去"探险"，因为厨房是一个很好玩的地方，揭、盖、转、抓、敲，样样都可以得到满足。当然，这些尝试是有危险的，而年幼的宝宝是不会想到的。据统计，2岁的宝宝发生煤气中毒事故的最多，这值得爸爸妈妈警惕。

一般而言，可从以下几个方面加以防范：

做饭时，要特别留意一下宝宝是否在厨房；把盛有热汤的锅端离炉灶的时候要注意宝宝是否在身边；锅或炒勺的柄平时应朝内放置，小心别让宝宝抓下来。

热的锅和炒勺、油、各种调料等应放在宝宝够不着的地方。

所有洗涤液不要放在厨房的地上，要放在高处的柜子里；洗衣粉、各种调料也要放在宝宝够不着的地方，有刃的刀、叉等也可放在隐蔽的地方。

不要让宝宝够到下垂的桌布，宝宝拽桌布会把桌上的食物拽下来，砸伤自己或引起烫伤。

最重要的是，不要让宝宝单独呆在厨房。

## 消除宝宝的恐惧心理

乐乐妈妈说，她家宝宝最近看了关于怪兽的动画片，晚上睡觉的时候总是很不安，有时候甚至大哭起来。最后才知道宝宝特别害怕怪兽，总是担心自己的小床下时不时也藏着怪兽。怎么才能让宝宝变得勇敢些呢？

其实，大部分的宝宝都不同程度地存在恐惧心理。在 2～4 岁的宝宝中，有 40% 的宝宝有一种事物让他们感到害怕，而当宝宝长到 6 岁以上时，他们害怕的事物就会更多。当宝宝有了自己的观点，自我意识也渐渐形成时，他们会按照自己的逻辑来看待一些事物。但是当他们还没有足够的能力对自己的疑惑进行解释时，往往就会产生害怕、恐惧的心理，这是宝宝成长阶段中的正常现象。

通常情况下，宝宝有恐惧心理主要源于以下几个方面：

有些爸爸妈妈平时会跟宝宝讲一些神鬼之类的故事，并把故事里的神鬼搬出来吓唬宝宝。久而久之，就给宝宝埋下了恐惧的种子。

宝宝受电视、图书的影响。当白天从电视或图书中看到某个令他们感到恐惧害怕的影像时，这个恐惧的信

息就会储存在宝宝的大脑中。

如果爸爸妈妈对一件事情表现出恐惧时，宝宝也会变得害怕起来。

消除宝宝内心的恐惧，让宝宝变得勇敢，最好的办法就是让宝宝多接触现实物体。

父母要注意消除宝宝的恐惧心理，应做到以下3点。

让宝宝看到真相：当已经告诉宝宝"世界上根本没有怪兽，都是大家编的"时，宝宝恐惧的心理还是不能缓解的话，可以把宝宝带到他感觉到害怕的地方，让宝宝看一看到底有没有怪兽。如果宝宝说害怕床下有怪兽，就让宝宝亲自看一看床下有没有怪兽，让宝宝彻底放心。

鼓励宝宝自己战胜恐惧：在帮助宝宝克服害怕心理的同时，应该提醒宝宝，害怕某些事物有时是正确的，是健康的表现。千万不要在宝宝害怕时，说他是"胆小鬼"或是"不勇敢"，这会让宝宝认为自己很没用，变得更退缩。

让宝宝恐惧的心情得到宣泄：如果宝宝因害怕而哭泣时，最好让宝宝把恐惧的心情用语言表达出来，让宝宝尽情地倾诉，使其不良的情绪得到有效的宣泄。

## 如何在家中消毒

家庭成员与社会接触频繁，容易将病菌带入家庭，使免疫力弱的宝宝得病。因此要经常在家中进行消毒，以防病菌侵袭宝宝。消毒可破坏病原体的生命力，切断传播；杀菌是指完全杀死细菌，一般情况下这二者都称为消毒。家庭消毒主要包括天然消毒法、物理灭菌法和化学消毒灭菌法三种。

### ✿ 天然消毒法

天然消毒法是指利用日光或空气自然流通等天然条件杀灭致病微生物，从而达到消毒目的。天然消毒法主要包括日光暴晒法和空气通风法两种。

日光暴晒法：日光由于其热、干燥和紫外线的作用，具有一定的杀菌功能。日光越强，照射时间越长，杀菌的效果就越好。日光中的紫外线不能全面透过玻璃，因此，必须直接在日光下暴晒，才能取得杀菌效力。日光暴晒法常用于书籍、床垫、被褥、毛毯及衣服等物品的消毒。

暴晒时应勤翻被晒物，使物品各面都能被晒到，一般在日光下暴晒4~6小时可达到消毒目的。

空气通风法：空气通风法虽不能杀灭微生物，但可在短时间内使室

# 超级育儿圣典

内外空气交换，减少室内的有害微生物。通风的方法有多种，如开门、窗或气窗换气，也可用换气扇通风。居室应定时通风换气，通风时间一般每天1次，每次不少于30分钟。

### ❋ 物理灭菌法

物理灭菌法是利用燃烧、煮沸、高压蒸汽等物理作用，使微生物蛋白质及酶变性凝固，从而达到消毒灭菌的目的。物理灭菌法包括燃烧法、煮沸法和高压蒸汽法等。

燃烧法：燃烧法多用于耐高热或已经带有致病菌而又无保留价值的物品，比如被某些细菌或病毒污染的纸张、敷料等。坐浴盆也可用火焰燃烧消毒灭菌，应先将盆洗净擦干，再倒入少许90%酒精点燃后慢慢转动浴盆，使其内面完全被火焰烧到。应用燃烧法时，要注意安全，远离易燃易爆物品，以免引起火灾。

煮沸法：煮沸法经济方便，水开后，煮沸10～15分钟可杀死无芽孢的细菌。可用于食具、毛巾、手帕等不怕湿且耐高温物品的消毒灭菌。

高压蒸汽灭菌法：高压蒸汽灭菌法是利用高压锅内高压和高热进行灭菌。此法杀菌力强，是最有效的物理灭菌法。待高压锅上汽后，加阀再蒸15分钟，适合消毒棉花、敷料等物品。

### ❋ 化学消毒灭菌法

化学消毒灭菌法是指利用化学药物渗透至细菌体内，破坏其生理功能，抑制细菌代谢生长，从而达到消毒目的。化学消毒灭菌法包括擦拭法、浸泡法、熏蒸法等几种。

擦拭法：擦拭法是用化学药物擦拭被污染的物体表面。常用于地面、家具、陈列物品、玩具的消毒。如用3%的漂白粉澄清液、84消毒液等含氯消毒剂，擦拭墙壁、床、桌椅、地面及厕所。

浸泡法：浸泡法是指将被消毒物品浸泡在消毒液中进行消毒。常用于不能或不便蒸煮的生活用具。浸泡时间因物品及溶液的性质而有所不同。

熏蒸法：熏蒸法是利用消毒药品所产生的气体进行消毒。常用于对传染病人居住过的房间内的空气及室内表面进行消毒。消毒时，必须将门窗紧闭12～24小时，消毒后再打开进行通风，此法对各种细菌、病毒引起的传染病效果较好。

Part 3 幼儿期——越来越调皮了

# 宝宝小门诊

 **夏季预防孩子肠道感染**

在炎热的夏季，宝宝特别容易发生肠道感染，父母一定要注意预防。

❋ **幼儿肠道感染的原因**

夏天，人体为了散热，皮肤血管充分扩张以增加血液流量，所以胃肠道的血流量相应减少，处于缺血状态，因而抵抗病菌的能力下降；同时由于体内的水分消耗过多而使饮水量大增，但这样却冲淡了胃酸，而胃酸是体内杀灭病菌的第一道防线；加之气温高，食物特别容易被病菌污染，生吃瓜果的机会增多，以及宝宝户外活动时到处抓摸，手指被脏东西污染，在进食时未洗净手将病菌吃进胃里；同时，夏天病菌繁殖很快，苍蝇又到处叮爬传播，病菌通过饮食进入人体后使胃肠发生炎症，从而使宝宝发生消化不良。

❋ **幼儿肠道感染的危害**

宝宝拉肚子的危害非常大。轻者可有发热、腹痛、乏力、食欲低下等，重者可出现水和电解质紊乱，患儿出现脱水、酸中毒等，甚至危及患儿生命。

❋ **预防宝宝肠道感染**

预防宝宝消化不良的方法是要切实搞好饮食卫生，不要让宝宝吃剩饭、剩菜和不清洁的食物。洗净的生瓜果，应该放入消毒柜或冰箱冷藏室里保存。需要注意的是，若时间长了未吃，再吃时还应重新清洗。瓜果如果去皮吃，也应洗净了再去皮，若皮不干净同样会造成瓜果被污染。

不要在餐前给宝宝喝太多的水，以免冲淡胃酸。教育宝宝不能喝生水，另外，不可让宝宝喝放置时间较长的饮水机内的纯净水。

勤给宝宝洗手、剪指甲，以免宝宝吃东西或吸吮手指时把手上或指甲缝里的脏东西吃入胃里。妈妈给宝宝用手喂食物时，也要避免宝宝吸吮妈妈的手。

宝宝在天热的时候消化功能差，应进食容易消化的清淡食物，避免吃油腻或难以消化的食物。每餐不要吃得过饱，避免造成肠道功能的损害。

一旦宝宝出现消化不良症状，首先要调整饮食，限制进食的数量，多喝白开水。病情较重的，要及早去医院请医生诊治。

## 如何防治猩红热

### ✻ 猩红热的症状表现

猩红热是由乙型溶血性链球菌引起的急性呼吸道传染病。一年四季均可发病，冬、春两季发病较多。儿童期发病率较高，6个月以内的宝宝很少发病。主要是通过呼吸道飞沫传播，阳光不足、空气不流通、人口拥挤的室内较易发病。主要表现为发热，咽痛、咽峡部明显充血，扁桃体红肿，全身出现弥漫性、密集针尖大小的猩红色皮疹，压之退色，有瘙痒感。患儿发病1周左右，体温开始下降，疹退后皮肤呈小片或大片脱皮。常见并发症为急性肾炎及风湿热。

### ✻ 猩红热的防治

居室应通风，有条件时尽量让患儿隔离独居，避免传染给别人，也可防止其他感染。在急性期要卧床休息，以免发生并发症。饮食可给予营养丰富、富含维生素的流质或半流质食物。在发热出疹时应让患儿多饮水。注意口腔卫生，可用淡盐水漱口，一日3~4次，清除鼻腔分泌物，用青霉素软膏涂口唇和鼻腔。皮疹退后可出现皮肤脱屑，有痒感，注意不要用手剥脱皮屑，以免引起感染。痒时可涂炉甘石洗剂。注意观察病情变化。在发病2~3周时注意小便颜色是否加深，如尿液似酱油色或洗肉水色，尿量减少，面部、四肢水肿，以及出现关节红肿、疼痛等症状时，应及时就诊。

## Part 3 幼儿期——越来越调皮了

## 快乐亲子时刻

### 亲子游戏

#### 熊宝宝分饼干
——社交能力培养
参与人数 3人

**游戏目的** 让宝宝学会分享。

**游戏方法**

❶ 一家三口围坐一圈，在桌子上摆一盘饼干。

❷ 跟宝宝说："我们过家家喽。"然后，妈妈拿起一块饼干说："我吃一块。"拿一块给宝宝说："给宝宝一块。"再拿一块给爸爸说："给爸爸一块。"

❸ 让宝宝扮演小熊，按照妈妈的做法分饼干，然后爸爸再分。

**温馨提示**

宝宝给爸爸妈妈分饼干时，爸爸妈妈要谢谢宝宝，并且要夸奖宝宝："宝宝会和爸爸妈妈分享饼干，宝宝真棒！"

#### 数字歌
——认知能力培养
参与人数 2人

**游戏目的** 帮助宝宝认识1～10的数字。

**游戏方法**

❶ 妈妈和宝宝一起看图片，并数数1～10，再说出这些数字都像什么。

❷ 引导宝宝观察，并提出自己的看法。表演儿歌《数字歌》。妈妈和宝宝边说儿歌边表演动作。

数字歌

1像铅笔细又长，2像小鸭水上游，
3像耳朵听声音，4像小旗迎风飘，
5像秤钩来买菜，6像哨子嘟嘟响，
7像镰刀来割草，8像麻花扭一扭，
9像勺子能吃饭，10像铅笔加鸡蛋。

**温馨提示**

这个游戏的目的在于让宝宝在玩中学习，玩是重点。不要为了让宝宝学会数数，而忽视了玩的乐趣。

# 超级育儿圣典

## 明星秀
——社交能力培养

**参与人数** 2人

**游戏目的** 锻炼宝宝的社会交往能力和语言能力。

**游戏方法**

❶ 妈妈和宝宝一起看一小段动画片或广告,然后和宝宝一起讨论电视里看到的画面。

❷ 妈妈要鼓励并引导宝宝把动画片或广告中的主要情节表演出来。

❸ 宝宝表演完之后,妈妈要用掌声给予宝宝鼓励。

### 温馨提示

通过表演,能锻炼宝宝的社会交往能力和语言能力,能让宝宝熟练运用各种生活语言,妈妈要鼓励宝宝多表演。

## 父母关注专题

 **专题 宝宝口吃的纠正**

2~3岁的宝宝正处在学话期,出现口吃也是很正常的现象。同样,口吃也最容易在这个年龄被纠正。想要纠正口吃,首先要区分口吃现象与口吃病。口吃现象是人在感情激动或精神紧张时,因对神经中枢的干扰所出现的短暂语言不流畅现象,而口吃病则是由于心理病症所导致的一种口吃疾病。大部分宝宝口吃都属于口吃现象,以下的纠正方法也主要针对口吃现象。如果宝宝的口吃现象持续半年以上,而且经过纠正还没有改善,就应该接受专门的语言疗法治疗。

口吃对宝宝的身心健康都很不利。如果宝宝患了口吃后,意识到自己与别人的不同,就容易产生羞愧和自卑心理,引起心理障碍,并导致"越说越说不清楚,越说越结巴"的情况。而且口吃的宝宝往往会受到其他宝宝或者大人的讥讽和嘲笑,使得宝宝更不愿说话、性格孤僻,影响正常语言交流和社会交往能力的发展。

❀ **宝宝口吃的原因**

通常宝宝在焦虑、疲劳、生病或激动时,会发生口吃的情况。也有些宝宝在学习太多的新词时,会发生暂时性口吃。如果宝宝的思维活动速度

## Part 3 幼儿期——越来越调皮了

超过语言表达能力，说话时会丢失他正在说的词，而重复单词和声音有助于发音及时赶上思维的速度，就会使宝宝发生口吃。

### ✱ 应对措施

家长不要急于纠正宝宝的发音，也不要责骂宝宝。你可以用简单的、清晰的、缓慢的、流畅的语言进行示范，可以每天反复练习。

如果宝宝口吃只是因为太兴奋、太害怕或者表达某些事物不流利，家长要做的只是忽略宝宝的口吃，给宝宝一个放松的对话空间。

及时制止宝宝模仿口吃的大人说话，并且告诉宝宝这样的模仿非常不好。

面对口吃的宝宝，家长不能随便更换宝宝的生活环境，不能在陌生人或许多人面前指责宝宝、批评宝宝，也不要对宝宝的语言和行为提出过高的要求。

爸爸妈妈要多去听他说的内容，而不要把关注点放在宝宝话说得怎么样上面。当宝宝急着开口时，父母可以耐心地听他把想表达的意思表达出来，不要着急提醒、不要催，也不要说："不着急，慢点说。"这也会让宝宝觉得爸爸妈妈在催促他，也会增加宝宝的压力。

口吃常常也与宝宝的性格有关，开朗、大方、乐观、自信的宝宝即便有口吃，但他注意力不集中在口吃上，而是放在所表达的内容和参与的活动中，不把"口吃"当成自己的问题，一般都能很快改善。

宝宝在唱歌、朗读、讲故事时往往不容易发生口吃，因为这些语言都具有一定的节奏，当宝宝投入到故事里的时候，他会很专注和放松，可以有效地缓解宝宝的口吃。

## 育儿问答精选

**Q**：我儿子现在2岁8个月，不知道为什么只要他爸爸靠近他，他就连打带踢。而且别人不能对他说"不"，一说他就打人，或者哭，这是怎么回事呢？

**A** 现在宝宝正处在自主意识敏感期，此时的他总是在探索自己的能力，尤其是想要尝试"不这么做会怎样"的结果。大人不理解他的这种体验需求，

# 超级育儿圣典

总以自己的意愿对他的行为指手画脚，总是因他淘气、不听话而训斥他。这样做的结果，要么宝宝就变得什么都不敢学不敢做，要么就是变得更加不听话，或者用自己的方式来保护自己。如果家长懂得宝宝这个时期的特点，不要总是说不做什么，而是多告诉宝宝可以做什么，效果会好很多。

**Q：我想问一下，宝宝是不是应该上早教班？哪个年龄段上较合适？**

A 做早教是有意义的，但并非一定要上早教班。很多家长认为早教就是"宝宝智力的培养"，这种想法是片面的。早教更应该注重宝宝的全面发展，不仅要发展宝宝的智力，而且要使他们在德育、智育、体育、美育等方面得到全面、和谐的发展，尤其要注意培养儿童的良好品德，3岁时所具有的道德品质，对今后一生都有深远的意义。对于0~3岁的宝宝来说，大部分时间都是在家里，在家人的陪伴下度过，所以家庭环境的影响非常重要，也是开展早期教育最主要也是最重要的场所。

**Q：我家男宝很爱哭，他做错事，我一不理他，他就哭泣着跟我道歉：妈妈，对不起，我错了！我觉得男宝宝这么爱哭不太好，我该怎么教育他要坚强呢？**

A 宝宝爱哭并不代表不坚强，爱哭而且做错事光会道歉，那是长期养成的习惯。主要是他不知道怎样和你沟通，哭和道歉已经成为引起你注意的手段，他关注的只是妈妈的反应，而不是做了什么错事或什么是错事。所以想要改变宝宝的这种行为，妈妈首先要懂得怎样和宝宝好好沟通。不要宝宝一做错事就不理他，而是要告诉他做错了什么，为什么错。

### 孩子太机智了

朋友家的孩子今年五岁了，有一次自己在家里转圈玩，头不小心碰到墙了，这熊孩子自己抱着头说："一加一等于几？"

然后认真思考后回答自己道："等于二。"

然后开心地说："哈哈，还好没有碰傻。"

开心大放映

# 2岁10个月~3岁
## 喜欢与小朋友玩儿

### 本阶段育儿要点

❋ **良好的饮食习惯**

饭前做好就餐准备。

吃饭时不挑食、不偏食、不暴饮暴食。

饭后洗手漱口,帮助父母清理饭桌。

❋ **控制好饮料的量**

在给宝宝喂饮料的时候要掌握好量。1岁前的宝宝1日喂2次,1次50毫升;1岁后1日喂2次,1次喂100毫升即可。

❋ **及时补充营养素**

为了保证宝宝的身体健康,妈妈要及时给宝宝补充碳水化合物、蛋白质、矿物质、维生素、脂肪等营养素。

❋ **宝宝"自私"爸妈该怎么办**

爸爸妈妈既要教会宝宝自己支配自己东西的权力,又要教会宝宝享受与伙伴一起玩耍的乐趣,同时,爸爸妈妈平时也要主动将自己的东西分享给宝宝,让宝宝感受分享的快乐。

❋ **宝宝说脏话应对策略**

冷处理,当宝宝口出脏话时,既不打他,也不和他说道理,假装没听见。慢慢地,宝宝觉得没趣自然就不说了。

解释说明,尽量让宝宝理解,粗俗不雅的语言为何不被大家接受,大家不喜欢说脏话的宝宝。

正面引导,爸爸妈妈要随时提醒宝宝,告诉他要克制自己,不说脏话,做个礼貌的乖宝宝。

# 超级育儿圣典

## 宝宝成长小档案

### 宝宝的体格发育

男宝宝体重为11.1~17.9千克,身高为87.6~102.8厘米。

女宝宝体重为10.8~17.7千克,身高为86.6~102厘米。

### 宝宝的发育特点

已经可以和他人进行流畅对话了。

开始试着说一些复合句。

会看、会听、会闻、会摸、会感受。

走、蹲、跑、站、摸、爬、滚、登高、跳远、跳跃障碍无所不能、无所不会。

喜欢画画、堆积木、捏橡皮泥、折纸、玩电动玩具。

愿意参与同龄伙伴的活动。

### 宝宝的社会化发育

**❋ 宝宝的运动能力**

宝宝已经不再是机械地站立、跑动、蹦跳和行走了,无论向前、向后或上下楼梯,他的动作大都十分灵活。在站立位开始行走时,肩膀向后、腹部肌肉内收,采用规则的脚跟—脚尖运动方式,步伐的宽度、长度和速度均匀。当宝宝从蹲位站起或抓球时,脚尖或单脚站立仍然十分困难。宝宝的手部动作也更加灵

## Part 3 幼儿期——越来越调皮了

活,可以独立或合并运动自己的每一根手指,这意味着他从以前用拳头抓蜡笔的方式发展为与成人更加相似的方法——拇指在一侧,其他手指在另一侧。宝宝肌肉控制和集中注意力技能正在发育,这是掌握许多精细手指运动的基础。现在宝宝能够画方形、圆形或自由涂鸦,还能玩一些带技巧性的玩具。

### ❋ 宝宝的语言发育

现在宝宝的词汇量已能达到1000个以上,几乎是1岁半以前的4~5倍。科学研究表明,宝宝的语言能力发展存在突然的"语言爆发期",也就是说学习语言时可能存在一种"滚雪球"的效应。现在宝宝掌握的词的种类也丰富起来,除了名词、动词,还有形容词、副词、代词等。3岁宝宝已经学会辨别,并能发出成人语音中的绝大多数音节。宝宝还学到了调节发音的一套规则,逐渐形成了自己的语音系统。宝宝已能使用各种基本类型的句子了。

他的造句能力增强了,不仅句子成分趋于完整,句中词汇的数量也明显增长了。一般能说6~7个字的句子,如:"我们家还有饼干。"还能说11~15个字的句子,如:"昨天我妈妈带我去外婆家了。"宝宝的句子所反映的内容更加丰富,不再仅仅涉及当前存在的事物或当前的需要,还能涉及一些当前不存在的、过去经历过的或者将要发生的事。如宝宝从幼儿园回到家中,会说:"今天阿姨给我吃馄饨了。"

### ❋ 宝宝的认知能力发育

由于宝宝对空间有了一定的感知能力,现在他对各个物体之间的关系更加敏感,因此在玩耍时,他会更仔细地确定玩具的位置、控制使用餐具的方法并完成一些特殊的任务。宝宝的时间概念更加清楚,他还能理解某些特殊的时间,例如一段时间内有一次假期和生日。

宝宝的好奇心和求知欲不断增加,爱问"为什么"之类的问题。宝宝的兴趣爱好非常广泛,常造成饮食上的不专心,如厌食或边吃边玩等。宝宝对发现工具、利用工具非常有兴趣,例如剪纸刀、颜料和蜡笔等。宝宝不但掌握了操作这些东西的技能,还开始利用这些工具做别的事情。例

如，宝宝可以利用自己做的涂鸦，来进行二次创作，在开始创作前他就会想自己该做什么。

### ✱ 宝宝的情感和社交

宝宝不那么自私了，对爸爸妈妈的依赖也相对减少，这是自我意识得到强化和安全感加强的表现。现在宝宝更喜欢与别的宝宝一起做游戏，相互配合，而不是自己玩耍。

当宝宝能逐渐察觉和理解其他人的感觉和行为时，他会逐渐停止竞争，并学会在一起玩耍时相互合作。在小组中他开始学会轮流玩耍，分享玩具，即使宝宝不总是这样做。现在通常宝宝可以以文明的方式提出要求，而不是胡闹或尖叫了。

在此阶段，男孩会对自己的父亲、哥哥或邻居的大男孩着迷，而女孩会模仿母亲、大姐姐或其他女孩。一般而言，学龄前男孩更具攻击性，而女孩更加文静。

## 喂养宝宝

### 本阶段宝宝所需营养

大部分宝宝牙齿已经长齐，可以自己用牙齿咀嚼较硬的固体食物了。这个阶段，爸爸妈妈更应该注意宝宝的营养。首先要保证宝宝的膳食中蛋白质、脂肪、碳水化合物的比例应适当，各种矿物质和维生素的供给也应该保证适量。每日膳食中应包括谷类134克，代乳粉15克，豆类或豆制品20克，肉类38克，蛋类38克，蔬菜135克，水果38克，糖19克，油10克。

### 本阶段宝宝如何喂养

这个阶段的宝宝有可能会患上便秘，原因可能是吃了太多的奶制品，而水果、蔬菜和水的摄入相对不足。如果宝宝排便的时候感觉疼痛，大便干结或有1~2天的时间没有排便，应立刻改变他的饮食结构。

## Part 3　幼儿期——越来越调皮了

不要让宝宝一边吃饭一边看电视。如果宝宝边看电视边吃饭，会错过同一家人坐在一起交流的时间，而且他还会养成在播放广告时胡乱往嘴里塞东西的习惯。

每一顿饭都准备主食，如面包、薄饼或一碗面，这样的话，即使宝宝不喜欢吃其他的东西，他还可以从这些常规食品中进行选择。

### 预防宝宝缺锌

#### ❀ 缺锌的表现

短期内反复患感冒、支气管炎或肺炎等。

经常性食欲差，挑食、厌食、过分素食、异食（吃墙皮、土块、煤渣等），明显消瘦。

生长发育迟缓，体格矮小（不长个）。

易激动、脾气大、多动、注意力不能集中、记忆力差，甚至影响智力发育。

视力低下、视力减退，甚至患夜盲症，适应能力较差。

头发枯黄易脱落，患佝偻病时补钙、补维生素D效果不好。

经常性皮炎、痤疮。采取一般性治疗后效果不佳。

#### ❀ 富含锌的食物来源

海产品（如海鱼、牡蛎、贝类等）、动物肝脏、花生、豆制品、坚果（杏仁、榛子等）、麦芽、麦麸、蛋黄、奶制品等。一般禽肉类，特别是红肉类动物性食物含锌多，且吸收率也高于植物性食物。

粗粉（全麦类）含锌多于精粉。

发酵食品的锌吸收率高，应多给宝宝选择。

> **温馨提示**
>
> 有些父母为了使宝宝健壮、聪明，滥用锌制剂，殊不知锌的有效剂量与中毒剂量相距甚小，若使用不当，很容易导致过量，使体内微量元素平衡失调，甚至出现加重缺铁、缺铜，继发贫血等一系列病症。

### 饮食多样化，宝宝易吸收

宝宝每天的饮食要平衡搭配，这样才便于身体吸收利用。每顿饭应以主要提供热量的粮食作为主食，也应当有足够提供蛋白质的食物作为宝宝生长发育所需要的物质。奶、蛋、肉类、鱼和豆制品等都富含蛋白质，人体所需20种氨基酸主要从这些食物中获取。蔬菜和水果是提供维生素和微量元素的来源，每顿饭都应有一定数量的蔬菜才能符合身体需要。早饭应有1片馒头或饼干之类的淀粉供热源用，使奶粉鸡蛋的氨基酸能被生长利用。此外，宝宝除了每日三餐之外，还应加1~2次点心，最好是喝点配方奶。如果晚饭吃得早，在睡前1~2个小时，还可再喝点奶制品。

## 培养宝宝良好的饮食习惯

### ✱ 从小注重宝宝良好饮食习惯的培养

饮食习惯不仅关系到宝宝的身体健康，而且还关系到宝宝的行为品德，家长应给予足够的重视。

对于宝宝来讲，良好的饮食习惯包括：

### ✱ 饭前做好就餐准备

按时停止活动，洗净双手，安静地坐在固定的位置等候就餐。

### ✱ 吃饭时不挑食、不偏食、不暴饮暴食

要饮食多样化，荤素搭配，细嚼慢咽，食量适度；吃饭时注意力要集中，专心进餐；不边玩边吃、不边看电视边吃、不边说笑边吃。爱惜食物，不浪费粮食。

饭后洗手漱口，帮助父母清理饭桌。

对于家长来讲，要做到以下几点：

想要培养宝宝好的饮食习惯，爸爸妈妈首先要养成好的饮食习惯，不

要忽视父母的榜样作用。

让宝宝和大人一起用餐，可以促进宝宝的食欲。

增加每餐的食物种类，如各种蔬菜、肉、蛋、米面、粗粮、鱼虾类等。另外还可以增加每餐的颜色搭配，用色彩增加宝宝吃饭的欲望。

吃饭的时间要固定。

可以选择健康的零食，要减少零食中糖和脂肪的含量。

让宝宝养成多喝水的习惯，牛

奶、酸奶每天都要喝，少喝果汁，不喝碳酸饮料。

不要只是给宝宝吃所谓高营养的食物。

不要在饭桌上评论饭菜，不要宝宝还没吃，就说这个菜太甜、太辣之类的话。

要尊重宝宝的饭量，不要强迫宝宝吃饭。

不能满足宝宝不合理的饮食要求，不给宝宝吃快餐。

及时表扬和纠正宝宝在饮食中的一些表现。经过日积月累的指导和训练，宝宝就会逐渐养成良好的习惯。

## 本阶段宝宝营养餐推荐

### 香蕉三明治 润肠

**材料** 香蕉1根，面包片2片，果酱适量。

**做法** 香蕉去皮、切片。将2片面包片之间涂抹果酱，再夹入香蕉片，即可给宝宝食用。

**功效** 适合3岁的宝宝食用。香蕉可润滑肠道，可将三明治作为早餐食用，可锻炼宝宝清晨排便的习惯。

### 香茶芝麻糖 营养均衡

**材料** 茶叶10克，白糖80克，蜂蜜50克，芝麻60克。

**做法** 芝麻洗净，沥干水分，放入锅中，以文火炒香备用；将茶叶放入杯中，以沸水冲泡，取汁倒入锅中；加入白糖、蜂蜜，以文火熬至能拉成丝，撒入芝麻拌匀，起锅，将芝麻糖放入模型中压成块状，再切成薄片或细条即可。

**功效** 此道佳肴香甜可口，营养均衡，可作点心食用，既可保护宝宝的牙齿，又能使宝宝戒掉吃零食的习惯。

### 萝卜番茄汤 补锌

**材料** 胡萝卜、西红柿、鸡蛋、姜丝、葱末、花生油、盐、味精、白糖各适量。

**做法** 胡萝卜、西红柿去皮切厚片。热锅下油，倒入姜丝煸炒几下后放入胡萝卜翻炒几次，注入清汤，中火烧开，待胡萝卜熟时，下入西红柿，调入盐、味精、白糖，把鸡蛋打散倒入，撒上葱花即可。

**功效** 此汤富含锌。西红柿有清热解毒的作用，所含胡萝卜素及矿物质是缺锌补益的佳品；对儿童疳积、缺锌性侏儒有一定疗效。

# 超级育儿圣典

## 苦瓜煎蛋
**清热、解毒**

**材料** 苦瓜1/2根，鸡蛋2个，植物油、盐各适量。

**做法** 苦瓜洗净，切段，锅中加适量水，调入少许盐，煮沸后，放入苦瓜焯煮片刻，捞出，过冷水，取出切碎；鸡蛋洗净，磕入碗中，打散后，加入苦瓜碎、一点点水，混合调匀。锅内加适量植物油，烧至八成热，倒入混合蛋液，一面煎一面用锅铲压一压，一面煎好后，翻过来再煎，两面煎黄后，盛入漏勺中，慢慢滤去残油，放入盘中即可，晾至适口后，与主食搭配食用。

**功效** 适合3岁的宝宝食用。苦瓜可去湿、清热、解毒，且营养丰富，特别适宜宝宝夏季食用，但其味苦，烹调时可用盐水焯煮的方法去除。此外，宝宝食用苦瓜时，搭配的主食汤菜，应尽量相似，避免食用甜味菜汤，以免宝宝拒绝食用苦瓜。

 ## 日常照护

### 不要纵容宝宝说脏话

宝宝往往没有分辨是非、善恶、美丑的能力，也不能理解脏话的意义。

如果在他所处的环境中出现了脏话，无论是家人还是外人说的，都能成为宝宝模仿的对象。宝宝会像学习其他本领一样，学着说并在家中"展示"。如果爸爸妈妈这时不加以干预，反而默许，甚至觉得很有意思而纵容，就会强化宝宝的模仿行为。

❋ **宝宝说脏话应对策略**

冷处理：当宝宝口出脏话时，爸爸妈妈无须过度反应。过度反应对尚不能了解脏话意义的宝宝来说，只会刺激他重复脏话的行为。

他会认为说脏话可以引起你的注意。所以，冷静应对才是最重要的处理原则。不妨问问宝宝是否懂得这些脏话的意义，他真正想表达的是什么。也可以既不打他，也不和他说道理，假装没听见。慢慢地，宝宝觉得没趣自然就不说了。

解释说明：解释说明是为宝宝传达正面信息、澄清负面影响的好方法。在和宝宝讨论的过程中，应尽量让他理解，粗俗不雅的语言为何不被大家接受，说脏话的宝宝也不会被大家喜欢。

正面引导：爸爸妈妈要耐心引导宝宝。教他换个表达方式。彼此应定下规则，爸爸妈妈不能说脏话，也要随时提醒宝宝，告诉他不说脏话，做个礼貌的乖宝宝。

## 控制宝宝的购物欲

3岁是宝宝彰显性格和特点的时期，他们爱憎分明又善于模仿，有自己的主见但又需要成人的帮助，想要独立却对爸爸妈妈非常依赖，总之，他们的心理和生理每天都在快速地成长。

现在，宝宝是个不折不扣的小购物狂，每次进超市以后，看到琳琅满目的商品就显得特别兴奋，这个他要拿，那个也要买，基本上是见到什么就想买什么，如果不买，宝宝就会哭闹。虽然苦口婆心跟他讲道理，但宝宝就是不听。

宝宝出现见到什么买什么行为的原因主要有两个：一方面，他们觉得自己已经长大，可以独立做事情了，可是当他们见到各种各样的商品时又不知道选择哪个好，在他们心里其实都想要；另一方面，他们在模仿成人的行为，因为在宝宝看来，成人在购物的过程中都是随便拿的。但是一味地满足宝宝的需要，对他的健康成长有害。

从心理学的角度来看，宝宝对欲望的满足分为延迟满足、适当不满足、超前满足、即时满足、超量满足五种。"延迟满足"的目的在于训练宝宝的自我控制能力，让宝宝学会忍

耐。而有延迟满足能力的宝宝，在今后的学习中更易成功，在未来的人生路上也会更有耐性，较易适应社会。所以，爸爸妈妈对宝宝的行为既要有所限制，同时更要给予满足，更重要的是用合理的方式选择，只有这样才能让宝宝得以健康地成长。

父母需要做的是：

提前做好购物计划：当决定带宝宝一起去购物时，可以事先做一个计划，把宝宝需要购买的物品列一个清单，可以让宝宝按照清单上的物品去购买。这就会减少盲目性，避免宝宝因不知道购买什么，心里没底，而见到什么就买什么的情况。

以身作则，做宝宝的好榜样：爸爸妈妈一定要给宝宝树立一个好的模仿对象，并且可以给宝宝适当地讲解购买这些物品的用途，让宝宝明白爸爸妈妈不是在随随便便地购物。

及时表扬，进行强化：对宝宝进行表扬和奖励要比批评好，因为宝宝还不太能控制自己的情绪。这是为了让宝宝能更好地自我激励，拥有自己的目标，宝宝以后做起事情会更有毅力。

## 不能经常哄骗孩子

孩子对父母的信任是在每天的生活中一点一滴地积累起来的。如果家长经常哄骗孩子，给孩子留下说话不算数的印象，孩子就会对家长失去最起码的信任。

### ❋ 经常哄骗孩子可造成信任危机

家庭是孩子人生的第一课堂，父母是孩子的第一任老师，孩子获得的生活经验和做人的道理首先从这里开始。孩子对这个世界的信任也是从这里开始的。家长的言行对于孩子来说是最可靠的，也是最可信赖的。这个时期的孩子考虑问题是表面的、简单的、固定的，而且凭借经验，因此，根据孩子思维的这个特点，家长就不能哄骗孩子，也不能说话不算数。

如果孩子最信赖的父母都在欺骗他、说话不算数，孩子就会不相信父母甚至发展到不信任这个世界。他们会认为大人说话是"说一套，做一套"，不利于孩子人生观和价值观的建立。

### ❋ 逗孩子不要打击孩子的信心

有时家长逗孩子玩，表示要给孩子玩具，在孩子用双手来拿玩具时又突然拿走，反复好几次，直到孩子急得大哭，这样做不好。因为这个阶段的孩子是直观动作思维，他只能在动作中进行思维，不可能先想好了再去做，也不可能预想到事情的结果，孩

## Part 3 幼儿期——越来越调皮了

子不可能知道这是在逗他,只明白通过自己的努力不能得到他想得到的东西,孩子就会认为自己不行,对自己产生疑惑,丧失了信心。经过几次的努力达不到目的,孩子就不愿意再去尝试,也就失去了学习的机会。

### ❉ 父母哄骗孩子爱哭

有的孩子喜欢为一些小事哭闹不止,可能与家长经常哄骗孩子有关,造成孩子对家长不信任,同时孩子也学会了用哭闹来要挟父母,以达到自己的目的。父母对于孩子的合理要求承诺了就必须兑现,说话要算数。对于孩子的无理要求家长应坚决拒绝或者淡化处理。如果家长为了摆脱狼狈的处境,最后答应了孩子的要求,实际上是强化了孩子的这个行为,孩子以后还会这样做。

## iPad时代,别让宝宝玩上瘾

以iPad为代表的平板电脑,操作简单,应用软件丰富,被众多潮妈潮爸当做早教工具。不管如何争议,iPad跟宝贝已产生了某种联系,这种联系的背后,我们看到了iPad对宝宝的强大吸引力,也正是这种吸引力,引发了家长和社会的担心。实际上,电子产品层出不穷,一味抗拒肯定不是办法,也抗拒不了。关键还是需要家长的引导,如果自己都每天宅在家里泡在电脑前,那又如何说服不让宝宝玩呢?如果自己都懒得去户外运动,又如何引导宝宝去亲近大自然……所以,让不让宝宝玩不是关键,关键是如何引导。

### ❉ 宝宝,请对iPad说"不"

宝宝的头脑在通过感官吸收到外界的信息,将自己的身体与外界互动得到更丰富的信息,然后加工这些信息,最终形成对世界和自我的认识。如果他们获得的信息不是真实可信的,那宝宝将不能真正认识世界和自我。而电子产品为宝宝提供的信息就是颠倒的、夸张的、混乱的,这样的信息所占比例越大,宝宝的心灵越是苍白和混乱。

### ❉ 宝宝是自然之子

宝宝需要的营养不仅是食物,还有来自自然的东西。成年人已习惯和电脑、电子产品为伴,经常想不起来人类曾经是自然之子。宝宝正处于对外物敏感的时期,还需要强调情绪与情感的培养。这时,我们需要让宝宝接触活生生的有情感的人,接触天气,接触花草和动物,接触河流与雨雪,接触沙、石、泥巴与木头,而不是要让宝宝接触电视、电脑、iPad、电子游戏机。

# 超级育儿圣典

## ❋ 大人应做好榜样

宝宝的很多问题都是父母造成的,一个经常接触自然的宝宝不会只对电子产品感兴趣,只有情感缺失或无法自由探索外界的宝宝才会离不开电子产品。想想看:家人是不是限制宝宝探索世界?是不是不能理解宝宝的行为意图?是不是没有给宝宝优质的陪伴时间?

## ❋ 一起来看绘本吧

除了鼓励宝宝用身体对这个世界进行探索外,家长还可以选择绘本。优秀的绘本以唯美的图画及平实的语言,将一个温暖的、丰富的、值得信任的世界展现在宝宝面前,补充宝宝身边可供谈说材料的不足,扩大他们的视野。绘本既可陶冶宝宝的情操,培养对美的鉴赏能力,学习沟通的本领,同时对宝宝的专注力培养也很有益处。此外,绘本中有很多道德和人文的内容渗透其中,潜移默化地进入宝宝的心灵,有时比父母简单的说教更为有益。

除了正确的引导,家长还应明白电子产品对宝宝有哪些伤害。

## ❋ 警惕宝宝的脊椎"退化"

如果宝宝长期沉迷于电脑、iPad、PSP、手机游戏等,会直接损伤宝宝的脊柱。

小宝宝的身体非常娇嫩,骨骼还是软骨,肌肉还不丰满,韧带还很无力,刚刚发育出来的生理曲度,只是由于抬头和爬行才形成,不可能在几年内完全定型。如果宝宝长时间保持坐在沙发上或汽车上,埋头玩电脑游戏,一日数小时。颈椎、腰椎一起反折形成 C 形脊柱,重新回到娘胎时代,不是在退化吗?为了宝宝一生的脊椎健康,请让他们晚一点接触电脑,或尽量减少接触电脑的时间。

## ❋ 宝宝是 iPad 迷,护眼有诀窍

宝宝的视力更容易受到 iPad、手机、电脑等电子设备的伤害。宝宝在视力发育的敏感期,要为宝宝提供正常的、有利于视力发育的视觉环境,同时考虑到宝宝视力发育的特点。如 2 岁的宝宝仅有 0.4 的视力,长期的阅读、玩游戏会造成其发育过快、视觉疲劳,进而出现近视。

宝宝每天使用电子产品不应超过 1 小时。

尽量不要让年龄比较小的宝宝接触 iPad 之类的电子产品,大一些的宝宝一定要限定时间,如每次半小时,中途抬头活动下。同时,家长要提醒宝宝保持良好的坐姿,并做好心理疏导工作。如果宝宝已经出现视疲劳的问题,家长就要带他去进行一些户外活动,宝宝的精神自然就放松了。

把握好亮度、距离,学会调整。

宝宝玩电子产品时,家长最好将其亮度调节到感觉舒适的程度,比如

调节出相对电子产品的光稍弱一些的背景光。使用电脑和手机等电子产品时,保持40~60厘米的距离,看电视时最好距离3米以上。

此外,要督促宝宝学习用眼时,每隔半小时,就要看窗外远处的一个物体10分钟左右,这样交替地看远处和近处,可以使睫状肌和晶状体处于活跃状态,是一种很好的预防近视的方法。

## 宝宝小门诊

###  给宝宝进行视力检查

✻ **视力检查很有必要**

宝宝在3岁时应当进行第一次视力检查。我国大约有3%的儿童发生弱视,但爸爸妈妈很难觉察到。如果在3岁时能发现,4岁之前治疗效果最好,5~6岁仍能治疗,12岁以上就不可能治愈。视力检查可以发现两眼视力是否相等,如发现异常,要及时治疗,使视力尽早恢复。

✻ **不同年龄阶段宝宝视力检查法**

客观观察法:2岁以内的宝宝用客观观察法,主要利用是否怕光、是否随大人的活动转动眼球、是否能抓住近物、是否能随着所盯视东西的移动而移动、走路是否能避开障碍物等。

手式、动物式形象检查法:3~5岁的宝宝可用手式、动物式形象视力表检查。爸爸妈妈必须耐心教会宝宝认识视力表,并反复测查。

成人视力表检查:5岁以上的宝宝,可用成人视力表检查。

## 积极预防宝宝上呼吸道感染

### ✱ 宝宝上呼吸道感染的原因

3岁宝宝生病,最常见的就是患呼吸道感染、喉咙发炎了,而且反复发作,这令爸爸妈妈很头疼。引起上感的原因是多方面的,但大部分是由病毒感染所引起的,宝宝时期由于上呼吸道还没有发育完善,免疫功能尚未健全,受气候改变和不良环境的因素影响,都可能导致上呼吸道反复感染。

### ✱ 预防上呼吸道感染须增强体质

对于呼吸道反复感染的宝宝,最好的预防方法就是增强他的体质。

第一,爸爸妈妈要大胆地让宝宝做适当的户外活动,增强宝宝对气候变化的适应能力。如果总是把宝宝关在家里,宝宝稍微着一点凉就容易生病。

第二,要根据气候变化适当增减宝宝的衣服,不要过厚、过暖,防止忽冷忽热。大多数宝宝的体内热量都很充足,加之他们活动量一般很大,如果穿得太多,稍一活动就会出汗,出汗的时候一着凉就容易发生感冒。

第三,对于经常感冒的宝宝,还应该注意合理的饮食结构,让宝宝多吃青菜和水果,多喝水。多喝水不仅可以及时补充出汗所丢失的体液,还能促进宝宝的新陈代谢。

第四,要训练宝宝养成良好的排便习惯。经常保持大便通畅,才能使体内的代谢产物被及时排出。

## 及时治疗急性中耳炎

急性中耳炎是由于鼓膜内侧的中耳受到细菌感染所致,感冒时侵入喉咙和鼻腔黏膜的细菌通过耳管进入中耳是致病的主要原因。宝宝的耳管相对比较粗并且短,感冒的时候细菌很容易在上呼吸道繁殖导致细菌进入中耳引起发炎。

5岁之前的宝宝比较容易患此病。患病初期可见发热、咳嗽、流鼻涕等感冒症状,之后发展成高热,宝宝会因疼痛不断地摸耳朵,听力可能还会受到影响。随着症状的恶化,中耳开始流出脓状物,鼓膜破裂并有黄色耳漏流出,耳漏流出后疼痛症状消失。

如果爸爸妈妈发现宝宝在感冒之后还持续发热,并且有经常用手擦碰耳朵或者碰触时有痛感等症状,应带

Part 3 幼儿期——越来越调皮了

宝宝前往耳鼻喉科进行检查，宝宝可能患有中耳炎。在出现耳漏之前，可以给宝宝服用抗生素类药物或使用一些治疗耳部疾病的外用药消炎。如果宝宝的疼痛感强烈，可以使用一些镇痛剂、退热药。耳漏如果不能自然流出而积存在中耳就会引起剧烈的疼痛，这时需要切开鼓膜取出脓状物。手术后坚持治疗，切开的鼓膜会自然再生。

## 快乐亲子时刻

###  亲子游戏

#### 送动物回家
——认知能力锻炼
参与人数 2人

**游戏目的** 锻炼宝宝的认知能力。

**游戏方法**

① 两个大纸箱分别贴上动物的照片，纸箱敞开，告诉宝宝，"这是两个动物园"。

② 在桌子上，放着各种动物玩具或动物卡片，让宝宝去拿，告诉宝宝每次只拿一种动物，然后将它们送回家。

③ 让宝宝根据纸箱上的动物图片找到动物的家，对号入座。

④ 在纸箱旁的大人还可学动物声音，对宝宝说："谢谢你送我回家。"

> **温馨提示**
> 这个游戏可以培养宝宝的爱心，还能让宝宝习惯说礼貌用语。

#### 单腿站立
——大动作能力锻炼
参与人数 2人

**游戏目的** 让宝宝在狭窄的空间进行单腿练习，增强宝宝身体的平衡能力。

**游戏方法**

① 取一份报纸，让宝宝站在上面，让宝宝持续站立10秒钟以上。

② 然后对折，让宝宝站立，持续这样的动作一直到宝宝只能够单腿站立，这个时候引导宝宝进行单腿站立。游戏过程中，家长要扶好宝宝，防止他摔伤。

# 超级育儿圣典

> **温馨提示**
> 要观察宝宝的情绪是不是愿意游戏,在游戏的过程中要注意保护宝宝的安全。

## 给宝宝录音
——语言能力锻炼

参与人数 2人

**游戏目的** 让宝宝在愉快的心情下做游戏,同时培养宝宝的语言能力。

**游戏方法**

① 将手机开启录音或摄像功能,让宝宝开始唱歌。

② 刚开始,妈妈也可以跟着一起唱,以制造愉快的氛围。

③ 让宝宝听听自己的声音,或看看自己的模样,宝宝会觉得很有趣,也能练习正确的发音。

> **温馨提示**
> 将宝宝的歌声、画面录制下来,再一起听,这将会是很有趣的时光,也将在宝宝的成长过程中留下美好的记录。

---

### 开心大放映

**孩子一看就有吃货的潜质**

我同事家的孩子上小学,一次语文考试:冰( )雪( )。

正确答案是冰天雪地,而同事家孩子的答案把我们都笑趴了——他的答案是冰糖雪梨!

从此之后,同事再也不买饮料了!

**老公给未出生的宝宝讲故事**

我怀孕六个月了,看书上说宝宝喜欢听爸爸说话的声音,爸爸要多跟宝宝聊天。跟老公一说,老公当即下了决心,要每天给宝宝讲个故事。第一天晚上要睡觉时像模像样地讲了个"丑小鸭",第二天讲了"白雪公主"。

第三天,我躺在床上等老公继续给孩子讲,老公挠了半天头,温柔地对着我的肚子说:"孩子,你复习一下前两天讲的故事吧!"

## 本阶段宝宝能力测评

1. 宝宝能双脚交替地上、下楼梯。
   ○ 是　　　　　　　　○ 否
2. 宝宝能手脚配合，上、下灵活地翻过攀登架。
   ○ 是　　　　　　　　○ 否
3. 宝宝能折叠正方形为长方形，或对角折叠成三角形，且对角整齐。
   ○ 是　　　　　　　　○ 否
4. 宝宝能按要求的颜色形状间隔穿珠子，粘贴简单图画。
   ○ 是　　　　　　　　○ 否
5. 宝宝懂得音响的强弱，知道哪个声音大，哪个声音小。
   ○ 是　　　　　　　　○ 否
6. 宝宝会说较完整的句子，会用一些形容词。
   ○ 是　　　　　　　　○ 否
7. 宝宝能复述家长多次重复讲的故事的简单内容。
   ○ 是　　　　　　　　○ 否
8. 宝宝能用简单的句子表达自己的意思，出现不完整的复合句，会用"和"或"但是"连接句子。
   ○ 是　　　　　　　　○ 否
9. 宝宝自己会解开衣服的扣子和系简单的扣子。
   ○ 是　　　　　　　　○ 否
10. 宝宝做事情懂得按顺序，可排队等待，可玩集体游戏。
    ○ 是　　　　　　　　○ 否

❋ 评分结果：

答"是"加1分，答"否"得0分。
9~10分，优秀；7~8分，良好；5~6分，一般；5分以下宝宝需要加强训练。

# 超级育儿圣典

## 父母关注专题

### 专题　宝宝入园难

很多宝宝早在2岁半就已经入园了，但是大部分宝宝还是3周岁开始入园。送宝宝去幼儿园不仅是对宝宝的考验，也是对爸爸妈妈的考验。在送宝宝入园之前要做哪些准备，宝宝入园会遇到哪些问题？应该如何面对、如何解决，爸爸妈妈要做到心中有数。

#### ✱ 小测试

在爸爸妈妈准备将宝宝送到幼儿园去之前，可以给宝宝做个小测试，以此判断宝宝是否具备基本的入园能力。

❶ 是否会自己用勺子吃饭、用杯子喝水？

❷ 是否会自己洗手、洗脸、擦嘴？

❸ 是否大小便能自理？

❹ 是否会穿脱鞋袜以及简单的衣服？

❺ 是否具有一定的语言表达能力了？

❻ 是否能听懂别人的话，能自由地和别人交流？

如果大多数回答"否"的话，父母就不要急于把孩子送去幼儿园。

在入园之前掌握这些基本生活自理能力是非常必要的，如果想要让宝宝在幼儿园的生活更顺畅，爸爸妈妈就要放手让宝宝学会自立，不要再什么都代替宝宝去做。

#### ✱ 如何让宝宝愿意入园

平时让宝宝自己选择一个"再见"的游戏，帮助他逐渐习惯妈妈不在身边。你在走之前也要告诉他，妈妈去工作了，下班后就会回来陪你玩。

提前带宝宝去参观幼儿园，最好

## Part 3 幼儿期——越来越调皮了

是在其他小朋友都在的情况下，这样宝宝就可以亲身体验幼儿园的生活，你可以鼓励宝宝与其他小朋友一起玩，以增加他对上幼儿园的期待。

和宝宝一起准备入园的物品，给宝宝更多的自主权，比如入园用的小书包、小杯子之类的，让宝宝自己挑，宝宝喜欢哪个就用哪个，以此减轻宝宝入园的焦虑感。

当宝宝表示不愿意上幼儿园时，爸爸妈妈应想办法转移宝宝的注意力，尤其是不要当着其他人的面重复提起宝宝不愿意上幼儿园的事，应尽量淡化宝宝不愿入园这件事而不是刻意强调。

### ❋ 如何安抚不愿入园的宝宝

坚定送宝宝去幼儿园的决心。尤其是妈妈，不要看到宝宝撕心裂肺地哭闹，自己也在一旁抹眼泪，这样会把不良的情绪传递给宝宝。

爸爸妈妈要平淡应对宝宝的哭闹，要让宝宝知道，哭闹是不行的，在这个阶段必须要去幼儿园。如果实在不忍心看宝宝哭，可以将宝宝搂在怀里，但是不要说话，只是等他慢慢平静下来后，再告诉宝宝："小朋友都要来幼儿园，宝宝可以和好多小朋友一起玩儿。"

为了安慰宝宝，爸爸妈妈可以在宝宝去幼儿园之前，与他做一些约定。比如在去幼儿园之前，妈妈可以答应宝宝的一个要求，然后与宝宝约定等他从幼儿园回来就会兑现这个承诺。但是妈妈一定要信守承诺，答应的事就必须做到。

### ❋ 如何度过分离焦虑期

过分依赖的宝宝。

特点：独立性差，不愿离开家人，大声哭闹，常常把"要妈妈"挂在嘴边等。

解决办法：不要让宝宝最依恋的人送去幼儿园。把宝宝送进幼儿园后，家长要表情平淡，果断地离开。

情绪容易波动的宝宝。

特点：刚开始时会被新环境吸引，不哭不闹。几天后，新鲜感逐渐消失，便会开始哭闹。

解决办法：对宝宝开始入园时的表现进行表扬，经常夸他勇敢、懂事，鼓励宝宝保持"不哭"的好行为。

性格内向的宝宝。

特点：从不大哭大闹，能对老师的语言做出反应，但从表情上看并不开心，常常自己躲在一边玩或想心事。

解决办法：经常表扬宝宝，如"宝宝离开妈妈没有哭，真棒"等。

胆小的宝宝。

特点：体质弱，胆小，适应力差，看到老师十分紧张。

解决办法：提前一段时间多带宝宝到幼儿园，多看多玩，引导他熟悉幼儿园的老师和小朋友。

## 育儿问答精选

**Q:** 女宝3岁了,看书的时候都是动来动去,不是太投入,每次我让她讲,她都说不会讲,也不肯去尝试。我该怎么引导她?

**A** 讲故事或阅读时都要重视互动,即使你讲得精彩,要求宝宝被动地、静静地听,她顶多也只能坚持10分钟。想要让宝宝变被动为主动,家长在讲故事或阅读的时候,可以抓住一个情节,提个小问题,让宝宝参与,或者是在故事中的人物有个特别的动作、说句什么话时,让她模仿着表演,这样她就会更投入,而且还会有所思考。

**Q:** 宝宝在咳嗽的时候,嗓子红肿,我担心宝宝可能患了炎症,能不能直接用抗生素来消炎呢?

**A** 炎症的特点是红肿热痛,局部会发红、发肿、会疼。病毒刺激呼吸道可以导致嗓子红肿,大哭之后,也可能会导致嗓子红肿,所以,要想消肿,就要找对原因,千万不要直接使用抗生素。

**Q:** 宝宝最近总是不爱吃饭,老想着玩,非得强制着他才能吃,怎么办?

**A** 宝宝不爱吃饭有四种可能:

第一,吃饭的环境宝宝不喜欢;第二,饭不好吃;第三,吃了太多零食;第四,有健康问题。

如果是第一种原因,那么家长就要为宝宝创造一个好好吃饭的环境,给宝宝准备自己的餐桌、餐具,鼓励宝宝和大人一起就餐。第二种情况,那就要求妈妈改变一下食物的烹饪方式,或者变个花样,或者用各种颜色的食物相搭配以增加宝宝的食欲。第三种情况,就要相应减少宝宝吃零食的次数,少吃零食就可以了。一般宝宝不好好吃饭都是前三种原因导致的,但是也不排除健康因素,所以如果其他方式都没效果,家长可以带宝宝去医院做下检查。

## Part 3　幼儿期——越来越调皮了

### Q：如何给宝宝选饮料？

**A** 一般给宝宝的饮料要挑选不含咖啡因、色素、磷酸盐、香薰料、糖分的。橘子或番茄等为主原料的果汁有过敏的危险，要谨慎喂食。用茶或谷类制作的饮料，如果是2种以上的主原料混合制成，仍有过敏和消化不良的危险，最好在1周岁以后再喂。

另外，在给宝宝喂饮料的时候要掌握好量。1岁前最好不喂给宝宝；1岁后1天喂2次，每次喂100毫升即可。

---

**孩子有前途啊**

一天，我抱着儿子去跟隔壁的小女孩儿一起抓周！人家小女孩儿抓了一只画笔，也许长大会成为一名画家！当好奇儿子会抓什么的时候，他却紧紧地抓住小女孩的手！

**招球宝宝**

我家侄女1岁了，刚学说话。她很喜欢看我喂小狗，我经常一边向小狗招手说"来，来，来"一边喂食。

有一天，侄女在院里玩球，球滚到很远的地方去了。只见她立刻把旁边的面包扔到地上，一边朝球招手一边喊："来，来，来……"

**宝宝你这是要干什么啊**

昨天我买了点空心菜，我家妞妞看到了就帮我摘叶子。

可是就在刚才，她华丽丽地把她姥姥家花盆里的栀子花的叶子给摘光光，一边摘还一边说摘菜菜，她姥姥在一边一脸黑线……

开心大放映

# 妈妈手记

——宝宝 3 岁时

　　时间过得真快，宝宝已经满 3 岁了，该上幼儿园了，宝宝去上学，爸妈一定既担心宝宝不适应学校生活而哭泣，又欣慰宝宝终于走出了独立的第一步，心中会生出无限感慨。那就在宝宝 3 岁生日之际，记录下宝宝这时的发育情况，并写下对宝宝的期望与祝福吧！

身高

体重

运动能力发育

智力发育

情感与社交

童言童趣

爸爸对你说　　　　　　　妈妈对你说

（最好放一张宝宝的近期照片，当孩子长大的时候，看到 3 岁时的自己，一定会惊喜万分）

# 附录 0~3岁宝宝健康免疫备忘录

宝宝出生了,新妈妈一定要明白预防免疫接种对宝宝来说是至关重要的事情,千万不要因为自己的一时疏忽而出现漏打、错打的现象。同时,自作主张地为宝宝减免一些疫苗的注射也是万万不可的。宝宝接种疫苗需要遵循一定的原则,根据宝宝的身体情况进行接种,这是接种疫苗的总原则。

另外,宝宝进行疫苗接种的时间不可提前,但可以适当延后。这是因为每一种疫苗都有自己特定的免疫程序,为保证疫苗的免疫效果,不能提前接种。但是,如果宝宝遇特殊情况确实不能按时进行接种,可略将接种时间延后。

## 0~3岁宝宝计划内疫苗

计划内疫苗是国家规定纳入计划免疫,是宝宝出生后必须进行接种的疫苗,属于免费疫苗。具体接种情况见下表。

| 接种时间 | 疫苗名称 | 次数 | 可预防的传染病 |
| --- | --- | --- | --- |
| 出生24小时内 | 乙肝疫苗 | 第一针 | 乙型病毒性肝炎 |
| | 卡介苗 | 初种 | 结核病 |
| 出生1个月 | 乙肝疫苗 | 第二针 | 乙型病毒性肝炎 |
| 出生2个月 | 脊髓灰质炎糖丸 | 第一服 | 脊髓灰质炎(小儿麻痹) |
| 出生3个月 | 脊髓灰质炎糖丸 | 第二服 | 脊髓灰质炎(小儿麻痹) |
| | 无细胞百白破疫苗 | 第一针 | 百日咳、白喉、破伤风 |
| 出生4个月 | 脊髓灰质炎糖丸 | 第三服 | 脊髓灰质炎(小儿麻痹) |
| | 无细胞百白破疫苗 | 第二针 | 百日咳、白喉、破伤风 |
| 出生5个月 | 无细胞百白破疫苗 | 第三针 | 百日咳、白喉、破伤风 |
| 出生6个月 | 乙肝疫苗 | 第三针 | 乙型病毒性肝炎 |
| | A群流脑疫苗 | 第一针 | 流行性脑脊髓膜炎 |
| 出生8个月 | 麻风疫苗 | 第一针 | 麻疹、风疹 |
| 出生9个月 | A群流脑疫苗 | 第二针 | 流行性脑脊髓膜炎 |
| 1周岁 | 乙脑减毒活疫苗 | 第一针 | 流行性乙型脑炎 |

## 超级育儿圣典

| 接种时间 | 疫苗名称 | 次数 | 可预防的传染病 |
| --- | --- | --- | --- |
| 1.5周岁 | 甲肝疫苗 | 第一次 | 甲型病毒性肝炎 |
|  | 无细胞百白破疫苗 | 第四次 | 百日咳、白喉、破伤风 |
|  | 麻风腮疫苗 | 第一次 | 麻疹、风疹、腮腺炎 |
| 2周岁 | 乙脑减毒疫苗 | 第二次 | 流行性乙型脑炎 |
| 3周岁 | 甲肝疫苗（与前剂间隔6~12个月） | 第二次 | 甲型病毒性肝炎 |
|  | A+C流脑疫苗 | 加强 | 流行性脑脊髓膜炎 |

### 0~3岁宝宝计划外疫苗

除国家规定宝宝必须接种的疫苗外，其他需要接种的疫苗都属于推荐疫苗，也就是计划外疫苗，这些疫苗都是本着自费、自愿的原则，家长可以有选择性地给宝宝接种。

❋ **体质虚弱的宝宝可考虑接种的疫苗**

流感疫苗：对7个月以上、患有哮喘、先天性心脏病、慢性肾炎、糖尿病等抵抗疾病能力差的宝宝，一旦流感流行，容易患病并诱发旧病发作或加重，家长应考虑接种。

肺炎疫苗：肺炎是由多种细菌、病毒等微生物引起，单靠某种疫苗预防效果有限，一般健康的宝宝不主张选用。但体弱多病的宝宝，应该考虑选用。

❋ **流行高发区应接种的疫苗**

B型流感嗜血杆菌混合疫苗（HIB疫苗）：世界上已有20多个国家将HIB疫苗列入常规计划免疫。5岁以下宝宝容易感染B型流感嗜血杆菌。它不仅会引起小儿肺炎，还会引起小儿脑膜炎、败血症、脊髓炎、中耳炎、心包炎等严重疾病，是引起宝宝严重细菌感染的主要致病菌。

轮状病毒疫苗：轮状病毒是3个月~2岁婴幼儿病毒性腹泻最常见的原因。接种轮状病毒疫苗能避免宝宝严重腹泻。

狂犬病疫苗：发病后的死亡率几乎为100%，还未有一种有效的治疗狂犬病的方法，凡被病兽或带毒动物咬伤或抓伤后，应立即注射狂犬疫苗。若被严重咬伤，如伤口在头面部、全身多部位咬伤、深度咬伤等，应联合用抗狂犬病毒血清。

附录 0~3岁宝宝健康免疫备忘录

✽ **即将要上幼儿园的宝宝考虑接种的疫苗**

如果宝宝抵抗力差应该选用水痘疫苗；对于身体好的宝宝可用可不用，不用的理由是水痘是良性自限性"传染病"，列入传染病管理范围。即使宝宝患了水痘，产生的并发症也很少。

### 给宝宝做体检

在接种疫苗的同时，要配合宝宝体检。1~2岁，体检变为每半年一次。0~3岁宝宝体检时间如下：

| 体检 | 时间 |
| --- | --- |
| 第1次体检 | 出生后第42天 |
| 第2次体检 | 宝宝4个月时 |
| 第3次体检 | 宝宝6个月时 |
| 第4次体检 | 宝宝9个月时 |
| 第5次体检 | 宝宝1周岁时 |
| 第6次体检 | 宝宝18个月时 |
| 第7次体检 | 宝宝2周岁时 |
| 第8次体检 | 宝宝3周岁时 |